全国高职高专教育"十二五"规划教材

国家级示范性（骨干）高职院建设成果系列教材

禽病防制

- 黄银云
- 胡新岗　主编

【畜牧兽医及相关专业使用】

中国农业科学技术出版社

图书在版编目（CIP）数据

禽病防制/黄银云，胡新岗主编. —北京：中国农业科学技术出版社，2012.9（2022.2重印）
ISBN 978-7-5116-1058-4

Ⅰ.①禽⋯　Ⅱ.①黄⋯②胡⋯　Ⅲ.禽病-防制　Ⅳ.①S858.3

中国版本图书馆 CIP 数据核字（2012）第 198686 号

责任编辑	闫庆健　李冠桥
责任校对	贾晓红

出版发行	中国农业科学技术出版社 北京市中关村南大街 12 号　邮编：100081
电　　话	（010）82106632（编辑室）（010）82109704（发行部） （010）82109703（读者服务部）
传　　真	（010）82106632
网　　址	http://www.castp.cn
经 销 者	各地新华书店
印 刷 者	北京建宏印刷有限公司
开　　本	787mm×1092mm　1/16
印　　张	16.375
字　　数	395 千字
版　　次	2012 年 9 月第 1 版　2022 年 2 月第 5 次印刷
定　　价	36.00 元

◄ 版权所有·翻印必究 ►

《禽病防制》编委会

主　　编　黄银云　胡新岗
副 主 编　程　汉　李巨银
编　　委（以姓氏笔画为序）
　　　　　王金福（上海农林职业技术学院）
　　　　　王海燕（江苏畜牧兽医职业技术学院）
　　　　　刘　锐（嘉兴职业技术学院）
　　　　　许余良（江苏省泰兴市畜牧兽医推广中心）
　　　　　宋　禾（成都农业科技职业学院）
　　　　　李巨银（江苏畜牧兽医职业技术学院）
　　　　　李静萍（山东畜牧兽医职业学院）
　　　　　季慕寅（芜湖职业技术学院）
　　　　　胡新岗（江苏畜牧兽医职业技术学院）
　　　　　黄银云（江苏畜牧兽医职业技术学院）
　　　　　程　汉（江苏畜牧兽医职业技术学院）
主　　审　高　崧（扬州大学兽医学院）
　　　　　刘俊栋（江苏畜牧兽医职业技术学院）
　　　　　罗国琦（周口职业技术学院）

内容提要

禽病防制是高等职业教育动物防疫与检疫、动物医学、养禽与禽病防制及相关专业的一门核心职业技术课。本教材基于专业人才培养目标和对职业岗位（群）禽病防制知识、能力和素质的需求分析，设计了禽病防控技术、禽病诊断技术、禽病毒病防治、禽细菌病防治、禽其他微生物性传染病防治、禽寄生虫病防治、禽普通病防治、禽胚胎病防治8个项目，分解为49个模块。全书着眼于规模化养禽场的综合诊断及综合防制，在药物使用上和公共卫生方面都给予了考虑。

教材内容采用项目加模块形式，以工作过程为导向，每个项目按岗位实际，设计了典型工作任务，力求突出学生职业岗位能力培养，体现理实一体化教学。教材内容新颖，系统全面，融学术性、实用性于一体，既可作为职业院校相关专业的教材，也可作为官方兽医、执业兽医、村级防疫员及养禽场、屠宰场（厂）技术人员以及禽病门诊工作者的培训教材和学习用书。

序

在任何一种教育体系中，课程始终处于核心地位。高等职业教育是高等教育的一种重要类型，肩负着培养面向生产、建设、服务和管理第一线需要的高素质高技能人才的使命。职业教育课程是连接职业工作岗位的职业资格与职业教育机构的培养目标，即学生所获得相应综合职业能力之间的桥梁。而教材是课程的载体，高质量的教材是实现培养目标的基本保证。

江苏畜牧兽医职业技术学院是教育部、财政部确定的"国家示范性高等职业院校建设计划"骨干高职院校首批立项建设单位。学院以服务"三农"为宗旨，以学生就业为导向，紧扣江苏现代畜牧产业链和社会发展需求，动态灵活设置专业方向，深化"三业互融、行校联动"人才培养模式改革，创新"课堂—养殖场"、"四阶递进"等多种有效实现形式，积极探索和构建行业、企业共同参与教学管理运行机制，共同制定人才培养方案，推动专业建设，引导课程改革。行业、企业专家和学院教师在实践基础上，共同开发了《动物营养与饲料加工技术》等40多门核心工学结合课程，合作培养就业单位需要的人才，全面提高了教育教学质量。

三年来，项目建设组多次召开教材编写会议，认真学习高等职业教育课程开发理论，重构教材体系，形成了以下几点鲜明的特色。

第一，以就业为导向，明确课程建设指导思想。设计导向的职业教育思想，实践专家与专业教师结合的课程开发团队，突出综合职业能力培养的课程标准，学习领域"如何工作"的课程模式，涵盖职业资格标准的课程内容，贴近工作实践的学习情境，工学交替、任务驱动、项目导向和顶岗实习相协调的教学模式，实践性、开放性和职业性相统一的教学过程，校内成绩考核与企业实践考核相结合的评价方式，毕业生就业率与就业质量、"双证书"获取率与获取质量的教学质量指标等，构成了高等职业教育教学课程建设的指导思想。

第二，以工作为目标，系统规划课程设计。人的职业能力发展不是一个抽象的过程，它需要具体的学习环境。工学结合的人才培养过程是将"工作过程中的实践学习"和"为工作而进行的课堂学习"相结合的过程，课程开发必须将职业资格研究、个人职业生涯发展规划、课程设计、教学分析和教学设计结合在一起。按照行业企业对高职教育的需求分析、职业岗位工作分析、典型工作任务分析、学习领域描述、学习情境设计、课业文本设计等6个步骤系统规划课程设计。

第三，以需要为标准，选择课程内容。高等职业教育课程选择标准，应该以职业工作情境中的经验和策略习得为主、以适度够用的概念和原理理解为辅，即以过程性知识和操作性技能为主、陈述性知识和验证性技能为辅。为全程培养学生"知农、爱农、务农"的综合职业能力，以畜牧产业链各岗位典型工作任务为主线，引入行业企业核心技术标准和职业资格标准，分析学生生活经验、学习动机、实际需要和接受能力的基础上，针对实际的职业工作过程选择教学内容，设计成基于工作任务完成的职业活动课程。

第四，以过程为导向，序化课程结构。课程内容的序化是指以何种顺序确立课程内容涉及到的知识、技能和素质之间的关系及其发展。对所选择的内容实施序化的过程，也是重建课程内容结构的过程。学生认知的心理顺序是由简单到复杂的循序渐进自然形成的过程序列，能力发展的顺序是从能完成简单工作任务到完成复杂工作任务的过程序列，职业成长的顺序是从初学者到专家的过程序列，这三个序列与系统化的工作过程，构成了课程内容编排的逻辑形式。

第五，以文化为背景，突出技术应用。高等职业教育的职业性，决定了要在教育文化与企业文化融合的环境中培养具有市场意识、竞争意识的高素质人才。这套教材的编写以畜牧产业、行业、企业的文化为背景，系统培养学生在学校和企业两个不同学习场所的"学、做、用"技术应用的能力。

"千锤百炼出真知"。本套特色教材的出版是"国家示范性高等职业院校建设计划"骨干高职院校建设项目的重要成果之一，同时也是带动高等职业院校课程改革、发挥骨干带动作用的有效途径。

感谢江苏省农业委员会、江苏省教育厅等相关部门和江苏高邮鸭集团、泰州市动物卫生监督所、南京福润德动物药业有限公司、卡夫食品（苏州）有限公司、无锡派特宠物医院等单位在编写教材过程中的大力支持。感谢李进、姜大源、马树超、陈解放等职教专家的指导。感谢行业、企业专家和学院教师的辛勤劳动。感谢同学们的热情参与。教材中的不足之处恳请使用者不吝赐教。

是为序。

江苏畜牧兽医职业技术学院院长：

2012 年 4 月 18 日于江苏泰州

前言

禽病防制是高等职业教育动物防疫与检疫、动物医学、养禽与禽病防治及相关专业的一门核心职业技术课。随着我国高等职业教育"校企合作、工学结合"人才培养模式改革的不断深入,职业技术教育实行理实一体化教学模式成为必然,本教材的编写遵循"理论够用、突出实践"的原则,内容的选取贴近行业和职业的实际,充分反映行业中正在应用的新技术、新方法,体现实用性与先进性,凸显高等职业教育特色,满足相关专业的教学需要。

本教材坚持职业教育的"工作过程导向"原则,按照高职院校面向生产一线培养高素质技能型专门人才的目标,根据我国养禽企业职业岗位(群)的任职要求,参照相关职业资格标准,设计项目化、模块式体系结构。全书分为禽病防控技术、禽病诊断技术、禽病毒病防治、禽细菌病防治、禽其他微生物性传染病防治、禽寄生虫病防治、禽普通病防治、禽胚胎防治8个项目,分解为49个模块。全书注重体例创新,内容新颖全面,条理清晰,图文并茂,语言朴实流畅。每个项目按职业岗位需求,设计了24个典型工作任务,加强与实际工作的接轨,力求突出学生职业岗位能力培养,体现理实一体化教学。项目后设计了职业测试题,列出了推荐阅读书目,方便学生自测与自学。

本教材作为高等职业教育教材,建议讲授学时数为90,不同院校可根据实际情况作适当调整。典型工作任务由教师在教学时根据具体情况酌情选择。

本教材由黄银云、胡新岗担任主编,程汉、李巨银担任副主编。具体编写分工为:黄银云编写项目三、项目四、项目五,并负责全书的编排统稿;胡新岗编写前言、项目一,参与全书的编排统稿;程汉、李静萍编写项目二;王海燕、季慕寅编写项目六;李巨银、许余良编写项目七;王金福、宋禾编写项目八;刘锐编写附录并负责全书校稿工作。本教材承蒙扬州大学兽医学院高崧教授及江苏畜牧兽医职业技术学院动物医学院刘俊栋院长审稿,在此谨致谢意!

感谢江苏畜牧兽医职业技术学院及参编院校领导对本教材编写工作的支持!感谢江苏省动物卫生监督所、泰州市动物卫生监督所、泰兴市畜牧兽医推广中心等行业及相关企业对本教材编写、出版的关注!本书在编写过程中，参考了大量的相关资料，汲取了许多同仁的宝贵经验，在此深表谢意！

本教材在编写时虽经多次修改，但由于编者学识水平有限，错误和疏漏之处在所难免，敬请读者批评指正，以便再版修订完善。

编者

2012 年 6 月

目 录

项目一 禽病防控技术 ·· 1
 模块一 禽场生物安全体系的建立 ··· 1
 模块二 卫生消毒技术 ·· 6
 模块三 预防接种技术 ·· 10
 模块四 给药技术 ··· 18
 模块五 流行病学调查 ·· 24
 模块六 免疫抗体监测 ·· 30
  任务1 孵化厂的微生物学检测 ·· 32
  任务2 养鸡场的微生物学检测 ·· 36
  任务3 孵化车间的卫生消毒 ··· 38
  任务4 预防接种 ·· 40
 职业测试题 ··· 42
 推荐阅读书目 ··· 44

项目二 禽病诊断技术 ·· 45
 模块一 临床检查技术 ·· 45
 模块二 病理学诊断技术 ·· 48
 模块三 实验室诊断技术 ·· 52
  任务5 常用细菌培养基的制备 ·· 68
  任务6 药敏试验 ·· 69
  任务7 鸡胚的接种与培养 ··· 72
  任务8 鸡胚成纤维细胞培养 ··· 74
  任务9 琼脂扩散试验 ·· 76
  任务10 荧光抗体试验 ·· 78
 职业测试题 ··· 79
 推荐阅读书目 ··· 80

项目三 禽病毒病防治 ·· 81
 模块一 禽流感 ··· 81
 模块二 新城疫 ··· 85
 模块三 传染性喉气管炎 ·· 87
 模块四 传染性支气管炎 ·· 88

模块五　传染性法氏囊病 ·· 89
模块六　马立克氏病 ·· 90
模块七　产蛋下降综合征 ·· 92
模块八　禽白血病 ·· 93
模块九　禽　痘 ··· 94
模块十　网状内皮组织增殖症 ·· 97
模块十一　病毒性关节炎 ·· 98
模块十二　禽传染性脑脊髓炎 ·· 99
模块十三　鸡传染性贫血 ··· 101
模块十四　鸭　瘟 ·· 102
模块十五　鸭病毒性肝炎 ··· 103
模块十六　番鸭细小病毒病 ·· 105
模块十七　小鹅瘟 ·· 106
　　任务11　鸡新城疫抗体监测 ··· 108
　　任务12　双抗体夹心Dot-ELISA诊断传染性法氏囊病 ············· 110
　　任务13　小鹅瘟琼脂扩散试验 ·· 111
　　职业测试题 ·· 112
　　推荐阅读书目 ··· 115

项目四　禽细菌病防治 ·· 116
模块一　沙门氏菌病 ··· 116
模块二　大肠杆菌病 ··· 118
模块三　禽霍乱 ··· 120
模块四　传染性鼻炎 ··· 121
模块五　禽结核病 ·· 123
模块六　鸡坏死性肠炎 ·· 124
模块七　弯曲杆菌病 ··· 125
模块八　葡萄球菌病 ··· 127
模块九　鸭疫里氏杆菌病 ··· 128
　　任务14　鸡白痢的检疫 ··· 130
　　任务15　鸡大肠杆菌病的诊断 ·· 131
　　任务16　双抗体夹心ELISA法检测大肠杆菌菌毛抗原 ············ 132
　　职业测试题 ·· 133
　　推荐阅读书目 ··· 135

项目五　禽常见其他微生物性传染病防治 ··································· 136
模块一　鸡毒支原体感染 ··· 136
模块二　鸡传染性滑膜炎 ··· 138
模块三　衣原体病 ·· 139
模块四　禽曲霉菌病 ··· 142

模块五　禽念珠菌病 …………………………………………………………… 143
　　　　任务17　鸡支原体病凝集试验 …………………………………………… 144
　　　　职业测试题 ………………………………………………………………… 145
　　　　推荐阅读书目 ……………………………………………………………… 146

项目六　禽常见寄生虫病防治 ………………………………………………… 147
　　模块一　禽原虫病 ………………………………………………………………… 147
　　模块二　禽蠕虫病 ………………………………………………………………… 155
　　模块三　禽外寄生虫病 …………………………………………………………… 166
　　　　任务18　禽寄生虫病虫卵检查 …………………………………………… 168
　　　　任务19　禽寄生虫病虫体检查 …………………………………………… 169
　　　　职业测试题 ………………………………………………………………… 170
　　　　推荐阅读书目 ……………………………………………………………… 171

项目七　禽普通病防治 ………………………………………………………… 172
　　模块一　中毒病防治技术 ………………………………………………………… 172
　　模块二　禽常见中毒病 …………………………………………………………… 175
　　模块三　营养代谢病防治技术 …………………………………………………… 184
　　模块四　其他普通病防治 ………………………………………………………… 202
　　　　任务20　蛋鸭维生素B_2缺乏症诊治 …………………………………… 207
　　　　任务21　鸡盐霉素中毒的诊治 …………………………………………… 208
　　　　任务22　雏鸭一氧化碳中毒的诊治 ……………………………………… 209
　　　　职业测试题 ………………………………………………………………… 210
　　　　推荐阅读书目 ……………………………………………………………… 213

项目八　禽胚胎病防治 ………………………………………………………… 214
　　模块一　禽胚胎病的诊断与预防 ………………………………………………… 214
　　模块二　常见胚胎病及其防治 …………………………………………………… 217
　　　　任务23　照蛋区分鸡胚质量 ……………………………………………… 221
　　　　任务24　鸡种蛋入孵操作 ………………………………………………… 222
　　　　职业测试题 ………………………………………………………………… 223

附　录 …………………………………………………………………………… 224
　　附录一　中华人民共和国动物防疫法 …………………………………………… 224
　　附录二　病害动物和病害动物产品生物安全处理规程 ………………………… 234
　　附录三　一、二、三类动物疫病病种名录 ……………………………………… 236
　　附录四　家禽常用药物用法用量简表 …………………………………………… 238
　　附录五　家禽常用疫苗速查表 …………………………………………………… 244

主要参考文献 …………………………………………………………………… 247

项目一 禽病防控技术

【岗位需求】

建立禽场生物安全体系的方法；禽场消毒技术；家禽预防接种技术；禽给药技术；禽流行病学调查技术；禽免疫抗体监测技术。

【能力目标】

能根据禽场生物安全体系建立的原则和要求，因地制宜地构建不同禽场的生物安全体系；掌握禽场家禽、人员、设施和环境等的消毒技术；熟悉影响免疫程序制定的相关因素；掌握疫苗的运输、保存和使用技术；学会运用不同的给药技术，对禽病进行防治。

模块一 禽场生物安全体系的建立

生物安全是有关集约化生产过程中保护和提高畜禽群体健康的新理论，是一种系统化的管理实践，在禽场应用，可以减少病毒、细菌、真菌、原虫、寄生虫、昆虫、啮齿类动物、野生鸟类等致病因子和带有禽病病原的人群进入养禽场，有效避免禽类疫病在场与场、户与户之间的传播，最大限度地减少养禽场（户）的经济损失。

（一）科学选择场址和合理布局

任何养禽场的选址都应远离公路主干道、居民区，且应交通便利。选址应建立在地势较高、干燥，便于排水、通风，水源充足，水质良好，供电有保障的地方。应远离其他畜禽场、屠宰及加工厂、垃圾站等。禽场周围应有围墙或隔离带，场内生活区与生产区应分开，生产区根据规模及需要划分成若干个小区，各小区的分布不能在同一风向上。各生产区应设置各自的净道和污道。各小区放置独立的病死禽处理池及禽粪发酵池或贮存池。水禽场、舍（棚）应建在没有受到生物污染和工业污染的水源旁，同时水禽场需远离栖息水禽的排水沟、池塘、湖泊、滩涂等地。

禽场应将生产区、处理区、孵化区与管理区隔离开，至少应将干净区与污染区隔开。要铺设运输粪便、污物的专用脏道。禽场的人行道及过道最好是水泥路面或砖铺地面。经过禽场过道的人、车辆、禽只都应当遵循从青年禽至老年禽、从清洁区至污染区、从独立单元至人员共同生活区的单向运行方案。在禽场入口处设立人员消毒盘（池）和车辆消毒池，所有进出场车辆和人员均经消毒后方可进入。各区配备冲洗消毒设备，对需要进入的物品进行冲洗消毒，场内和生活区道路也要定期消毒。

(二) 制定合理的饲养制度

1. 自繁自养饲养制度 自繁自养饲养就是养禽场为了解决本场苗禽的来源，根据本场拟饲养商品禽的规模，饲养一定数量的母禽的养殖方式。

执行自繁自养方式不仅可以降低生产成本，减少苗禽市场价格影响，也可防止由于引入患病禽及隐性感染禽而人为将病原带入本场。有条件自行繁殖的养禽场，如不是很必要，切勿从外地引进种禽、种蛋。如果必须从外地或外场购入时，应从非疫区引进，不要从发病场或发病群或刚刚病愈的禽群引入，而且须经兽医人员检疫合格后方可引入。引入后应先隔离饲养15~30d，经检查确认无任何传染病或寄生虫病时，方可入群。禁止来源不明的禽只进入场内。严禁将参加过展览及送往集市或屠宰场不合格的禽只运回本场混群饲养。

2. 全进全出饲养制度 所谓全进全出，就是指在一个相对独立的饲养单元之内，饲养同样日龄、同样品种和同样生产功能的禽，简单地说，就是在一个相对独立的饲养单元之内的所有禽，应当是同时引入（全进），同时被迁出予以销售、淘汰或转群（全出）。

实行全进全出的饲养制度，不仅有利于提高群体生产性能，而且有利于采取各种有效措施防治禽类疫病。因为通过全进全出，使每批禽的生产在时间上有一定的间隔，便于对禽舍进行彻底地清扫和消毒处理，便于有效切断疫病的传播途径，防止病原微生物在不同批次群体中形成连续感染或交叉感染。而禽场中经常有禽，则很难做到彻底的消毒，也就很难彻底清除病原，因此常有"老场不如新场"的说法。

为便于落实全进全出的养殖制度，实施时可将其分为3个层次：一是在一栋禽舍内全进全出；二是在一个饲养户或养禽场的一个区域范围内全进全出；三是整个养禽场实行全进全出。一栋禽舍内全进全出容易做到，以一个饲养户或养禽场的一个区全进全出也不难，但要做到整个场全进全出就很困难，特别是大型养禽场，设计时可考虑分成小区，做到以小区为单位全进全出。

在我国目前的条件下，大中型禽场可以考虑以建分场和小场大舍的形式，个体或小型禽场可以走联合的道路，使禽生产不同阶段处于不同场，各自相对独立，保证全进全出的饲养制度得以贯彻。

3. 分区分类饲养制度 所谓分区分类饲养，包含几层含义：一是养禽场应实行专业化生产，即一个养禽场只养一种禽；二是不同生产用途的禽应分场饲养，如种禽和商品禽应分别养殖在不同场区；三是处于不同生长阶段的同种禽应分群饲养。

由于不同禽对同一种疫病的敏感性以及同种禽对同种疫病的敏感性均有不同，在同一禽场内，不同用途、不同年龄的群体混养时有复杂的相互影响，会给防疫工作带来很大的难度。例如，没有空气过滤设施的孵化厅建在鸡舍附近，孵化室和鸡舍的葡萄球菌、绿脓杆菌污染情况就会变得很严重。当育雏舍同育成鸡舍十分接近而隔离措施不严时，鸡群呼吸道疾病和球虫病的感染则难以控制。因此，对于大型畜禽场而言，严格执行分区分类饲养制度是减少防疫工作难度，提高防疫效果的重要措施。

(三) 人员、车辆及用具的防疫管理

养禽场人员主要包括管理人员、畜牧及兽医技术人员、工勤人员以及外来人员。人员

在禽场之间、禽舍之间流动，是养禽场最大的潜在传播媒介。当人员从一个禽场到另一个禽场，或者从一个禽舍到另一个禽舍，病原体就会通过他们的鞋、衣服、帽子、手、甚至分泌物、排泄物等传播开来。因此，禽场必须高度重视对各类人员的管理。

1. 饲养人员要求　禽场的各类工作人员都不得在家中饲养禽、鸟类，也不得从事与畜禽有关的商业活动、技术服务工作。否则，这些工作人员很容易把病原体从其他地点带至本地。饲养员应经常洗澡，换洗衣服、鞋袜、工作服，鞋、帽要经常消毒。每次进舍前需换工作服、鞋，并用紫外线照射消毒，手接触饲料和饮水前需用新洁尔灭或次氯酸钠等消毒。饲养员应固定岗位，不得串岗，随便进入其他禽舍。发生疫病禽舍的饲养员必须严格隔离，直至解除封锁。

2. 人员消毒制度　在场工作的各类人员，进入生产区必须换鞋、更衣、洗澡，至少也应当换鞋和更换外套衣服。进禽舍时要二次换鞋更衣。应当注意，生产区入口处、消毒室内的紫外线灯因数量少，很难照射到下半身，照射时间短，其消毒效果并不可靠；生产区入口处消毒池和畜禽舍门口的消毒盆也可因消毒液浓度或时间长久而失效，消毒效果也不理想，因此，只有更换已经消毒或灭菌的鞋子、工作服才是可靠的。生产区的入口处消毒室应当预备多余的消毒鞋靴、工作服，供外来人员使用。

3. 管理人员带头防疫　管理人员要带头遵守防疫制度，场长、经理、办公室的行政管理人员、兽医有时候是最不遵守卫生规则、防疫制度的人。他们还经常参观访问许多不同类型的畜禽养殖企业、畜禽疾病研究机关，在这些单位很容易被病原体污染。因此，管理人员如能严格遵守卫生规则和防疫制度，起模范带头作用，畜禽场的一切防疫制度都比较容易落实。

4. 严格管理勤杂人员　场内的勤杂人员包括维修工、电工、司机、炊事员、清粪工，他们的工作地点不固定，经常从一栋畜禽舍到另一栋畜禽舍，他们的工具也随之转移，对他们严格管理也是畜禽场人员管理的重要内容。

5. 来宾接待　有时主管部门的领导会来禽场视察、检查，有时禽场还会邀请专家、学者来场指导。虽然他们是禽场的贵宾，接待自然要热情，但他们的活动范围很广，也经常出入其他禽场，因此，如果他们要进入生产区，也要和其他人员一样进行严格的更衣和消毒。

6. 拒绝无关来访　禽场周围居民，尤其是小孩，由于好奇，常希望到禽场参观，邻近的畜禽饲养者也互相走访，更有甚者他们会带几只死畜禽请场内兽医帮助诊断，这些都是疾病传播的原因，对于个体畜禽饲养者来说更是如此。如果邻近畜禽场发生了一种非常新奇的疾病，可以通过电话讨论。总之，禽场应当拒绝一切无关人员的参观访问。

7. 车辆及用具管理　禽场中可移动的车辆很多，如运料车、运蛋车、粪车等，用具包括饮水器、喂料器、笤帚、铁锹等，这些车辆、用具除要做定期消毒外，在管理上还应注意：生产区内部的大型机动车不能挂牌照，不能开出生产区，仅供生产区内部使用；外来车辆一律在场区大门外停放；禽舍内的小型用具，每栋舍内都要有完整的一套，不准互相借用、挪用；生产周转用具不得在畜禽饲养场间串用，生产区内禽舍内的生产周转用具不得带出生产区禽舍，一旦带出，经严格消毒后才能重新进入生产区或禽舍。不宜借用其他养殖场的车辆和用具，借用前后则应严格消毒。

(四) 饲料与饮水管理

1. 饲料的管理　购买饲料成品或原料时应注意检查霉变情况，必要时可通过化验进行检验。有时曲霉菌对玉米、豆饼（粕）、花生饼（粕）的污染虽肉眼检查不能发现，但足以造成家禽中毒。

饲料运输、保存的过程中应防止发霉变质，运输饲料的卡车必须带有篷布。料仓应当不漏雨，并有防潮措施，还应当有防鼠、防鸟措施。饲料污染沙门氏菌是导致禽沙门氏菌病传染的重要原因。各种饲料原料均可发现沙门氏菌，尤以动物性饲料原料为多见，如肉骨粉、肉粉、鱼粉、皮革蛋白粉、羽毛粉和血粉等。防止饲料污染沙门氏菌，应从饲料原料的生产、贮运和饲料加工、运输、贮藏及饲喂动物各个环节，采取相应的措施。如不用传染病死畜或腐烂变质的畜禽、鱼类及其下脚料作原料。

2. 饮水的管理　水是维持生命的主要物质，占动物组织成分的55%~60%。水能溶解动物体内所需要的营养物质，运送营养，排除废物。为动物提供安全的饮水，防止动物因饮水染疫，是做好饮水管理的根本目的。养殖场的饮用水以自来水为好，同时要自备水源。水源要远离污染源。水源周围50m内不得设置贮粪场、渗漏厕所。水井设在地势高燥处，防止雨水、污水倒流引起污染。定期进行水质检测和微生物及寄生虫学检查，发现问题要及时处理。

细菌学指标是评价水的质量指标之一，反映了水受到微生物污染的状况。水中可能含有多种细菌，其中以埃希氏杆菌属、沙门氏菌属及钩端螺旋体属最为常见。在饮水卫生要求上总的原则是水中的细菌越少越好。评价水质卫生的细菌学指标通常有细菌总数和总大肠菌群数。动物的饮用水和人的饮用水卫生安全指标是一致的。《生活饮用水卫生标准》（GB 5749—2006）规定饮用水消毒细菌学指标应达到如下标准：菌落总数≤100CFU/ml；总大肠菌群不得检出。

(五) 废弃物处理

1. 粪便的处理和利用　禽粪便中常常含有一些病原微生物和寄生虫卵，如果不进行消毒处理，容易造成污染和传播疾病。一些危险的传染病病禽的粪便（如禽流感、新城疫）可通过焚烧处理。需要消毒的粪便量较少时，可用含有2%~5%的有效氯的漂白粉溶液、20%石灰乳等，将污染的粪便与漂白粉或新鲜的生石灰混合，然后深埋于地下，埋的深度应达2m左右。非芽胞病原微生物污染的粪便可通过堆粪或发酵池处理。

2. 尸体的处理　养禽场死亡的禽只尸体，由于含有较多的病原微生物，容易分解腐败，散发恶臭，污染环境。因此，必须及时地妥善处理病死禽尸体。在处理尸体时，不论采用何种方法，都必须将病禽的排泄物、各种废弃物等一并进行处理，以免造成环境污染。高致病性禽流感、新城疫为我国规定的一类疫病，感染这两类疫病的禽只及同群禽必须扑杀焚烧处理。一般非正常死亡的禽只尸体可采用如下方法处理。

(1) 高温处理法。此法是将禽尸体放入特制的高温锅（温度达150℃）内或有盖的大铁锅内熬煮，达到彻底消毒的目的。鸡场也可用普通大锅，经100℃以上的高温熬煮处理。此法可保留一部分有价值的产品，但要注意熬煮的温度和时间，必须达到消毒的要求。

(2) 发酵法。将尸体抛入尸坑内，利用生物热的方法进行发酵，从而起到消毒灭菌的作用。尸坑一般为井式，深达9~10m，直径2~3m，坑口有一个木盖，坑口高出地面

30cm左右。将尸体投入坑内，堆到距坑口1.5m处，盖封木盖，经3~5个月发酵处理后，尸体即可完全腐败分解。

3. 其他废弃物处理 养禽生产中，生活污水、饲料残渣或霉变饲料、环境垃圾等也应严格处理，防止其污染环境、饲料和饮水。生活污水可直接排放入污水处理池。被病原体污染的污水，可用沉淀法、过滤法、化学药品处理法等进行消毒。比较实用的是化学药品消毒法。方法是先将污水处理池的出水管用一木闸门关闭，将污水引入污水池后，加入化学药品（如漂白粉或生石灰）进行消毒。消毒药的用量视污水量而定（一般1L污水用2~5g漂白粉）。消毒后，将闸门打开，使污水流出。饲料残渣、霉变饲料可同粪便混合处理。环境垃圾可通过焚烧、深埋等方法处理。

（六）严格杀虫、灭鼠

养禽场内的节肢昆虫（蚊、蝇、虻和蜱等）、鼠类、一些野生鸟类和宠物（狗、猫等），它们都是疫病发生和流行的传播媒介，不可忽视。因此，养禽场等应加强动物管理，及时发现并驱赶混入禽群中的野生动物或其他畜禽，严格采取杀虫灭鼠措施，切断传播途径。

搞好养殖场环境卫生，保持环境清洁干燥，是减少或杀灭蚊、蝇、蠓等昆虫的基本措施。如蚊虫需在水中产卵、孵化和发育，蝇蛆也需在潮湿的环境及粪便等废弃物中生长。因此，应填平无用的污水池、土坑、水沟和洼地。定期疏通阴沟、沟渠等，保持排水系统畅通。对贮水池、贮粪池等容器加盖，并保持四周环境的清洁，以防昆虫如蚊蝇等飞入产卵。对不能加盖的贮水器，在蚊蝇孳生季节，应定期换水。永久性水体（如鱼塘、池塘等），蚊虫多孳生在水浅而有植被的边缘区域，修整边岸，加大坡度和填充浅湾，能有效地防止蚊虫孳生。圈舍内的粪便应及时清除并堆积发酵处理。也可利用机械方法以及光、声、电等物理方法，捕杀、诱杀或驱逐蚊蝇。必要时，可使用天然或合成的毒物，以不同的剂型（粉剂、乳剂、油剂、水悬剂、颗粒剂、缓释剂等），通过不同途径（胃毒、触杀、熏杀、内吸等），毒杀或驱逐昆虫。此法使用方便、见效快，是杀灭蚊蝇等害虫的较好方法。

鼠的生存和繁殖同环境和食物来源有直接的关系。破坏其生存条件和食物来源则可控制鼠的生存和繁殖。鼠类多从墙基、天棚、瓦顶等处窜入室内。在设计施工时注意：禽舍和饲料仓库应是砖、水泥结构，设立防鼠沟，建好防鼠墙，门窗关闭严密。墙基最好用水泥制成，碎石和砖砌的墙基，应用灰浆抹缝。墙面应平直光滑。砌缝不严的空心墙体，鼠易隐匿营巢，要填补抹平。为防止鼠类爬上屋顶，可将墙角处做成圆弧形。墙体上部与天棚衔接处应砌实，不留空隙。瓦顶房屋应缩小瓦缝和瓦、椽间的空隙并填实。用砖、石铺设的地面，应衔接紧密并用水泥灰浆填缝。各种管道周围要用水泥填平。通气孔、地脚窗、排水沟（粪尿沟）出口均应安装孔径小于1cm的铁丝网，以防鼠窜入。及时堵塞禽舍外上下水道和通风口处等的管道空隙。同时要注意环境清理，改造厕所和粪池，断绝鼠类食物来源。必要时，应用捕鼠夹、电子捕鼠器等捕捉老鼠或用化学毒饵灭鼠。

（七）实施检疫监测预报制度

1. 禽群检疫与净化 养禽场应重点对鸡毒支原体、鸡白痢、禽白血病、结核病等开展检疫，特别是鸡毒支原体、鸡白痢两种疫病可经种蛋垂直传播，尤其是种鸡场，应予以高度重视。每隔1个月对种鸡按0.2%~0.5%抽样，监测鸡支原体和鸡白痢的感染动态，并根据感染情况和种鸡群的要求采取淘汰或预防性投药，及时消灭传染源，建立健康种群。

2. 免疫状况的监测 主要是指对危害较严重的又具有检测手段的家禽传染病，如新城疫、禽流感、传染性法氏囊病、产蛋下降综合征、禽痘等，在免疫接种后的10~15d，监测血清中的抗体水平或接种反应（禽痘），以检验疫苗免疫的效果，必要时对禽群进行补种，确保禽群免疫力。或者接种后间隔一定的时间抽样检测，当禽群免疫后抗体水平达不到要求时，要及时寻找原因（接种方法、疫苗的质量、不同疫苗间的相互影响等）及解决办法。

3. 消毒效果的检测

（1）禽舍空气中细菌含量的检测。可以反映有禽存在时禽舍环境被细菌污染的程度和空舍消毒后的消毒效果。空气中细菌含量的检测有两种方法，即空气采样器法和平板暴露法。

（2）孵化厅的检测。孵化环境的病原微生物污染，特别是大肠杆菌、葡萄球菌、沙门氏菌的污染，是导致雏鸡早期死亡的主要原因。所以要对种蛋表面孵化器和孵化室空气、物体表面和绒毛进行微生物学检测。

（3）消毒液的检测。消毒液微生物学监测是指消毒液使用过程中的效果测定。消毒液按一定浓度使用后有效吗？经过一定期限后效果怎么样？只有通过检测才能保证消毒效果。

4. 药物敏感性检测 定期测定病原菌对常用抗菌药物的敏感性，筛选敏感药物，避免盲目用药，减少无效药物的使用，节约药费开支。

5. 当地及周边地区疫情信息通报 当周边地区有疫情发生时，要立即通报所有受威胁的禽场，做好防范。必要时对禽场进行封锁，防止外来人员车辆进入和限制场内人员流动，将疫病控制在场外。

6. 病死禽的早期诊断与报告 疾病的确诊愈早，损失也就愈少。每个养禽场要对死亡的病禽在隔离条件下由技术人员剖检，发现重要情况应立即送化验室确诊，并由技术人员签发报告单提出处理意见，私自处理造成严重后果要追究责任。注意一类疫病的流行动态和特点，及时诊断，尽快采取针对性的有效防疫措施。

模块二 卫生消毒技术

根据消毒时机和消毒目的的不同，可将禽场消毒分为预防性消毒、临时消毒和终末消毒3类。预防性消毒是指为预防疫病的发生，结合平时的饲养管理对禽舍、场地、用具和饮水等进行定期或不定期的各种消毒措施。临时消毒是指在发生疫病期间，为及时清除、杀灭患病禽只排出的病原体而采取的消毒措施。如在隔离封锁期间，对患病禽只的排泄物、分泌物污染的环境及一切用具、物品、设施等进行反复、多次的消毒。终末消毒是指在疫病控制、平息之后，解除疫区封锁前，为了消灭疫区内可能残留的病原体而采取的全面、彻底的大消毒。

（一）主要通道口消毒

1. 车辆消毒池 生产区入口必须设置车辆消毒池，车辆消毒池的长度为长4m，与门同宽，深0.3m以上，消毒池上方最好建有顶棚，防止日晒雨淋。消毒池内放入2%~4%的氢氧化钠溶液，每周更换3次。北方地区冬季严寒，可用石灰粉代替消毒液。有条件的可在生产区出入口处设置喷雾装置，喷雾消毒液可采用0.1%百毒杀溶液、0.1%新洁尔灭或0.5%过氧乙酸。

2. 消毒室 场区门口及生产区入口要设置消毒室，人员和用具进入要消毒。消毒室内安装紫外线灯（1~2W/m³）；有脚踏消毒池，内放2%~5%的氢氧化钠溶液。进入人员要换鞋、工作服等，如有条件，可以设置淋浴设备，洗澡后方可入内。脚踏消毒池中消毒液每周至少更换2次。

3. 消毒槽（盘） 每栋禽舍、孵化室（厅）门前也要设置脚踏消毒槽（盘），内放2%~4%氢氧化钠溶液，进出禽舍最好换穿不同的专用橡胶长靴，在消毒槽（盘）中浸泡1min，并进行洗手消毒，穿戴上消毒过的工作服和工作帽可进入。

（二）场区环境消毒

平时应做好场区环境的卫生工作，定期使用高压水洗净路面和其他便于冲洗的场所，每月对场区环境进行一次环境消毒。进禽前对禽舍周围5m以内的地面用0.2%~0.3%过氧乙酸，或者使用5%的氢氧化钠溶液进行彻底喷洒；道路使用3%~5%的氢氧化钠溶液喷洒；用3%氢氧化钠（笼养时）或百毒杀、益康喷洒消毒。禽场周围环境保持清洁卫生，不乱堆放垃圾和污物，道路每天要清扫。被病禽的排泄物和分泌物污染的地面土壤，可用5%~10%漂白粉溶液、百毒杀或10%氢氧化钠溶液消毒。

（三）空舍消毒

任何规模和类型的养殖场，其场舍在启用及下次使用之前，必须空出一定时间（15~30d或更长时间）。经多种方法全面彻底消毒后，方可正常启用。

1. 机械清除 对空舍顶棚、天花板、风扇、通风口、墙壁、地面彻底打扫，将垃圾、粪便、垫草、羽毛和其他各种污物全部清除，定点堆放烧毁并配合生物热消毒处理。

2. 净水冲洗 料槽、水槽、围栏、笼具、网床等设施采用动力喷雾器或高压水枪进行常水洗净，按照从上至下、从里至外的顺序进行。对较脏的地方，可事先进行刮除，要注意对角落、缝隙、设施背面的冲洗，做到不留死角。最后冲洗地面、走道、粪槽等，待干后用化学药品消毒。

3. 药物喷洒 常用3%~5%来苏尔、0.2%~0.5%过氧乙酸、20%石灰乳、5%~20%漂白粉等喷洒消毒。地面用药量800~1 000ml/m²，舍内其他设施200~400ml/m²。为了提高消毒效果，应使用两种或三种不同类型的消毒药进行2~3次消毒。通常第一次使用碱性消毒液，第二次使用表面活性剂类、卤素类、酚类等消毒药，第三次常采用甲醛熏蒸消毒。每次消毒要等地面和物品干燥后再进行下次消毒。必要时，对耐燃物品还可使用酒精喷灯或煤油喷灯进行火焰消毒。

4. 熏蒸消毒 熏蒸消毒法是利用福尔马林（含40%甲醛的溶液）与高锰酸钾发生化学反应，快速地释放出甲醛气体，经过一定时间可杀死病原微生物。熏蒸消毒可用于密闭的畜禽舍、仓库及饲养用具、种蛋、孵化机（室）污染表面的消毒。其穿透性差，不能消毒用布、纸或塑料薄膜包装的物品。优点是可对空气、墙缝及药物喷洒不到但空气流通的地方进行彻底消毒。熏蒸消毒时，福尔马林常用量为 28 ml/m³，密闭 1~2 周，或者按每立方米空间 25 ml 福尔马林、12.5 ml 水、25g 高锰酸钾的比例进行熏蒸，消毒时间为 12~24h。但墙壁及顶棚易被熏黄，用等量生石灰代替高锰酸钾可消除此缺点。熏蒸消毒完成后，应通风换气，待对禽只无刺激后，方可使用。

熏蒸消毒前须将舍、室密闭。室温保持在 20℃ 以上，相对湿度在 70%~90%。充分暴露舍、室及物品的表面，并去除各角落的灰尘和蛋壳上的污物。操作时，先将水倒入耐腐蚀的陶瓷或搪瓷容器中，然后放入高锰酸钾，搅拌均匀，最后注入福尔马林。反应开始后药液沸腾，在短时间内即可将甲醛蒸发完毕。由于产生的热较高，容器不要放在地板上，也不要使用易燃、易腐蚀的容器。使用的容器容积要大些（为药液体积的 10 倍左右），徐徐加入药液，防止反应过猛药液溢出。反应结束时，如残渣是一些微湿的褐色粉末，则表明两种药品的比例较适宜；若残渣呈紫色，则表明高锰酸钾过量；若残渣太湿，则说明高锰酸钾不足。为调节空气中的湿度，需要蒸发定量水分时，可直接将水加入福尔马林中，这样还可减弱反应强度。必要时用小棒搅拌药液，可使反应充分进行。达到规定消毒时间后，打开门窗通风换气，必要时用 25% 氨水中和残留的甲醛（用量为甲醛的 1/2）。

（四）带禽消毒

带禽消毒是指对禽舍环境和禽体表的定期或紧急喷雾消毒。正常禽只体表可携带多种病原体，尤其在换羽期间，羽毛可成为一些疫病的传播媒介。做好禽只体表的消毒，对预防一般疫病的发生有一定作用，在疫病流行期间采取此项措施意义更大。带禽消毒常选用对皮肤、黏膜无刺激性或刺激性较小的药品用喷雾法消毒。主要药物有 0.015% 百毒杀、0.1% 新洁尔灭、0.2%~0.3% 次氯酸钠以及过氧乙酸等。药液用量为 60~240ml/m²，以地面、墙壁、天花板均匀湿润和畜禽体表略湿为宜。喷雾粒子以 80~100μm，喷雾距离以 1~2m 为宜。

发生疫情时，可每天消毒一次。冬季带禽消毒，应提高舍温 3~4℃，且药液温度以室温为宜。一般鸡、鸭 10 日龄、鹅 8 日龄以前不可实施带禽消毒，否则容易引起呼吸道疾病。如果禽只患有呼吸道疾病，一般亦不宜带禽消毒。带禽消毒必须避开活苗接种，即在活苗接种的当天、前后各 1d 不得消毒。

（五）运输工具消毒

运载工具包括各种车、船、集装箱和飞机等，在装卸禽类或禽类产品前后，都应对运输工具进行消毒。消毒按以下方法进行。

装运过健康禽只及其产品的运输工具，清扫后用热水洗刷。

装运过一般传染病禽只及其产品的运输工具，应彻底清扫。先打扫车辆表面和车内部，车辆内部包括车厢内地面、内壁及分隔板，外部包括车身、车轮、轮箍、轮框、挡泥板及底盘。除去车体大部分的污染物，将可以卸载的，现场不能或不易消毒的物品移出放于场外。打扫完毕后，用高压水冲洗车辆表面、内部及车底。用含 5% 有效氯漂白粉溶液或 4% 氢氧化钠溶液喷洒消毒 15~30min。清除的粪便、垫草和垃圾，采取焚烧或堆积泥封发酵消毒。

运载过危害严重的传染病禽只及其产品的运输工具,应先用消毒药液喷洒消毒,经一定时间后彻底清扫,特别注意工作人员卸载物品可能接触的地方,注意缝隙、车轮和车底。再用含5%有效氯漂白粉溶液或10%氢氧化钠溶液、4%福尔马林、0.5%过氧乙酸等喷洒消毒1次,消毒30min后,用热水冲洗,清除的粪便、垫草集中烧毁。

(六) 孵化设施及种蛋消毒

对孵化设施及种蛋进行消毒是预防控制禽类蛋媒垂直传播疫病的有效手段。孵化室内的下水道口处应定期投放氢氧化钠消毒,定期对室内、室外进行喷雾消毒。种蛋预选室和孵化厅各车间,每日要用清水冲洗干净后,再用消毒液喷洒消毒一次。

孵化器材的消毒方法多采用熏蒸、浸泡、冲洗、擦拭等手段进行。孵化器和出雏器经冲洗干净后,用过氧乙酸喷洒消毒。出雏盒、蛋盘、蛋架等用次氯酸钠或新洁尔灭溶液浸泡或刷拭干净后,再用福尔马林熏蒸1h。每出一次雏禽,所有使用过的器具都要取出,放入消毒液内浸泡消毒洗净,然后将孵化器和出雏器内外用高压清水冲洗干净,再用消毒液喷洒消毒,逐个进行彻底清洗擦拭、喷洒和熏蒸消毒。蛋盘和雏箱、送雏盒等用具不得逆转使用。雏禽须用本厅专用车辆运送,用过的雏禽盘、鉴别器具、车辆等须经消毒后使用,运送雏禽车辆在回厅时应冲洗消毒。

经收集初选合格的种蛋应在30min内送入孵化厅,并放入消毒柜或熏蒸室进行熏蒸消毒,一般不用溶液法,以免破坏蛋壳表面的胶质保护层。消毒后放入种蛋库存放。种蛋入孵前可以采用熏蒸法、浸泡法和喷雾法消毒。熏蒸法消毒可用福尔马林、过氧乙酸。浸泡法可用0.1%新洁尔灭溶液、0.05%高锰酸钾溶液或0.02%季铵盐溶液,浸泡5min捞出沥干入孵,浸泡时水温控制在43~50℃。喷雾法可用0.1%新洁尔灭溶液均匀喷洒在种蛋的表面,经3~5min,药液干后即可入孵。

(七) 禽类产品外包装消毒

禽类产品外包装物品和用具反复使用,进出场、户会带出、带入各种病原体。因此,必须对外包装进行妥善消毒处理。

塑料包装制品消毒时,常用0.04%~0.2%过氧乙酸或1%~2%氢氧化钠溶液浸泡消毒。操作时先用常水洗刷,除去表面污物,干燥后再放入消毒液中浸泡10~15min,取出用常水冲洗,干燥后备用。也可在专用消毒房间用0.05%~0.5%过氧乙酸喷雾消毒,喷雾后密封1~2h。

金属制品消毒时,先用常水洗刷干净,干燥后用火焰喷烧消毒或用4%~5%的碳酸钠喷洒或洗刷,对染疫制品要反复消毒2~3次。

其他制品如木箱、竹筐等消毒时,由于不耐腐蚀,一般不采用浸泡法。可在专用消毒间熏蒸消毒。用福尔马林42ml/m³熏蒸2~4h或时间更长些。对染疫的此类包装物,必要时烧毁处理。

(八) 交易场所消毒

出售肉品、交易禽只散集后,要彻底清扫场地,粪便垃圾投入发酵坑;出售肉品的肉案、秤、钩、刀等用82℃以上热水或2%热碱水刷洗消毒;地面和交易禽只的场地、栏圈、饲槽等用3%~5%克辽林溶液或2%~4%热碱水消毒;肉案、秤、饲槽等用药物消毒后再用清水冲洗干净。集装箱可用福尔马林熏蒸消毒。

模块三　预防接种技术

（一）免疫程序制定

生产上，免疫程序有广义和狭义之分。广义的免疫程序是指根据一定地区或养殖场内不同疫病的流行状况及疫苗特性，为特定动物群制定的免疫接种方案。主要包括所用各种类疫苗的名称、类型、接种顺序、用法、用量、次数、途径及间隔时间。狭义的免疫程序指在一个畜禽的生产周期中，为预防某种传染病而制定的疫苗接种规程，其内容包括所用疫苗的品系、来源、用法、用量、免疫时机和免疫次数等。各个国家和地区都重视免疫程序的制定，这不仅是养殖场防疫部门的工作，而且是疫苗生产和研究部门的责任，疫苗的产品说明书上应包括免疫程序和使用方法。

1. 制定免疫程序应考虑的因素　在什么时期接种什么样的疫苗，是养禽者尤其是大型养禽场最为关注的问题。没有一个免疫程序是通用的，而生搬硬套别人现成的程序也不一定能获得最佳的免疫效果，唯一的办法是根据本场的实际情况，参考别人已成功的经验，结合免疫学的基本理论、制定适合本地或本场的免疫程序。在制定免疫程序时，应着重考虑下列的一些因素。

（1）疫情因素。①本地的禽病疫情；②饲养本场种苗的各外地禽病疫情；③本场的禽病史及目前仍有威胁的主要传染病。对本地本场尚未证实发生的疾病，必须证明确实已受到严重威胁时才能计划接种，对强毒型的疫苗更应非常慎重，非不得以不引进使用。

（2）家禽因素。①所养家禽的用途及饲养期，例如，种鸡在开产前需要接种传染性法氏囊病油乳剂疫苗，而商品鸡则不必要；②母源抗体的影响，这对鸡马立克氏病、鸡新城疫和传染性法氏囊病疫苗血清型（或毒株）选择时应认真考虑；③不同种类的家禽以及同一种类内的不同品种对某些疾病抗病力的差异。

（3）疫苗因素。①不同疫苗之间的干扰和接种时间的科学安排；②所用疫苗毒（菌）株的血清型、亚型或株的选择；③疫苗剂型的选择，例如活苗或灭活苗、湿苗或冻干苗、细胞结合型和非细胞结合疫苗之间的选择等；④疫苗的出产国家、出产的厂家的选择。

（4）操作因素。①疫苗剂量和稀释量的确定；②不同疫苗或同一种疫苗的不同接种途径的选择；③某些疫苗的联合使用；④同一种疫苗根据毒力先弱后强安排（如传染性支气管炎疫苗先 H_{120} 后 H_{52}）；⑤同一种疫苗的先活苗后灭活油乳剂疫苗的安排；⑥根据免疫监测结果及突发疾病的发生所作的必要修改和补充等。

2. 鸡免疫程序示例

（1）商品代蛋鸡免疫参考程序（见表1-1）。

表1-1　商品代蛋鸡免疫参考程序

接种时间	疫苗名称	用法	用量	备注
1日龄	马立克氏病疫苗	皮下注射	每羽1羽份	出壳24h内用
7日龄	新城疫-传支（H_{120}）二联苗	滴鼻或点眼	每羽1~2滴	
12日龄	传染性法氏囊病疫苗	滴鼻或点眼	每羽1~2滴	

(续表)

接种时间	疫苗名称	用法	用量	备注
18日龄	新城疫Ⅱ系和Ⅳ系苗	饮水或滴鼻点眼	每羽1.5倍量饮水或滴鼻点眼1~2滴	Ⅱ系和Ⅳ系同时免疫
22日龄	鸡痘活疫苗	翼膜刺种	按规定羽份	
25日龄	中毒株传染性法氏囊病疫苗	滴鼻或点眼	每羽1~2滴	
31日龄	传染性喉气管炎冻干苗	滴鼻或点眼	每只1~2滴	非疫区不用
35日龄	传染性鼻炎油乳剂灭活苗	皮下注射	每只1羽份	
40日龄	新城疫-传支（H_{52}）二联苗	滴鼻	每只1~2滴	
65日龄	新城疫Ⅳ系（或Ⅰ系）	饮水或气雾	每只1.5倍量饮水	由HI滴度水平而定
80日龄	传染性喉气管炎冻干苗	滴鼻或点眼	每只1~2滴	非疫区不用
90日龄	禽霍乱油乳苗	肌肉注射	每只0.5ml	
110日龄	传染性鼻炎油乳剂灭活苗	皮下注射	每只0.5ml	
115日龄	新城疫油乳剂灭活苗	皮下或肌肉注射	每只1ml	可单独注射或用联苗注射
125日龄	禽流感油乳剂灭活苗	皮下注射	每只1羽份	非疫区少用
130日龄	传染性法氏囊病油乳剂灭活苗	皮下注射	每只0.5ml	可单独注射或用二联、三联苗注射
140日龄	产蛋下降综合征油乳剂灭活苗	肌肉注射	每只0.5ml	
300日龄	新城疫Ⅳ系苗	饮水或气雾	每只1.5倍量饮水	由HI滴度水平而定

（2）蛋（肉）种鸡免疫参考程序（见表1-2）。

表1-2 蛋（肉）种鸡免疫参考程序

接种时间	疫苗名称	用法	用量	备注
1日龄	马立克氏病疫苗	皮下注射	每羽1羽份	出壳24h内用
3日龄	新城疫Ⅳ系苗	滴鼻或点眼	每羽1~2滴	
5日龄	H120株传染性支气管炎疫苗	饮水或气雾	每羽1.5倍量饮水	
12~14日龄	中等毒力传染性法氏囊病疫苗	滴鼻或点眼	每羽1~2滴	
16~18日龄	病毒性关节炎1号苗	皮下注射		仅供肉种鸡用
20~22日龄	鸡痘活疫苗	翼膜刺种	按规定羽份	
26~28日龄	新城疫Ⅳ系（或Ⅰ系）	滴鼻或点眼	每羽1~2滴	
34日龄	中等毒力传染性法氏囊病疫苗	滴鼻或点眼	每只1~2滴	
35日龄	传染性鼻炎油乳剂灭活苗	皮下注射	每只1羽份	
40日龄	传染性喉气管炎冻干苗	滴鼻或点眼	每只1~2滴	非疫区不用
45日龄	传染性鼻炎油乳剂灭活苗	皮下注射	每只1羽份	
50日龄	病毒性关节炎2号苗	皮下注射	每只1羽份	仅供肉种鸡用
90日龄	禽霍乱油乳苗	肌肉注射	每只0.5ml	
110日龄	传染性鼻炎油乳剂灭活苗	皮下注射	每只0.5ml	

（续表）

接种时间	疫苗名称	用法	用量	备注
115日龄	新城疫油乳剂灭活苗	皮下或肌肉注射	每只1ml	可单独注射或用联苗注射
125日龄	禽流感油乳剂灭活苗	皮下注射	每只1羽份	非疫区少用
130日龄	传染性法氏囊病油乳剂灭活苗	皮下注射	每只0.5ml	可单独注射或用二联、三联苗注射
140日龄	产蛋下降综合征油乳剂灭活苗	肌肉注射	每只0.5ml	
300日龄	新城疫Ⅳ系苗	饮水或气雾	每只1.5倍量饮水	由HI滴度水平而定

（3）商品代肉鸡免疫参考程序（见表1-3）。

表1-3　商品代肉鸡免疫参考程序

接种时间	疫苗名称	用法	用量	备注
1日龄	马立克氏病疫苗	皮下注射	每羽1羽份	出壳24h内用
4日龄	新城疫-传支（H$_{120}$）二联苗	滴鼻或点眼	每羽1~2滴	
7日龄	传染性法氏囊病中等毒力疫苗	滴鼻或点眼	每羽1~2滴	
8日龄	新城疫Ⅳ系苗	饮水或滴鼻点眼	每羽1.5倍量饮水或滴鼻点眼1~2滴	
15日龄	H5亚型禽流感灭活疫苗	皮下或肌肉注射	每羽0.3ml	
22日龄	鸡痘活疫苗	翼膜刺种	按规定羽份	
28日龄	新城疫Ⅳ系苗	饮水免疫	加倍量	
35~40日龄	H5亚型禽流感灭活疫苗	皮下或肌肉注射	每只鸡0.5ml	

（二）疫苗的运输、保存与使用

1. 疫苗的运输和保存　疫苗的科学运输和保管，是保证免疫成功的重要环节之一，在这一过程中，应注意：①避免高温和阳光直射，在夏季天气炎热时尤其重要；②疫苗应低温保存和运输，但应注意不同种类的疫苗所需的最佳温度不同。例如，冻干苗、湿苗需要-20~0℃，而油乳剂疫苗和铝胶剂疫苗则应避免冻结，最适温度为2~8℃。这在北方寒冷季节尤应注意，而细胞结合型马立克氏病疫苗则应在液氮内保存；③疫苗应有专人保管，并造册登记，以免错乱；④不同种类、不同血清型、不同毒株、不同有效期的疫苗应分开保存，先用有效期短的后用有效期长的；⑤应经常检查电冰箱或冰库电源及温度，最好应有发电机备用；⑥电冰箱或冷藏柜内如结霜（或冰）太厚时，应及时除霜，使冰箱达到确定的冷藏温度；⑦保存期较长的和较重要的疫苗应与常用疫苗分开保存，并尽可能减少打开冰箱门的次数，尤其是天气炎热时更应注意。经营和使用单位收到生物制品后应立即清点，尽快放到规定的温度下贮藏，如发现运输条件不符合规定，包装不符合规格，或者货、单不符，批号不清等异常现象时，应及时与生产企业联系解决。

2. 疫苗的使用　使用疫苗必须在兽医指导下进行；必须按照疫苗说明书及瓶签上的内容及农业部发布的其他使用管理规定使用；对采购、使用的疫苗必须核查其包装、生产单位、批准文号、产品生产批号、规格、失效期、产品合格证、进货渠道等，并应有书面记录；在使用疫苗的过程中，如出现产品质量及技术问题，必须及时向县级以上农牧行政管理机关报告，并保存尚未用完的疫苗备查；订购的疫苗，只许自用，严禁以技术服务、推广、代销、代购、转让等名义从事或变相从事疫苗经营活动。

（1）疫苗的剂量。疫苗的剂量太少和不足，不足以刺激机体产生足够的免疫效应，剂量过大可能引起免疫麻痹或毒性反应，所以疫苗使用剂量应严格按产品说明书进行；过期或失效的疫苗不得使用，更不得用增加剂量来弥补；大群接种时，为预备注射等过程中一些浪费，可适量增加10%~20%的用量。

（2）疫苗的稀释。稀释疫苗之前应对使用的疫苗逐瓶检查，尤其是名称、有效期、剂量、封口是否严密、是否破损和吸湿等；对需要特殊稀释的疫苗，应用指定的稀释液。而其他的疫苗一般可用生理盐水或蒸馏水稀释。稀释液应是清凉的，这在天气炎热时尤应注意。

稀释液的用量在计算和称量时均应细心和准确；稀释过程应避光、避风尘和无菌操作，尤其是注射用的疫苗应严格无菌操作。稀释过程中一般应分级进行，对疫苗瓶一般应用稀释液冲洗2~3次。稀释好的疫苗应尽快用完，尚未使用的疫苗也应放在冰箱或冰水桶中冷藏。

（3）对于液氮保存的马立克氏病疫苗的稀释，生产厂家有操作程序时，应严格按提供的程序执行，如无现成的程序，也可参考如下的注意事项。

一般性要求：①液氮保存的疫苗必须有指定的专业技术人员负责保管和稀释；②定期测定和登记罐内的液氮量，液氮量不足时应及时补充；③液氮罐应存放于安全的地方，与宿舍、办公室、仓库等保持一定的距离；④带液氮罐领取疫苗时应由专车运送，不得用客运交通工具运送，如需经火车等长途运输，则必须征得有关部门的同意，并采取相应防范措施后再作运输。

疫苗的稀释过程：①操作者应先戴好防护面具和手套；②稀释液平时应于4℃保存，稀释前释稀液温度为15~27℃（按厂家规定办）；③按疫苗厂家的要求，准备好15~27℃的水浴箱（桶）以及长柄钳1~2支、冰块、托盘、水桶、自来水、注射器、18号针头等备用；④打开液氮罐，取出一支疫苗后迅速将其余疫苗放回液氮罐内；⑤立即将已取出的疫苗放入已准备好的水浴中，使疫苗迅速解冻；⑥待疫苗已完全溶解后，立即取干布拭干，甩动疫苗瓶，使疫苗瓶颈部不含疫苗液。在尽可能远离操作者面部及身体的地方把疫苗瓶颈部折断；⑦取注射器套上18号针头，抽取少量稀释液1~2ml，温度在15~27℃（按厂家规定办），再将疫苗液抽入注射器内，轻轻混匀，注入稀释液瓶中，然后再抽取稀释液连续冲洗疫苗瓶3次，并将冲洗液加入到疫苗稀释液中；⑧轻轻地摇动已加入疫苗的稀释液，使疫苗均匀地分布在稀释液中；⑨把稀释好的疫苗保持在15~27℃（按厂家规定办），在注射期间也应保持在这一温度范围内；⑩已稀释的疫苗必须在稀释后1h内用完。

（三）免疫接种途径

禽类的免疫方法可分为个体免疫法和群体免疫法。前者免疫途径包括注射、点眼、滴鼻、滴口、刺种、擦肛等，后者包括饮水、拌料、气雾免疫等。选择合理的免疫接种途径可以大大提高禽类机体的免疫应答能力。

1. 注射免疫接种 适用于各种灭活苗和弱毒苗的免疫接种。根据疫苗注入的组织不同，又可分为皮下注射与皮内注射、肌肉注射。注射接种剂量准确、免疫密度高、效果确实可靠，在实践中应用广泛。

（1）皮下接种。这种方法多用于灭活苗及免疫血清、高免卵黄抗体接种，选择禽只颈部背侧下1/3处，针头自头部刺向躯干部。注射部位消毒后，注射者右手持注射器，左手食指与拇指将皮肤提起呈三角形，使之形成一个囊，沿囊下部刺入皮下约注射针头的2/3，将左手放开后，再推动注射器活塞将疫苗徐徐注入。然后用酒精棉球按住注射部位，将针头拔出。

（2）皮内接种。鸡在肉髯部位接种。注射部位用酒精棉球消毒后，术者以左手绷紧固定皮肤，右手持注射器，使针头斜面向上，几乎与注射皮面平行刺入0.5cm左右。应注意刺时宜慢，以防刺出表皮或深入皮下。同时，注射药液后在注射部位有一小包，且小包会随皮肤移动，则证明确实注入皮内，然后用酒精棉球消毒皮肤针孔及其周围。皮内接种疫苗的使用剂量和局部副作用小，相同剂量疫苗产生的免疫力比皮下接种高。

（3）肌肉注射。多用于弱毒疫苗的接种。肌肉注射操作简便、应用广泛、副作用较小，药液吸收快，免疫效果较好。禽宜在胸肌或大腿外侧肌肉注射。注射时针头与皮肤表面呈45°，避免疫苗流出。

2. 点眼与滴鼻 禽类眼部具有哈德氏腺，鼻腔黏膜下有丰富的淋巴样组织，对抗原的刺激都能产生很强的免疫应答反应。操作时，用乳头滴管吸取疫苗，将鸡眼或鼻孔向上，呈水平位置，滴头离眼或鼻孔1cm左右，滴于眼或鼻孔内。这种方法多用于雏禽，尤其是雏鸡的首免。利用点眼或滴鼻法接种时应注意：接种时均使用弱毒苗，如果有母源抗体存在，会影响病毒的定居和刺激机体产生抗体，此时可考虑适当增大疫苗接种量。点眼时，要等待疫苗扩散后才能放开雏鸡。滴鼻时，可用固定雏鸡的左手食指堵着非滴鼻侧的鼻孔，加速疫苗的吸入。

生产中也可以用能安装滴头的塑料滴瓶盛装稀释好的疫苗，装上专用滴头后，挤出滴瓶内部分空气，迅速将滴瓶倒置，使滴头向下，拿在手中呈垂直方向轻捏滴瓶，进行点眼或滴鼻，疫苗瓶在手中应一直倒置，滴头保持向下。为减少应激，最好在晚上或光线稍暗的环境下接种。

3. 皮肤刺种 常用于禽痘、禽脑脊髓炎等疫病的弱毒疫苗接种。家禽一般采用翼膜刺种法，在家禽翅膀内侧无血管处的"三角区"，用刺种针（如图1-1）蘸取疫苗，刺针针尖向下，使药液自然下垂，轻轻展开鸡翅，从翅膀内侧对准翼膜用力垂直刺入并快速穿透，使针上的凹槽露出翼膜（如图1-2）。每次刺种针蘸苗都要保证凹槽能浸在疫苗液面以下，出瓶时将针在瓶口擦一下，将多余疫苗擦去。在针刺过程中，要避免针槽碰上羽毛以免疫苗溶液被擦去，也应避免刺伤骨头和血管。每1~2瓶疫苗就应换用一个新的刺种针，因为针头在多次使用后会变钝，针头变钝意味着需要加力才能完成刺种，这可能使一些疫苗在针头穿入表皮之前被抖落。刺种后，应及时对禽群的接种部位进行接种反应观察，一般接种4~6d后在接种部位会出现皮肤红肿、增厚、结痂等接种反应，如接种部位无反应或禽群的反应率低，则必须及时重新接种。因此，要在刺种后2周左右检查免疫的效果。如无局部反应，则应检查鸡群是否处于免疫阶段，疫苗质量有无问题或接种方法是否有差错，及时进行补充免疫。

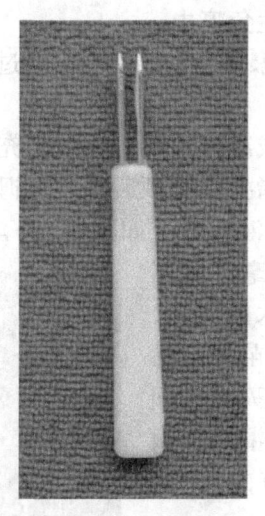 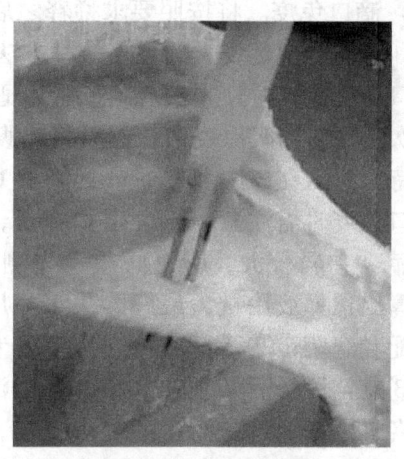

图1-1 疫苗刺种针　　　　　　　图1-2 鸡翼膜刺种

4. 擦肛接种　用消毒的棉签、毛笔或小刷蘸取疫苗，直接涂擦在家禽泄殖腔的黏膜上。擦肛后4~5d，可见泄殖腔黏膜潮红，否则应重新接种。常用于鸡传染性喉气管炎强毒苗的接种。

5. 经口免疫接种　经口免疫即将疫苗均匀地混于饲料或饮水中经口服后而使禽只获得免疫，可分为饮水、滴口、拌料3种方法。饮水、拌料免疫效率高、省时省力、操作方便，能使全群禽只在同一时间内同时被接种，对群体的应激反应小，但禽群中抗体滴度往往不均匀，免疫持续期短，免疫效果常受到其他多种因素的影响。

（1）饮水免疫。饮水免疫时，应按禽只数量和禽只平均饮水量，准确计算疫苗用量。用于口服的疫苗必须是高效价的活苗，可增加疫苗用量，一般为注射剂量的2~5倍。例如，鸡饮水免疫时，稀释疫苗的用水量应根据鸡的大小来确定，一般为鸡日饮水量的30%，疫苗用量高于平均用量的2~3倍，保证所有的鸡同时喝到疫苗水。具体可参照如下用水量：1~2周龄每只8~10ml；3~4周龄每只15~20ml；5~6周龄每只20~30ml；7~8周龄每只30~40ml；9~10周龄每只40~50ml。疫苗混入饮水后，必须迅速口服，保证在最短的时间内摄入足量疫苗。因此，免疫前应停饮一段时间，具体停水时间长短可灵活掌握，一般在天气炎热的夏秋季节或饲喂干料时，停水时间可适当短些，在天气寒冷的冬春季节或饲喂湿料时，停水时间可适当长些，使禽只在施用饮水免疫前有一定的口渴感，确保禽只在0.5~1h内将疫苗稀释液饮完。稀释疫苗的水，可用深井水或凉开水，饮水中不应含有游离氯或其他消毒剂。此外，饮水器要保持清洁干净，不可有消毒剂和洗涤剂等化学物质残留。饮水的器皿不能是金属容器，可用瓷器和无毒塑料容器。稀释疫苗宜将疫苗开瓶后倒入水中搅匀。为有效地保护疫苗的效价，可在疫苗稀释前在饮水中加入疫苗保护剂。弱毒湿疫苗加0.2%~0.3%的脱脂奶或脱脂鲜奶，弱毒冻干疫苗加入1%~2%脱脂奶或10%脱脂鲜奶。

混有疫苗的饮水以不超过室温为宜，应注意避免疫苗暴露在阳光下，如在炎热季节给动物施用饮水免疫时，应尽量避开高温时进行。为保证禽只充分吸收药物，在饮水免疫后还应适当停水1~2h。此外，禽只在饮水免疫前后24h内，其饲料和饮水中不可使用消剂和抗菌素类药物，以防引起免疫失败或干扰机体产生免疫力。

（2）滴口免疫。将按照要求稀释之后的疫苗滴于家禽口中，使疫苗通过消化道进入家禽体内，从而产生免疫力的免疫接种方法。

滴口免疫操作时，先按规定剂量用适量生理盐水或凉开水稀释疫苗，充分摇匀后用滴管或一次性注射器吸取疫苗，然后将鸡腹部朝上，食指托住头颈后部，大拇指轻按前面头颈处，待张口后在口腔上方1cm处滴下1～2滴疫苗溶液即可（如图1-3）。

滴口免疫时需注意：①确定稀释量，普通滴瓶每毫升水有25～30滴，差异较大，所以必须事先测量出每毫升水的滴数，然后计算出稀释液用量，最好购买正规厂家生产的疫苗专用稀释液及配套滴瓶；②稀释液可选用疫苗专用稀释液或灭菌生理盐水；③疫苗稀释后必须在0.5～1h内滴完；④防止漏滴，做到只只免疫；⑤要注意经常摇动疫苗，以保持疫苗的均匀；⑥在滴口免疫前后24h内停饮任何有消毒剂的水。

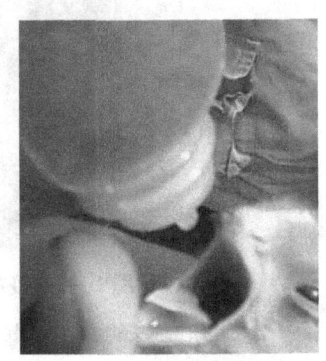

图1-3　雏鸡滴口免疫

（3）拌料免疫。生产中采用拌料免疫的有鸡新城疫Ⅰ系、Ⅱ系苗及鸡球虫苗。注意拌料要均匀，并现配现用。拌疫苗的饲料温度以室温为宜，不可直接撒在地面上，且应避免日光照射。

①直接拌料。将新城疫疫苗按规定剂量溶解于水，混匀后拌碎米或玉米粉或鸡颗粒料，早晨鸡空腹时1次喂给，让鸡采食。对大小不一和吃食较少的鸡，可在第二天重复饲喂1次，以确保鸡吃进足够的剂量。免疫前应计算鸡群实际需要饲料粮，防止饲料不足或过剩。

②喷雾拌料。将按规定剂量稀释后的球虫疫苗悬液倒入干净的农用喷雾器或加压式喷雾器中，称取适量的饲料放入料盘中，把球虫疫苗均匀的喷洒在饲料上，喷洒时需要不时摇晃喷雾器，至少来回喷两次，每喷一次都要充分拌料。将拌有疫苗的料平均分配到每个料盘，让鸡自由采食，全部吃干净需4～5h。注意倒拌有疫苗料之前不要刻意断料，倒料前只把料盘中的剩料倒干净即可，以免"抢食"造成每只鸡免疫剂量不均匀。

6. 气雾免疫法　将稀释的疫苗在气雾发生器的作用下喷雾射出去，使疫苗形成5～100μm的雾化粒子，其中，雾粒直径为50～100μm称为粗滴气雾免疫，雾粒直径为5～22μm称为细滴气雾免疫。

在进行鸡群喷雾免疫前，应加强通风，并采取带鸡消毒等降温或增湿措施，以使舍内的温度保持在18～24℃，相对湿度保持在70%左右，空气中看不到灰尘颗粒等。气雾免疫不适于30日龄内的雏鸡和存在慢性呼吸道病的鸡群，以免诱发呼吸道系统疾患。气雾粒子为60μm左右时，一般停留在雏鸡的眼和鼻腔内，很少发生慢性呼吸道病，适宜对6周龄以内的小雏鸡气雾免疫。而对12周龄雏鸡气雾免疫时，气雾粒子取10～30μm为宜。在鸡头上1.5m左右喷雾，成45°，使雾粒刚好落在家禽的头部。喷完后要最大限度地降低通风换气量，以保证气雾免疫效果，同时也要防止通风不良而造成窒息死亡。

小日龄雏鸡喷雾时，可打开出雏器或运雏箱，使其排列整齐。平养的肉鸡，可集中在鸡舍一角；或者把鸡舍分成两半，中间设一栅栏并留门，从一边向另一边驱赶肉鸡，当肉鸡分批通过栅栏门时喷雾；接种人员还可在鸡群中间来回走动喷雾疫苗，至少来回两次。笼养蛋（肉）鸡，直接在笼内一层层地循序进行喷雾。

（四）影响家禽免疫效果的因素

1. 免疫程序安排不合理 禽场应根据当地疫病流行情况及本场实际制订合理的免疫程序，没有任何一个免疫程序可以适用于所有地区及不同类型的养禽场。安排免疫接种时，对下列因素考虑不周常会影响免疫效果。

（1）家禽疫病日龄的易感性。如鸡马立克氏病1日龄较10日龄的鸡易感性大几十倍至几百倍，因此，应安排在出壳后24h内接种马立克氏病疫苗，在18日龄的胚胎期接种更为理想。

（2）疾病的流行季节。禽痘在春、夏季节多发，鸡新城疫在冬春季节发生较多。在疫病的多发季节应着重加强免疫。

（3）当地、本场疫病的流行。在江苏省等养殖业较为发达的地区，近年来鸡新城疫、传染性法氏囊病、传染性支气管炎和传染性喉气管炎等较为流行，应根据当地情况尽早合理安排疫苗接种。

（4）母源抗体的影响。母源抗体能与接种的疫苗病毒发生中和作用，因此，在首免接种前应检测母源抗体的水平。对于母源抗体水平较低的鸡，首免可于日龄较小时进行；母源抗体水平较高的雏鸡，应推迟进行免疫接种；对于母源抗体水平参差不齐、差异较大，而该地区又存在某疫病的严重威胁时，雏鸡的免疫接种可分两次进行，一次在较小日龄，以提高低母源抗体水平雏鸡的免疫力，一次在较大日龄，以使原来母源抗体水平较高的雏鸡也能产生良好的免疫力。

（5）疫苗的联合使用或重复使用的影响。如使用新城疫弱毒疫苗1周内不要使用传染性支气管炎弱毒疫苗；接种传染性支气管炎弱毒疫苗2周内不要用新城疫弱毒疫苗；接种传染性喉气管炎弱毒疫苗前后各1周内，不要使用其他呼吸道病的弱毒疫苗；接种新城疫或传染性喉气管炎弱毒疫苗后不到6周，即使用该病的灭活疫苗，产生的免疫效果较差，其间隔最好在8周或更长。

2. 疫苗使用不当

（1）疫苗质量不合标准。①含量不足，如马立克氏病湿疫苗为细胞结合性疫苗，使用时若不频频摇动，细胞容易下沉，造成先注射的剂量过大而后注射的剂量不足。另外，注射该疫苗时针头内径应大于1.2mm，一般用7号针头，以利于细胞通过。弱毒疫苗喷雾时，雾滴过小或过大或温度过高。②油乳剂疫苗油水分层、被冻结或注射器的定量控制失灵。③氢氧化铝佐剂的颗粒过粗或使用时没有充分摇匀。④疫苗在运输、保管过程中因温度过高或反复冻融而减效或失效。

（2）疫苗选择不当。疫病的误诊造成错用疫苗。例如，发生鸡新城疫时误用传染性喉气管炎疫苗进行接种，致使新城疫爆发。疫苗的毒株或血清型选择不当。在传染性法氏囊病流行的地区，种鸡已接种过该病疫苗，抗体水平高而仅选用低毒力的疫苗进行接种。已接种H_{52}疫苗的鸡又再使用H_{120}的疫苗进行接种；使用与本场、本地区血清型不对应的传染性支气管炎、禽出血性败血症、大肠杆菌病疫（菌）苗；该地区的鸡感染变异毒株或超强毒株而还使用常规疫苗免疫时，都不能产生理想的免疫力。

（3）疫苗稀释的差错。①稀释液不当。鸡马立克氏病疫苗不按要求用特殊的稀释液；②饮水免疫时用含高浓度消毒液的自来水或因水的酸碱度及离子不合乎要求而影响疫苗的接种质量；③稀释液的量偏大，造成疫苗的接种不足；④液氮罐低温保存的疫苗，在稀释时不按规程操作；⑤在接种过程中，从疫苗稀释后到接种之间的间隔时间太长；⑥稀释疫苗时，在疫苗中加入过量抗生素或其他化学药物，以致降低疫（菌）苗的数量，影响免疫效果。

（4）多种疫苗之间的干扰作用。多种疫苗同时使用或相近时间接种，可能会彼此发生影响，出现互相抑制作用。

3. 接种技术或方法选择不当

（1）不按疫苗规定的方法接种。呼吸道病的疫苗接种，首次免疫常用滴鼻、点眼的方法，使弱毒活疫苗的病毒能通过鼻泪管的哈德氏腺进入上呼吸道繁殖。如新城疫、传染性支气管炎、传染性喉气管炎的免疫，首先采用滴鼻、点眼的方法免疫，以产生局部免疫为主。新城疫Ⅰ系疫苗的加强免疫和灭活疫苗多用注射法进行免疫；传染性法氏囊病病毒主要在消化道内繁殖，经口给予优于点眼、滴鼻的免疫方法。饮水免疫未按规定操作也会导致免疫失败。

（2）接种失误或错漏。滴鼻、点眼接种时不正确操作，疫苗没有进入眼鼻内；注射部位不当或注射针头太粗，注射时连续注射器定量控制失灵；喷雾免疫时，雾滴的大小、喷雾操作的高度和速度不恰当。

（3）接种前后违规使用抗菌药物、抗病毒药物对疫苗的影响。

（4）接种过于频繁，超剂量接种，造成免疫麻痹。

4. 禽只本身不适宜免疫

（1）日龄过小，免疫器官尚未成熟，产生的免疫应答能力差。

（2）雏鸡存在大量的母源抗体或残存抗体，中和疫苗病毒，使免疫效果降低或失效。

（3）禽只受病原体的感染，处于潜伏阶段，当接种疫苗时促进疫病的暴发。

（4）严重慢性呼吸道病对呼吸道黏膜的损害，不利于疫苗中的病原体的繁殖。

（5）霉菌毒素中的黄曲霉毒素含量大于 0.1×10^{-6}、褐曲霉毒素大于 $0.3 \times 10^{-6} \sim 0.4 \times 10^{-6}$ 时影响免疫效果。

（6）禽马立克氏病、传染性法氏囊病造成免疫抑制。

5. 禽只缺乏营养和良好的管理

（1）喂饲非全价的饲料，特别是动物性蛋白含量不足或禽群处于限饲情况。另外，电解质和维生素 A、维生素 E、维生素 C 的不足。

（2）热应激或保温不良，育雏温度过低等，使机体抵抗力降低。

（3）通风不良，饲养密度过大，氨气浓度过大，垫料潮湿不洁。

模块四 给药技术

（一）影响药物作用的因素

许多因素可能干扰药物对家禽疾病的疗效，主要包括药物方面、家禽方面、饲养管理及环境因素。

1. 药物方面的因素

（1）药物的剂量。剂量是决定药效的重要因素。临床用药时，除根据兽药典、兽药规范等决定用药剂量外，还应根据药物的理化性质、毒副作用和家禽病情发展的需要适当调整剂量。

（2）剂型。剂型对药物作用的影响主要表现为药物吸收的快慢、多少的不同，从而影响药物的生物利用度。

（3）给药方案。给药方案包括给药剂量、途径、时间间隔和疗程。给药途径不同主要影响药物的生物利用度和药效出现的快慢，应根据疾病治疗的需要及药物的性质选择合适的给药途径。家禽由于多为集约化饲养，宜用混饲或混饮的群体给药方法。有些药物，如驱虫药一次给药可奏效，但大多数抗菌药物要求有充足的疗程才能保证稳定的药效，一般3~5d为一疗程。

（4）联合用药。临床上同时使用两种或两种以上的药物治疗疾病称为联合用药，其目的是提高疗效，消除或减轻某些毒副作用。但是，同时使用两种或两种以上药物，可能会发生药动学的相互作用，从而影响药物的吸收、分布、生物转化和排泄，或者在药效上可能发生协同作用、相加作用或颉颃作用。另外，两种以上药物如果混合使用，可能发生体外相互作用，出现药物中和、水解、破坏失效等理化反应，这时药物可能出现混浊、沉淀、产生气体及变色等外观异常现象，称为配伍禁忌。

2. 家禽方面的因素

（1）种属差异。家禽对某些药物较哺乳动物敏感，如家禽对有机磷类、氯化钠较为敏感。对驱虫药硫双二氯酚，北京鸭较鸡要敏感。

（2）生理病理状态。家禽不同龄期或生长阶段对同一药物的反应往往也有差异，如磺胺类药物对雏禽较为敏感，许多药物禁用于家禽的产蛋期。家禽的病理状态也会影响药物的作用，如严重的肝、肾功能障碍，可影响药物的生物转化和排泄，从而引起药物蓄积，引发毒性反应；严重的寄生虫病，可使高血浆蛋白结合率的药物的血中游离药物浓度增加，使药物作用增强和消除半衰期缩短。

3. 饲养管理和环境因素 药物的作用是通过机体表现出来的，家禽机体的功能状态与药物的作用也有密切的关系。饲养方面要注意饲料营养全面，根据家禽不同生长时期的需要合理调配日粮成分，以免出现营养不良或过剩。管理和环境方面要考虑家禽合适的饲养密度，以及禽舍适宜的温湿度、良好的通风与采光、减少各种应激、保持饲养环境洁净和减少病原体污染等。

（二）家禽临床合理用药原则

1. 正确诊断 任何药物合理应用的先决条件是疾病的正确诊断。对疾病有了足够的认识，才能有的放矢地选择药物，针对适应症用药。

2. 用药要有明确的指征 针对患病家禽的具体病情，选择药效可靠、安全、方便、价廉易得的药物制剂。反对滥用药物，尤其是抗菌药物。

3. 熟悉药物性质，确定给药方案 掌握药物的作用、用法、适应症，熟悉药物的不良反应和禁忌症，确定正确的给药剂量、给药途径，疗程恰当。

4. 预期药物的疗效和不良反应 对治疗过程做好详细的用药计划，认真观察出现的药效和不良反应，以便随时调整给药方案。

5. 尽量避免多种药物的联合应用 在确定诊断以后，及时选择最有效、安全的药物进行治疗，一般情况下不应同时使用多种药物（尤其是抗菌药物）。

6. 多措施治疗 对因治疗、对症治疗、辅助治疗巧妙结合，标本兼治才能取得满意疗效。

（三）家禽的个体给药方法

1. 内服法 指将药物的水剂、片剂、丸剂、胶囊剂及粉剂等，经口直接投入家禽的食道上端的方法。此法多用于用药次数较少或用药量需精确的情况，对饲养量较少的养鸡户适用。

内服法的优点是给药剂量准确，并能让每只禽都服入药物。但是，此法花费人工较多，适合于较小的禽群或珍贵的禽只。内服给药较注射给药吸收慢，因为其吸收过程由于受到消化道内酸碱度和各种酶的影响，所以药效出现迟缓。应用内服法时，需将禽只固定好后才投药，灌服药液时其药量不宜过多，插管不宜过浅，以防药液流入气管引起窒息而死。

2. 静脉注射法 禽只静脉注射的部位多采用翼下静脉（鸭称为肱静脉）。注射时先将肱窝消毒，用左手压住静脉根部，使血管充血增粗，然后将盛有药液的注射器上的针头刺入静脉内，见有血回流，即放开左手，将药液缓缓注入即可。

静脉注射的优点是可将药物直接送入血液循环而迅速产生药效，因而适用于急性严重病例、对药量要求准确及药效要求迅速的病例。需注射某些刺激性药物及高渗溶液时亦必须用此法，如氯化钙及解毒剂等。此法技术要求高，尤其是要求一次性注射成功。若注射药物时未注入静脉中，血液就会溢出，将会增加再次注射药物的难度。另外，药物的选择、稀释应严格按注射剂的要求，器具使用前要消毒。

3. 肌肉注射法 肌肉注射优点是药物吸收较快，仅次于静脉注射，常应用于预防和治疗禽类的疾病。肌肉注射的部位有腿部外侧肌肉、胸部肌肉及翼根内侧肌肉，其中以翼根内侧肌肉注射较为安全。胸肌注射，可选择肌肉丰满处进行，针头不要与肌肉表面呈垂直方向刺入，插入不宜太深，以免刺入肝脏或体腔引起死亡。腿部外侧肌肉注射一般需要有人帮助保定，或者呈坐姿用左脚将鸡两翅踩住，左手食、中、拇指固定鸡的小腿，右手握注射器即可向肌肉内注射。刺激性较强的药液如氟苯尼考注射液、油乳剂疫苗等忌在其腿部注射，这些药物注入腿部肌肉后会使禽腿长期疼痛而行走不便，影响禽只采食，也会影响禽的生长发育，应选在翅膀或胸部肌肉多的地方注射。当药液体积大时应在胸部肌肉丰满处多点注射给药，忌在一点注入，因禽的肌肉薄，在一点注入药液过多，易引起局部肌肉损伤，也不利于药物快速吸收。注射时注意保定，以不紧不松为准，做到既牢固又不伤禽，以免因其挣扎而造成针孔扩大，造成出血或药液流出，影响其疗效甚至造成刺入胸肺等重要部位而致内出血死亡。各种药剂进行肌肉注射时，以水溶液吸收快，油溶液吸收慢，但使用油溶液可减少给药次数。如为刺激性的药物，应采用深部肌肉注射。注射过程中，注意注射器具及注射部位的消毒。

4. 气管注射法 注射部位在禽的喉下，颈部腹侧偏右，气管的软骨环之间。针头刺入后，应缓慢注入药物。此法可用于治疗鸡气管比翼线虫病和败血支原体病。

5. 嗉囊注射法 常用于注射对口咽有刺激性的药物或禽只有暂时性吞咽障碍、张喙困难而又急需服药时，当误食毒药时也可通过嗉囊注射解毒药物。其方法是以左手提起鸡的两翅，使其身体下垂，头朝向术者前方。右手握针管将针头由上而向下内侧刺入鸡的颈部右侧，离左翅基部1cm处的嗉囊内，即可注射。鸡嗉囊充满食物时，嗉囊注射法操作方便、速度快，给药量准确可靠。但是当嗉囊无任何内容物时，注射比较困难，因而适宜在饲喂后一定时间内注射。

6. 皮下注射 皮下注射法常用于家禽的免疫接种和疾病的治疗，其特点是药液吸收慢，作用时间长。注射药液较多时及油乳剂疫苗的注射均适用于皮下注射。皮下注射常选用于颈部皮下或翅膀、腿内侧皮下。颈皮下注射多用于雏鸡。左手握住雏鸡，使其头部向前，腹向下，食指与拇指捏起头颈处背侧皮肤，右手持注射器，由前向后从皮肤隆起处穿入注射，如注射马立克病疫苗。翅内侧皮肤注射适用于中、大鸡，如新城疫Ⅰ系疫苗、鸡痘疫苗、禽霍乱弱毒菌苗的注射。方法为左手捏着鸡两翼的腕关节部，提至胸部高度，并使鸡体垂下。左手持注射器，从下而上与翅面保持15°刺入皮肤，推注药液。注意避开血管，严防刺伤骨骼。在皮下注射应选用较细针头（注射油性药液时可以用较粗的针头），忌用粗针头，以免因针孔大药物外流而影响疗效，且针孔大容易发炎流血。

7. 滴鼻或点眼 当给雏鸡接种鸡新城疫、传染性法氏囊病疫苗时，或者有眼疾应用各种抗菌滴眼液时可采用此法。方法是左手轻握鸡体，其食指与拇指固定住小鸡的头部，右手用滴管或眼药水瓶吸取药液，滴入鸡的一侧鼻孔或眼睛，当药液滴在鼻孔上鸡不吸入时，可用右手食指把鸡的另一侧鼻孔堵住，药液便很快被吸入。疫苗滴鼻的效果略优于点眼，但点眼比滴鼻安全，不易引起呼吸道疾病。

（四）家禽的群体给药方法

家禽由于个体小，饲养数量大，大都集约化饲养，只有在不得已的情况下才应用个体给药方法，通常是采用群体给药法。群体给药法方便、快捷，较为适合大中型集约化养殖场。

1. 混饮给药 混饮给药又称饮水给药，是指将药物溶解于水中，让家禽自由饮用。混水给药适于短期投药或群体性紧急治疗，特别适用于禽类因病不能食料，但还能饮水的情况。混饮还是家禽免疫接种常用而又易用的群体免疫方法，省时省力，对禽群干扰小，可在短时间内达到全群免疫。采用混饮给药比混饲给药要好，因为饮水可以整天供应，同时大多数病鸡在无食欲时也会饮水。此外，因混饮给药导致家禽药物中毒的机会也较少。应用混饮给药，应注意下列问题。

（1）药品性质。应注意药物的溶解度。一般来说，药物的钠盐、钾盐、硫酸盐、盐酸盐等均属易溶于水的药物。通过混饮给药的主要是易溶于水的药品。较难溶于水的药物，通过加热、搅拌或加助溶剂等方法能溶解（但不被破坏）并可达到预防和治疗效果的，也可以通过饮水给药。对于经上述处理仍不能溶于水的药物，则不能混饮给药，但可以拌料给药。溶于水的药物，应至少在一定时间内不被破坏，中草药用水煎后再稀释也可通过饮水给药。可溶性粉和口服液可按要求稀释后饮水给药。

（2）掌握饮水给药时间的长短。在水中不易破坏的药物，如磺胺类药物、氟喹诺酮类药物，其药液可以让鸡全天饮用；对于在水中一定时间内易被破坏的药物，如盐酸多西环素、氨苄西林等，药液量不宜太多，应让鸡在短时间（1~2h）内饮完，从而保证药效。在规定时间内未能喝完的药液应及时去除，换上清洁的饮水。饮水时间过长，药物失效，时间过短，有部分鸡摄入剂量不足。

（3）注意药物的浓度。混饮给药浓度常用 mg/kg 或% 或每升水中多少毫克药物来表示。药物在饮水中的浓度最好以用药家禽的总体重、饮水量为依据。首先计算出一群家禽所需的药量，并严格按比例配制符合浓度的药液。准确地掌握药液浓度，才能避免浓度过低无疗效或过高产生中毒反应，从而取得预期的效果。药物在稀释前要准确称量，不可估算。具体做法是先用适量水将所投药物充分溶解，加水到所需量，充分搅匀后，倒入饮水器或饮水槽中供家禽饮用。不能将药物直接加入流动的水槽中，这样无法准确计量。饮水前要把水槽或饮水器冲洗消毒干净。

（4）水量控制。根据家禽的可能饮水量来计算药液量，药液宜现配现用，以一次用量为好，以免药物长期处于环境中放置而降低疗效。水量太少，易引起少数饮水过多的禽只中毒；水量太多，一时饮不完，达不到防治疾病的目的。如冬天饮水量一般减少，配给药液就不宜过多；而夏天饮水量增高，配给药液必须充足，否则就会造成部分禽只缺饮，影响药效。药液量常以家禽24h饮水量的 $1/5 \sim 1/4$ 为宜。

（5）水的处理。混饮给药一般用去离子水为佳，因为水中存在的金属离子可能影响药效的发挥。此外，也可选用深井水、冷开水、蒸馏水，如稀释疫苗最好使用灭菌蒸馏水或生理盐水。溶解和稀释药物不可用污染的河水、井水或池塘水，也不可用热开水。井水、河水最好先煮沸，冷却后，去掉底部沉淀物再用；经漂白粉消毒的自来水，在日光下静置2~3h，待其中氯气挥发后再用，以免因水中所含有的有关成分而受影响药品的效价。加入了消毒药的水必须静置24h后再饮用，否则会影响药效。

（6）提前断水。为使家禽在规定时间内能顺利将药液喝完，在用药前必须对其先行断水。舍温在28℃以上，控制在 1.5~2h；28℃以下，控制在 2.5~3h；或者晚上开始断水，第二天早晨混饮给药。另外投药时，饮水器要充足，应多准备一些干净的饮水器具，保证禽群在同一时间内都能喝上水，避免家禽竞争饮水而导致饮药量不均。

（7）注意药物之间的配伍禁忌。若同时使用两种以上药物饮水给药时，必须注意它们之间的配伍禁忌。有些药物相互之间有协同作用，合用可以增强疗效，如盐酸环丙沙星与盐酸林可霉素、盐酸多西环素；有些药物同时使用时会发生中和、沉淀、分解等，使药物无效，如液体型磺胺药与酸性药物（B族维生素、维生素C、青霉素、盐酸四环素等）合用会析出沉淀。此外，磺胺类药物饮水给药时可与小苏打配合，以保护肾功能，防止尿酸盐沉积。

（8）注意药液的pH值。有些药物混入水中会改变pH值，若这种改变太大会影响到药物的吸收利用，如药液pH值小于6，则鸡的饮水量减少，药物摄入也随之减少。红霉素、土霉素、氨基糖苷类和林可霉素都是弱碱性药物，在酸性水溶液中（pH值6~7）较有效。因此，在投药前最好先测定饮水的pH值以确保用药效果。

混饮给药的缺点是家禽的饮水量变化很大，饲料成分、日粮多少、水的品质、鸡的体重、鸡群健康状况、鸡舍的管理操作和温、湿度都会影响到饮水量。如果饮水量比估计的少，则可能达不到治疗效果。相反，如果饮水量比估计的要多，则摄入的药物也多，可能造成药物残留或中毒等问题。尽管有不少资料提供了一些数据说明在什么气温、体重下，某种类的鸡（肉种鸡、蛋鸡或商品肉鸡等）每天喝多少水等，但未必完全适用于所有鸡场，应根据具体生产场的情况（禽种、饲养、管理、饲料、气温、湿度等）进行测算。根据每日饮水量记录档案确定每只禽的饮水量，结合每千克体重的药物剂量、水的品质与药物的关系，以及鸡的平均体重，即可准确计算在水中投入的药量，维持一定时间（依所用药物而定）以达到治疗或预防目的。

2. 混饲给药 混饲给药是将药物均匀混入饲料中，让禽类食饲料时能同时摄入药物。此法简单易行、切实可靠，适用于群体给药，特别适于预防性投药。对于不溶于水或适口性差的药物更为恰当。当病禽食欲差或不食时不能采用此法。通常抗球虫药、促生长剂及控制某些传染病的抗菌药物常用此法。应用混饲给药时，应注意下面几个问题。

（1）药物与饲料必须混合均匀，尤其是对于家禽易产生毒副作用的药物（如磺胺类及某些抗寄生虫药物等）及用量较少的药物，更要充分均匀混合。在使用时，必须采用少量分级的方法，充分搅拌，绝不能将少量药品直接倒入大量饲料中。具体做法是首先确定混饲的药物浓度，将药物与少量饲料混合均匀，然后将含有总药量的部分饲料与大量饲料混合，继续充分搅拌均匀，至所需饲料拌匀后才用以饲喂。大批量饲料混药，需多次逐步递增混合才能达到混合均匀的要求。将药物直接加入颗粒料中，常使药物沉积于料桶内而难以摄入。药物与饲料没有充分拌匀，药片没有充分研细，会造成局部饲料含药量增高，容易造成家禽中毒。

（2）注意掌握饲料中药物的浓度。混饲给药的浓度往往比混饮给药浓度要高，如诺氟沙星，混饲浓度为200mg/kg饲料，混饮浓度为100mg/L。鸡只有效的剂量最好按其个体体重来计算。虽然混饲浓度可简单地计算为：每千克饲料中药物量（毫克）；每千克体重内服给药的剂量（毫克）×20，但因药物的浓度是以鸡只正常的饲料摄入量来计算的，在限饲期间鸡只饲料摄入量会不足，蛋鸡产蛋高峰期的喂饲量只有同样体重肉鸡的一半饲料量。一群鸡中那些食欲不好的（一般是病情较重，理应得到足够药量的病鸡）却没有采食到或所采食到的药量在有效量以下。对于一定要在饲料中用药来预防或治疗疾病的情况，先要精确估计鸡只的平均体重而确定每只鸡必须的用药量，然后估计每只鸡每日平均的摄入饲料量，再按此比例混入药物，使每只鸡每日都能吃到应有的药量。如果鸡群的均匀度在80%以上，可达到预期的用药效果。

（3）药物与饲料混合时，应注意饲料中添加剂与药物的关系，注意两者间的配伍禁忌。如较长时间应用磺胺类药物则应补给维生素B_1和维生素K；如应用氨丙啉时则应减少维生素B_1的用量。此外，在饲料中添加金霉素或土霉素时，这些抗生素会与饲料中的金属离子，尤其是钙离子结合而不能被肠道吸收利用，这时可在每千克饲料中添加13g硫酸钠使饲料中的钙离子与硫酸结合成不溶性硫酸钙。

（4）注意药物配伍禁忌。有许多家禽用药物有互相颉颃作用，不应同时联合应用，如泰妙菌素与盐霉素、甲基盐霉素等有颉颃作用。

3. 气雾给药 气雾给药即是使用气雾发生器将药物分散成为微粒（包括液体或固体），让禽类通过呼吸道吸入或作用于皮肤黏膜的一种给药法。由于禽类肺泡面积很大，并有丰富的毛细血管，所以应用气雾给药时，药物吸收快，作用出现迅速，不仅能起到局部作用，也能经肺部吸收后出现全身作用。应用气雾给药时，应注意如下几个问题。

（1）药物的选择。要求使用的药物对禽类呼吸道无刺激性，而且又能溶解于其分泌物中，否则不能吸收。如果药物对呼吸系统有刺激性，易造成炎症。

（2）控制微粒的粗细。颗粒愈细进入肺部愈深，但在肺部的保留率愈差，大多易从呼气排出，影响药效。微粒较粗，则大部分落在上呼吸道的黏膜表面，未能进入肺部，因而吸收较慢。气雾的粒度大小要适宜。综合研究的结果表明，进入肺部微粒的粗细以 $0.5 \sim 5.0 \mu m$ 为最适合。

（3）掌握药物的吸湿性。要使微粒到达肺的深部，应选择吸湿性弱的药物，而要使微粒分布到呼吸系统的上部，应选择吸湿性强的药物。因为具有吸湿强的药物粒子在通过湿度很高的呼吸道时其直径能逐渐增大，影响药物到达肺泡。

（4）掌握气雾剂的剂量。同一种药物，其气雾剂的剂量与其他剂型的剂量未必相同，不能随意套用。要确定气雾剂在防治禽病中的有效剂量，应测定气雾剂吸收后的血药浓度。

4. 外用给药　外用给药多用于禽的体表，以杀灭体外寄生虫或体外微生物，或用于禽舍、周围环境和用具等消毒。应用外用给药，应注意下面几个问题。

（1）根据应用的目的选择不同的外用给药法。如对体外寄生虫可用喷雾法，将药液喷雾到禽体、栖架、窝巢上；也可用药浴法给水禽及鸽治疗体外寄生虫病。杀灭体外微生物则常用熏蒸法。

（2）注意药物浓度。抗寄生虫药和消毒药物对寄生虫或微生物具有杀灭作用，同时对机体往往也有一定的毒性，如应用不当、浓度过高，易引起中毒。因此，在应用易引起毒性反应的药物时，不仅要严格掌握其浓度，还要事先准备好解毒药物，如用有机磷杀虫剂时，应准备阿托品等解毒药。

（3）用熏蒸法杀灭体外微生物时，要注意熏蒸时间，用药后要及时通风，避免对禽体造成过度刺激，尤其是对雏鸡、幼禽更要特别注意。

模块五　流行病学调查

流行病学调查与分析是研究动物疫病流行规律的主要方法。其目的在于揭示疫病在动物群中发生的特征，阐明疫病的流行原因和规律，以作出正确的流行病学判断，迅速采取有效的措施，控制疫病的流行；同时流行病学调查分析，也是探讨原因未明疾病的一种重要方法。

（一）流行病学调查的方法

调查前，工作人员必须熟悉所要调查的疫病的临床症状和流行病学特征以及预防措施，明确调查的目的，根据调查目的决定调查方法、拟订调查计划，根据计划要求设计合理的调查表。调查的方法与步骤如下。

1. 询问座谈　询问是流行病学调查的一种最简单而又基本的方法，必要时可组织座谈。调查对象主要是畜主。调查结果按照统一的规定和要求记录在调查表上。询问时要耐心细致，态度亲切，边提问边分析，但不要按主观意图作暗示性提问，力求使调查的结果客观真实。询问时要着重问清：疫病从何处传来，怎样传来，病禽是否有可能传染给了其他健康禽。

2. 现场调查 就是对病禽周围环境进行实地调查。了解病禽发病当时周围环境的卫生状况，以便分析发病原因和传播方式。查看的内容应根据不同疫病的传播途径特点来确定。如当调查肠道疫病时，应着重查看禽舍、水源、饲料等场所的卫生状况，以及防蝇灭蝇措施等；调查呼吸道疫病时，应着重查看禽舍的卫生条件及接触的密切程度（是否拥挤）；调查虫媒疫病时，应着重查看媒介昆虫的种类、密度、孳生场所以及防虫灭虫措施等，并分析这些因素对发病的影响。

3. 实验室检查 调查中为了查明可疑的传染源和传播途径，确定病禽周围环境的污染情况及接触禽只的感染情况等，有条件时可对有关标本作细菌培养、病毒分离及血清学检查等。

4. 收集有关流行病学资料 包括以下几方面的资料：①本地区、本单位历年或近几年本病的逐年、逐月发病率；②疫情报告表、门诊登记以及过去防治经验总结等；③本单位周围的禽类发病情况、卫生习惯、环境卫生状况等；④当地的地理、气候及野生动物、昆虫等。

5. 确定调查范围 方法有普查和抽样调查两种。如果流行范围不大，普查是较为理想的方法，获得资料比较全面。抽样调查的原则是：一要保证样本足够大；二要保证样本的代表性，使每个对象都具有同等被抽到的机会，不带任何主观选择性，这样才能使样本具有充分的代表性。

6. 拟定流行病学调查表 流行病学调查表是进行流行病学分析的原始资料，必须有统一的格式及内容。表格的项目应根据调查的目的和疫病种类而定，要有重点，不宜繁琐，但必要的内容不可遗漏。项目的内容要明确具体，不致因调查者理解不同造成记录混乱而无法归类整理。流行病学调查表通常包括以下内容：①一般项目：单位、年龄、性别、使役或放牧、引入时间等；②发病日期、症状、剖检变化、化验、诊断等；③既往病史和预防接种史；④传染源及传播途径；⑤接触者及其他可能受感染者（包括人在内）；⑥疫源地卫生状况；⑦已采取的防疫措施。表1-4为禽病紧急流行病学调查表。

表1-4 禽病紧急流行病学调查表

序号：_____　　　　　　　　　　　　　填表日期：___年___月___日

一、基础信息

1. 场/户/养殖小区概况

名称		启用时间	
场/户主姓名		电话	
地址	省（自治区）	县（市）	乡（镇）　　村（场）

2. 调查简要信息

调查原因	□A. 畜主/村防疫员发现　□B. 监测发现　□C. 其他_____
调查人员姓名	单位
调查日期	
发现第一例可疑病例日期	
报告日期	

3. 场/户/养殖小区养禽概况（养殖场可不填养殖户数一栏）

种类	日龄	存栏数（羽）	养殖户数	免疫密度（%）	免疫程序	疫苗来源（A. 政府发放；B. 自购；C. 无）	最近一次免疫时间
肉鸡					☐A. 春秋防集中免疫		
蛋鸡							
种鸡							
肉鸭							
蛋鸭					☐B. 常年补免加春秋防集中免疫		
种鸭							
肉鹅							
蛋鹅							
种鹅					☐C. 按程序免疫		
鸽							
鹌鹑							
其他：					☐D. 无		

4. 混养情况

混养类型	户数	备注（说明各种混养动物的饲养数量）
猪/禽		
鸡/水禽		
猪/鸡/水禽		
其他动物与禽		

5. 疫病既往史

病名	发病日期	详细信息（发病、病死、处理等）

二、现况调查

1. 感染禽群情况

指标	鸡	鸭	鹅	鸽	鹌鹑	其他：___
同群数（羽）*						
发病数（羽）**						
死亡数（羽）						
扑杀数（羽）						
感染/发病户数						

* 同群数是指与发病动物密切接触的动物数；
** 发病数是指出现临床症状的动物数。

2. 发病过程

时间		主要特征	新发病数（羽）	新死亡数（羽）
第1天	年 月 日	发现第一例可疑病例		
第2天	年 月 日			
第3天	年 月 日			

项目一　禽病防控技术

（续表）

时间		主要特征	新发病数（羽）	新死亡数（羽）
第4天	年 月 日			
第5天	年 月 日			
第6天	年 月 日			
第7天	年 月 日			
第8天	年 月 日			

3. 周边野禽、野生动物感染情况

种类	死亡数（羽）	发病数（羽）

4. 病禽临床表现

症状：□A. 突然死亡　　□B. 消化道　　□C. 呼吸道症状　　□D. 神经症状
□E. 其他症状（请填写）：

过去两年是否有类似症状发病情况：□A. 是　　□B. 否
根据临床表现，您怀疑是：□A. 高致病性禽流感　　□B. 新城疫　　□C. 其他_____

5. 采样检测情况

样品类型	数量	采样时间	采样人	送往地点①	送样方式②	检测结果
病死禽（羽）						
泄殖腔/咽喉拭子（个）						
血样（份）						
其他						

注：① A. 国家参考实验室；B. 省级兽医实验室；C. 市级兽医实验室；D. 县级实验室
② A 冷冻；B. 冷藏；C. 常温

6. 疫点地理特征

请提供当地行政区划图，并在地图上标出疫点位置，注明疫点所在地的地理环境特点，如靠近山脉、河流、公路等。如已封锁，请标注封锁范围和时间。

7. 其他信息

如有其他信息，如当地的养殖特点（如该养殖场户的卫生状况和设施情况、饲养本地区养殖区域分布、禽苗主要来源、活禽及其产品主要来源地及销售地区等）、风俗习惯（如斗鸡、不食用病死畜禽等）及其他（如当地有形成产业的烧鸡加工产业等）等，请填写。如有现场照片，请附上。

三、疫源追溯

追溯期为第一个病例发现前1个最大潜伏期，对所有调入疫点的畜群/畜产品，及与疫点接触的畜/

人进行追溯调查。

可能来源途径调查	日期	详细信息（动物品种、年龄、数量、用途和相关地点等）
饮水		
饲料		
购买家禽		
本场/户人员到过其他养殖场/户		
本场/户人员到过活禽交易市场		
有商贩/兽医/其他从事动物饲养人员到过本场/户		
有外来交通车辆到过本场/户		
家禽接触过野鸟		
放养家禽曾到过湿地和水田		
人员打猎/曾与野禽接触		

四、疫源追踪

对第一例病例发现前1个最大潜伏期至封锁之日，所有从疫点调出的家禽及产品，及与疫点禽群接触的禽/人进行追踪调查。

可能事件调查	日期	详细信息（动物品种、年龄、数量、用途和相关地点等）
出售或赠送家禽		
出售禽产品		
兽医人员诊疗		
饲养人员探亲/串门		
参加展览/活动		

五、疫情处置情况

疫区处置情况（存栏数、扑杀数、销毁数；消毒药品的种类、用量、消毒车次、消毒面积等）	
受威胁区紧急免疫情况（存栏数、免疫数）	
市场关闭情况（关闭市场的数量、关闭前日常活禽交易量）	

填表人姓名：　　　　　　联系电话：　　　　　　单位（签章处）：

（二）流行病学调查的内容

了解禽场（群）的基本情况，是禽病诊断的重要一环。有些疾病，通过调查和了解，几乎就可以确诊，例如，看到中毒剂量的用药处方或饲料配方。有些疾病，通过调查和了解，可以为疾病的诊断提供方向，例如，在药房中看到已使用的失效疫苗或预防药物，明显失误的免疫程序等。对禽场（群）的调查，包括很多方面，应根据实际需要灵活进行。

1. 禽场概况　包括养禽场的历史，饲养家禽的种类，饲养量和上市量，经济效益，工作人员文化程度和来源等。

2. 禽场地理位置　包括周围环境境况，附近是否有养禽场、畜禽加工厂或市场，是否易受台风、冷空气和热应激的影响，排水系统如何，是否容易积水等。

3. 禽场建筑布局 包括各种建筑物的布局是否合理，宿舍、育雏区、种鸡区、孵化房、对外服务部的位置及彼此间的距离，鸡舍的长度、跨度、高度，所用材料及建筑结构是开放式还是密闭式，如何通风、保温和降温，舍内的卫生状况如何，不同季节舍内的温度、湿度如何，采用何种照明方式，是否有运动场等。

4. 养殖方式 如是平养、离地网养还是笼养，平养垫料是否潮湿，采用哪种食槽和饮水器，如何供料、供水、粪便、垫料如何清理等。

5. 饲料管理 自配饲料还是从饲料厂购进，其质量如何，是粉料、谷粒料还是颗粒饲料，干喂还是湿喂，自由采食还是定时供应，是否有限饲及如何限饲，饲料是否有霉变结块等。

6. 饮水管理 饮水的来源和卫生标准，水源是否充足，曾否缺水、断水。

7. 育雏管理 育雏是采用多层笼养还是地面平养，是地下保温还是地上保温，热源来自电、煤气、煤、柴还是炭，种苗来源、运输过程是否有失误，何时开始饮水和开食，何时断喙。

8. 养殖档案 禽群逐日的生产记录，包括饮水量、食料量、死亡数和淘汰数，1月龄的育成率，肉鸡成活率，平均体重、肉料比，蛋鸡或后备鸡的育成率、体重、均匀度及与标准曲线的比较，母禽开产周龄、产蛋率、蛋重及与标准曲线的比较等。

9. 种鸡与种蛋管理 种鸡采用何种产蛋箱，数量、位置、卫生状况如何；集蛋方法及次数，蛋的包装和运输情况；种蛋的保存温度、湿度，是否有消毒；种蛋的大小、形状，蛋壳颜色、光泽、光滑度，有无畸形蛋，蛋白、蛋黄和气室等是否有异常等。

10. 入孵情况 孵化房的位置，孵房内温度和湿度是否恒定受外界影响程度；孵化机的种类和性能如何；孵化记录，受精率，入孵蛋及受精蛋的孵化率，啄壳和出壳的时间，完成出壳时间，1日龄幼雏的合格率等。

11. 禽场病史 养禽场的禽病史，过往曾发生过什么疾病，由何部门作过何种诊断，采用过什么防治措施，效果如何。

12. 疫情现况 本次发病家禽的种类、群（栏舍）数、主要症状及病理变化，作过何种诊断和治疗，效果如何。

13. 免疫情况 免疫接种情况，按计划应接种的疫苗种类和时间，实际完成情况，是否有漏接，疫苗的来源、厂家批号、有效期及外观质量如何，疫苗在转运和保存过程中是否有失误，疫苗的选择是否合适，疫苗稀释量稀释液种类及稀释方法是否正确，稀释后在多长时间内用完，采用哪种接种途径，是否有漏接错接，免疫效果如何；是否进行免疫监测，有什么原因可引起免疫失败等。

14. 用药情况 药物使用情况，本场曾使用过何种药物，剂量和用药时间；是逐只喂药还是群体投药，经饮水、饲料还是注射给药，用药效果如何；过去是否曾使用过类似的药物，过去使用该种药物时，禽群是否有不正常的反应。

15. 放牧情况 禽群是否有放牧，牧地是否放养过有病的禽群，是否施放过农药等。

16. 其他情况 禽场（群）近期内是否还有什么其他与疾病有关的异常情况。

（三）流行病学分析

1. 整理资料 首先将调查所获得的资料作全面检查，看是否完整、准确。然后根据所分析的目的，将资料按不同的性质进行分组，如可按日龄、性别或放牧、免疫情况等进行分组，时间可按日、周、旬、月、年进行分组；地区可按农区、牧区、多林山区、半农半牧区或单位分组。分组后，计算各组发病率，并制成统计表或统计图进行对比，综合分析。流行病学分析中常用的几种统计指标如下。

（1）发病率。在一定时间内新发生的某种禽疫病病例数与同期该种动物总头数之比，常以百分率表示。"动物总头数"系对该种疫病具有易感性的动物种的头数，特指者例外。"平均"系指特定期内（如1月或1周）存养均数。

$$发病率（\%）= \frac{新发病例数}{同期平均动物总头数} \times 100$$

（2）感染率。在特定时间内，某疫病感染动物的总数在被调查（检查）动物群样本中所占的比例。感染率能比较深入地反映出流行过程，特别是在发生某些慢性传染病，如结核病、鸡白痢等时，进行感染率的统计分析，具有重要的实践意义。

$$（某疫病）感染率（\%）= \frac{（调查当时）感染动物数}{被调（检）查动物总数} \times 100$$

（3）患病率。又称现患率。表示特定时间内，某地动物群体中存在某病新老病例的频率。

$$（某病）患病率（\%）= \frac{（特定时间某病）（新老）患病例数}{（同期）暴露（受检）动物头数} \times 100$$

（4）死亡率。某动物群体在一定时间死亡总数与该群同期动物平均总数之比值，常以百分率表示。

$$死亡率（\%）= \frac{（一定时间内）动物死亡总数}{该群体动物的平均总数} \times 100$$

（5）病死率。一定时间内某病病死的动物头数与同期确诊该病病例动物总数之比，以百分率表示。

$$病死率（\%）= \frac{某病病死动物头数}{同期确诊的该病例动物总数} \times 100$$

（6）流行率。调查时，特定地区某病（新老）感染头数占调查头数的百分率。

$$流行率（\%）= \frac{某病（新老）感染头数}{被调查动物数} \times 100$$

2. 分析资料

（1）分析的方法。可采用综合分析、对比分析、逐个排除等方法分析。分析时应以调查的客观资料为依据，进行全面的综合分析，可通过对比不同单位、不同时间、不同畜群等之间发病率的差别，找出差别的原因，从而找出流行的主要因素。

（2）分析的内容。主要对发病率、发病时间、发病地区和发病禽群分布等4个方面进行分析。必要时应对可疑的流行因素，如禽群的饲养管理、卫生条件、气象因素（温度、湿度、雨量）、媒介昆虫的消长等进行综合分析。

模块六　免疫抗体监测

（一）免疫抗体监测的概念

免疫抗体监测就是通过监测禽群血清抗体水平，了解疫苗的免疫效果，掌握禽类疫病免疫后在禽群体内的抗体消长规律，发布免疫预警信息，科学指导养禽场（户）制定禽类疫病免疫程序，正确把握禽类疫病免疫时间，合理有效地开展禽类疫病免疫工作。

因此，免疫抗体监测具有评价疫苗质量、评估免疫质量、重大疫病预警和动物重大疫病防控成效认证的作用。

监测病种既包括国家规定强制免疫的病种，如除高致病性禽流感、新城疫等疫病外，还包括各地特殊要求进行抗体监测的病种。

（二）免疫抗体监测的类型

免疫抗体监测分为集中监测和日常监测。

1. 集中监测 指春防和秋防结束后，集中采集免疫21d以后的家禽进行高致病性禽流感、新城疫等国家强制性免疫的疾病的免疫抗体监测。

2. 日常监测 指除集中监测外，每个月进行的强制性免疫的禽类疫病和非强制性免疫的禽类疫病的监测。

（三）免疫抗体监测的程序

1. 采血

（1）采血器材。防护服、无粉乳胶手套、防护口罩、灭菌剪刀、镊子、手术刀、注射器、针头、记号笔、签字笔、空白标签纸、胶布、抗凝剂、75%酒精棉球、碘酊棉球、15ml的离心管、1.5ml EP管、冰袋、冷藏容器、消毒药品、血清采样单和调查表等。

（2）采血时间及方法。免疫注射后21d的禽只方可采血。对翅静脉部位的皮肤先拔毛，碘酊消毒，75%的酒精消毒，待干燥后采血。采血过程严格无菌操作。

（3）采血数量。单一病种抗体监测的每只采集2~3ml全血，多病种抗体检测的每只采集5~10ml全血。

（4）全血保存。采集好的全血转入盛血试管，斜面存放，室温凝固后直接放在盛有冰块的保温箱，送实验室。从全血采出到血清分离出的时间不超过10h。血清样品装于小瓶时应用铝盒盛放，盒内加填塞物避免小瓶晃动，若装于小塑料离心管中，则应置于塑料盒内。

2. 血清分离与保存

（1）血清的分离、保存及运送。用作血清样品的血液中不加抗凝剂，血液在室温下静置2~4h（防止暴晒），待血液凝固，有血清析出时，用无菌剥离针剥离血凝块，然后置4℃冰箱过夜，待大部分血清析出后取出血清，必要时经低速离心分离出血清。在不影响检验要求原则下可因需要加入适宜的防腐剂。做病毒中和试验的血清避免使用化学防腐剂（如硼酸、硫柳汞等）。若需长时间保存，则将血清置20℃以下保存，但要尽量防止或减少反复冻融。样品容器上贴详细标签。

（2）血清编号及采样单填写。采血时应按《动物血清采样单》的内容详细填写采样单，动物血清采样单一式三份，一份由被采样单位保存，一份由送检单位保存，一份由检测单位保存。

动物血清采样单的内容一般包括样品编号、动物种类、用途（种、蛋用）、日龄（月龄）、免疫情况（如疫苗种类、生产厂家、产品批号、免疫剂量、免疫时间等）、动物健康状况、采集地点（乡镇、村、养殖场、屠宰场、市场、畜主等）、抽样比例、市场样品来源地、备注等。

3. 抗体检测方法 禽流感检测方法为血凝-血凝抑制试验（HA-HI）和琼脂免疫扩散试验（AGP）；新城疫检测方法为血凝-血凝抑制试验（HA-HI）。

任务1　孵化厂的微生物学检测

【任务说明】

为了保证雏鸡的健康成长，应尽可能地减少细菌和霉菌对1日龄雏鸡的感染。因此必须加强对种蛋和孵化厂的卫生消毒和消毒效果的检测。种蛋及物体表面微生物学检测用棉棒拭抹法。孵化器和孵化室空气微生物学检测用四级分类平板空气暴露法和六级分类平板空气暴露法。出雏器微生物学检测用绒毛检测法。

【工作场景】

本任务安排在孵化场完成。所需材料包括：普通琼脂培养基、麦康凯琼脂培养基、高盐甘露醇琼脂培养基、沙保葡萄糖琼脂培养基、乳糖、胰蛋白酶蛋白胨、大豆蛋白胨、氯化钠、葡萄糖、磷酸氢二钾、琼脂、蒸馏水、灭菌生理盐水、灭菌试管和棉棒、直径3.5cm铁丝规板（用适当硬度的铁丝圈制成具有两个圆环的夹子，以固定鸡蛋）、3.6cm×3.6cm铁丝规板、剪刀等。

【工作过程】

（一）种蛋表面微生物学检测

（1）将被测种蛋夹在特制的规板内，种蛋大头朝上。

（2）在装有4~5ml灭菌生理盐水的试管中浸湿灭菌的棉棒，在试管壁上挤去多余盐水，然后在规板范围内滚动棉棒涂抹蛋壳表面取样。

（3）剪（折）去棉棒的手持端，使棉棒落入盐水试管中，塞紧试管塞，带回实验室检验。

（4）若检测种蛋消毒效果，用含有中和剂的蒸馏水（见表1-5）代替生理盐水。

（5）用灭菌的镊子夹住棉棒，在试管内反复提拉，充分洗下棉棒上的细菌。

（6）用灭菌的吸管吸取1ml细菌悬液，放入装有18~19ml、熔化并冷却到45~50℃的普通琼脂试管中，充分混合后，倾注灭菌的平皿内。或者用灭菌的吸管吸取1ml细菌悬液，注入灭菌的空平皿内，然后倾注熔化并冷却到45~50℃的普通琼脂，充分混合。

（7）待普通琼脂凝固后，置37℃温箱中培养24h，计数平板上的菌落数。

（8）根据平板上的菌落数和菌液的稀释倍数计算出取样范围内的细菌总数。

规板内细菌总数＝平板上菌落数×采样管中液体毫升数×稀释倍数

例如：平板上菌落数为26，采样管中含有灭菌生理盐水5ml，样品进行100倍稀释，则规板内细菌总数为：26×5×100＝13 000个。

（9）蛋壳表面总菌数＝规板范围内总菌数×（蛋壳总面积÷规板范围内蛋壳面积）。

（10）为了有代表性，每批种蛋至少检验25~30枚。

表1-5 常用消毒液的中和剂

消毒剂及其浓度	中和剂及其浓度
含氯（碘）消毒剂［有效氯（碘）0.1%~0.5%］	硫代硫酸钠（0.1%~1.0%）
过氧乙酸（0.1%~0.5%）	硫代硫酸钠（0.1%~0.5%）
过氧化氢（0.1%~3.0%）	硫代硫酸钠（0.5%~1.0%）
福尔马林（2.5%）	（1）双甲酮（1%）与吗啉（0.6%）混合液 （2）亚硫酸钠（0.1%~0.5%） （3）氢氧化铵（25%）
戊二醛（2%）	甘氨酸（1%）
季铵盐类消毒剂（0.1%~0.5%）	吐温80（0.5%~3.0%）
洗必泰（0.1%~0.5%）	卵磷脂（1.0%~2.0%）
酚类消毒剂（3.0%~5.0%）	吐温80（3.0%~5.0%）
汞类消毒剂（0.002%~0.5%）	巯基醋酸钠（0.2%~2%）
碱类消毒剂	等当量酸
酸类消毒剂	等当量碱

（11）种蛋表面微生物检测参考标准。见表1-6、表1-7。

表1-6 未消毒种蛋表面微生物学检测参考标准

级别	种蛋情况	蛋壳表面总菌数	规板（直径为3.5cm）内菌数
1	干净蛋	3200以下	600以下
2	脏蛋	4 000~30 000	760~5 700
3	极脏蛋	400 000以上	76 000以上

表1-7 消毒后种蛋表面微生物学检测参考标准

级别	蛋壳表面总菌数	规板（直径为3.5cm）内菌数
优	0~320	0~60
良	321~640	61~120
中	641~960	121~180
差	961以上	181以上

（二）孵化器和孵化室空气微生物学检测

1. 检测用培养基

（1）乳糖琼脂培养基。

成分：普通琼脂培养基100ml，乳糖5.0g。

制法：将上述成分混合加热，使其完全熔化，118℃灭菌20min，倾注平板，备用。

（2）胰蛋白酶大豆琼脂培养基。

成分：胰蛋白酶蛋白胨17.0g，大豆蛋白胨3.0g，氯化钠5.0g，葡萄糖2.5g，磷酸氢二钾2.5g，琼脂15~20g，蒸馏水1 000ml。

制法：将上述成分混合加热，使其完全熔化，调整pH值为7.6，118℃灭菌15min，倾注平皿，备用。

2. 检测方法

（1）四级分类平板空气暴露法。

①取5%乳糖琼脂平板培养基数个，开盖后均匀地放置在孵化器或孵化室的水平地

面上。

②平板在孵化器或孵化室内空气暴露3min，盖上平板，回收平板。

③将平板置37℃温箱中培养24h，计算平板上的菌落数。

④每台孵化器或每间孵化室，取样5~10个，求其平均菌落数。

(2) 六级分类平板空气暴露法。

①取胰蛋白酶大豆琼脂平板培养基数个，开盖后均匀地放置在孵化器或孵化室的水平地面上。

②平板在孵化器或孵化室内空气暴露10min，盖上平板，回收平板。

③将平板置37℃温箱中培养24h，计算平板上的菌落数。

④每台孵化器或每间孵化室，取样5~10个，求其平均菌落数。

3. 孵化器和孵化室空气微生物学检测参考标准

(1) 四级分类平板空气暴露法。见表1-8。

表1-8 孵化器和孵化室空气微生物学检测参考标准（四级分类平板空气暴露法）

分级	评价	平均总菌落数（个）
1	干净	0~10
2	轻度污染	11~20
3	中度污染	21~30
4	高度污染	30以上

(2) 六级分类平板空气暴露法。见表1-9。

表1-9 孵化器和孵化室空气微生物学检测参考标准（六级分类平板空气暴露法）

分级	评价	孵化器菌落数（个）	孵化室菌落数（个）	所有地区霉菌数（个）
1	优	0~10	0~15	0
2	良	11~25	16~36	1~3
3	中	26~46	37~57	4~6
4	差	47~66	58~76	7~10
5	劣	67~86	77~96	11~12
6	糟	87以上	97以上	13以上

(三) 出雏器微生物学检测

1. 检测用培养基

(1) 胰蛋白胨琼脂培养基。

成分：胰蛋白胨20.0g，葡萄糖1.0g，氯化钠5.0g，琼脂15.0g，盐酸硫胺0.005g，蒸馏水1 000ml。

制法：将上述成分混合加热，使其完全熔化，调整pH值为7.6，再加热10min，分装试管，121℃灭菌15min，备用。

(2) 麦康凯琼脂培养基。加热熔化，分装试管，118℃灭菌20min，备用。

(3) 高盐甘露醇琼脂培养基。加热熔化，分装试管，118℃灭菌10min，备用。

(4) 沙保葡萄糖琼脂培养基。

成分：蛋白胨1.0g，葡萄糖4.0g，琼脂1.5g，蒸馏水100ml。

制法：将上述成分混合加热，使其完全熔化，调整pH值至5.6，分装试管，121℃，灭菌 15min。

2. 检测方法（绒毛检测法）

（1）在出雏接近完成时，无菌地采集绒毛置于灭菌的容器中，带回实验室检验。

（2）用灭菌的滤纸称取 0.25g 绒毛放入 100ml 灭菌的蒸馏水中，充分摇动，使绒毛潮湿不要粘到三角瓶壁上。

（3）使混合物静置 30min。

（4）利用无菌技术，分别吸取三角瓶中混悬液 0.1ml、1.0ml、0.1ml、1.0ml，按表 1-10，分别加入到已熔化并冷却到 45~47℃ 的 4 种培养基中，充分混合后，倾入灭菌的平皿内。

（5）待琼脂凝固后，除沙保葡萄糖琼脂培养基外，均置 37℃ 温箱中培养 24h。

（6）待细菌长出后，计数平板上的菌落数。

（7）每台出雏器，测定 8 份绒毛样品。

被检菌种及绒毛含菌量的计算方法，见表 1-11。

3. 出雏器内绒毛微生物学检测参考标准

见表 1-12、表 1-13。

表 1-10 4 种培养基中的样品量、培养温度和时间

培养基	样品量	培养温度	培养时间
胰蛋白胨琼脂	0.1	37℃	24h
麦康凯琼脂	1.0	37℃	24h
高盐甘露醇琼脂	0.1	37℃	24h
沙保葡萄糖琼脂	1.0	室温	3d

表 1-11 被检菌种及绒毛含菌量的计算

培养基	被检菌类	每克绒毛含菌量
胰蛋白胨琼脂	全部细菌	平板菌数×4 000
麦康凯琼脂	肠杆菌类	平板菌数×400
高盐甘露醇琼脂	葡萄球菌	平板菌数×4 000
沙保葡萄糖琼脂	霉菌	平板菌数×400

表 1-12 出雏器绒毛微生物学检测标准（每克绒毛中的细菌数）（个）

级别	评价	细菌总数	沙门氏菌/肠杆菌类	真菌
1	轻度污染	25 000 以下	5 000	800 以下
2	中度污染	25 000~75 000	5 000~10 000	800~2 000
3	高度污染	75 000 以上	10 000 以上	2 000 以上

表 1-13 熏蒸前后绒毛微生物学检测标准（每克绒毛中的细菌数）（个）

级别	熏蒸前			熏蒸后		
	细菌	肠杆菌类	霉菌	细菌	肠杆菌类	霉菌
优	75 000	25 000	0	25 000	0	0
良	150 000	50 000	800	50 000	5 000	400
中	300 000	100 000	1 600	100 000	10 000	800
差	300 000 以上	100 000 以上	1 600 以上	100 000 以上	10 000 以上	800 以上

（四）物体表面微生物学检测

1. 检测用材料

（1）培养基：普通琼脂培养基。

（2）灭菌生理盐水和棉棒。

（3）规板：3.6cm×3.6cm。

（4）被检测物品。墙壁、地面、门窗、设备、出雏器、孵化器、蛋托、蛋车、出雏盒、台架等。

2. 检测方法

（1）将规板灭菌后扣在被测物体的表面。

（2）在装有2~3ml灭菌生理盐水的试管中浸湿灭菌的棉棒，在试管壁上压挤去多余的盐水，然后在规板范围内滚动棉棒涂抹取样。

（3）剪去（或折去）棉棒手持端，使棉棒落入生理盐水试管内，塞紧试管塞，带回实验室检验。

以后操作同种蛋表面微生物学检测。

3. 孵化厂内物体表面微生物学检测参考标准

见表1-14。

表1-14　物体表面微生物学检测参考标准

级别	评价	平板上菌落数（个/6.4516 cm^2）
1	干净	0~10
2	轻度污染	11~20
3	中度污染	21~30
4	高度污染	30以上

任务2　养鸡场的微生物学检测

【任务说明】

在养鸡场中物体表面微生物学检测主要是测定鸡舍内墙壁、地面、柁架、门窗、笼具、水槽、食槽等设备和用具表面细菌的污染程度和消毒后的效果。工作人员手的微生物学检测是测定孵化人员、鉴别人员、饲养员以及其他工作人员手被细菌污染的情况。一般认为，在有鸡的情况下，鸡舍每立方米空气中微生物（细菌和霉菌）数不应高于25万~30万个；笼养雏鸡每立方米空气中微生物总数不应超过13万个，其中，大肠杆菌群不应超过1900个。否则，可引起临床大肠杆菌病，必须在检测的基础上采取预防措施。空气中细菌含量的检测有两种方法，即空气采样器法和平板暴露法。消毒液微生物学监测是指消毒液使用过程中的效果测定。

【工作场景】

本任务安排在养鸡场进行。所需材料包括：普通琼脂培养基、灭菌生理盐水和棉拭子、平皿、吸球、吸管、高压蒸汽灭菌器、水浴锅、细菌培养箱、5cm×5cm铁丝规板、常用消毒液及中和剂等。

【工作过程】

（一）物体表面和工作人员手的微生物学检测

（1）物体表面采样时，将内径为5cm×5cm的灭菌规板放在被测物体表面。

（2）在装有4～5ml灭菌生理盐水的试管中浸湿灭菌的棉拭子（棉棒），在试管壁上压挤去多余的盐水，然后在规板范围内滚动棉棒涂抹取样。

（3）剪去（或折去）棉棒的手持端，使棉棒落入生理盐水试管内，塞紧试管塞，带回实验室检测。

（4）以同样方法，在同一物体上的不同处采4～5个样。

（5）工作人员手采样时，按上述方法在右手每个手指掌面取样。

（6）利用提拉棉棒或敲打采样管的方法将棉棒的细菌全部洗入生理盐水中。

（7）用灭菌吸管从采样管中吸取1ml菌悬液转入另一支装有9ml灭菌生理盐水的试管中，做10倍递增稀释。

（8）根据物体表面污染程度选择3个稀释度，每个稀释度，分别取1ml放入灭菌平皿内，用普通琼脂做倾注培养。每个稀释度做平行样品2个。置37℃温箱中，培养24h，观察并计数平板上的菌落数。计算公式为：

$$物体表面菌落数（个/cm^2）= \frac{平均菌落数 \times 稀释倍数 \times 采样管液体体量（ml）}{采样面积（cm^2）}$$

（二）空气中细菌含量的检测

1. 空气采样器法 用空气微生物采样器，在鸡舍内四周和中央采样，采样1～2min，然后将琼脂平板置37℃温箱培养24h，观察并计数平板的菌落数，求出5个采样点的平均菌落数。计算公式为：

$$空气中平均菌落数（个/m^3）= \frac{平均菌落数}{每分钟采气量（L） \times 采样时间（min）} \times 1\,000$$

2. 平板暴露法 将普通琼脂平板或血液琼脂平板水平地在鸡舍内四角和中央各放1个。将平皿盖打开，扣放在平皿底的底边。根据鸡舍内的污染程度，暴露10～20min。然后盖好平皿，将平皿放在37℃温箱中培养24h，观察并计数平板上的菌落数，求出5个平板中的平均菌落数。

据测试，5min内在100cm²面积上降落的细菌数，相当于10L空气中所含的细菌数，因此，可按下列公式计算：

$$菌落数（个/m^3）= N \times \frac{100}{A} \times \frac{5}{T} \times 100 = \frac{50\,000 \times N}{A \times T}$$

其中，A = 平板面积（cm²）；

T = 平板暴露于空气中的时间（min）；

N = 平均菌落数（个）。

（三）消毒液微生物学监测

1. 采样地点 鸡场消毒池，孵化厅入口和用具消毒池，鸡舍洗手的消毒盆，实验室所用的消毒液等。

2. 检测过程

①每个检测对象至少取 3 个样品。无菌取使用过的消毒液 1ml 加入 9ml 含中和剂的蒸馏水中，混匀。

②取 2ml 混合液放入灭菌平皿内，做倾注培养。

③求其平均菌落数。

3. 结果判定

①每毫升消毒液含细菌总数 250 个以下，消毒液尚可使用。

②每毫升消毒液含细菌总数 250 个以上，消毒液不可使用，要更换。

任务 3　孵化车间的卫生消毒

【任务说明】

要想提高种蛋的孵化率，获得健康的雏鸡，除了满足温度、湿度、通风、翻蛋等所必须的孵化条件外，孵化车间的卫生消毒工作也不容忽视。

【工作场景】

本任务安排在孵化场孵化车间进行。所需设备材料包括清洁工具、喷雾器、消毒剂等。

【工作过程】

（一）孵化车间的环境卫生及室内的消毒

1. 环境卫生　每天打扫环境卫生，保持清洁；每周对室外进行一次彻底的大扫除，并对道路等进行喷雾消毒。

2. 孵化车间及附属房间地面、空间和墙壁的卫生消毒

（1）每天早上 6:00、中午 12:00 对室内地面拖擦消毒，要求拖擦到各个房间；

（2）每隔 2h 对地面进行喷雾消毒一次；

（3）每晚 22:00 对空间进行喷雾消毒一次。

（4）每周一次室内大扫除，用 1:800 的二氯异氰尿酸钠对墙壁进行擦拭消毒一遍，对空间用 1:6 000 的百毒杀进行喷雾消毒。

（5）每次发完鸡苗后，把盛鸡室、发鸡室、出雏室及洗刷间彻底打扫干净，然后用 1:3 000 的百毒杀对空间、墙壁、地面消毒一遍。

（6）每季度对以上房间及用具用 42ml/m³ 的福尔马林熏蒸消毒 24h 以上。

（二）孵化机及出雏机的卫生消毒

1. 孵化机的卫生消毒

（1）开机前，用湿布将孵化机内擦拭一遍，后 1:3 000 的百毒杀擦拭消毒，最后擦干，用 42ml/m³ 的福尔马林熏蒸消毒 10h 以上。

（2）停机后及时将孵化机内打扫干净，放掉水盘中的水，并对各个角落清扫干净，消毒后备用。

2. 出雏机的卫生消毒

（1）落盘前用湿布将出雏机内擦干净，后用1∶3 000的百毒杀擦拭消毒，最后擦干。

（2）用42ml/m³的福尔马林熏蒸消毒10h以上，同出雏盘、出雏车一起进行。

（3）出鸡结束后，必须把出雏机打扫干净。特别注意进出口绒毛的清理。

（三）孵化用具的卫生消毒

1. 蛋盘及出雏盘的卫生消毒

（1）落盘及出鸡后，先将蛋盘及出雏盘洗刷干净，再用2%的烧碱水浸泡10~15min，然后用清水冲洗干净后待用。

（2）码盘及落盘前，在种蛋消毒室及出雏机内，用42ml/m³的福尔马林熏蒸消毒10h以上。

2. 盛鸡箱及蛋箱的卫生消毒

（1）出售完鸡苗后，将盛鸡箱洗刷干净，再用2%的烧碱水浸泡10~15min，然后用清水冲洗干净后待用。

（2）外借盛鸡箱归还后，先在外边用1∶200的二氯异氰尿酸钠消毒一遍，再按"蛋盘及出雏盘的卫生消毒"程序完成后即可。

（3）码盘后，将蛋箱洗刷干净，再用2%的烧碱水浸泡10~15min，然后用清水冲洗干净后待用。

（4）码蛋后，对所用垫草进行曝晒或熏蒸消毒。

3. 蛋车及出雏车的卫生消毒

（1）落盘后及时把蛋车清扫干净，不能留有蛋壳，更不能有臭蛋等污物存在。

（2）码盘前，将蛋车擦干净，再用1∶3 000的百毒杀擦拭消毒，然后将蛋车擦干净即可。

（3）出鸡结束后，将出雏车擦干净，并将其推入出雏机内用42ml/m³的福尔马林熏蒸消毒10h以上。

（四）蛋库的消毒

（1）码盘后，将蛋库的地面用2%的烧碱水浸泡10min，然后用清水冲刷干净。

（2）每周用1∶800的二氯异氰尿酸钠对蛋库的墙壁擦拭一遍。

（3）种蛋全部码完后，用28ml/m³的福尔马林熏蒸消毒10h以上。

（五）种蛋的消毒

孵化车间对种蛋的消毒共分4次。

1. 种蛋入库前 在种蛋熏蒸室用28ml/m³的福尔马林熏蒸25min，排风30min。

2. 入孵后 在孵化机内用28ml/m³的福尔马林熏蒸20min（避开24~96h胚龄的胚蛋）。

3. 落盘后 在出雏机内用28ml/m³的福尔马林熏蒸20min。

4. 开始出鸡时 用25ml/m³的福尔马林置于出雏机中让其自然蒸发消毒。

（六）人员消毒

（1）进入孵化车间时必须更换工作服、水鞋，经烧碱池消毒后方可进入。

（2）接触种蛋、鸡苗前先用0.1%的新洁尔灭洗手消毒。

（七）污物处理

凡从孵化车间清理出来的蛋皮、毛蛋、残死雏、污物等尽快运到指定地点作无害化处理。

【注意事项】

（1）消毒必须做到全面彻底，不能留有死角。
（2）消毒剂量一定要准确，配比要合理。

任务4　预防接种

【任务说明】

皮下或肌肉注射疫苗是最常用的免疫途径。刺种是禽痘病毒接种的重要途径。气雾免疫是禽类室内大群免疫的重要方法。正确稀释各类疫苗是养殖场兽医技术人员的必备技能，也是保证动物免疫效果的重要环节。本任务旨在通过鸡新城疫低毒力活疫苗（LaSota株）、重组禽流感病毒灭活疫苗（H_5N_1亚型，Re–5株）、鸡痘活疫苗（鹌鹑化弱毒株）的稀释及接种，使学生学会常用疫苗稀释的基本操作技术和禽类注射、刺种、气雾免疫的基本操作技术以及油乳剂疫苗的使用技术。

【工作场景】

本任务选择在育雏季节的养鸡场育雏室、成鸡舍及养鸭场、养鹅场进行。所需材料包括鸡新城疫低毒力活疫苗（LaSota株）、重组禽流感病毒灭活疫苗（H_5N_1亚型，Re–5株）、鸡痘活疫苗（鹌鹑化弱毒株）、鸡传染性支气管炎疫苗、灭菌生理盐水或蒸馏水稀释液、去离子水或蒸馏水稀释液、兽用连续注射器、金属注射器、气雾免疫机或喷雾器、9~12号针头、70%酒精棉球、剪刀、镊子、刺种针、盛放疫苗稀释液的灭菌空瓶、新洁尔灭或来苏尔消毒剂、5日龄以上健康雏鸡群，其他还需纱布、脱脂棉、脱脂奶粉、稀释桶、带盖搪瓷盘、工作服和帽子、口罩、胶靴、免疫登记册、干湿温度计等。

【工作过程】

（一）鸡新城疫低毒力活疫苗（LaSota株）的稀释及接种

（1）在养鸡场兽医技术人员的指导下，熟悉鸡群日龄、健康状况及鸡新城疫低毒力活疫苗（LaSota株）使用说明。

（2）按瓶签注明羽份用灭菌生理盐水或蒸馏水稀释疫苗。

（3）采用点眼、饮水途径接种。点眼：将1 000羽份疫苗稀释至30ml，每只鸡点眼1滴（0.03ml）。饮水：在稀释用水中加入0.2%~0.3%的脱脂奶粉，饮水量视品种、大小和季节而定，以1h所能饮完的水量为标准。

（4）对用过的疫苗瓶、器具和稀释后剩余的疫苗等按法规进行消毒或焚烧处理。

（5）雏鸡接种后，应注意观察7~10d，加强护理，如有不良反应，可根据情况及时处理，不良反应要记载到免疫登记册上。

（二）鸡重组禽流感病毒灭活疫苗（H_5N_1 亚型，Re-5 株）的注射接种

（1）在鸡场兽医技术人员的指导下，熟悉鸡群日龄、健康状况及重组禽流感病毒灭活疫苗（H_5N_1 亚型，Re-5 株）使用说明。禽流感病毒感染禽或健康状况异常的鸡，切忌使用该疫苗。屠宰前28d内亦禁止使用。

（2）注射器械消毒。使用前应将疫苗恢复至常温，并充分摇匀。检查疫苗瓶及疫苗性状，如出现破损、异物或破乳分层等异常现象，切勿使用。

（3）颈部皮下或胸部肌肉注射。2~5周龄鸡，每只0.3ml；5周龄以上鸡，每只0.5ml；2~5周龄鸭和鹅，每只0.5ml；5周龄以上鸭，每只1.0ml；5周龄以上鹅，每只1.5ml。接种时应及时更换针头，最好1只鸡1个针头。疫苗启封后，限当日用完。

（4）消毒处理用过的疫苗瓶、器具和未用完的疫苗。一周内注意随时观察禽类的反应，如有异常应及时处理。填写免疫档案。做好个人防护。

（三）鸡痘活疫苗（鹌鹑化弱毒株）的刺种

（1）在鸡场兽医技术人员的指导下，熟悉雏鸡群日龄及鸡痘活疫苗（鹌鹑化弱毒株）使用说明。

（2）按瓶签注明羽份，用生理盐水将疫苗稀释。

（3）用鸡痘刺种针蘸取稀释的疫苗，采用翼膜刺种法，在鸡的一侧翅膀内侧无血管、无毛处的翼膜刺种。20~30d龄雏鸡刺1针；30d龄以上鸡刺2针；6~20d龄雏鸡用再稀释1倍的疫苗刺1针。

（4）消毒处理用过的疫苗瓶、器具和未用完的疫苗。填写免疫档案。全程做好个人防护。

（5）接种后7~10d，逐个检查刺种部位是否出现绿豆大小的肿胀或结痂反应。如接种部位无反应或鸡群的反应率低，应及时重新接种。疫苗稀释及接种应注意消毒操作。

（四）鸡传染性支气管炎疫苗室内气雾免疫

（1）在鸡场兽医技术人员的帮助下，熟悉鸡群日龄及鸡传染性支气管炎疫苗使用说明。

（2）选用合适的喷雾器械试用，测定雾滴的大小及喷完鸡群所需时间，以便具体操作时更好地控制行走速度。

（3）用干湿温度计测定鸡舍温湿度，喷雾时要求温度为18~24℃，湿度70%以上，以避免雾滴迅速被蒸发。

（4）配制疫苗时，按瓶签注明羽份一倍量，用去离子水或蒸馏水加入0.2%~0.3%脱脂奶粉，充分溶解混匀后将疫苗稀释，1~4周龄雏鸡每1000羽所需水量为300~500ml，5~10周龄的为1000ml。

（5）采用合理措施，使鸡群安静。

（6）喷雾免疫时，鸡舍应密闭，减少空气流动，并无直射阳光，操作者距离鸡只2~3m，将药液喷匀，喷头跟鸡保持1.5m左右的距离，呈45°，使雾粒刚好落在鸡的头部，雏鸡身体稍微喷湿即可。

（7）喷雾完毕20min后开启门窗。疫苗稀释及接种应注意消毒操作。消毒处理用过的疫苗瓶、器具和未用完的疫苗。填写免疫档案。全程做好个人防护。

【注意事项】

（1）疫苗稀释及接种应注意消毒操作。

（2）给动物注射用过的针头不能用于吸液，以免污染疫苗。

（3）已经打开瓶塞或稀释过的疫苗，必须当天用完，未用完的处理后弃去。

职业测试题

（一）选择题

1. 当发生传染病时，对疫源地进行的消毒称_____。
   A. 临时消毒　　　B. 预防消毒　　　C. 终末消毒　　　D. 全面消毒
2. NaOH 溶液的消毒浓度为_____。
   A. 1%～2%　　　B. 2%～4%　　　C. 5%～10%　　　D. 0.5%～1.0%
3. 喷洒消毒时，消毒液的用量一般是每平方米_____ L。
   A. 0.5　　　　　B. 1.0　　　　　C. 1.5　　　　　D. 2.0
4. 巴氏消毒属于_____。
   A. 湿热消毒　　　B. 干热消毒　　　C. 化学消毒　　　D. 生物消毒
5. 下列消毒剂中，不能杀灭结核杆菌的是_____。
   A. 生石灰　　　　B. 烧碱　　　　　C. 漂白粉　　　　D. 甲醛
6. 碘酊擦拭属于_____。
   A. 化学消毒法　　B. 物理消毒法　　C. 机械消毒法　　D. 紫外线消毒法
7. 甲醛熏蒸消毒时，相对湿度以_____为宜。
   A. 20%～40%　　B. 40%～60%　　C. 60%～80%　　D. 70%～75%
8. 新洁尔灭不是_____。
   A. 季铵盐类消毒剂　　　　　　　B. 常用的消毒防腐剂
   C. 阳离子表面活性剂　　　　　　D. 阴离子表面活性剂
9. 煮沸消毒时常用的增效剂是_____。
   A. 碳酸钠　　　　B. 碳酸钾　　　　C. 硫酸镁　　　　D. 明矾
10. 动物防疫法规定防疫工作的方针是_____。
    A. 预防为主　　　B. 隔离和封锁　　C. 治疗　　　　　D. 免疫接种
11. 发生动物疫情时，当地_____以上畜牧兽医行政管理部门应立即派人到现场进行疫情调查。
    A. 县级　　　　　B. 乡级　　　　　C. 省级　　　　　D. 地市级
12. 隔离是防制传染病的重要措施之一，根据诊断检疫的结果，可以将全部受检禽分为不同的类型，以便分别对待，以下分类正确的是_____。
    A. 病禽和健康禽　　　　　　　　B. 病禽、可疑感染禽和健康禽
    C. 病禽和可疑感染禽　　　　　　D. 病禽、可疑感染禽和假定健康禽
13. 散发性传染病，常见于_____。
    A. 经空气传播的传染病　　　　　B. 经饲料、饮水传播的传染病
    C. 经胎盘传播的传染病　　　　　D. 经伤口传播的传染病

14. 紧急接种的范围，通常应为疫区和受威胁区内_____。
   A. 已发病动物　　　　　　　　B. 尚未发病动物
   C. 所有动物　　　　　　　　　D. 与发病动物接触的动物
15. 下列消毒剂中，不能杀灭结核杆菌的是(　　)
   A. 生石灰　　　B. 烧碱　　　C. 漂白粉　　　D. 甲醛
16. 有典型症状或类似症状或其他特殊检查阳性的动物为(　　)
   A. 可疑感染动物　B. 患病动物　C. 假定健康动物　D. 不能确定
17. 预防用药一般采用(　　)
   A. 群体给药法　B. 个体给药法　C. 静脉注射法　D. 直肠给药法
18. 从外地引入动物应先隔离饲养_____d。
   A. 3~7　　　B. 7~10　　　C. 10~15　　　D. 15~30
19. 高温处理的患普通传染病的肉尸应切成4~5kg的肉块，然后在水锅中煮沸_____。
   A. 30min　　B. 45min　　C. 1h　　D. 2h
20. 饮水免疫时，最好在饮水中按_____浓度加入脱脂奶粉。
   A. 0.1%　　B. 1%　　C. 5%　　D. 10%

(二) 判断题

1. 传染病发生后，实行封锁的范围越大越好。(　　)
2. 增大疫苗剂量和增加接种次数，均可提高免疫效果。(　　)
3. 人工主动免疫是预防传染病的有效措施。(　　)
4. 所有生物制品均需保存在0℃以下。(　　)
5. 某乡镇养鸡场发生新城疫疫情时，该乡镇人民政府可以决定采取封锁措施。(　　)
6. 给动物接种疫苗的目的是提高动物的特异性免疫能力。(　　)
7. 死亡率是指因某病死亡的动物数占某种动物总头数的百分比。(　　)
8. 流行病学调查不能为拟定防治措施提供依据。(　　)
9. 注射器械煮沸消毒时，应将针筒、活芯、针头分开放置。(　　)
10. 一般而言，消毒剂浓度越大，消毒效果越好。(　　)
11. 发生病毒性疫病后采用烧碱溶液进行临时消毒效果较好。(　　)
12. 某单位发生疫病时，只需要做好本单位的扑灭措施。(　　)
13. 病理检验材料可用10%福尔马林溶液来保存。(　　)
14. 封锁区的划分应掌握"早、快、严、小"的原则。(　　)
15. 0.1%的高锰酸钾溶液可杀死细菌芽胞。(　　)
16. 煮沸消毒时间应从水沸腾后算起。(　　)
17. 养禽场中的隔离区是用来治疗、隔离和处理患病禽的场所，应设在上风向和地势较高处。(　　)
18. 饲养动物的单位和个人应当依法履行动物疫病强制免疫义务。(　　)
19. 紧急预防接种是在畜禽饲养过程中按照一定免疫程序，对健康畜禽以预防发病为目的进行的接种。(　　)
20. 体外用药的方法包括喷洒、喷雾、熏蒸、涂擦和药浴等不同方法。(　　)

（三）问答题

1. 王某欲新建一规模化种鸭场，按照动物防疫的要求，在选址和建设布局上你能够给他提出哪些建议？
2. 假设你是某鸡场的场长，你对鸡场的饲养人员将如何培训与管理？
3. 你认为小型养殖场及农村养殖户应如何做到生产中饲料和饮水的卫生安全？
4. 假设你是某蛋鸡场兽医技术人员，场长安排你组织一次蛋鸡的气雾免疫，你认为应如何安排并实施该项工作？
5. 请你为某肉鸡场制定一份鸡白痢的监测净化方案。
6. 假设某养鸡场发生了高致病性禽流感疫情，请你提出具体处理措施？
7. 某鸡场在2011年秋季安排场内饲养员集中给鸡接种了新城疫疫苗，但当年冬天该鸡场还是发生了新城疫疫情，请分析为何会出现这种情况，如何避免这种现象的发生？
8. 考察3~5个养禽场，列举出其常用的消毒药物及消毒方法。
9. 考察3~5个养禽场，对其消毒制度进行评估和比较。
10. 考察你家乡的养禽场，列举出其免疫程序并进行效果评估。

推荐阅读书目

陈顺友．畜禽养殖场规划设计与管理（第1版）．中国农业出版社，2009．

梁笑准．农业养殖法律指导（第1版）．中国法制出版社，2008．

刘凤华．家畜环境卫生学（第1版）．中国农业大学出版社，2004．

闫若潜，李桂喜，孙清莲．动物疫病防控工作指南（第1版）．中国农业出版社出版，2009．

魏刚才．养殖场消毒技术（第1版）．化学工业出版社．2008．

王兰平，李淑云．动物免疫工作实用手册．科学普及出版社，2011．

项目二　禽病诊断技术

【岗位需求】
禽病临床检查技术；禽病病理学诊断技术；禽病实验室诊断技术。

【能力目标】
掌握家禽临床检查技术，通过询问调查、禽群观察与病禽检查，尽早发现禽群病症；熟练应用尸体剖检技术，通过对特征性病变、流行特点和临床症状的综合分析，能对常见禽病作出初步诊断；熟悉病理组织学检查技术在禽病诊断中的应用；学会借助实验室手段诊断禽细菌病、病毒病和寄生虫病，能合理运用微生物学诊断和免疫学诊断等方法。

及时而准确的诊断是预防、控制和治疗家禽疾病的重要前提和环节。家禽疾病的诊断方法有多种，实际生产中最常用的是临床检查技术、病理学诊断技术和实验室诊断技术。各种家禽疾病的发生都有其自身的特点，只要抓住这些疾病的特点，运用恰当的诊断方法，就能够对疾病作出正确的诊断。

模块一　临床检查技术

临床检查是禽病诊断最基本的技术。通过临床检查，特别是对禽整体状态的观察，能尽早地发现禽群病症，及时采取防治措施。在临诊检查时，应从以下几个主要方面进行：

（一）询问调查

询问调查包括病史情况、饮食变化、季节气候、周围环境情况、舍内小环境、禽自身防疫接种与疫病发生情况等，为疾病的诊断提供依据。

1. 病史与疫情　询问上代的疫病免疫情况、曾经发生过的疾病等。如果上代发生的疾病，则是怀疑和防范的重点内容，在诊断中应给予排查。询问附近禽场的疫情，如果禽有气源性传染病，如新城疫、传染性支气管炎等疾病流行时，则有可能波及本场。

2. 饮食情况　询问在日常饲养管理中禽群的饮食情况。采食时间延长或缩短、饮水减少或增加都有可能是疾病发生的表现。

3. 禽舍周围环境情况　大的噪声，夜晚的闪电，猫、狗、鼠、蛇的窜入，捕捉、转群、运输等物理性因素，周围有害气体、农药等有毒物质的化学因素，都可能是一些疾病的诱发因素。

4. 当地气候变化情况　季节气候的变化与疾病的发生有很大关系，有些疾病发生有明显的季节性，如鸡痘多发生在春秋季节，传染性喉气管炎多发生在冬季。

5. 饲养管理情况　询问饲料以及添加剂使用情况，如饲料原料是否霉变，饲料是否全价；询问饮水情况特别是了解盐分摄入量是否充足；了解饲养密度是否过大，通风是否良好，温度、湿度和光照是否适宜；寄生虫、蚊蝇等有害昆虫袭扰的情况，根据这些情况来寻找病因。

6. 发病情况 主要询问何时发病、病禽的日龄、发病症状、疾病传播速度等情况，以推测是急性或慢性、细菌性或病毒类以及怀疑是何种疾病。

7. 防治措施 了解免疫情况包括免疫程序、免疫方法、疫苗种类、使用剂量等；查问用药情况，了解病禽用过什么药物治疗，看是否合理有效。

（二）禽群观察与病禽检查

本项目以鸡为例，说明检查的方法和程序。其他禽类可参照检查。

1. 鸡群一般状态的观察 在舍内一角或场外直接观察全群状态，以防止惊扰鸡群。注意观察鸡只精神状态，对外界的反应，观察呼吸、采食、饮水的状态，运动时的步态等。正常健康鸡听觉灵敏，白天视觉敏锐，周围稍有惊扰便有迅速反应，活动灵活；食欲旺盛，生长发育正常；羽毛丰满光洁，鸡冠肉髯红润。病态鸡表现为鸡冠苍白或发绀，羽毛松乱；咳嗽打喷嚏或张口呼吸；食欲减少或不食，两眼紧闭，精神委靡消瘦，蹲伏在鸡舍一角。

2. 病鸡检查

（1）鸡冠和肉髯的观察。冠和肉髯是鸡皮肤的衍生物，内部具有丰富的血管、淋巴管和神经，许多疾病都出现鸡冠和肉髯的变化。正常的鸡冠和肉髯颜色鲜红，组织柔软光滑。如果颜色异常则为病态。鸡冠发白，主要见于贫血、出血性疾病及慢性疾病；鸡冠发紫，常见于急性热性疾病，也可见于中毒性疾病；鸡冠萎缩，常见于慢性疾病；如果冠上有水疱、脓包、结痂等病变，多为鸡痘的特征。肉髯发生肿胀，多见于慢性禽霍乱和传染性鼻炎。

（2）眼睛的检查。健康鸡的眼大而有神，周围干净，瞳孔圆形，反应灵敏，虹膜边界清晰。病鸡眼怕光流泪，结膜发炎，结膜囊内有豆腐渣样物，角膜穿孔失明，眼睑常被眼眵粘住，眼边有颗粒状小痂块，眼部肿胀、眼白色混浊、失明，瞳孔变成椭圆形、梨子形、圆锯形，或者边缘不齐，虹膜灰白色。

（3）口鼻的检查。健康鸡的口腔和鼻孔干净，无分泌物和饲料附着。病鸡可能出现口、鼻有大量黏液，经常晃头，呼吸急促、困难，喘息、咳出血色的黏液等症状。

（4）羽毛和姿势变化的观察。正常时，鸡被毛鲜艳有光泽。有病时羽毛变脆、易脱落，竖立、松乱，翅膀、尾巴下垂，易被污染。正常鸡站卧自然，行动自如，无异常动作。病鸡则出现步态不稳，运动不协调，转圈行走或经常摔倒，头颈歪向一侧或向后背等症状。

（5）呼吸的观察。正常鸡的呼吸平稳自然，没有特殊的状态。病鸡应注意观察鸡的呼吸状态，是否有啰音，是否咳嗽、打喷嚏等。

（6）粪便检查。检查粪便是临床诊断鸡病的一个重要方面，因为粪便发生异常变化，往往是疾病的预兆。健康鸡的粪便一般是成型的，以圆锥状多见，表面有一层白色的尿酸盐，其颜色往往因饲料的种类不同有差异。鸡的异常粪便在质、量、形态和消化不良等方面表现出来。常见的异常粪便有以下几种：

①牛奶样粪便。粪便为乳白色，稀水样似牛奶倒在地上，鸡群一般在上午排出这种粪

便。这是肠道黏膜充血、轻度肠炎的特征粪便。

②节段状粪便。粪便呈堆形，细条节段状，有时表面有一层黏液。刚刚排出的粪便，水分和粪便分离清晰，多为黑灰或淡黄色。这是慢性肠炎的典型粪便，多见于雏鸡。

③水样粪便。粪便中消化物基本正常，但含水分过多，原因有大肠杆菌病、低致病性禽流感、肾传支、温度骤然降低应激、饲料内含盐量过高、环境温度过高等。

④蛋清状粪便。粪便似蛋清状，黄绿色并混有白色尿酸盐，消化物极少。

⑤血液粪便。粪便为黑褐色、茶锈水色、紫红色、或稀或稠，均为消化道出血的特征。如上部消化道出血，粪便为黑褐色，茶锈水色。下部消化道出血，粪便为紫红色或红色。

⑥肉红色粪便。粪便为肉红色，成堆如烂肉，消化物较少，这是脱落的肠黏膜形成的粪便，常见于绦虫病、蛔虫病、球虫病和肠炎恢复期。

⑦绿色粪便。粪便墨绿色或草绿色，似煮熟的菠菜叶，粪便稀薄并混有黄白色的尿酸盐。这是某些传染病和中暑后由胆汁和肠内脱落的组织混合形成的，所以为墨绿色或黑绿色。

⑧黄色粪便。粪便的表面有一层黄色或淡黄色的尿覆盖物，消化物较少，有时全部是黄色尿液。这是肝脏有疾病的特征粪便。

⑨白色稀便。粪便白色非常稀薄，主要由尿酸盐组成，常见于传染性法氏囊病、鸡白痢，食欲废绝的病鸡和患尿毒症的鸡。

（7）皮肤触摸检查。从头颈部、体躯和腹下等部位的羽毛用手逆翻，查检皮肤色泽及有无坏死、溃疡、结痂、肿胀、外伤等。正常皮肤松而薄，表面光滑，易与肌肉分离。若皮肤增厚、粗糙有鳞屑，两小腿鳞片翘起，脚部肿大，外部像有一层石灰质，多见于鸡疥癣病或鸡突变膝螨病；皮肤上有大小不一、数量不等的硬结，常见于马立克氏病；皮肤表面出现大小数量不等、凹凸不平的黑褐色结痂，多见于皮肤型鸡痘；皮下组织水肿，如呈胶冻样，常见于食盐中毒，如内有暗紫色液体，则常见于维生素E的缺乏症。

（8）嗉囊检查。用手指触摸嗉囊内容物的数量及其性质。嗉内食物不多，常见于发生疾病或饲料适口性不好。内容物稀软、积液、积气，常见于慢性消化不良。单纯性嗉囊积液、积气是鸡高烧的表现或唾液腺神经麻痹的缘故。嗉囊阻塞时，内容物多而硬，弹性小。过度膨大或下垂，是嗉囊神经麻痹或嗉囊本身机能失调引起的。嗉囊空虚是重病末期的征象。

（9）腹部检查。用于触摸腹下部，检查腹部温度、软硬等。腹部异常膨大而下垂，有高热、痛感，是卵黄性腹膜炎的初期；触摸有波动感，用注射器穿刺可抽出多量淡黄色或深灰色并带有腥臭味的浑浊液体，则是卵黄性腹膜炎中后期的表现。如腹部蜷缩、发凉、干燥而无弹性，常见于鸡白痢、内寄生虫病。

（10）腿部和脚掌的检查。鸡腿负荷较重，患病时变化也较明显。病鸡腿部弯曲，膝关节肿胀变形，有擦伤，不能站立，或者拖着一条腿走路，多见于锰和胆碱缺乏症。膝关节肿大或变形，骨质变软，常见于佝偻病，跖骨显著增厚粗大、骨质坚硬，常见于白血病等。腿麻痹、无痛感、两腿呈"劈叉"姿势，可见于鸡马立克氏病。病初跛行，大腿易骨折，可见于葡萄球菌感染。足趾向内卷曲，不能伸张，不能行走，多见于核黄素缺乏症。观察掌枕和爪枕的大小及周围组织有无创伤、化脓等。

模块二 病理学诊断技术

（一）禽尸体剖检技术

在禽病诊断中，尸体剖检是最常用的诊断手段。通过剖检，根据特征性病理变化，结合流行特点和临床症状，一般都能对禽病作出初步诊断。

1. 收集临床症状 了解临诊情况，包括疾病流行特点、防制措施、治疗效果等。

2. 活禽致死 如是活禽，先检查外观，注意头、爪部是否异常和患外寄生虫病。杀死方法有3种：在环枕头节处将头部与颈关节断离；用带18号针头的注射器，从胸前插入3.5~4cm到心脏，注入10~25ml空气；颈侧动脉放血，但这种方法会影响血液循环障碍的检查。

3. 固定尸体 为防止剖检中羽毛和灰尘埃污染内脏，应将尸体放在2%~5%的来苏尔溶液（或水）中浸泡后再进行剖检，注意要将病禽头部放在消毒液之外，以免药液进入呼吸道，影响病原分离。剖检是对病禽的进一步诊断，病禽的内脏器官和组织常有特异的病理变化。剖检应在病鸡死亡之后尽早进行。病变不典型时，要多剖检几只，以便加以对比、统计和分析。剖检首先切开大腿与腹部间的皮肤，将两大腿分别向外侧转动，使髋关节脱臼，然后将大腿与身体分离，分离时使尸体腹部朝上，平卧于解剖盘中。

4. 肌肉检查 横切腹部皮肤与两侧切口相连，腹部皮肤往后腿翻开，再沿龙骨切开胸部皮肤，向两侧剥离翻开，暴露并检查腹肌与胸肌。沿腹中线从泄殖腔处将皮肤提起剪至下颌，再将皮肤向两侧撕开，充分暴露气管、食管、胸肌和腿肌。

肌肉质地干燥，有灰白色条纹，则表明可能患某些营养物质缺乏症、白肌病；顺肌纤维方向出现条块状出血，多见于传染性法氏囊病；点状出血或弥漫性出血，表明可能是药物中毒或患白血病。

5. 骨关节检查 主要查看长骨、胸骨及膝关节。长骨骨端肥大、肋骨与肋软骨连接处肥大成结节状及胸骨扭曲是佝偻病的特征；膝关节异常肿大且腓肠肌滑落是锰缺乏症的表现；关节囊内含干酪样物质或白色沉淀物，表明可能为关节炎型葡萄球菌感染或患痛风症。另外，高产或产蛋高峰期的笼养蛋鸡，常发生骨骼疏松，若胫腓骨变软易折，则表明缺钙。

6. 体腔剖开及内表检查 沿胸骨后端泄殖孔纵向切开腹壁至胸骨两侧，沿肋弓切开腹壁，掀开胸骨，注意观察腹水情况和腹气囊变化。在胸骨两侧与肋软骨连接处，自后向前剪断肋软骨，再用骨剪剪断喙骨和锁骨，手握龙骨向前上方搬拉，割离肝、心与胸骨联系即可暴露胸腔。暴露胸腔后，保持各脏器位置，注意体腔内壁、胸气囊以及脏器表面有无异常。

若气囊肥厚混浊、附有干酪物，表明患呼吸道疾病；患曲霉素病时，在气囊表面还可见到霉菌结节；腹水混浊常见于细菌性或卵黄性腹膜炎；脏器表面及腹壁内侧有白色絮状尿酸盐沉着，则表明患痛风。

7. 病料采取 剥离肝左叶后，向右翻开暴露脾脏，然后取病料培养，肠道内容物样品应最后采集。如果没有采集血样，而病鸡是在剖检前刚死的，则可在心脏暴露后进行穿刺采血。将脏器移至瓷盘内，从口腔向下分离气管、食管、肠道、心、肝、脾、肺、肾、输卵管等，并逐一进行检查。

8. 口腔及颈部检查 剪开一侧嘴角，检查口腔，注意舌、咽、喉、上腭裂和黏膜的病变。从嘴侧切口向胸部纵行切开颈部皮肤，检查胸腺、食管、气管以及气管两侧的迷走神经。纵行切开食管、嗉囊、咽喉和气管，注意内容物的性状、气味、色泽和黏膜变化。鸭的颈部皮下肿胀则表明可能患鸭瘟。

沿颈静脉寻至后方，在形成"V"字形的左右锁骨的交汇处，有淡褐色略透明的卵圆形甲状腺。在甲状腺后方，与之毗邻的位置有小的白色甲状旁腺。检查时应注意它们是否肿胀。当疑为维生素 D_3 和钙缺乏时，应特别注意观察甲状旁腺的大小。

9. 呼吸道检查 呼吸道的检查应注意黏膜是否充血、出血，有无痘疹、坏死及分泌物等。在眼与鼻孔之间用骨剪横断上喙，检查鼻腔，暴露眶下窦开口前端，用剪刀沿开口侧面纵向剪开窦外壁，检查鼻窦、眶下窦及内容物。正常情况下其内壁应湿润清洁无异物，如果需要可作病原培养。如窦腔内浆液性渗出物增多或有黄色干酪物，则表明可能患慢性呼吸道病、传染性支气管炎、传染性鼻炎等。

剖开气管，如气管与支气管交界处有白色干酪样栓塞，则为传染性支气管炎病变；喉头、气管有血性黏液，则表明为传染性喉气管炎；喉头、气管有灰白色隆起物（痘疹），或黄白色干酪样坏死物，多见于黏膜型鸡痘。患气囊炎或腹膜炎时，可见气囊混浊、增厚，囊腔内有分泌物；患慢性呼吸道病时，气囊混浊或有黄色渗出物。呼吸系统疾病在上呼吸道各部位通常都有交叉病理表现，必须综合判断。

10. 心脏检查 切开心包，查看心包液容量、色泽及渗出物，观察心冠脂肪和心肌的色泽、弹性及有无出血点、肿瘤结节等。患禽霍乱的病鸡常表现为心包液增多、呈黄色，有纤维素渗出，心冠脂肪出血等变化。病程较长的衰竭性疾病，心冠脂肪有胶冻样变性，变性心冠脂肪呈黄色且心肌松弛、苍白。

11. 肝脏的检查 肝脏的病变主要表现为色泽异常、炎性肿胀、质地变脆及有特殊坏死灶。霉变饲料中毒、药物中毒，患禽霍乱、大肠杆菌病等时，肝脏肿大、质地变脆、有条纹状出血。除肿瘤疾病外，肝脏有坏死灶则表明可能患细菌性疾病；肝脏有出血点常表明可能患病毒性疾病。

许多疾病在肝脏表面都有特征性坏死灶，如患禽霍乱家禽的肝脏表面有多量灰白色、针尖大小的坏死灶；盲肠炎（组织滴虫病）的肝脏表面有中间凹陷、周围黄绿色的圆形坏死溃疡病灶，且单个或融合成片；弧菌性肝炎的肝脏表面有白色、星状或菊花状坏死灶。

霉变饲料中毒家禽的肝脏呈土黄色，患禽伤寒病鸡的肝脏呈古铜色。患大肠杆菌病时其肝脏表面常有多量纤维蛋白包裹。患内脏型马立克氏病的其肝脏表面或深部常可见到灰白色肿瘤。患雏鸭病毒性肝炎的，其肝脏质地柔软、出血明显。患禽淋巴白血病的，其肝脏极度肿大、色泽变淡、质地稍硬。

12. 脾脏检查 脾脏肿大，表面有白色肿瘤结节，常见于内脏型马立克氏病。在一些细菌性和病毒性疾病中，常可见到脾脏肿大，有白色坏死点；而代谢性疾病一般见不到脾脏肿大。

13. 肺脏检查 先用刀切割肺侧缘附着处，再将肺从肋骨间凹陷中剥出来。而后上提两肺叶（注意不要损坏第一级支气管），用剪刀将肺脏、支气管与食管分开。最后将肺从助间翻向内侧，进行检查。

肺部病变一般不多，主要应检查其质地、出血情况等。雏鸡肺组织实变，并有大小不等的黄色或白色结节，多见于雏鸡患曲霉菌病或肺型鸡白痢。患有白细胞虫病的鸡，死后肺部通常有凝血块。肺炎病灶大多数都发生在第一级支气管及其周围肺组织，因此，必须检查肺脏的横切面，否则很易漏掉肺内病灶。

14. 肾脏检查 肾和输尿管一般作原位检查，正常的肾脏位于肋窝间，深红色或红褐色，前后细长而分为前中后三个肾叶。当发生马立克氏病时，肾脏有肿瘤、灰白色并突出肋窝。当发现痛风症、传染性法氏囊病、肾型传染性支气管炎时，肾肿胀，细尿管、输尿管内充满尿酸盐，在肾表面形成红白相间的索状弯曲，呈斑驳状。

15. 输卵管检查 剥离卵巢和输卵管，纵行切开检查。

16. 法氏囊检查 法氏囊位于泄殖腔背侧，将直肠后拉即可见到圆形的法氏囊，可原位切开检查。法氏囊水肿、出血或萎缩，是传染性法氏囊病的特征性病变。禽淋巴白血病会在法氏囊上形成肿瘤，这也是与马立克氏病的一个重要区别。

17. 消化道检查 从咽喉部至泄殖腔逐一剖开，主要检查消化道黏膜的出血、肿胀、溃疡、纤维素渗出，肠内容物及肠道寄生虫等状况。检查胰腺后，在腺胃前沿剪断食管，切断肠系膜，将整个胃肠道往后翻拉，横切直肠，取下胃肠道，用肠剪纵行切开检查。

咽喉部主要查看有无干酪物、血块及假膜，禽痘或传染性喉气管炎时，在咽喉部可见明显的纤维素性假膜或血块。食道嗉囊的病变具有特殊性，鸭瘟时食道黏膜出现纵向出血溃疡，并覆盖条索状或片状纤维素假膜。鸡、鹅的白色念珠菌病在食道嗉囊黏膜上也有明显的白色圆形隆起或融合成片的假膜，且不易剥离。维生素A缺乏症的病禽在食道黏膜也可见露珠状细小隆起。此外，嗉囊结食或松软可了解饲料成分，以改进饲喂方法；嗉囊充满水气混合物，可能为新城疫；嗉囊黏膜脱落，可能是慢性蓄积性中毒。

腺胃的病变较为普遍，腺胃乳头出血是鸡新城疫的特征之一；腺胃与肌胃交界处的黏膜出血、溃疡，多见于传染性法氏囊病；腺胃壁肿胀肥厚、出血、腺体扩张等病变，在传染性支气管炎、马立克氏病中都可见到。肌胃一般无明显病变，2周龄以内雏鸡剥离角质层，有时可见少量白色结节，提示可能为禽脑脊髓炎；腺胃乳头分泌亢进，挤出浓厚分泌物，提示饲料中可能有霉菌毒素。

肠道主要检查其黏膜充血、出血、溃疡等。先看肠浆膜面，注意其色泽，表面有无出血斑点、坏死灶；而后再看黏膜面，注意内容物的性状、颜色，黏膜有无充血、出血、渗出物或分泌物。十二指肠黏膜的充血、出血、肿胀，往往是多种消化道疾病的共性病变。小肠中后段及盲肠管扩张，内含血样内容物，黏膜浆膜有出血点则为球虫病的特征。小肠后段形如香肠，剖开可见灰黄色或黄白色栓子，是小鹅瘟的特征性病变。盲肠栓子在组织滴虫引起的鸡盲肠肝炎病中有一定诊断意义。肠道黏膜表面有隆起的结节，提示为副伤寒。肠道变粗、充气，可能是梭菌感染。盲肠扁桃体位于回盲交界处，正常情况下，扁平微隆起，当鸡新城疫等消化道疾病时则肿大、充血、出血。家禽的直肠病变较少，鸭瘟在直肠黏膜可见纵形出血、溃疡甚至假膜。鸡新城疫时泄殖腔黏膜出血严重。

18. 神经检查 在第一肋骨基部与最后颈椎间，切断肩胛软骨与胸壁肌肉间的联系，用手向两侧拉开左右肩胛软骨，即可检查臂神经丛。可用钝性剥离法在骨盆腔内除去肾中叶表层部分，即可检查腰荐神经丛。在腿部股内侧剥离内收股后，就可暴露出坐骨神经，正常时呈白色，有光泽，可见纤维横纹。在腿麻痹的病例，应检查坐骨神经的粗细是否均匀，有无肿大变粗等。

19. 脑组织检查 剥离头部皮肤，在头顶骨中线作十字切开，用骨剪去除顶骨，分离脑与周围联系，取出脑检查，注意脑膜与实质病变。必要时要用无菌方法取病料检查。

20. 骨髓检查 骨髓的检查和取材一般在剖检的最后阶段进行。取出股骨，去掉其上面附着的肌肉，用骨刀纵行切开股骨以检查骨髓。切开胫骨近端骨髓，检查软骨骨化情况。检查骨髓组织的色泽、质地，有无肿瘤和坏死，还可做骨髓涂片（或印片）。必要时采取组织块固定于福尔马林中，以备切片检查之用。同时，可检查骨组织的厚薄、硬度，如发现骨质疏松或软化，应观察甲状旁腺的大小是否正常。

（二）病理组织学检查技术

将病变组织制成厚约数微米的切片，经不同方法染色后用显微镜观察其细微病变，可千百倍地提高肉眼观察的分辨能力，加深对疾病和病变的认识，是最常用的观察、研究疾病的手段之一。同时，由于各种疾病的病变本身具有一定的组织形态特征，故常可借助组织学观察来诊断疾病。

1. 病理组织学检查材料的选取 有病变的器官或组织，要选择病变显著部分或可疑病灶。取样要全面而具有代表性，能显示病变的发展过程。在同一块组织中应包括病灶和正常组织，且应包括器官的重要结构部分。各种疾病病变部位不同，选取病理材料时也不完全一样。遇病因不明的病例时，应多选取组织，以免遗漏病变。

选取病理材料时，切勿挤压或损伤组织。切取组织块所用的刀剪要锋利，切取组织块时必须迅速而准确。组织块在固定前最好不要用水冲，非冲不可时只可以用生理盐水轻轻冲洗。为了防止组织块在固定时发生弯曲、扭转，对易变形的组织如胃、肠、胆囊等，切取后将其浆膜面向下平放在稍硬厚的纸片上，然后徐徐浸入固定液中。对于较大的组织片，可用两片细铜丝网放在其内外两面系好，再行固定。

选取的组织材料，厚度不超过 0.5cm，才容易迅速固定，其面积应为 $1\sim2cm^2$，以便尽可能全面地观察病变。

2. 病理组织材料的固定 病理组织材料应及时固定，以免发生变化影响诊断。为了使组织切片的结构清楚，切取的组织块要立即投入固定液中，固定的组织愈新鲜愈好。固定液的种类较多，不同的固定液又各有其特点，可按要求进行选择。最常用的固定液是10%福尔马林溶液，其他固定液如纯酒精或Zenker氏液等亦要准备齐全备用。固定时间不宜过长或过短，如以福尔马林溶液固定，只需24~48h即可。固定液的量要相当于组织块总体积的10倍左右。

3. 病理切片制作 组织切片制作方法有石蜡组织切片和冷冻组织切片两种。

（1）石蜡切片。将检疫材料在10%的福尔马林溶液中固定48h，经70%、80%、95%系列酒精脱水，二甲苯透明，石蜡浸蜡、包埋、切片及附贴，二甲苯脱蜡、脱二甲苯，然后作苏木精—伊红染色（细胞核染成蓝色，细胞质染成红色），中性树胶封片后镜检。

（2）冰冻切片。选取新鲜的病变组织块，用10%福尔马林固定24~48h，水洗，冰冻切片，然后经贴片、染色、脱水、透明、封片或染色后直接镜检。

4. 病理组织切片的观察

（1）肉眼观察。以手持所要观察的切片，先用肉眼观察以下内容：①是什么组织或器官：大部分切片以肉眼即可判定是什么组织或器官，如心肌、肝、脾、肾、肺、脑等。②切片的质度、颜色等是否一致，如有明显不一致的地方，如果不是正常的结构上的不同，便很可能是病灶所在之处了。在用显微镜观察时尤其要注意此处。

（2）低倍镜观察。用肉眼观察后，辨别出切片的上下面（有极薄的盖玻片覆盖的那面向上），再放入显微镜下，用低倍镜观察：①观察方法，实质器官一般由外（被膜侧）向内，空腔器官由内向外逐层观察。观察每层时亦应从一端开始一个视野挨一个视野地连续观察，以免遗漏小的病变。这种观察可以快一点粗略地观察一遍，若是一致性改变，然后再任选较清晰处进行详细观察；若是局灶性病变，全面观察后，便可回到病灶处详细观察。②观察内容主要包括：一是何组织、器官以印证肉眼判定的是否对，以便总结提高。二是根据组织学和病理学知识判定该组织是否正常？部分正常、部分异常还是全部异常？三是如有病变再进一步观察、描述它是什么改变，属于哪种病变。

（3）高倍镜观察。在利用低倍镜全面观察之后，为了进一步清楚地观察某些病变的更微细的结构才能换用高倍镜观察。如果直接用高倍镜观察既容易因调不好焦距而损坏镜头或切片，又容易漏掉病变而误诊，所以，一般是在低倍镜下找到你需要用高倍镜的地方之后，把该处移到低倍镜的视野中央，再换用高倍镜观察你所要观察的内容。

5. 病理诊断　结合病理剖检的病理变化，通过上述肉眼、低倍镜、高倍镜观察，作出正确的病理诊断。

模块三　实验室诊断技术

在家禽疾病诊断中，一般通过病例调查、临床检查和病理剖检可对大多数家禽疾病作出初步诊断。但当疾病缺乏临床特征而又需要作出正确诊断时，必须借助实验室手段帮助诊断。根据检查的方法不同，禽病的实验室诊断可分为微生物学诊断和免疫学诊断。

（一）微生物学诊断

运用微生物学的方法进行病原检查是诊断禽传染病的重要方法之一。一般包括采集病料、涂片镜检、病原的分离培养与鉴定、动物接种试验等。

1. 病料采集与病原分离培养　为了使微生物学诊断结果准确，必须正确地采集病料。可根据对临床初步诊断所怀疑的疾病，作确诊或鉴别诊断时应检查的项目来确定采集病料的种类，按照无菌操作的要求从濒临死亡或死亡几小时内的病例中采取病料，以使病料新鲜。较常采取的病料是血液、肝、脾、肺、肾、脑、腹水、心包液、关节滑液等。

据各种病原微生物的不同特性，选择合适的培养基进行接种培养。真菌、螺旋体以及某些有特殊要求的细菌则用特殊的培养基。接种后，通常置于37℃恒温箱中进行好气培养，必要时进行厌氧培养。病毒的分离可接种于健康的非免疫或 SPF 鸡胚或鸭胚，获得的细菌或病毒必须用各种方法做进一步的鉴定，以确定其种属和血清型等。

2. 禽病的细菌学检验

（1）涂片镜检。主要用于观察活体微生物的状态和运动性。例如，压滴标本，压滴标本是取洁净载玻片一张，在其上加一环生理盐水（如是液体材料可以不加水），再用接种环在火焰上灼烧灭菌后蘸取适量的待检材料。然后在水滴上加盖一张洁净的盖玻片，注意不可有气泡。对于组织脏器，用无菌剪刀剪一新鲜创，随即以新鲜切面触片。检查时将标本置于显微镜载物台上，先用低倍镜测定位置，然后用高倍镜或油镜观察。

（2）细菌染色。应用各种染料对细菌进行染色。

①革兰氏染色法。取干燥并经火焰固定的涂片滴加草酸铵结晶紫2~3滴于涂面上，染色1min后水洗，并将玻片上积水轻轻拭净。加革兰氏碘溶液2~3滴于涂片上媒染1min后，倒去碘液轻轻拭净，再加95%酒精3~5滴于涂面上，频频摇晃水溶液（或石炭酸复红溶液）复染30s，水洗后用油镜观察。结果是革兰氏阳性菌呈紫色，革兰氏阴性菌为红色。

②美蓝染色法。取经干燥、固定的涂片滴加美蓝染液2~3滴，使染液铺满涂片面，1~2min后吸去染色液，用细小水流冲去多余染液，晾干或用滤纸轻轻吸干。结果是菌体呈蓝色，荚膜呈粉红色。

③姬姆萨染色法。触片经自然干燥后，不用火焰固定，直接滴加姬姆萨染色液数滴（染液中有甲醇，能起固定作用），经2min后再加等量蒸馏水，轻轻摇晃使之与染液混合均匀。5min后水洗干燥，或者将玻片浸入盛有染色液的缸中，染色数小时或过夜，取出水洗、干燥、滴油镜检。

④芽胞染色法。取干燥火焰固定的涂片，滴加5%孔雀绿水溶液于涂片上，加热使其产生水蒸气，以不产生气泡为佳，30~60s，水洗30s，以石炭酸复红（或沙黄水溶液），复染30s，水洗、吹干镜检。菌体呈红色，芽胞呈绿色。

⑤鞭毛染色法。染色液有甲液—0.5%苦味酸1ml、乙液—20%鞣酸液1ml、丙液—5%钾明矾液0.5ml、丁液—11%复红酒精溶液0.15ml，上述各液在使用前，按顺序混合好可使用。染色法是取10~12h的幼龄培育菌，用1%福尔马林液制成菌液，固定24h后，于载玻片上涂成薄片。待自然干燥后，用上述染色液加温染色30s至1min，然后静置1~2min，水洗，干燥，镜检。结果菌体呈深红色，鞭毛为淡红色。

⑥抗酸染色法。在固定后的涂片上，滴石炭酸—品红染色液，在玻片下用火焰加热至发生蒸汽但不能产生气泡，3~5min后用3%盐酸酒精脱色，至无红色脱落为止（1~3min），再水洗后，以碱性美蓝染液复染1 min。水洗，吸干，镜检。结核杆菌和副结核杆菌均为抗酸性细菌，故可以用此染色法和其他细菌相区别。结果是抗酸性菌染成红色，其他菌为蓝色。

⑦负染色法。于干净的载玻片上加一滴苯胺黑（或优质绘图墨汁），用灭菌的接种环取待检材料（以纯培养或病料）少许，均匀混合于苯胺黑（或墨汁）中，并立即将其涂匀，使成薄的涂片，待其干后不用水洗即直接镜检，可见在黑色的背景上，出现不着色透明菌体，所以称负染色法。结果是螺旋体无色发亮，背景呈黑色。

⑧荚膜染色法。涂片、干燥，滴加2%~3%福尔马林龙胆紫染液，染色20~30min，立即水洗，干燥，镜检。结果荚膜呈淡紫色，菌体为深紫色。

⑨螺旋体染色法。染色液是2%刚果红水溶液及1%~2%盐酸酒精液，染色是在载玻片上滴加螺旋体的标本和2%刚果红水溶液各1滴，混匀，涂成薄片。干燥后滴加1%~2%盐酸酒精液，刚果红则由红变蓝，干燥后不必再用水冲洗，镜检。在蓝色背景下见有透亮未染色的螺旋体。

（3）细菌的生化特性鉴定。各种细菌具有自独立的酶系统，所以，在相应的培养基上生长时，产生不同的代谢产物，据此可鉴定出各种细菌。进行生化检查时，必须用纯培养菌进行。常用的生化检测如下：

①糖（醇、糖苷）类发酵试验。将待检菌的纯培养物接种于各种糖发酵培养基中，置37℃培养，培养时间24~48h，长的1周至1个月，应视试验要求而定。其间要定时观察，如产酸时，则指示剂呈酸性反应，则培养液由紫色变为黄色；如不分解糖，则仍呈紫色；如分解后产气，则小管内积有气泡。

②V-P试验。所用培养基为含0.1%葡萄糖的蛋白胨水，pH值为7.6。接种菌后于37℃培养2~3d。取出，按2ml培养液加V-P试剂0.2ml，置48~50℃水浴2h或37℃4h，充分震荡，呈红色者为阳性。

③甲基红（M·R）试验。其培养基和培养方法与V-P试验相同，向培养基内加入数滴甲基红试剂，混匀后判定。培养物中pH值低时呈红色，即为甲基红试验阳性。pH值较高的培养物呈黄色，即为甲基红试验阴性。

④靛基质试验。将细菌接种于蛋白胨水，37℃培养2~3d，沿试管壁滴加试剂（对二氨苯甲醛）约1ml于培养液表面，如该菌能产生靛基质，则两液接触处变成红色为阳性，黄色为阴性。

⑤硫化氢试验。将细菌穿刺接种于醋酸铅琼脂培养基中，37℃培养24h，穿刺线出现黑色者为阳性，无黑色为阴性。

⑥硝酸盐还原试验。将细菌穿刺接种到硝酸盐培养基内，并同时接种已知阳性菌做对照，于37℃培养4~5d，加入试剂甲液和乙液各5滴，轻摇培养基，混合均匀。在1~2min内若硝酸盐还原变为红色者为阳性，无颜色变化为阴性（甲液为氨基苯磺酸，乙液为α-萘胺）。

⑦美蓝还原试验（细菌脱氢酶的测定）。于5ml肉汤培养基中加入1%美蓝液1滴。将被检菌接种于培养基中，在37℃下培养18~24h观察结果，完全脱色为阳性，绿色为弱阳性，不变色者为阴性。

⑧尿素酶试验。将被检菌接种于含有酚红指示剂的尿素培养基中，于37℃温箱中培养24~48h后观察结果，如细菌能分解尿素则培养基因产碱而由黄变为红色。

⑨明胶液化试验。取蛋白胨水2ml，加温至37℃，用白金耳蘸取菌液，并在上述蛋白胨水中制成厚悬液。然后加入一块木炭明胶圆片，放37℃水浴中，通常在1h内看到液化现象。

（4）细菌的药敏试验。对分离出的病菌进行药物敏感试验，筛选出高度敏感的药物用于防治该菌引起的感染。具体做法是：将分离的纯培养物涂布普通琼脂或鲜血琼脂平板培养基表面（磺胺类药物的药敏试验要用无蛋白肉汤琼脂平板），尽可能涂布致密均匀，然后用无菌镊子将已制好的干燥药物纸片（或商品纸片）分别贴于平板培养基表面，一般9cm直径的平皿可同时贴6~9片。最后将平皿底部向上置于37℃温箱内培养18~24h，取出观察结果。经培养后，凡对该菌有抑制能力的抗菌药物，在纸片四周出现一个无细菌生长的圆圈，称为抑菌圈，按照抑菌圈大小来判定敏感度的高低。抑菌圈直径大于20mm为极敏感，15~20mm为高敏，10~15mm为中敏，小于10mm为低敏，无抑菌圈为不敏感。

3. 禽病的病毒学检验 病毒不具备细胞结构，只能在活组织细胞内生长繁殖，其形态甚为微小，但均有各自的外形和结构。病毒的形态观察常借助电子显微镜，在电子显微镜下，病毒的形态有圆形、丝状和子弹状等。各种病毒的大小和形态结构是鉴定病毒的初步依据之一。

（1）病毒的分离培养。常用的分离培养方法有动物接种、鸡胚培养和组织细胞培养三种。

①动物接种。主要用于病毒的分离和培养，测定动物的敏感范围，进行中和试验和保护试验以鉴定病毒及不同毒株间的抗原关系等。接种后的动物应严格隔离饲养，根据试验要求，定期观察，采血检验或解剖检查其组织变化。此外，还可用作继代保存病毒，培养弱毒株，测定病毒的半数致死量（LD50）以及大量繁殖病毒制造疫苗。

②鸡胚培养。鸡胚选择和孵化。应选择无病鸡群中的新鲜受精蛋，鸡群的鸡对所要接种的病毒应无免疫力，最理想的为无特定病原体（SPF）鸡群。以白壳蛋为好，因照蛋时易于观察，活的鸡胚血管及主要分支明显，呈鲜红色，其胚胎可以活动，死亡胚血管模糊不清呈暗红色。鸡胚接种日龄为6~12d，具体根据接种病毒的特性而定。

接种前的准备和接种。接种材料应确认无菌，在蛋壳上用碘酒消毒后，标上接种位置的记号，接种后用石蜡封闭针孔。根据接种目的不同要求，鸡胚接种又分为绒毛尿囊腔内接种、卵黄囊内接种、绒毛尿囊上接种和羊膜腔内接种等方法。接种途径应根据病毒性质而定，一般呼吸道感染的疾病可接种于尿囊腔或羊膜腔；嗜皮肤性病毒接种于绒毛尿囊腔；嗜神经型病毒接种于卵黄囊、脑内或绒毛尿囊膜。为避免接种材料的细菌污染，可将病料研磨成悬浊液离心沉淀后，加入青霉素、链霉素各10 000IU/ml，置于4℃冰箱感染4h。

接种检查。每隔6h照蛋1次，接种后24h内死亡的鸡胚应丢弃并做无害化处理。24h后死亡的鸡胚，置于冰箱内1~2h，取出收获材料，同时，检查鸡胚病变。

鸡胚材料的收获。以无菌操作去除气室顶壳，用镊子撕去部分蛋壳膜，再撕破绒毛尿囊膜而不得破羊膜，用镊子轻轻按压胚胎，以注射器吸取绒毛尿囊液置于无菌试管内，收集的尿液应为清亮，混浊者则往往是细菌污染所致。羊膜腔内接种时，先收取绒毛尿囊液，再将注射器插入羊膜腔内吸取其液，做无菌检验；卵黄囊接种时，先收取绒毛尿液和羊囊液，再收取卵黄液，无菌检查，并将整个内容物倾入无菌平皿中，剪取卵黄膜保存。

③组织细胞培养。在禽病的病毒诊断研究中，鸡胚成纤维细胞（CEF）培养应用较为广泛，以此为例，简略说明培养方法。

鸡胚的处理。选用10~13日龄的鸡胚，在气室部用5%碘酊消毒，以无菌操作的要求用镊子敲破气室部的蛋壳，撕破壳膜，绒毛膜及羊膜，用眼科镊子钩住鸡胚头部，取出鸡胚置于灭菌平皿内，剪去喙、翅、脚、眼球及内脏，用Hank's液洗净外表血液，移至小烧杯内，将鸡胚剪成1~2mm的细块，加适量Hank's液轻轻振动，静置使组织块下沉，吸去混有红细胞及碎片的悬液，如此洗涤2~3次，直至上清液不再混浊为止。

消化。将0.25%胰蛋白用$NaHCO_3$调至pH值为7.6~7.8，然后加入鸡胚碎块（鸡胚和胰酶用量比为1:4左右）置37℃水浴锅内加温，每5min振动1次，直至组织块不易下沉具有黏稠现象为止，一般约20min。消化后取出静置1~2min，吸去胰酶液，加入Hank's液轻摇，用精密小口径吸管吹吸6~7次，使细胞分散，静置1~2min，待组织块下沉后，小心地将细胞悬液吸出置另一瓶内，如此反复数次，使细胞尽量从组织块上脱落下来。将各次所得的细胞悬液合并在一起。

细胞计数。将细胞悬液摇匀，吸出少量滴入血球计数板上，按白细胞计数法，计算四角大方格内完整细胞的总数，并换算成每毫升的细胞数。

分装。根据细胞总数，用营养液配成 50 万~70 万个/ml 细胞的悬液，装入培养瓶内。青霉素小瓶每瓶 1ml，小方瓶每瓶 5ml，瓶口用橡皮塞塞紧，不得漏气。将培养瓶卧置于培养盘中，勿使营养液触及瓶塞，置 37℃ 培养，24~48h，可长成单层细胞。

接种病毒。长成的单层细胞即可接种病毒，待检病料预先应无菌处理，接种时先倾去原来的培养液，加入待检病料，病料以原倍和 10 倍稀释，每个稀释度接种 2~3 个细胞培养瓶，接种量以能盖住细胞层为度。置 37℃ 作用 30min，使病毒充分吸附于细胞表面。取出后倒弃病毒液，加上和原来液体相同量的维持液，置培养箱内培养，每天观察细胞病变。

判定病毒是否增殖。方法有电子显微镜观察细胞病变、红细胞吸附试验、病毒间的干扰现象及抗原性测定等。细胞病变是病毒增殖常用的识别指征，不同的病毒产生细胞病变（CPE）所需时间不同，快者接种后 24~48h 开始出现 CPE，慢者需数周后才出现 CPE，有的病毒产生 CPE 不明显，甚至不出现 CPE。

（2）病毒的鉴定。通过电子显微镜观察可鉴定病毒，是一种快速有效的方法，在电镜下可看到病毒粒子，且可根据病毒形态，初步确定为哪一种病毒科、属。另外，还有补体结合试验、沉淀反应以及荧光抗体和酶标抗体检测方法等。

（二）免疫学诊断

免疫学诊断是建立在抗原与相应抗体发生可见反应这一原理的基础上，在传染病的诊断、病原微生物的分类和鉴定以及抗原分析等方面，均具有广泛的应用。用已知的抗体，可以对分离获得的病原微生物予以鉴定。相反，可通过已知的抗原对康复家禽、隐性感染家禽以及接种疫苗后的家禽的抗体加以定性或定量测定。

1. 直接凝集试验　细菌、红细胞等颗粒性抗原与相应的抗体在电解质参与下，发生反应相互凝集形成团块，这种现象称凝集反应。参与反应的抗体称凝集素、抗原称凝集原。按试验方法分为试管法、玻片法、玻板法及微量凝集法等。

（1）玻片凝集反应。又称快速凝集反应，为一种定性试验。在鸡白痢的诊断及流行病学调查中较为常用，现以此例，说明其操作方法。

鸡白痢玻片凝集试验：先用移液枪吸取诊断液（即鸡白痢凝集抗原）50μl，滴在洁净的玻片或普通厚玻璃上。刺破鸡冠或翅静脉采血 50μl 使二液混匀，使抗原与血液充分混合。阳性反应，在 1~3min 细菌和红细胞从混合液滴的边缘开始逐渐凝集成较大的颗粒或呈片状、团块状，将红细胞凝集成许多小区，余下透明的液体，外观呈花斑状。如果在 2~3min 不出现凝集现象，则为阴性反应，此时可见玻板上的混合液保持原来的状态，或者是中间部分较浓，四周为较稀薄的混悬物。

（2）试管凝集试验。为一种定量试验，常用于检测待检血清中的相应抗体及其效价，协助临床诊断及流行病学调查。操作时，将待检血清用生理盐水做倍比稀释，加入等量已知抗原，置 37℃ 水浴数小时观察，并以 −（不凝集）、+（25% 凝集）、+ + +（75% 凝集）、+ + + +（100% 凝集）为标准判定结果。以出现 + + 以上的血清最高稀释度为该血清的凝集价。

（3）玻板凝集试验。在洁净的玻片上，按试验要求划成数个小方格，用生理盐水倍比稀释血清，加入抗原，依次混匀，30℃左右，5~8min后判定结果，判定方法与试管凝集法相同。

（4）微量凝集试验。其方法与试管凝集试验基本类同，只是在微量反应板上进行，抗原、抗体用量很少，故称微量凝集试验。选用U形或V形微量反应板，用稀释棒将待检血清在反应板上作系列稀释，随后滴入抗原，振荡混合后，置37℃温箱4h或室温静置4~8h，判定结果。判定方法与试管凝集法相同。

2. 间接凝集试验　将可溶性抗原或抗体吸附于与免疫无关的小颗粒载体的表面，此吸附抗原或抗体的载体颗粒与相应的抗体或抗原结合，在有电解质存在的适宜条件下发生凝集现象，称此为间接凝集试验，亦称为被动凝集试验。常用的载体有动物红细胞、聚苯乙烯乳胶和活性炭等，吸附原抗原的颗粒称为致敏颗粒。

乳胶凝集试验。利用聚苯乙烯乳胶的微球作为载体，吸附抗原或抗体，用以检测相应的抗体或抗原，称为乳胶凝集试验。乳胶凝集试验有玻片法和试管法等。玻片法最好选用黑色玻片，因乳胶为乳白色。取待检血清或抗原和致敏乳胶各1滴，混匀，阳性者在5min内即出现凝集反应，但在20min时需要再观察一次，以免遗漏弱阳性。试管法是将待检血清或抗原做系列倍比稀释，低速离心3min或室温放置24min，观察结果。根据上述的澄清程度和沉淀颗粒多少，判定凝集程度。

3. 间接血凝试验和间接血凝抑制试验　间接血凝试验是以红细胞为载体，将抗体或抗原吸附红细胞表面，用来检测微量的抗原或抗体，吸附有抗体或抗原的红细胞称致敏红细胞。用抗体的致敏红细胞检测相应抗原的间接血凝试验，称反向间接血凝试验。

间接血凝目前多采用微量法，可选用"U"形或"V"形血凝板；将待检血清在血凝板上用稀释或定量移液管做倍比稀释，加等量致敏红细胞悬液，振荡混匀后，置室温2h观察结果。以出现50%凝集的血清最大稀释度为该血清的血凝价。试验应设以下对照：致敏红细胞加稀释液的空白对照；已知阳性血清对照；已知阴性血清对照。

反向间接血凝试验的方法与间接血凝相同，只是用抗体致敏红细胞检测抗原、试验应设如下对照：抗体致敏红细胞加稀释液的空白对照；已知阳性抗原对照；正常IgG致敏红细胞加阳性抗原对照；正常IgG致敏红细胞加待检抗原对照；加已知抗原的抑制试验对照。

间接血凝抑制试验是用抗原致敏的红细胞和已知血清检测未知抗原，其原理与鸡新城疫血凝抑制试验一样，方法也基本相似，可参阅新城疫血凝与血凝抑制试验内容。

4. 血凝与血凝抑制试验　有些病毒具有凝集某种（些）动物红细胞的能力，称为病毒的血凝，利用这种特性设计的试验称红细胞凝集（HA）试验，以此来推测被检材料中有无病毒存在，是非特异性的，但病毒的凝集红细胞的能力可被相应的特异性抗体所抑制，即红细胞凝集抑制（HI）试验，具有特异性。通过HA-HI试验，可用已知血清来鉴定未知病毒，也可用已知病毒来检查被检血清中的相应抗体和滴定抗体的含量。

（1）血凝（HA）试验。在96孔微量反应板上进行，自左至右各孔加50μl生理盐水；于左侧第1孔加50μl病毒液（尿囊液或冻干疫苗液），混合均匀后，吸50μl至第2孔，依次倍比稀释至第11孔，吸弃50μl；第12孔为红细胞对照；自右至左依次向各孔加入1%鸡红细胞悬液50μl，在振荡器上振荡，室温下静置后观察结果（表2-1）。

结果判定：从静置后 10min 开始观察结果，待对照孔红细胞已沉淀即可进行结果观察。红细胞全部凝集，沉于孔底，平铺呈网状，即为 100% 凝集（＋＋＋＋）；不凝集（－）红细胞沉于孔底呈点状。

表 2－1　病毒血凝试验的操作方法　　　　　　　　　　　　　　　　　　　单位：μl

孔号	1	2	3	4	5	6	7	8	9	10	11	12
病毒稀释度	1:2	1:4	1:8	1:16	1:32	1:64	1:128	1:256	1:512	1:1 024	1:2 048	对照
生理盐水	50	50	50	50	50	50	50	50	50	50	50	50
病毒液	50	50	50	50	50	50	50	50	50	50	50 弃去	
1% 红细胞	50	50	50	50	50	50	50	50	50	50	50	50
结果观察	++++	++++	++++	++++	++++	++++	++++	+++	+	+	－	－

以 100% 凝集的病毒最大稀释度为该病毒血凝价，即为一个凝集单位。从表 2－1 看出，该新城疫病毒液的血凝价为 1:128，则 1:128 为 1 个血凝单位，1:64、1:32 分别为 2、4 个血凝单位，或者将 128/4＝32，即 1:32 稀释的病毒液为 4 个血凝单位。

（2）血凝抑制（HI）试验。根据 HA 试验结果，确定病毒的血凝价，配制出 4 个血凝单位的病毒液。在 96 孔微量反应板上进行，用固定病毒稀释血清的方法，自第 1 孔至第 11 孔各加 50μl 生理盐水。第 1 孔加被检鸡血清 50μl，吹吸混合均匀，吸 50μl 至第 2 孔，依此倍比稀释至第 10 孔，吸弃 50μl，稀释度分别为：1:2、1:4、1:8……；第 12 孔加新城疫阳性血清 50μl，作为血清对照。自第 1 孔至 12 孔各加 50μl 4 个血凝单位的新城疫病毒液，其中第 11 孔为 4 单位新城疫病毒液对照，振荡混合均匀，置室温中作用 10min。自第 1 孔至 12 孔各加 1% 鸡红细胞悬液 50μl，振荡混合均匀，室温下静置后观察结果（表 2－2）。

表 2－2　病毒血凝抑制试验的操作方法　　　　　　　　　　　　　　　　　单位：μl

孔号	1	2	3	4	5	6	7	8	9	10	11	12
血清稀释度	1:2	1:4	1:8	1:16	1:32	1:64	1:128	1:256	1:512	1:1 024	病毒对照	血清对照
生理盐水	50	50	50	50	50	50	50	50	50	50	50	
病毒液	50	50	50	50	50	50	50	50	50	50		50
4 单位病毒	50	50	50	50	50	50	50	50	50	50	50	50
室温中静置 10min												
1% 红细胞	50	50	50	50	50	50	50	50	50	50	50	50
										弃去 50		
结果观察	－	－	－	－	－	+	++	++++	++++	++++	++++	－

结果判定：待病毒对照孔（第 11 孔）出现红细胞 100% 凝集（＋＋＋＋），而血清对照孔（第 12 孔）为完全不凝集（－）时，即可进行结果观察。

以 100% 抑制凝集（完全不凝集）的被检血清最大稀释度为该血清的血凝抑制效价，即 HI 效价。凡被已知新城疫阳性血清抑制血凝者，该病毒为新城疫病毒。

从表 2－2 看出，该血清的 HI 效价为 1:64，用以 2 为底的对数（log2）表示，即 6log2。

5. 沉淀试验 可溶性抗原与相应抗体结合，在有电解质存在时可形成肉眼可见的白色沉淀物，这个过程称为沉淀反应。参与沉淀反应的抗原称为沉淀原，抗体称为沉淀素。沉淀反应有液相和固相之分。液相沉淀反应中以环状沉淀反应最常用，固相沉淀反应主要有琼脂扩散试验。琼脂扩散试验与电泳技术相结合，又发展成免疫电泳技术。

（1）环状沉淀反应。又称 Ascoli 氏反应，是将沉淀素血清与相应的沉淀原在小反应管中重叠在一起，在两液面的交界处出现一层灰白色沉淀物。方法是将已知沉淀素血清用毛细管吸取，徐徐加入斜置的沉淀反应管内，然后用另一支毛细管吸取待检沉淀素，沿管壁缓慢注入沉淀素血清上，随即将反应管直立，于 1～5min 后观察。如两液面交界处出现清晰、白色沉淀者为阳性反应。

（2）琼脂扩散反应。将抗原和抗体在含有电解质的琼脂凝块中扩散相遇，抗原抗体结合形成肉眼可见的沉淀线，称此为琼脂扩散反应。琼脂为一种含硫酸基的多糖体，高温时能溶于水，冷后凝固形成凝胶。琼脂凝胶呈多孔结构，孔内充满水，其孔径大小决定于琼脂浓度，因此，允许各种抗原或抗体在琼脂凝胶中自由扩散。当抗原和抗体相遇，且比例适当时，就会形成一条沉淀线。一对抗原和抗体只能形成一条沉淀线，故可用琼脂扩散反应鉴定抗原或抗体以及效价。

琼脂扩散试验分单相扩散和双相扩散两个基本类型。将抗原或抗体一方混于琼脂凝胶中，另一方直接接触和扩散于其中，称为单相扩散，使抗原和抗体同时在琼脂凝胶中扩散，称为双相扩散。

琼脂双相扩散试验。称取 0.6～1.0g 琼脂、8g 氯化钠加入 pH 值为 7.4 的 0.01mol 磷酸盐缓冲液（PBS液）至 100ml，在水浴中充分煮沸融化，加入 0.01% 硫柳汞，倒入直径 85mm 的平皿，每个加入 18～20ml，待凝固后用外径为 4mm 的打孔器，按六角形图案打孔，中心孔与周围孔的孔距为 3mm，将孔中的琼脂用 6～8 号针头插入，轻轻向上挑出。中间孔滴加抗原，周围孔滴加待检血清与阳性对照血清，加样完毕后放入 37℃ 温箱保持一定湿度，经 24～48h 观察结果。抗原与抗体出现特异性沉淀线者判定为阳性，否则为阴性。

传染性法氏囊病、产蛋下降综合征、禽脑脊髓炎均可通过琼脂扩散试验鉴定。

琼脂单相扩散试验。将用 0.01mol、pH 值为 7.4PBS 液配成的 2% 琼脂熔化，吸取 2.5ml 保持在 60℃ 的水浴箱中；吸取标准阳性血清 0.5ml，加入 0.01mol、pH 值为 7.4PBS 液 2ml，混合后预热至 60℃，加入上述 2% 琼脂中，混匀；吸取上述混合琼脂液 4.5ml，滴加在洁净的载玻片上，制成含有 10% 阳性血清的琼脂，冷凝后在琼脂板两侧打一个直径为 4ml 的孔；用毛细管吸取待检抗原，加入孔中，加满为止；将琼脂板放入有湿纱布的带盖瓷盘内，置 22～26℃ 3d，每天观察 1 次，用卡尺测量沉淀环大小；沉淀的直径（毫米）就是待检抗原的滴度。

6. 对流免疫电泳技术 由于抗原与抗体的等电点不同，在 pH 偏碱的环境中，抗原带负电荷，电泳时向正极移动，抗体带电荷弱，在电泳时由于电位差作用，向负极泳动。将抗体置于正极，抗原置于负极，电泳时，抗原抗体相向移动，并相遇形成沉淀线。由于抗原抗体的定向移动，不仅缩短了反应出现的时间，而且由于抗原和抗体的局部浓度增高，从而提高了反应敏感性。试验时，在琼脂凝胶板上打孔，孔径 3mm，孔距 5mm，一块 6cm×9cm 的玻板可打 40 孔，一张载玻片可打几个孔，同时检测多个样品。挑去孔内琼脂后，将抗原加入负极一侧孔内，抗体加入正极侧孔内。然后以电压 4～6V/cm 电流 3μA/cm 宽度电场下电泳 30～90min 观察结果。如沉淀线不清晰，可置 37℃ 温箱数小时，增加清晰度。

7. 红细胞吸附和红细胞吸附抑制试验 该试验又称血球吸附和血球吸附抑制试验。某些病毒如正黏病毒和副黏病毒等，在培养的细胞内增殖后，可使培养的细胞吸附某些动物的红细胞，而且只有感染细胞的表面吸附红细胞，不感染的细胞不吸附红细胞，因此，可以作为这些病毒增殖的指征。红细胞吸附现象也可被特异抗血清所抑制，故在病毒鉴定，尤其是对某些不产生细胞病变的病，常是一个较好的快速鉴定方法。

细胞经培养长成单层后，按常规接种病毒，经一定时间培养（随病毒种类而异），倾弃培养液，加 0.4%～0.5% 已洗涤的红细胞悬液，室温感作 10～15min（某些病毒置 4℃ 或 37℃），然后加入少量生理盐水，轻轻晃动洗涤，倒去吸附的红细胞，置低倍镜下观察。如红细胞黏附于单层细胞中的感染细胞表面，则为阳性。病毒大量增殖时，可使整个单层细胞粘满红细胞。进行抑制试验时，用 Hank's 液病毒接种培养后的培养液洗涤 2 次，然后加入 1:10 稀释的抗血清，室温或 37℃，30min 后，倾弃血清，加入红细胞悬液，如上进行红细胞吸附试验，镜检检查红细胞吸附强度，与对照相比，经完全抑制为阳性。

8. 补体结合试验 如蛋白质、多糖、类脂质、病毒等与相应抗体结合后，该抗原抗体复合物可结合补体，但这一反应肉眼无法观察，如再加入溶血系统，通过观察是否出现溶血，来判断反应系统是否存在相应的抗原抗体，参与补体结合的抗体称为补体结合抗体。

补体结合试验包括两个反应系统，一为检验系统（溶菌系统），即已知的抗原（或抗体）和补体；另一为指示系统（溶血系统），包括绵羊红细胞、溶血素和补体。抗原与抗血清在试管内混合后，如二者是对应的，则发生特异性结合形成抗原抗体复合物，这时加补体，补体就与抗原抗体复合物结合而被固定，不再游离存在，当再加入溶血系统时，由于无游离的补体，不发生溶血现象。如果抗原抗体不对应或根本无抗体存在，则不能形成抗原抗体复合物，加入补体后，补体不被结合而固定，仍呈游离状态，加入溶血系统后，由于有游离补体存在，因而发生溶血现象。

9. 中和试验 病毒与相应的中和抗体结合后，可使病毒丧失感染力。中和反应不仅具有高度的种、型特异性，而且一定量的病毒必须有相应的中和抗体才能被中和。因此，中和试验不仅可用于病毒种类鉴定，还可用于中和抗体的效价滴定。

常规中和试验毒价的滴定：过去衡量毒力或毒价多用最小致死量（MLD），但最小致死量不十分正确，现多采用半数致死量（LD_{50}）作为毒价测定的指标。但病毒对实验动物的致病作用并不都以死亡为标志，如以感染发病作为指标，可用半数感染量（ID_{50}）；以体温反应作指标者，可用半数反应量（RD_{50}）；用鸡胚测定时，则以鸡胚半数致死量（ELD_{50}）或鸡胚半数感染量（EID_{50}）作为毒价单位；在细胞培养上测定时，用组织半数感染量（$TCID_{50}$）表示；测定疫苗免疫性能时，则可用半数免疫量（IMD_{50}）或半数保护量（PD_{50}）表示。

半数剂量测定时，通常将病毒液进行 10 倍系列稀释，然后接种试验动物或培养细胞、鸡胚，每个稀释度接种 3～6 只。接种后，观察一定时间内的死亡数，出现细胞病变数或生存数。然后计算半数剂量。一般用 Reed 和 Mench 法计算半数剂量，现举例说明如下（表 2-3）。

表2-3 病毒毒价滴定表（接种量0.1ml）

病毒稀释	观察结果			累计结果			
	CPE数	无CPE数	%	CPE数	无CPE数	CPE率	%
10^{-4}	6	0	100	13	0	13/13	100
10^{-5}	5	1	83	7	1	7/8	88
10^{-6}	2	4	33	2	5	2/7	29
10^{-7}	0	6	0	0	11	0/11	0

中和试验分两种方法，一是固定病毒稀释血清法，并以50%组织培养细胞或实验动物不致发生细胞病变或死亡的血清最高稀释度为该血清的中和效价；二是固定血清稀释病毒法，正常血清（作对照）和待检血清同时进行测定，并以这两份血清的中和效价的对数之差作为待检血清的中和指数。

病毒经毒价滴定后，稀释成200个$TCID_{50}$或LD_{50}，然后加入等量的不同稀释倍数的血清（一般做2×或10×系列稀释），37℃水浴反应1~2h，对照敏感的病毒可置4℃冰箱内反应。反应后接种培养细胞和动物，置于适当条件下，待充分出现感染效应，观察记录结果。计算按Reed和Mench法，与$TCID_{50}$相同，计算公式改为：高于50%血清稀释度的对数-距离比×稀释系数的对数，然后将所得值换算成对数，即为该血清的效价。固定血清稀释病毒法以中和指数来表示，计算时，先计算出病毒加对照血清和未知血清的$TCID_{50}$或LD_{50}，其差数的反对数就是被检血清的中和指数。

10. 免疫标记技术 利用某些能够通过某种特殊理化因素易于检测的物质标记抗体，这些被标记的抗体与相应抗原相结合，通过标记物的检测，从而确定抗原的存在部位，此即免疫标记技术。标记技术目前广泛应用的主要有：免疫荧光技术、同位素标记技术（即放射免疫沉淀）和免疫酶技术等，前者主要用于抗原定位，后两者不仅可以用于定性、定量，还可以用于定位。

（1）荧光抗体技术。一种物质当受到短波光线（如紫外线）激发后，能放出波长比激发光长的可见光，此种光称为荧光。染料经激发后放出荧光者称为荧光染料（荧光素）。将荧光染料连接到提纯的抗体分子上，此种抗体称为荧光抗体。荧光抗体与相应的抗原结合后，就形成带有荧光的抗原抗体复合物，可在荧光显微镜下检测。常用的荧光染料有异硫氰酸荧光黄和异硫氰酸罗丹明B等。荧光抗体技术主要有直接法、间接法和抗体补体法三种。

①直接法。将标记的荧光抗体直接加于抗原标本，在一定条件下染色后，水洗以除去未参加反应的多余荧光抗体，室温干燥后封片，置荧光显微镜下检查。

②间接法。先制备荧光标记的抗体（第二抗体）。如检测未知抗原，再加未标记的特异抗体（第一抗体）于抗原标本上，37℃下30~60min，使抗原、抗体反应，用水洗除去未反应的抗体，再加荧光标记的抗体，37℃下30~60min，洗涤，封片后镜检。如检测未知抗体，则抗原标本为已知的，待检血清为第一抗体，其他步骤和抗原检测相同。间接法只需制备一种荧光抗体，即可用于多种抗原的检测。荧光亮度亦比直接法明亮，但由于因素增加，非特异性染色亦相应增多。

③抗补体法。用荧光素标记抗补体抗体。当相应的抗原抗体复合物与补体结合后，再加入抗补体抗体染色，使之形成抗原—抗体—补体—抗补体抗体复合物。本法仅需要制备

一种抗补体抗体,即可用于各种抗原系统的检测。但由于参与反应的成分较多,制备特异性抗补体荧光抗体较困难,染色程序复杂,非特异性亦较强。

(2)同位素标记技术(放射免疫测定)。由于许多抗原物质和抗体均可用放射性同位素 I-131 和 I-125 等进行标记,这种标记的抗原或抗体仍保持与相应抗体或抗原发生特异结合的能力,从而可以进行抗原或抗体的定位或定量检测。放射免疫测定敏感性很高,可达纳克乃至皮克水平,但由于需要特殊的实验设备和防备条件,且放射性同位素有一定的半衰期,标记物必须在半衰期内用完,故实际应用受到一定的限制。

(3)放射免疫技术。包括待检抗原、相应的标记抗原和特异性抗体 3 个主要成分。由标记抗原(Ag^*)和未标记抗原(Ag)与特异性抗体(Ab)竞争结合,形成标记的抗原-抗体复合物(Ag^*—Ab)和未标记的抗原—抗体复合物(Ag—Ab)。当 Ag^* 和 Ab 的数量保持恒定,且 Ag^* 与 Ag 的相加量超过 Ab 上有效结合点的数目,则 Ag 与 Ag^*—Ab 之间存在函数关系,即 Ag 量增多时,则 Ag—Ab 的生成量增多,而 Ag^*—Ab 的生成量减少。将 Ag^*—Ab、Ag—Ab 复合物(以 B 表示)与游离的 Ag^*、Ag(以 F 表示)分离,测定 B 和 F 的放射活性,计算出 B/F 或 B/(B+F)值,由标准曲线和竞争标准曲线查出待检标本 Ag 的量。

(4)免疫酶标记技术。将酶通过化学方法与抗体(或抗原)结合,标记后的抗体(或抗原)仍具有与相应抗原(或抗体)相结合的免疫学活性以及酶的催化活性,与相应抗原(或抗体)结合后,形成抗原—抗体—酶复合物,复合物中的酶遇到相应的底物时,催化底物分解,生成有色物质。有色物质的形成,说明了酶的存在。根据有色物的有无及其浓度,可以推断被检抗原或抗体是否存在及其含量,以达到定性和定量的目的。由于酶具有极强的催化能力,只要极少量的酶就能使使底物发生化学转化,从而使免疫酶技术具有极高的敏感性。免疫酶标记技术按其方法不同可分为免疫酶染色法和免疫酶测定法两种。

①免疫酶染色法。与荧光抗体法相同,只是以酶代替荧光素作为标记物,并以产生有色物作为指示标志。可分为直接法和间接法两种:

直接法。应用酶标记抗体直接检测抗原。将含有抗原的组织和细胞标本固定并消除其中的内源性酶后,应用酶标记抗体直接处理,滴加底物显色,进行镜检。

间接法。将含有抗原的组织或细胞标本,先用特异性抗体处理,充分洗涤后,再用酶标记的抗体处理,使其形成抗原—抗体—酶标记抗体复合物,最后滴加底物显色,镜检。亦可应用 SPA 代替抗体,制备酶标记物。

②免疫酶测定法。免疫酶测定法分固相与液相两类。

液相免疫酶测定法不需要将游离的和结合的酶标记物分离,也不需要载体,直接从溶液中测定结果。将含有小分子半抗原的样品、酶标半抗原及相应抗体混合感作,然后测定酶活性。如样品中没有半抗原,则酶标半抗原与抗体结合,酶活性受抑制;如样品中有半抗原,则半抗原与抗体结合,而未与抗体结合的酶标记半抗原仍具催化活性,催化底物,出现颜色反应。主要用于激素、抗生素等小分子半抗原的检测。

固相免疫测定法需利用载体,以化学或物理的方法将抗原或抗体连接于载体上,形成免疫吸附,然后进行免疫酶测定,因此,很容易将免疫复合物与游离分离。

酶联免疫吸附试验(简称 ELISA)。又可分为间接法、双抗体夹心法和竞争法等。

间接法。将已知抗原吸附于载体，孵育后洗去未吸附的抗原，加入待检血清，感作后洗涤以去除未结合的物质，加入酶标记抗体，感作后洗涤，加入酶底物，出现颜色变化。根据颜色变化速度与程序，推算出抗体量。

双抗体夹心法。为检测抗原的方法。将特异性抗体吸附于载体表面，加入含有抗原的待检样品，使其与载体表面的特异性抗体结合，洗去多余抗原，再加入酶标记的特异性抗体，感作后洗涤，加入酶底物显色，颜色改变与被测样品中的抗原量成正相关。

竞争法。利用未标记抗原和酶标记抗原共同竞争有限抗体的原理，测定样品中的抗原含量。将抗体吸附于载体表面，孵育后洗涤，加入待检抗原样品和酶标记抗原（亦可先加待检样品，稍后加酶标记抗原）。对照只加酶标记抗原。感作后洗涤，加入底物溶液。仅含有酶标记抗原的对照出现颜色反应。而在待检系统，由于样品中抗原的竞争，相互抑制了颜色反应。待检抗原含量高时，对抗体的竞争力强，形成的不带酶的抗原—抗体复合物量亦多，带酶复合物的量相对减少，显色反应时颜色相对较浅。反之，待检抗原含量低，对抗体竞争力弱，形成的不带酶复合物量少，而带酶复合物量相对增多，显色反应时颜色相对较深。由特定抗原基质珠法（简称DASS）。本法应用溴化氰活化的琼脂糖珠作为载体，将抗原结合其上，制成免疫吸附剂，再以这种免疫吸附剂检测抗体。基质珠法亦可应用已知抗体制抗体吸附珠，用以检测相应的抗原。

（三）几种免疫检测新技术

1. 快速斑点免疫结合试验（DIBA） DIBA是20世纪80年代中期发展起来的一种固相免疫测定新技术，本试验的原理以微孔滤膜为载体，通过毛细管作用使抗原抗体反应快速进行，阳性结果在膜上出现着色斑点，可直接用肉眼观察，渗滤装置是一充满吸水垫料的塑料小盒，垫料上放一片微孔滤膜，反应和洗涤都通过渗滤完成，整个过程可在5min内完成，最初建立的为酶标记免疫渗滤试验，其后以胶体金等有色微粒作为标记物，不仅简化了操作步骤，且可使试剂在室温下保存长久。新发展的免疫层析试验将各种反应试剂分点固定在同一试纸条上，检测标本加在试纸条的一端，将一种试剂溶解，通过毛细管作用移行于膜上与另一种试剂接触，发生反应，将试验简化成一个试剂，一步完成的快速试验。

2. 固相免疫吸附凝集技术 该技术是将固相免疫测定技术与凝集反应或病毒血凝试验相结合的一种新型免疫检测技术。最有实用价值的为红细胞固相吸附试验，常用于病毒感染的早期诊断。方法为首先用抗某种动物IgM的抗体包围被固相载体，然后加入病毒抗原，最后加入新鲜敏感的红细胞显示反应结果。理论上讲，凡是有血凝素的病毒均可用这种方法检测其特异性IgM抗体，进行早期诊断。

为扩大该试验应用范围，人们用抗体或抗原致敏红细胞来显示反应结果，前者称为反向间接红细胞固相吸附试验，它既可用双抗体夹心法检测抗原，亦可用间接法检测抗体；后者称为间接红细胞固相吸附试验，多用于检测特异性IgM抗体以诊断病原的早期感染。用本法对病毒感染的早期诊断敏感性可相当或高于ELISA及放射免疫测定法，特异性极高，试剂经济，来源广泛，无须特殊设备，操作比其他固相免疫吸附技术简单，易于普及。国外已广泛应用，国内也应大力推广。

3. 脂质免疫测定法（LIA） 脂质体是脂类悬浮于水相介质中形成的双分子单层或多层结构的球状小体，类似于生物膜结构，表面结合有抗原或抗体分子的脂质体称为免疫脂质体，LIA 的原理与传统的溶血试验很相似，它是一种以脂质体溶解释出内容指示物而指示抗原抗体反应为特征的免疫测定技术。试验时，应首先制备内部包裹有某种标记分子（如化学发光剂、荧光素、染料、酶和底物等）的免疫脂质体，这些免疫脂质体可以借助其表面结合的抗原或抗体与待测样本中的抗体或抗原特异性结合。通过加入补体、溶血素、蜂毒素等致使脂质体破裂，内容物释出，以相应的检测手段即可测出。由于脂质体内可包容大量的指示剂分子，因而本法有很高的敏感性，且整个试验一般在液相的均相状态下进行，无须分离步骤，操作简便。可按需要将多种抗原或抗体分子掺入脂质体双层结构，制成多价诊断试剂。还可通过使脂质体结构发生改变而逸出标记物的方法来检测颗粒性抗原。这种新型免疫检测技术越来越受到重视，在国外已有多种诊断试剂盒出售，但在国内尚未见到此类报道。本法具有快速简便、敏感特异、均相、可准确定量等优点。将诊断试剂冻干制成快速诊断试剂盒，敏感性高于酶联免疫吸附试验。

4. 核酸探针技术 核酸探针技术又名基因探针技术或核酸分子杂交技术，它是在20世纪70年代基因工程学基础上发展起来的一项新技术，该技术建立在碱基互补的基础上。人们把具有特异性序列、结合有标记物的核酸称为探针，它可与应试材料中的互补序列发生杂交，通过相应的检测手段即可测出。最早采用的标记物为放射性同位素，但因放射标记污染环境且费用很高，不能实现商品化，人们就致力于发展非放射性探针的标记，首先问世的是生物素标记的核酸探针，这种通过酶促聚合反应制备的高敏感探针用高亲和性的生物素的亲和素系统检测，给核酸探针的广泛应用带来了希望。但生物素标记的探针敏感性和特异性有时不如放射性同位素标记的探针，故人们又采用胆固醇类的地高辛核酸探针，其敏感性与同位素标记相同，而特异性优于生物素标记。并且用随机引物法标记的地高辛探针检测半抗原时只需用单一酶标抗体，反应 30min，易于实现商品化。近年来，地高辛核酸探针已成功地用于马立克氏病（MD）、传染性法氏囊病（IBD）、传染性喉气管炎（ILT）、巨细胞病毒病等的检测。核酸探针技术不仅能检测数量甚微的感染病原体，还能检测整合到宿主染色体中的潜在病原体，特别是对某些难以在体外培养的感染病原体更具有重要意义，还可检测隐性感染以及对毒株特别是变异毒株的鉴定。

5. 限制性核酸内切酶酶切图谱分析 该法是目前分析 DNA 病毒核酸变异的常用方法，无用限制性内切酶消化病毒 DNA，将消化物于琼脂凝胶中电泳分离，经溴化乙锭染色后，呈现出大小不一的片段。应用这种方法可将亲缘关系很近，表型相同的病原鉴定出来。该技术已应用于禽多杀性巴氏杆菌疫苗株及分离株的区别、传染性鼻炎的流行病学研究、肠炎沙门氏菌的分型、ILTV、MDV 及禽腺病毒的分型等。该法的特异性、敏感性及稳定性均优于传统的病原体分型方法，在传染病的流行病学及病原研究中将发挥重要作用。

6. 寡核苷酸指纹图谱技术 本技术用于病毒的病原学研究，特别对 RNA 病毒，可进行病毒分类，鉴定病毒的突变株，区别疫苗株和分离株等，在病毒的流行病学调查中有重要意义。主要程序是将病毒 RNA 纯化、标记、RNA 键的断裂，经过适当的酶切（一般为 T1 核糖核酸在鸟苷酸的 3' 端分开）后，再将这些片段先后在 pH 值为 8.0 的聚丙酰胺凝胶中进行双向电泳，然后进行放射自显影产生一个指纹图谱，从而确定病毒基因组的同源性以进行病毒的鉴定、分类等。该技术已应用于鸡传染性支气管炎病毒、禽呼肠孤病毒、反转录病毒等研究中。其优点为敏感性高，可区别病毒核酸之间的微小差异，甚至单个核苷酸的区别，并且重复性好。

7. 聚合酶链反应（PCR）技术　用核酸探针技术检测病原体时，至少需要 $10^4 \sim 10^5$ 个靶基因拷贝。对于数量极少即可使宿主发病的病毒，感染早期无免疫应答的病毒，损害宿主免疫系统使之不产生免疫应答的病毒，以及感染后期基因嵌入宿主 DNA 中的病毒，最有效的检测方法当数 PCR 技术，PCR 是模拟体内 DNA 的复制过程，由引物介导和耐 DNA 聚合酶催化在体外扩增特异性 DNA 片段的一种有效方法。目前，国内外对其研究甚多，诸如检测 ILT、IBD、产蛋下降综合征（EDS_{76}）、鸡传染性贫血病毒（CAV）、传染性支气管炎病毒（IBV）、禽流感病毒（AIV）以及一些细菌和支原体等。应用 PCR 技术可直接从各种组织、体液中检测到病毒，无须分离培养，且有较高敏感性，可检出百万分之一的感染细胞，进行单拷贝的 DNA 检测。在应用时，PCR 的技术操作及步骤均不断改进，衍生出了多个更具优势的新种类，PCR 与核酸杂交技术相结合，可提高检测的特异性，进行快速诊断和毒株分型，逆转录 PCR 已广泛应用于 RNA 病毒的检测；常温下 PCR 不需扩增仪即可直接扩增模板 DNA 或 RNA，简便快速；多重 PCR 是在同一反应体系中加入 1 对以上的引物时，当与各引物对特异性互补的模板存在时：可在同一反应管中同时扩增出 1 条以上的目的基因。这是一种高度敏感特异及简便的方法，能同时将需要鉴别诊断的传染病一次性确诊。

（四）禽病的寄生虫学检验

1. 蠕虫的常规检验

（1）虫体检查。肉眼观察粪便中有无虫体。将被检粪便加入 10 倍以上的清水，混匀沉淀，倒去上清液，反复数次，肉眼或放大镜在粪便中查找虫体，凭积累的经验或借助显微镜鉴别。

（2）幼虫检查。有些线虫随粪便直接排出幼虫，有些是蠕虫卵在外界环境中很快孵化成虫。对此类寄生虫的诊断可采用如下方法：

①漏斗幼虫分离法。取直肠内容物或新鲜粪便，平铺于直径 2~4cm 的漏斗内的金筛上，漏斗下连接一根长 5~15cm 的橡皮管，橡皮管末端接一根小试管。在漏斗内加入 38℃ 的清洁温水使液面与筛相接触，室温中放置 1~2h，新孵出的活泼幼虫沉于小试管底，弃上清液，将沉淀物置于载玻片镜检，可见活动的幼虫。

②平皿幼虫分离法。取待检粪便 3~4g，置于平皿或表面玻璃中，加适量 40℃ 温水，等 5~10min 后除去粪渣，用低倍镜检查平皿中的液体，观察有无活动的幼虫存在。

③幼虫培养检查法。圆形目的线虫虫卵，在形态结构及大小上相似，镜检往往难鉴别，为了生前确诊，常将幼虫经过培养，待发育成感染性幼虫后观测之。方法是将新鲜粪便塑成半球形置于平皿中，在 25~30℃（室内或温箱中，按情况每天加少量水）经几天，用漏斗幼虫分离法处理，查有无活动的幼虫。

（3）虫卵检查。

①涂片法。取 50% 甘油水溶液一滴置于载玻片上，然后用小玻棒或小柴梗取粪便一小块，与上述溶液混合，将较粗的粪渣推向一边后，均匀涂布，盖上盖玻片，即可镜检。如无甘油水溶液，亦可用常水替代。本法简单，但检出率不高，需反复检查才能证实。

②沉淀法。利用比重低于蠕虫卵的水处理被检粪便，使虫卵沉淀集中。

自然沉淀法。取粪便 2~5g，加水彻底混合使成悬液，用 40~60 目/2.54cm 的铜丝筛滤取大块物质，静止 15min 后倾去上清液，如此反复直至上清液透明为止，弃去上清液，置沉淀物于载玻片，盖上盖玻片，镜检查虫卵。

离心沉淀法。取粪便约1g置试管中，加入5倍量的水使其成混悬液，用40目/2.54cm的铜丝筛过滤入离心管中，以800r/min离心3~4min，吸取管底沉渣或小心弃去上清液，置沉渣于载玻片上，盖上盖玻片，镜检检查虫卵。

③漂浮法。采用比重大的溶液稀释粪便，使粪便中比重较小的虫卵漂浮集到溶液的表面，再用显微镜检查。方法如下：

饱和盐水漂浮法。先配制食盐饱和溶液，即在1 000ml沸水中，加约360~380g食盐，使溶解，以纱布过滤冷却后，如有结晶析出，即为饱和溶液。取粪便数克，置于小杯或试管中，加少量饱和盐水，仔细搅和，并逐渐加入饱和盐水，当溶液满至边际时，立即用筷子除去漂浮的大块粪便，然后静置半小时，此时比饱和盐水比重轻的蠕虫卵大多浮在表面，用铂金耳或金属小环在液体表面蘸取液膜数次，抖落在载玻片上，盖上盖玻片，进行镜检。蘸取液膜用的金属小环用后应在火焰上烧灼，以免把蠕虫卵带到下一份材料中去。本法亦可将混合的粪液注满顶立的小试管中，在试管口盖上盖玻片，使与液面相接触，并使之不留气泡。静置40~45min，将盖玻片迅速取下，覆于载玻片上镜检。

④筛滤法。本法是将粪便先制成悬液，使通过不同孔径的筛，先经过粗筛将粪便中较粗的渣滓（如食物纤维等）保留筛上，而将虫卵和较细粪便保留于滤液中。再将此滤液通过极细的尼龙筛，将虫卵保留于尼龙筛上，而更细的粪渣和可溶性色素均随滤液通过。将尼龙筛上的内容物取出，进行镜检。一般粗滤可采用40~60目/2.54cm的铜丝筛，细筛可用260目/2.54cm的尼龙筛。此法多用于大型及中型虫卵的检查。

2. 蠕虫虫体的染色与鉴定

（1）吸虫虫体染色与鉴定。将收集所得的吸虫放置盛有生理盐水的小瓶中，活的虫体可在生理盐水中放置一定时间，使其将内容物吐出，并轻摇小瓶，洗去虫体表面的黏液。这种虫体呈半透明状，将其平铺于载玻片上，镜检观察，其内部构造隐约可见。但未经染色，虫体结构并不十分清晰，且其虫体不能保存。如欲保存，可将洗净后的虫体放入20%酒精或5%~10%的福尔马林溶液中。如欲制成染色装片标本，由虫体在固定前平铺于载玻片上，上覆盖另一载玻片，并用橡皮筋缚紧，使虫体平展，为防止虫体过分压扁而破裂，可在玻片两端垫以适当厚度的纸片，而后放入上述固定液中，1~2d后取出，分开玻片，取出虫体，仍浸于原来的固定液中，以备染色制成装片。常用的染色装片法有如下两种：

①苏木紫染色装片法。将存于福尔马林固定液中的虫体取出，在流水中冲洗过液，尽可能将福尔马林冲净。如虫体存于70%酒精中，则需将虫体先移入60%和30%酒精中各0.5~1h，视虫体大小而定，大的虫体需时较长，最后移入蒸馏水中。将德氏苏木紫染液用水稀释10~15倍，使呈葡萄酒色。经上述处理过的虫体移至稀释后的染液中，放置过夜，直至虫体内部各器官均已深染为止。将虫体移入酸酒精（将30%酒精100ml加入盐酸1~2ml制成）使呈褐色，至虫体褐色变为淡红色。再于弱碱中复色，至虫体恢复到淡紫色（一般自来水或井水均呈弱碱性，即可用；亦可用蒸馏水加数滴氨水使呈弱碱性）。水洗虫体后顺序通过30%、60%、80%、90%、95%各种浓度的酒精各0.5~1h，而后移入100%酒精中半小时使完全脱水，最后放入二甲苯中使虫体透明，待透明后立即装片。一般在二甲苯中不超过半小时，将完全透明的虫体，置于载玻片上，滴加加拿大树胶，盖上

盖玻片即成。如加拿大树胶过于干硬，可加入二甲苯调成饴糖状。

②盐酸卡红染色装片法。将存于福尔马林中的标本取出，在流水中冲洗过滤，洗去福尔马林，后依次经30%、50%和70%酒精中各0.5~1h，保存于70%酒精中的标本，无须处理即可染色。将上述标本移入盐酸卡红染液内2~8h，然后放在酸酒精中至呈褐色。用70%酒精冲洗虫体，除去余酸。依次经80%、95%和100%酒精中各30min，再移入二甲苯中30min透明后，置载玻片上，滴加加拿大树胶，覆以盖玻片封固。

（2）绦虫虫体染色与鉴定。绦虫的收集和保存与吸虫基本相同，但收集绦虫必须注意保持头节的完整，因为头节是鉴定绦虫的主要依据之一，而头节相对在整个虫体来说比较细小，易于散失。对于大型虫体，其体节可达数百节，若做染色装片标本，只能选其中一段成熟体节或孕卵体节作为制作标本之用。绦虫节片染色装片标本的制作与吸虫相同，但头节无须染色，只要将头节固定于70%酒精中，而后依次经80%、95%和100%的酒精中各5~10min，使之脱水，再移入二甲苯中透明5~10min，置于载玻片上，滴加加拿大树胶，覆以盖玻片封固。

（3）线虫虫体染色与鉴定。收集的线虫应置于生理盐水中，充分振荡以洗去附着的黏液，尤其是那些具有较大口囊的虫体更需要充分清洗，以除去口囊内的杂物，但对寄生于肺内组织内的线虫，因其比较脆弱，清洗时易于崩解，应很快加以固定。固定前，可立即置于显微镜下检查，这时虫体是透明的，内部结构清晰可见。线虫固定最后用70%酒精于烧杯中，为防止酒精挥发，使虫体变干，可加入10%的浓甘油，然后加热至底部有气泡升起（约80℃即可）。此外，亦可用福尔马林生理盐水（生理盐水90份加入福尔马林10份）固定虫体。固定后的虫体不透明，如欲观察内部结构，可加以透明，其透明方法有两种：

①甘油透明法。将保存的虫体置于含有10%甘油的70%酒精的蒸发器内，置37℃温箱中，待酒精自然挥发后，虫体留于甘油中，虫体即已透明，可供检查。如欲快速检查虫体，可将上述蒸发皿水浴加温，促使酒精迅速挥发，而使虫体在短时间内达到透明的目的。以上透明过的虫体可保存于甘油中，随时可取出检查。

②乳酸酚透明法。甘油2份、乳酸1份、石炭酸1份、水1份，混合即成乳酸酚透明液。先将线虫标本置于乳酸酚透明液1份和水1份的混合液中，半小时后移入纯乳酸酚透明液中，虫体很快透明，可供检查。检查后虫体应迅速放回原保存液中，否则虫体易于变黑。一般线虫不做染色装片标本，如有需要制法同吸虫。

（4）虫卵的保存。为了保存粪便中的蠕虫虫卵以利随时检查，可取粪便用沉淀法收集虫卵，将所得沉淀渣加入60℃的福尔马林生理盐水中，再装入小瓶保存。

3. 原虫的常规检验

（1）血液检查。于禽类翅静脉采血，制成血涂片，然后用甲醇固定，用瑞氏、姬姆萨及伊红美蓝等染色方法染色后镜检原虫。

（2）粪便检查。粪便中球虫卵囊的检查步骤与蠕虫卵的检查方法相同。如欲检查粪便中球虫卵囊的孢子形成过程及孢子化卵囊的形态，可将被检粪样放于平皿中，加入少量的水，最好加入0.5%重铬酸钾溶液，防止霉菌生长，于18~25℃环境下，每天取粪样检查直至可见到卵囊已有孢子形成为止。如欲使卵囊保存在不发育状态，可在新鲜粪样中加入5%石炭酸溶液，以杀死其中卵囊，然后保存于玻璃瓶中。

(3) 球虫直检。从病死禽的肠道病变部刮取米粒大小的肠黏膜，涂布于清洁的载玻片上，滴加生理盐水1~2滴，加盖玻片后在高倍镜暗视野下观察，可见大量球形像剥了皮的大蒜头似的裂殖体和蒜瓣形的裂殖体。另取少量肠黏膜做成薄的涂片，滴加甲醇液，待甲醇挥发后，用瑞氏染色2h，然后在高倍镜下观察。可见裂殖体被染成浅紫色，裂殖子染成深紫色，小配子体呈圆形紫红色，大配子体为圆形或椭圆形染成深蓝色。

4. 寄生虫病的血清学检验 寄生虫与病毒和细菌比较，因其个体大，抗原成分复杂，加上许多寄生虫在发育过程中发生各种逃避宿主免疫反应的能力，故其感染而产生的免疫力相对较弱。尽管如此，寄生虫对宿主机体来说是一种外界异物，机体对寄生虫必然产生特异性和非特异性免疫。随着科学技术的发展，寄生虫病的血清学诊断技术应用将愈来愈广泛，现应用的有抗体沉淀反应、凝集反应、补体结合反应、血凝反应、间接血凝反应、荧光抗体、琼脂扩散反应以及对流免疫电泳等。

任务5　常用细菌培养基的制备

【任务说明】

细菌的分离培养需要使用培养基。肉汤为基础培养基，可做其他固体及特殊培养基的原料。大多数细菌均可在此培养基内生长。普通琼脂既可作细菌的分离培养、纯培养、观察菌落的性状及保存菌种用，也是制造特殊培养基的基础。血液（清）琼脂可用于某些病原菌（链球菌、巴氏杆菌等）的分离培养，而血液琼脂还可用于观察细菌的溶血现象。

【工作场景】

本任务可安排在实验室、实训室或企业兽医诊疗室（化验室）进行。所需材料包括：量筒、天平、试管或三角瓶、平皿、高压蒸汽灭菌器、水浴锅、药匙、滤纸、2mol/L NaOH溶液、蒸馏水、牛肉膏、蛋白胨、氯化钠、琼脂、无菌脱纤血液或血清等。

【工作过程】

（一）普通肉汤的制备

(1) 称量材料。牛肉膏2.5g，蛋白胨5g，氯化钠2.5g，蒸馏水500ml。

(2) 制备。取上述各成分混合并加热溶解，用2mol/L NaOH溶液校正pH值至7.4~7.6，再加热10min。用滤纸过滤，滤过后的肉汤必须完全透明，分装于试管或三角瓶内，包装灭菌，1.5MPa压力下灭菌30min。

（二）普通琼脂制备

(1) 称量材料。琼脂7.5~10g，肉汤500ml。

(2) 制备。琼脂加入肉汤内，水浴溶解，分装于试管内或三角瓶中，高压灭菌（1.5MPa，20~30min）。如作菌种传代、纯培养时，可将试管放成斜面；如用其分离培养时，可倒入无菌平皿内做平板。

（三）血液（清）琼脂制备

(1) 称量材料。无菌脱纤血液或血清5~10ml，普通琼脂100ml。

(2)制备。取已灭菌的普通琼脂,溶解后冷却至55℃,按以上数量加入无菌的脱纤维血液或血清,混合后做成斜面或平板即可。使用前需做无菌鉴定。

【注意事项】

称量培养基的成分要准确。培养基成品的灭菌要达到规定要求。

任务6 药敏试验

【任务说明】

在禽类传染病的治疗中,各类抗菌药物(包括抗生素、磺胺类药物、氟喹诺酮类药物和中草药等)均发挥着极其重要的作用。但是,如果应用不当,不仅可导致耐药菌株的产生,而且会干扰机体内正常菌群的有益作用,给机体带来种种不良影响。因此,通过药敏试验来判定细菌对抗菌药物的敏感性,以选择最有效的药物进行治疗,对于防治禽病、减少无效药物的应用均具有非常重要的实践意义。常用的药敏试验有纸片法、试管法、挖洞法等。所用药敏纸片可向生产厂家购买,也可参考相关资料自行制备。

1. 纸片法 该法是将含有药物的纸片置于已接种待测菌的固体培养基上,抗菌药物通过向培养基内的扩散,抑制敏感菌的生长,从而出现抑菌环。由于药物扩散的距离越远,达到该距离的药物浓度越低,故可根据抑菌环的大小,判断细菌对药物的敏感度。该法是生产中最常应用的药敏试验,它操作简便,容易掌握,但只用于定性。

2. 试管法 该法比纸片法操作复杂,但试验结果准确可靠。因此,不仅用于药物对细菌敏感性的测定,也用于定量测定。

3. 平板挖洞法 该法也称琼脂孔法,是在接种的琼脂平板上打孔,然后把药液放在孔内。该法适用于中草药煎剂、浸剂或不易溶解的药物。

【工作场景】

1. 工作地点 本任务可安排在实训室或企业兽医诊疗室(化验室)进行。

2. 设备材料 普通琼脂培养基或特殊培养基、普通营养肉汤、普通琼脂平板或特殊琼脂平板、中草药原药、各类药物原液等;药敏纸片:各类药敏纸片可由市场购买或自制(药敏纸片的制备见附页);被试细菌:从待检病料中分离出细菌作为被试细菌菌株。酒精灯、接种环、尖头镊子、灭菌棉拭子、灭菌生理盐水、试管、吸管、平皿、试管架、打孔机、定性滤纸等。

【工作过程】

(一)纸片法

(1)用灭菌接种环挑取待试细菌的纯培养物,以画线接种方式将挑取的细菌涂布到普通琼脂平板上或其他特殊培养基平板上(越密越好,且浓度要均匀);或者挑取待试细菌于少量灭菌生理盐水中制成细菌混悬液,用灭菌棉拭子蘸取菌液涂布到培养基平板上,尽可能涂布得致密而均匀。

(2) 用尖头镊子镊取已制备好的各种药敏纸片分别贴到上述已接种好细菌的培养基表面。为了使药敏试片与培养基表面密贴，可用镊子轻轻按压纸片。纸片在培养基上的分布一般可为中央贴一种纸片，外周以等距离贴若干种纸片。一个直径90mm的平皿可贴5～6个药敏纸片。每一个药敏纸片上应有标记；或者每贴一种纸片后，在平皿底背面标记上其药物的种类。

(3) 将贴好药敏纸片的平皿底部朝下，置于37℃温箱中培养24h，取出观察结果。

(4) 观察结果与判定标准。

①经培养后，凡对被试细菌有抑制作用的药物，在其纸片周围出现一个无菌生长区，称为抑菌圈（环）。可用直尺测量抑菌圈的大小。抑菌圈越大，说明该药物对被试菌的抑制杀灭作用越强；反之越弱。若无抑菌圈，则说明该菌对此药具有较强的耐药性。

②判定结果时，应按抑菌圈直径大小作为判定敏感度高低的标准。一般常用药物对细菌的敏感度高低标准见表2-4。

表2-4 药敏试验判定标准

药物名称	纸片含药量（μg/片）	抑菌圈直径（mm）		
		低敏	中敏	高敏
红霉素	15	≤13	14～22	≥23
杆菌肽	10IU	≤8	9～12	≥13
多黏菌素	300IU	≤8	9～11	≥12
利复平	5	≤16	17～19	≥20
多西环素	30	≤10	11～13	≥14
氟哌酸	10	≤12	13～16	≥17
环丙沙星	5	≤15	16～20	≥21
恩诺沙星	5	≤14	15～17	≥20
氧氟沙星	5	≤12	13～15	≥16
左旋氧氟沙星	5	≤13	14～16	≥17
丁胺卡那霉素	30	≤14	15～16	≥17
卡那霉素	30	≤13	14～17	≥18
链霉素	10	≤11	12～14	≥15
新霉素	30	≤12	13～16	≥17
氨苄青霉素	10	≤13	14～16	≥17
磺胺类	250	≤12	13～16	≥17
阿米卡星	30	≤14	15～16	≥17
四环素	30	≤14	15～18	≥19
庆大霉素	10	≤12	13～14	≥15
克林霉素	2	≤14	15～20	≥21
青霉素	10IU	≤28		≥29
头孢唑啉	30	≤14	15～17	≥18
头孢他啶	30	≤14	15～17	≥18
米诺环素	30	≤12	13～15	≥16
阿奇霉素	15	≤14	15～20	≥21
甲氧苄啶	5	≤10	11～16	≥16
万古霉素	30	≤9	10～11	≥12

(5) 经药敏试验后，应首先选择高敏药物进行治疗；也可选用两种药物协助应用，以提高疗效，减少耐药菌株的产生。

（二）试管法

(1) 取灭菌试管 10 支排于试管架上。

(2) 用吸管吸取营养肉汤 1.9ml 于试管中，其余 9 管各 1ml。

(3) 吸取配好的药物原液 0.1ml 加入第一试管，混匀后，吸取 1ml 移入第二试管，混合后，再由第二管吸取 1ml 于第三试管中，以此类推，直至第九试管，吸取 1ml 弃掉，第十管药液做对照。

(4) 然后于各管内加入幼龄被试菌液 0.05ml（培养 18ml 的菌液作 1:1 000 稀释），于 37℃下培养 18～24h，观察结果。

(5) 结果观察与判定标准。

①培养 18～24h 后，凡无菌生长的药物最高稀释管的浓度，即为该菌对此药物的最低抑菌浓度（MIC）。若由于药物本身混浊、肉眼不易观察时，可将各稀释管再接种到新的培养基或涂片镜检。

②判定结果时，应以每毫升肉汤中所含药物的微克数（μg/ml）作为判定敏感度高低的标准（表 2-5）。

表 2-5 药敏试验（试管法）判定标准

药物名称	MIC 值（μg/ml）		
	高敏	中敏	耐药
四环素	≤4	8	≥16
红霉素	≤2	4	≥8
杆菌肽	≤8	16	≥32
多黏菌素	≤2	4	≥8
利复平	≤1	2	≥4
多西环素	≤4	8	≥16
环丙沙星	≤1	2	≥4
恩诺沙星	≤2	4	≥8
氧氟沙星	≤2	4	≥8
卡那霉素	≤16	32	≥64
大观霉素	≤32	64	≥128
氨苄青霉素	≤8	16	≥32
磺胺类	≤100	—	≥350
阿米卡星	≤16	32	≥64
庆大霉素	≤4	8	≥16
克林霉素	≤1	—	≥2
头孢唑啉	≤8	16	≥32
头孢他啶	≤8	16	≥32
米诺环素	≤4	8	≥16
阿奇霉素	≤4	8	≥16
甲氧苄啶	≤8	—	≥16
万古霉素	≤2	4～8	≥16

(三) 平板挖洞法

(1) 药物的准备。有水煎剂和粉剂2种，均配成1g/ml的溶液，即取一定量的原药，加 5~10 倍量的水。若体积较大时，水量以浸没药物为准。煮沸1h，滤渣，再加同量水煮沸1h，过滤，将两次药液混合，加热浓缩至每毫升1g生药的浓度经 0.8MPa 压力灭 15min，即为中草药原液，置冰箱中备用。

(2) 取被试菌的幼龄培养物均匀地涂布在琼脂平板上。

(3) 以打孔器在培养基上打孔（直径90mm的平板打孔5~6个），用针头挑去孔内琼脂，并于孔底加一滴熔化的灭菌琼脂，以密封孔底。

(4) 加药液于孔内，加满为止。

(5) 将平皿置37℃温箱中，培养24~48h。

(6) 观察结果时，可按纸片法测量抑菌圈的大小并进行判断。

任务7　鸡胚的接种与培养

【任务说明】

来自禽类的病毒一般均能适应鸡胚生长繁殖，故常应用鸡胚进行病毒的分离与培养，用于病毒病的诊断。另外，也可利用鸡胚制造抗原、疫苗，进行中和试验及观察两种病毒间的干扰现象等。因此，学生们必须掌握鸡胚的接种与培养技术。

【工作场景】

本任务可安排在实验室、实训室或生物制品厂进行。所需材料包括：9~11 日龄的 SPF 鸡胚、标准种毒、自然病毒性病料、青霉素、链霉素、石蜡、5% 碘酊和75% 酒精、镊子、注射器、针头、生理盐水等。

【工作过程】

（一）被接种材料的处理

1. 自然病料　无菌采取适当病料剪碎、研磨，以生理盐水制成1:(5~10)的乳剂。于每毫升中加入青霉素和链霉素各2 000U，置于4℃冰箱中作用2~4h，以抑制可能污染的细菌。然后离心沉淀，取上清液进行无菌检验，合格后即可作为接种材料。

2. 标准种毒　一般以无菌生理盐水做1:100稀释，无菌检验合格后即可应用。

（二）鸡胚培养的操作

1. 尿囊腔接种法　该法操作简单，易于掌握，且可获取高产量的病毒收获物，是最常应用的一种接种方法。常见的禽类病毒如新城疫病毒、产蛋下降综合征病毒、传染性支气管炎病毒等均可通过此途径进行接种培养。

(1) 接种。取9~10 日龄鸡胚，照蛋，划出气室和胚位。在气室接近胚位处以碘酊和酒精消毒，并钻一小孔（注意避开血管），针头由小孔插入0.5~1.0cm，注入0.1~0.2ml 病毒液。用石蜡或白乳胶封孔后，置 35~37℃温箱中继续孵育。每天翻蛋2次，检视一次，24h 内死亡者弃去不用。

（2）收毒。收获时间视接种病毒的种类而定。如新城疫强毒及其他强毒一般在接种后24～48h收毒，此时鸡胚多死亡，而La Sota毒株则于接种后96～120h收毒。其他的禽类鸡胚适应毒株大多于接种后48～72h收毒。收获时，先将鸡胚置4℃冰箱中冷却4h以上或过夜，以免鸡胚收毒时流血过多。将待收获的胚直立于卵盘上，经消毒后，用镊子除去气室部卵壳。另用无菌镊子撕去气室壳膜及绒毛尿囊膜，用无菌吸管吸取清亮的尿囊液及羊水，浑浊者弃去不用。同时，将鸡胚倾入平皿内，以观察鸡胚病变。鸡胚的构造示意图见图2-1。

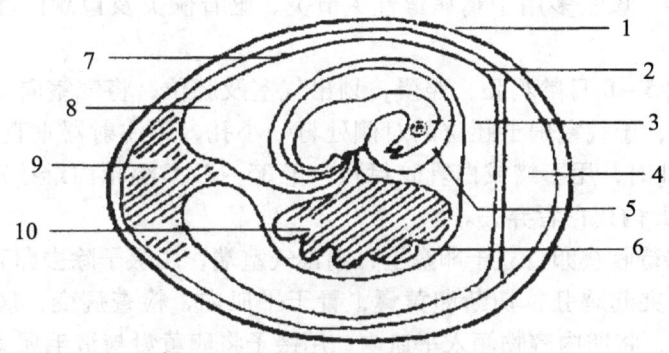

图2-1　鸡胚的构造示意图

1. 卵壳　2. 壳膜　3. 胚胎　4. 气室　5. 羊膜腔　6. 胚内腔
7. 绒毛尿囊膜　8. 尿囊腔　9. 卵白　10. 卵黄囊

鸡胚的各种接种途径见图2-2。

2. 绒毛尿囊膜接种法　该法多用于病毒的初次分离及某些病毒的鉴定。如马立克氏病等病毒经该途径接种培养后，可在绒毛膜上形成典型的痘斑。

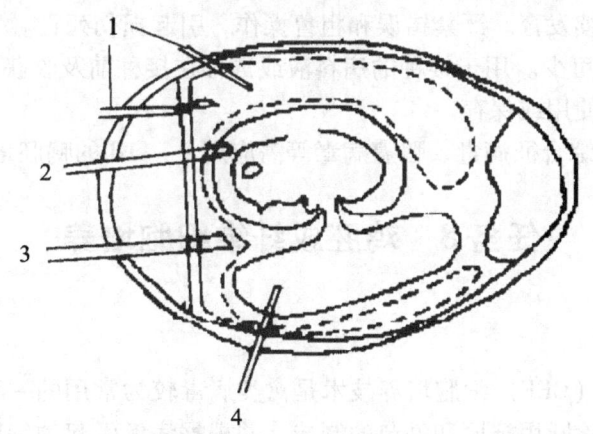

图2-2　鸡胚的各种接种途径

1. 尿囊腔接种　2. 羊膜腔接种　3. 绒毛尿囊膜接种　4. 卵黄囊接种

（1）接种。取10～11日龄鸡胚，照蛋，划出气室及绒毛尿囊膜发育面，用碘酊、酒精消毒。在绒毛尿囊膜发育面及气室中心各钻一孔，前者孔径要大（长约1cm），用镊子除去卵壳，但不伤及壳膜，造成卵窗。将胚横卧于卵盘上，在壳膜窗上滴无菌生理盐水1滴，以针尖沿壳膜纤维方向划破一隙（不可伤及下面绒毛尿囊膜）。以橡皮吸球紧贴气室小孔,向外吸气,如盐水滴自裂隙处渗入,则促使人工气室的形成。除去裂隙附近的壳膜,以注射器注入 0.2~0.5ml 病毒液,使其散布于绒毛膜尿囊膜表面。取透明胶布覆盖于2个卵窗上,再用白乳胶或石蜡封固。横卧于卵盘上置温箱内继续孵育,不能翻动,否则人工气室将移位,每天检视一次。

(2) 收毒及剖检。接种后 48~96h,即可出现明显病变。将待收获卵消毒,用无菌镊子扩大卵窗,除去卵壳及壳膜,轻轻夹起绒毛尿囊膜,用小剪沿人工气室周围将接种的绒毛尿囊膜全部剪下,置于平皿内观察病变。病变明显的膜,可放入小瓶保存。

3. 卵黄囊接种 该法多用于鸡病毒性关节炎、脑脊髓炎及包涵体性肝炎等病毒的分离、培养。

(1) 接种。取 5~8 日龄鸡胚,照蛋,划出气室及胚位,将气室向上,鸡卵直立于卵盘内。消毒气室端,于气室偏于胚位的对侧处打一小孔,用注射器垂直刺入 2~3cm,注入接种液 0.2~1ml 时,用石蜡或白乳胶封孔,于 35~37℃ 温箱内继续孵育。每天翻动 2 次,检视一次,24h 内死亡者弃去。

(2) 收毒。将待收获卵直立于卵盘上,消毒气室端,用镊子除去卵壳。再用另一无菌镊子撕破卵壳膜,夹起鸡胚,切断卵黄囊,置于平皿内,检查病变,病变明显者保存备用。收获卵黄囊时,将卵内容物倾入平皿内,用镊子将卵黄囊与绒毛尿囊膜分开,用无菌盐水冲去卵黄,贮于小瓶中冻存。

【注意事项】

(1) 无菌操作。鸡胚一旦污染,即迅速死亡或影响病毒的培养。故种蛋、一切用品及操作时,均应严格遵守无菌手续,搞好消毒工作,以减少污染。

(2) 细心谨慎的操作。鸡胚培养是在活的鸡胚中进行操作。故必须不影响其生理功能,才能在接种后继续发育。严禁错误和粗鲁操作,引起损伤死亡。

(3) 无菌试验不可少。用于接种的病料液或毒种在接种前及收获后,必须先做无菌试验,确定无菌后方能使用或保存。

(4) 鸡产蛋下降综合征病毒、鸭瘟病毒等需应用 9~11d 的鸭胚培养。

任务8 鸡胚成纤维细胞培养

【任务说明】

鸡胚成纤维单层(CEF)细胞培养技术是禽类病毒较为常用的一种培养方法,可用于病毒的分离、保存、诊断用抗原和疫苗的制造,并根据病毒引起的细胞病变鉴定病毒、测定毒价和中和抗体。

【工作场景】

本任务可安排在实验室、实训室进行。所需材料包括:细胞培养箱、9~11d 的 SPF 鸡胚、待培养病毒、灭菌平皿、弯剪、镊子、灭菌平皿、5%碘酊和75%酒精、三角烧瓶、培养瓶、水浴锅、汉克斯(Hank's)液、0.5%水解乳蛋白液(LH液)、0.25%胰酶液、细胞营养液、细胞维持液等。

【工作过程】

(一) 细胞培养用主要溶液的制备

1. 汉克斯(Hank's)液 用以洗涤组织和细胞及配制胰酶等分散剂和营养液,具有等渗和一定的酸碱缓冲作用。其配制如下。

原液甲

NaCl	160g
HCl	8g
$MgSO_4 \cdot 7H_2O$	2g
$MgCl_2 \cdot 6H_2O$	2g

加入800ml 双馏水

CaCl₂   2.8g   溶于100ml 双馏水

将上述两液混合后,加双馏水至1 000ml,加入2ml 氯仿作为防腐剂,保存于4℃备用。

原液乙

$Na_2HPO_4 \cdot 12H_2O$	3.04g
KH_2PO_4	1.2g
葡萄糖	20g

加入800ml 双馏水

加入双馏水使成1 000ml,加入2ml 氯仿,保存于4℃备用。使用时,按下述比例配成使用液。

原液甲	1份
原液乙	1份
双馏水	18份

以1MPa 灭菌10min,保存于4℃备用。

用前,在100mlHank's 液中加灭菌的3.5% $NaHCO_3$ 1ml。

2. 0.5%水解乳蛋白液(LH液)

水解乳蛋白	5g
Hank's 液	1 000ml

以1MPa 灭菌15min

3. 0.25%胰酶液

NaCl	8g
KCl	0.2g
Na_2HPO_4	1.15g
KH_2PO_4	0.2g
双馏水	1 000ml
胰蛋白酶	2.5g

PBS 液

配制时,先将PBS 液高压灭菌(1MPa、20min),然后加入胰酶,溶解后用蔡氏滤器过滤除菌,分装冻存备用。

4. 细胞营养液 含5%~10%小牛血清的LH液。

5. 细胞维持液 含2%小牛血清的LH液。

（二）鸡胚成纤维（CEF）细胞的制备及单层细胞的培养

（1）取9~11d健康鸡胚，用棉球将蛋壳充分消毒，用镊子敲破气室端，小心取出胚体于灭菌平皿中，加入10~20ml Hank's 液充分冲洗，去除羊膜等杂物，再移入到另一个平皿内，去除脑、眼、内脏及爪，用 Hank's 液充分冲洗。

（2）把处理好的胚体放入一硬质大口玻管中，用弯剪把胚体充分剪碎，加入 Hank's 液之后移入一三角烧瓶中，待胚组织沉下后，倒掉 Hank's 液，再加入 Hank's 液冲洗2~3次，最后弃去 Hank's 液。

（3）于组织块中加入4倍体积的0.25%胰酶溶液，振荡、混匀，于38~40℃水浴锅中消化13min之后吸弃上层胰酶液，用 Hank's 液充分冲洗2~3次，再用吸管吹打数次以分散细胞。

（4）加入LH液（50ml/胚），用5层灭菌纱布过滤于方瓶中，再加入5%小牛血清和1%SP溶液，吹吸混匀，即制成约80万个/ml的CEF细胞悬液，分装于各培养瓶中（1/10量）。

（5）于38℃下静置培养，前8h不要翻动，以后置显微镜下观察细胞生长情况，至长成单层时，即可备用。发现液体浑浊者，弃去不用。

（三）接毒及培养

取生长良好的单层细胞，弃去营养液。将欲接种培养的病毒适当稀释，取1/10细胞营养液的量接种于单层细胞上，38℃感作2h，再加入维持液继续培养。之后，经常检查细胞生长情况。一般禽类病毒在接种后48~72h，即可收毒。

（四）收毒

将培养瓶内的营养液吸出，加入0.25%胰酶溶液（3~4ml），轻轻使其浸没细胞单层进行消化。注意观察，发现细胞单层有清亮的小麻点，即可弃去胰酶，再加入适量的营养液，用吸管吹打细胞单层使其脱落，最后收取病毒培养液。

任务9　琼脂扩散试验

【任务说明】

抗原、抗体在含有电解质的琼脂凝胶中可以向四周自由扩散，当相互扩散至适合的部位相遇时，则会发生反应形成抗原-抗体特异性结合物，在琼脂板上出现肉眼可见的沉淀线。故此，可利用已知的抗原去检测未知的抗体，也可用已知的抗体去检测未知的抗原，此即双向琼脂扩散试验。该试验简便易行，是应用最广的一种实验室诊断方法。大多数的传染病，如鸡马立克氏病、白血病、传染性法氏囊病、传染性支气管炎、传染性喉气管炎、鸡白痢等，均可应用该法进行诊断和监测。

禽各种传染病的双向琼脂扩散试验，方法基本相同。本任务以传染性法氏囊病为例，旨在帮助学生掌握该项实验室诊断技术。

【工作场景】

本任务可安排在实验室、实训室进行或企业兽医诊疗室（化验室）。所需材料包括：

标准抗原（可从生物制品厂购买）、自制抗原、阳性血清、磷酸盐缓冲液（PBS液）、培养皿、打孔器、加样滴管、琼脂、氯化钠和蒸馏水等。

【工作过程】

（一）试验试剂的制备

1. 自制抗原　可取已确诊为鸡传染性法氏囊病的、具有典型病变的法氏囊组织，剪碎、研磨，以PBS液稀释成1:5的乳剂，-20℃反复冻融3次，经2 000r/min离心沉淀后，取上清液，冻存备用。

2. 阳性血清　标准阳性血清由生物制品厂提供。也可用已知的标准抗原与耐过鸡的血清做琼扩试验，若出现清晰的沉淀线，则为法氏囊病阳性血清。无菌采血，分离血清，加入0.01%硫柳汞防腐，冻结备用。

（二）操作过程

1. 琼脂板的制备　将琼脂1.2~1.5g，氯化钠8g，加入到100ml蒸馏水中，水浴熔化后调至pH值至7.0~7.2。将熔化均匀的琼脂液倒入平皿中，制成厚度约3mm的琼脂板，冷却后放入冰箱保存备用。

2. 打孔　用打孔器在琼脂板上打7个孔，中间孔孔径为3mm，外周6个孔孔径均为2mm，孔距3mm。用针头将切下的琼脂挑出。

3. 加样

（1）检测血清。用已知的标准抗原检测未知抗体。用滴管将被检血清逐个加入到2孔、3孔、5孔、6孔内；1孔、4孔加阳性血清；中间孔加标准抗原，每孔加至孔满为止。待孔中液体吸干后，置湿盒内，在37℃下反应，24h后观察。必要时连续观察3d，并记录结果。

（2）检测抗原。用已知的标准阳性血清检测未知抗原。取可疑患鸡的法氏囊，剪碎、研磨，以PBS液稀释成1:5的乳剂，-20℃反复冻融3次，经2 000r/min离心沉淀后，取其上清液作为待检抗原。将待检抗原分别加入到2孔、3孔、5孔、6孔内；1孔、4孔加阳性血清；中间孔加标准抗原，每孔加至孔满为止，待孔中液体吸干后，置湿盒内，在37℃下反应，24h后观察。必要时连续观察3d，并记录结果。

4. 结果判定　标准抗原孔与标准血清孔之间形成明显致密的白色沉淀线。

（1）阳性。被检材料孔与标准试剂孔之间出现明显的沉淀线，或者标准阳性试剂间的沉淀线末端向毗邻的被检材料孔内侧弯曲，则判为阳性。

（2）阴性。被检材料与标准试剂间不出现沉淀线，则判为阴性。

【注意事项】

（1）打孔结束后，必须将平皿在酒精灯火焰上加热，使微量琼脂熔化，补上孔底。

（2）在马立克氏病、白血病的诊断中，其待检抗原一般都是从可疑患鸡的羽髓中提取的羽髓抗原。其制备方法是：从受检鸡含羽髓丰满的翅羽或其他部位的大羽拔取数根，将羽根部羽毛囊部位剪下置于已编号的小试管中，并向试管内加入3~5滴蒸馏水（羽髓丰满时可不加），置4℃冰箱1~2h。取出后，用玻璃棒挤压羽髓根部，使羽髓浸液流出，即为待检抗原。也可将含羽髓丰满的大羽根部直接插于琼脂板上抗原孔的位置进行检测。

任务10 荧光抗体试验

【任务说明】

荧光抗体技术具有快速、敏感、特异，并与形态相结合等特点，故除可用以检查纯粹的微生物标本外，还可用其对抗原或抗体进行组织或细胞内定位。因此，这一技术已广泛应用于禽类传染病（如新城疫、传染性法氏囊病、马立克氏病、禽流感等）的诊断中。在禽病诊断中，应用的荧光抗体技术主要有直接染色法和间接染色法2种。

【工作场景】

本任务可安排在实验室、实训室进行或企业兽医诊疗室（化验室），可根据具体检测的目的准备相应的材料。

【工作过程】

（一）直接染色法

1. 标本的制备 标本的制备应力求保持抗原的完整性，并在染色、洗涤及封固过程中不发生溶解或变性，也不会扩散到邻近细胞或组织间隙中去。此外，为了便于抗原和抗体接触，形成抗原-抗体复合物以及有利于观察和记录，要求制备的标本尽量薄。

（1）涂片或压印。标本在一般诊断工作中最常用。适用于检查细菌培养物、血液、脓汁、粪便、穿刺液以及脏器官组织等。涂片方法先将玻片通过火焰3次，冷却后，以铂金耳挑选待检材料均匀涂布成约1cm的圆形涂片。如材料太浓，则应预先加适量灭菌生理盐水于另一玻片上，用铂金耳取待检材料与其混合稀释，待均匀后钓取适量于另一玻片上制成涂片。涂好后，晾干备用。

压印片方法用无菌剪刀将待检组织剪开，用清洁干净的棉球或滤纸将切面的血液吸干，然后以玻片轻压切面，使之蘸上1~2层细胞。然后，再在玻片另一处以切面涂拭，得一较厚抹片标本，晾干备用。

（2）组织培养标本。利用荧光抗体技术研究禽病病毒时，多用感染病毒的鸡胚成纤维细胞。一般是将盖玻片放入培养瓶内，然后加入制备好的鸡胚细胞悬液，使成纤维细胞在盖玻片上生长成单层细胞，当细胞占盖玻片50%时即可接毒。接种病毒后分别于不同时间进行观察，确定细胞已被病毒感染后，倒出培养液并取出盖玻片。先用pH值为7.2的磷酸缓冲液冲洗一下，然后置于滤纸上，待玻片干燥后即可应用。

2. 标本的固定 被检标本的固定是荧光抗体技术中的重要环节，常常对荧光染色效果产生明显的影响。固定的目的不仅是为了防止被检材料从玻片上脱落，而且也可以除去妨碍抗原抗体结合的类脂，使抗原-抗体结合物易于获得良好的染色效果。另外，固定的标本也易于保存，如组织切片标本固定后，在-20℃下可保存一年而不改变其染色性。

（1）细菌及真菌标本的固定。以火焰固定最为方便实用。将干燥的玻片涂抹面向上，迅速通过火焰数次，使固定后的标本触及皮肤时，稍感烧烫为度。

(2) 病毒标本的固定。固定组织培养物、涂片标本及冰冻切片内的病毒，一般在室温下于丙酮内固定 10~15min，或者在 4℃ 下固定 30~60min 即可。

3. 标本的染色　取适量经适当稀释的荧光抗体加于已固定好的玻片上，将玻片置于湿盒内，于 37℃ 温箱内作用 10~30min 后，取出用蒸馏水或 PBS 液充分冲洗，去掉未结合的荧光抗体，晾干、镜检。同时，应设以下对照：

(1) 标本自发荧光对照。已知抗原标本滴加 PBS 液或不加，应无荧光出现。

(2) 抗原对照。已知抗原加正常鸡的荧光抗体进行染色，应无荧光出现。

(3) 阳性对照。已知抗原加相应的特异性荧光抗体进行染色，应呈强荧光反应。

(二) 间接染色法

本法系利用抗球蛋白试验的原理，以荧光色素标记抗球蛋白抗体（二抗），鉴定未知抗原。染色程序分为两步：第一步，用已知抗体加到未知抗原上，作用一定时间后，水洗；第二步，加上荧光色素标记的抗球蛋白抗体（二抗）。如果第一步中的抗原抗体相对应，互相发生了反应，则抗体被固定，并与二抗结合，发生荧光。在间接染色法中，第一步中使用的已知抗体起着双重作用。它对抗原来说，起抗体的作用；对第二步中的二抗来说，又起着抗原的作用。间接染色法的优点是用一种标记的鸡抗球蛋白抗体，能检查鸡的各种未知抗原或抗体。另外，本法的敏感性较高，一般比直接染色法高 5~10 倍。缺点是操作比直接法烦琐，需要的时间也较长。

间接染色法所用标本的制备、干燥和固定同直接染色法的完全相同。在染色时，如用于检测抗原，则用已知的未标记抗体（免疫血清）去处理未知的抗原；如检测抗体，则用未知的被检血清去处理已知的抗原。具体染色方法如下。

(1) 吸取经适当稀释的已知免疫血清滴加于固定好的标本上（如测定待检血清，则将适当稀释的待检血清滴加于已知的抗原标本上），置于衬有湿纱布的有盖瓷盘中，在 37℃ 温箱中作用 30min。

(2) 取出后，用 PBS 液轻轻冲洗，然后顺次浸泡于 3 缸 PBS 液中，每缸 3min，时时振荡。

(3) 取出玻片，用滤纸吸干水分。

(4) 滴加抗鸡球蛋白荧光抗体液，置于湿盒内，37℃ 下作用 30min。

(5) 取出，如上以 PBS 液浸泡 3 次，最后用蒸馏水冲洗一次以脱盐，用缓冲甘油封片后镜检。在染色时，应设以下对照：

①被检标本加抗鸡球蛋白荧光抗体，应无荧光出现。

②以正常鸡的血清代替已知血清对标本进行处理 30min，水洗后再以抗鸡球蛋白抗体染色，应无荧光出现。

③阳性对照，即已知阳性标本滴加相应的特异免疫血清进行处理，然后再以抗鸡球蛋白荧光抗体染色，应出现特异的明亮荧光。

职业测试题

(一) 判断题

1. 禽的群体检查包括动态、静态及饮食状态三个方面。（　　）
2. 禽的尸体剖检应按照一定的顺序进行。（　　）

3. 采集病料时，同一块组织中应包括病灶和正常组织。（   ）
4. 大多数禽病可通过病例调查、临床检查和病理剖检作出初步诊断。（   ）
5. 普通琼脂可作所有细菌的分离培养、纯培养、观察菌落的性状及保存菌种用。（   ）
6. 血液琼脂可用于观察细菌的溶血现象。（   ）
7. 药敏试验中，抑菌圈越大，说明该药物对被试菌的抑制杀灭作用越强。（   ）
8. 药敏试验时，应按抑菌圈直径大小作为判定敏感度高低的标准。（   ）
9. 新城疫病毒、产蛋下降综合征病毒、传染性喉气管炎病毒可通过尿囊腔接种。（   ）
10. 绒毛尿囊膜接种法多用于病毒的初次分离及某些病毒的鉴定。（   ）
11. 鸡病毒性关节炎、脑脊髓炎及包涵体性肝炎等病毒的分离可用卵黄囊接种。（   ）
12. 鸡胚成纤维单层（CEF）细胞培养技术是禽类病毒较为常用的一种培养方法。（   ）
13. 鸡新城疫、产蛋下降综合征、禽流感均可通过HA、HI试验诊断。（   ）
14. 马立克氏病、传染性法氏囊病均可应用琼脂扩散试验进行诊断和监测。（   ）
15. 琼脂扩散试验中，标准抗原孔与标准血清孔之间形成明显致密的白色沉淀线。（   ）
16. 禽沙门氏菌病、支原体病、大肠杆菌病等可利用凝集试验进行诊断和监测。（   ）
17. 中和试验可用于鉴定病料中病毒及其类型，亦可用于毒素的鉴定。（   ）
18. 荧光抗体技术可用于新城疫、传染性法氏囊病、马立克氏病的诊断。（   ）
19. 酶联免疫吸附试验可用于检测病毒抗原。（   ）
20. 粪便是检查寄生虫虫卵最常采取的病料。（   ）

（二）综合分析题

1. 两人一组进行角色扮演，一人为禽场工作人员，另一人为禽病诊断人员，进行询问调查。
2. 两人一组，到活禽市场，按照禽只的外观检查程序和方法进行临床活体检查。
3. 如何进行家禽的尸体剖检和病料采集？
4. 什么是家禽的病理组织学检查技术？
5. 如何运用微生物学诊断技术进行禽病诊断？

推荐阅读书目

邓干臻. 兽医临床诊断学. 北京：科学出版社，2009.

白文彬，于康震. 动物传染病诊断学. 北京：中国农业出版社，2002.

吴敏秋，周建强. 兽医实验室诊断手册. 江苏：江苏科技出版社，2009.

王君玮，王志亮. 兽医病原微生物操作技术规范. 北京：中国农业出版社，2009.

项目三　禽病毒病防治

【岗位需求】

家禽常见病毒病（禽流感、新城疫、传染性喉气管炎、传染性支气管炎、传染性法氏囊病、马立克氏病、产蛋下降综合征、禽白血病、禽痘、网状内皮组织增殖症、病毒性关节炎、禽传染性脑脊髓炎、鸡传染性贫血、鸭瘟、鸭病毒性肝炎、番鸭细小病毒病、小鹅瘟等）的病原特征、流行特点、临床症状、病理变化、实验室诊断和防治措施。

【能力目标】

掌握家禽常见病毒病的诊断要点和防治措施；熟练应用相应的实验室诊断技术进行家禽病毒病的确诊；学会对临床症状和病变表现类似的疫病进行鉴别诊断。

模块一　禽流感

禽流感是由 A 型流感病毒引起的以禽类为主的一种急性败血性、高度接触性传染病。临床上可表现为低致死率的呼吸道感染型和高致死率的急性出血性感染型，以发病突然、头面部水肿、轻重不一的呼吸道症状、产蛋率严重下降及全身败血性病变为特征。由于野禽作为流感病毒天然贮毒库的作用，以及已证实流感病毒可以由家禽直接感染人，引起人类的发病和死亡，所以该病具有重要的公共卫生学意义。

（一）诊断要点

1. 病原特征　禽流感病毒属于正黏病毒科流感病毒属的 A 型流感病毒。病毒呈球形、杆状或长丝状，表面有两种纤突：血凝素（HA）和神经氨酸酶（NA）。

禽流感病毒具有血凝性，在 4～20℃ 可凝集人、猴、豚鼠、犬、貂、大鼠、蛙、鸡和禽类的红细胞，这是病毒的 HA 蛋白与红细胞表面的糖蛋白受体相结合的结果，但这种凝集可由病毒的 NA 蛋白对红细胞受体的破坏而解除。

由于不同禽流感病毒的血凝素（HA）和神经氨酸酶（NA）有不同的抗原性，目前已发现有 16 种特异的 HA 和 9 种特异的 NA，分别命名为 H_1～H_{16}，N_1～N_9，由不同的 HA 和不同的 NA 之间可形成多种亚型的禽流感病毒。

根据 A 型流感各亚型毒株对禽类的致病力的不同，将禽流感病毒分为高致病性病毒株、低致病性病毒株和无致病性毒株。历史上的高致病性的禽流感病毒都是由 H_5 和 H_7 引起的。

禽流感病毒加热 56℃30min 或 60℃10min 失去毒力，70℃ 几分钟内死亡。直射阳光下 40～48h 即失去活性。0.1% 高锰酸钾、75% 酒精作用 5min 可灭活；常用消毒药如福尔马林、氧化剂、稀酸、漂白粉、碘酊、重金属离子等都能迅速破坏其传染性。

2. 流行特点 鸡、鸭、鹅、火鸡、鹌鹑、鸽子、鸵鸟、孔雀等多种禽类均易感，人、野生哺乳动物、家畜等也可感染。候鸟迁徙是传播本病的主要原因。病禽和带病毒禽是主要传染源。健康禽主要通过接触感染禽的分泌物和排泄物，污染的饲料、水、垫草、种蛋、鸡胚和精液等媒介，经呼吸道、消化道、眼结膜感染。本病也可经气源性媒介传播。

该病常突然发生，在短时间内波及全群，且可迅速流行。中等毒力AIV感染，其死亡率一般较低（0.1%~10%），有的甚至不发生死亡，个别情况下死亡率可高达30%以上，幼年鸡死亡率高于成年鸡；高致病性禽流感病毒感染，死亡率高达70%~100%。地方性流行，甚至可引起大范围的几个县、省以及全世界性的流行。禽流感一年四季均可发生，但多暴发于冬、春季节，尤其是秋冬、冬春之交，气候变化大的时期。夏季发病较少，多呈零星发生，发病鸡群的症状也较轻。

3. 临床症状 潜伏期3~5d，有时只有几小时。

由高致病力毒株，如H_5N_1禽流感病毒感染鸡后形成的高致病力禽流感，其临床症状多为急性经过。

最急性的病例可在感染后10多个小时内死亡。急性型可见群鸡精神沉郁，呆立不动，采食量明显下降，甚至废食，饮水也明显减少。病鸡头部肿胀，冠和肉髯发黑，眼分泌物增多，眼结膜潮红、水肿，羽毛蓬松无光泽，体温升高；下痢，粪便黄绿色并带多量的黏液或血液；呼吸困难，呼吸啰音，张口呼吸，歪头；产蛋率急剧下降或几乎完全停止，蛋壳变薄、褪色、无壳蛋、畸形蛋增多，受精率和受精蛋的孵化率明显下降；鸡脚鳞片下呈紫红色或紫黑色。在发病后的5~7d内死亡率几乎达到100%。少数病程较长或耐过未死的病鸡出现神经症状，包括转圈、前冲、后退、颈部扭歪或后仰望天等。

产蛋鸡感染H_9N_2等低致病力毒株后，鸡群的采食、精神状况及死亡率可能正常，但可能见少数病鸡眼角分泌物增多、有小气泡，或者在夜间安静时可听到一些轻度的呼吸啰音，个别病鸡有脸面肿胀。最常见的症状是产蛋率下降，但下降程度不一，有时可以从90%的产蛋率在几天之内下降到10%以下，要经过1个多月才逐渐恢复到接近正常的水平；有些仅下降10%~30%，1周至半个月左右即回升到基本正常的水平。产蛋率受影响较严重的鸡群，蛋壳可能褪色、变薄。严重病例可见呼吸困难，张口呼吸，呼吸啰音，精神不振，下痢，鸡群采食量下降，死亡数增多，但如饲养管理条件良好并适当使用抗菌药物控制细菌感染，则不会造成重大的死亡损失。

一些无致病力的毒株感染野禽、水禽及家禽后，被感染禽无任何临床症状和病理变化，只有在检测抗体时才发现已受感染，但它们可能不断地排毒。

4. 病理变化 最急性病死鸡常无眼观变化。急性死亡鸡可见头部和颜面浮肿，鸡冠、肉髯肿胀达3倍以上；皮下有黄色胶样浸润、出血，胸、腹部脂肪有紫红色出血斑，腿部肌肉出血；心包积水，心外膜有点状或条纹状坏死，心肌软化；腺胃乳头水肿、出血，肌胃角质层下出血，肌胃与腺胃交界处呈带状或环状出血；十二指肠、盲肠扁桃体、泄殖腔充血、出血；肝、脾、肾淤血肿大，有白色小块坏死；胰腺有斑点状出血、变性、坏死。呼吸道有大量炎性分泌物或黄白色干酪样坏死灶；胸腺萎缩，有出血点、斑状；法氏囊萎缩或水肿、充血、出血。母鸡卵泡充血、出血，卵黄液变稀薄；严重者卵泡破裂，形成卵黄性腹膜炎，腹腔中充满稀薄的卵黄；输卵管水肿、充血，内有浆液性、黏液性或干酪样物质。睾丸变性坏死。

低致病力禽流感常见的肉眼病理变化为喉气管充血、出血，在气管叉处有黄色干酪样物阻塞，气囊膜混浊，典型的纤维素性腹膜炎，输卵管黏膜充血、水肿，卵泡充血、出血、变形，肠黏膜充血或轻度出血，胰腺有斑状灰黄色坏死点。

5. 实验室诊断 据发病季节、发病率、易感动物、死亡率、症状、病变等可做出初步诊断，确诊需进行实验室诊断。可通过病毒分离鉴定、分子生物学鉴定、血清学试验（血凝抑制试验、琼脂扩散试验、中和试验、ELISA试验等）确诊。

（1）病毒的分离与初步鉴定。可选取病死禽的气管和支气管、心、肝、脾、胰、脑，以及直肠、泄殖腔和喉气管棉拭子等作为分离病毒的病料用。

将病料按1:5比例加入生理盐水，制成匀浆，离心取上清液，加入庆大霉素、制霉菌素等抗菌药物灭菌或用过滤器除菌，经尿囊腔接种SPF鸡胚或非免疫鸡胚，每胚0.2ml。置37℃温箱中培养，24h前死亡的鸡胚废弃，24h后死亡的鸡胚经冷冻后取尿囊液待检，对第5d尚未死亡的鸡胚，也作冷冻处理后收取尿囊液。收取的尿囊液，一部分作HA检测，另一部分作下一代鸡胚盲传，如连续盲传2～3代HA仍呈阴性即可放弃。

（2）病毒的进一步鉴定。对已收获的鸡胚尿囊液，可检测对鸡红细胞的凝集效价（HA），如HA呈阳性反应，则分别用禽流感抗血清、新城疫抗血清、减蛋综合征抗血清对被分离的病毒作HI检验，如被分离病毒的HA活性不能被新城疫抗血清、减蛋综合征抗血清所抑制，但能被禽流感阳性血清抑制，则证实分离的病毒为禽流感病毒。

还可以用琼脂扩散试验等对分离病毒作进一步鉴定。由于A型流感病毒有共同的核衣壳和基质抗原，可用被感染鸡胚的尿囊液或尿囊膜研磨匀浆，反复冻融后取上清液作抗原，与已知A型流感抗血清作琼脂扩散试验，如为阳性，则进一步证实被分离病毒为A型流感病毒。然后，可分别用已知的抗H_1～H_{15}亚型血凝素的抗血清以及抗N_1～N_9亚型神经氨酸酶抗血清与已知病毒做微量抑制试验，以确定被分离病毒的HA与NA的亚型。

（3）流感病毒致病性的鉴定。

①将感染病毒的鸡胚尿囊液作10:1稀释后，经静脉接种8只4～8周龄的敏感鸡，每只0.2ml。在接种后10d内，死亡数量在6只或6只以上时，该病毒为高致病力禽流感病毒。

②被分离的病毒致死1～5只鸡，但不是亚型H_5亚型或H_7亚型的病毒，则将病毒接种于细胞上，如病毒在缺乏胰蛋白酶时不能在细胞上生长，不能形成细胞病变，则该病毒为非高致病力禽流感病毒。

③被分离的病毒能致死1～5只鸡，而且是H_5亚型或H_7亚型，则如果病毒能在缺乏胰蛋白酶的细胞上生长，或其血凝素多肽经氨基酸序列分析，与高致病力禽流感病毒的序列相似，则被分离的病毒也被认为是高致病力禽流感病毒。

除此之外，有些国家以静脉接种指数（IVPI）大于1.2，或者仅凭H_5亚型或H_7亚型病毒血凝素多肽氨基酸序列与高致病力禽流感病毒相似为标准，而将被分离病毒判为高致病力禽流感病毒。

（二）防治措施

1. 管理预防 严禁从有疫情国家及地区进口家禽、鸟类；而来自非疫区的家禽、野禽、鸟类、种蛋、冻精及有关产品都要经过认真检疫；饲养场主张自繁自养，执行严格的防疫和消毒制度，应定期进行血清学检测；饲养、生产、经营场所必须符合动物防疫条件，取得《动物防疫合格证》；鸡和水禽禁止混养，养鸡场与水禽饲养场应相互间隔3km以上，且不得共用同一水源；养禽场要有良好的防止禽鸟（包括水禽）进入饲养区的设施，并有健全的灭鼠设施和措施

2. 免疫预防 禽流感疫苗有病毒灭活苗、重组禽痘病毒载体疫苗、DNA疫苗等重组禽流感病毒灭活疫苗（H_5N_1亚型，Re－1株）用于预防H_5亚型禽流感病毒引起的鸡、鸭、鹅的禽流感。用法颈部皮下或肌肉注射，2~5周龄鸡每羽0.3ml，鸭、鹅每羽0.5ml；5周龄以上鸡每羽0.5ml，鸭每羽1ml，鹅每羽1.5ml。接种后14d开始产生免疫力，鸡免疫期为6个月；鸭、鹅首免后3周，加强免疫一次，免疫期为4个月。

3. 检疫后处理 任何单位和个人发现患有本病或疑似本病的禽类，都应当立即向当地动物防疫监督机构报告。动物防疫监督机构接到疫情报告后，按农业部《动物疫情报告管理办法》和《国家高致病性禽流感防治应急预案》等有关规定执行。禽流感为人畜共患病，工作人员应严格做好个人卫生防护。

当确认为疑似疫情时，捕杀疑似禽群，对捕杀禽、病死禽及其产品进行无害化处理，对其内、外环境实施严格的消毒措施，对污染物或可疑污染物进行无害化处理，对污染的场所和设施进行彻底消毒，限制发病场（户）周边3km的家禽及其产品移动。疫情确诊后立即启动相应级别的应急预案，划定疫点、疫区、受威胁区，在动物防疫监督机构的监督指导下对疫点内所有的禽只进行捕杀。对所有病死禽、被捕杀禽及其禽类产品据《病害动物及病害动物产品生物安全处理规程》执行；对于禽类排泄物和被污染或可能被污染的垫料、饲料等物品均需进行无害化处理。禽类尸体需要运送时，应使用防漏容器，须有明显标志，并在动物防疫监督机构的监督下实施。对疫区和受威胁区内的所有易感禽类进行紧急免疫接种，登记免疫接种的禽群及其养禽场（户），建立免疫档案。

对疫点内禽舍、场地以及所有运载工具、饮水用具等必须进行严格彻底地消毒。环境及用具消毒，可用3%氢氧化钠、10%漂白粉、0.1%灭毒灵、0.05%百毒杀等。鸡舍带鸡消毒，可用10%漂白粉，按200ml/m²喷洒，每1~3d消毒1次。高氯灵片（三氯异氰尿酸＋增效剂）消毒效果好，复方二氯异氰脲酸钠（达康灭毒灵）1∶3 000。饮水消毒，推荐有喷雾灵（1∶5 000），高氯灵（1 000L水加1.5~3片），百消灵（1∶5 000）饮水，0.03%~0.15%漂白粉溶液。

对疫区、受威胁区内禽类实施紧急疫情监测，掌握疫情动态。根据流行病学调查结果，分析疫源及其可能扩散、流行的情况。对仍可能存在的传染源以及在疫情潜伏期和发病期间售出的禽类及其产品、可疑污染物（包括粪便、垫料、饲料等）等应立即开展追踪调查，一经查明立即按照《病害动物及病害动物产品生物安全处理规程》采取就地销毁等无害化处理措施。

疫点内所有禽类及其产品按规定处理后，在动物防疫监督机构的监督指导下，对有关场所和物品进行彻底消毒。最后一只禽只捕杀21d后，经动物防疫监督机构审验合格后，由当地畜牧兽医行政管理部门向发布封锁令的同级人民政府申请解除封锁。空鸡舍最少空栏3个月，才能再养鸡。疫区解除封锁后，要继续对该区域进行疫情监测，6个月后如未发现新的病例，即可宣布该次疫情被扑灭。对处理疫情的全过程必须做好完整的详细记录，以备检查。

模块二　新城疫

新城疫（ND）也称亚洲鸡瘟或伪鸡瘟，是由新城疫病毒引起禽的一种急性、热性、败血性和高度接触性传染病。临诊特征主要是高热、呼吸困难、下痢、神经机能紊乱、黏膜和浆膜出血和坏死。本病具有很高的发病率和病死率，是危害养禽业的一种主要传染病。

（一）诊断要点

1. 病原特征　新城疫病毒（NDV）属于副黏病毒科，有囊膜，囊膜表面有放射状排列的纤突，含有刺激宿主产生血凝抑制和病毒中和抗体的抗原成分。NDV可凝集人、鸡、豚鼠和小白鼠的红细胞。

病毒存在于病禽的所有组织器官、体液、分泌物和排泄物中，其中以脑、脾、肺含毒量最高，以骨髓保毒时间最长。从不同地区和鸡群分离到的NDV，对禽的致病性有明显的差异。根据不同毒力毒株感染禽表现的不同，将新城疫病毒分为几种致病型：一是速发型或强毒性毒株，在各日龄的易感鸡表现急性、致死性感染；二是中发型或中毒型毒株，仅在易感的幼龄鸡造成致死性感染；三是缓发型即低毒型或无毒型毒株，表现为轻微的呼吸道感染或无症状肠道感染。NDV在室温条件下可存活一周左右，在56℃存活30~90min，4℃可存活一年，-20℃可存活10年以上。一般消毒药均对NDV有杀灭作用。

2. 流行特点　主要感染鸡和火鸡，各种年龄的鸡和火鸡均可感染。珍珠鸡、雉鸡及野鸡也有易感性。水禽、鸽、鹌鹑、鹦鹉、麻雀、乌鸦、喜鹊、孔雀、天鹅也可感染。某些土种鸡和观赏鸟（如虎皮鹦鹉）对本病有相当抵抗力，常呈隐性或慢性感染，成为重要的病毒携带者和散播者，从外地引进的鹦鹉常常是健康的病毒携带者。哺乳动物对本病有很强的抵抗力，但人可感染，表现为结膜炎或类似流感症状。

本病具有高度接触传染性，主要传染源是病鸡和带毒鸡的粪便及口腔黏液。被病毒污染的饲料、饮水和尘土经消化道、呼吸道或结膜传染易感鸡是主要的传播方式。空气和饮水传播，人、器械、车辆、饲料、垫料（稻壳等）、种蛋、幼雏、昆虫、鼠类的机械携带，以及带毒的鸽、麻雀的传播对本病都具有重要的流行病学意义。研究表明，NDV一但在鸡群中感染，通过疫苗免疫的方法无法将其从鸡群中清除，而在群内长期维持，当鸡群的免疫力下降时，就可能表现出症状。

3. 临床症状　本病的潜伏期为2~15d，平均5~6d。根据临诊表现和病程长短，可分为最急性、急性、亚急性或慢性三型。

（1）最急性型。突然发病，常无特征性症状而迅速死亡。多见于流行初期和雏鸡。

（2）急性型。病初体温升高达43~44℃，食欲减退或废绝，有渴感，精神委靡，不愿走动，垂头缩颈或翅膀下垂，眼半开或全闭，状似昏睡，鸡冠及肉髯渐变暗红色或暗紫色。母鸡产蛋停止或产软壳蛋。随着病程的发展，出现比较典型的症状，病鸡咳嗽，呼吸困难，气管内水泡音，结膜炎，精神委顿，嗜睡，嗉囊内积有液体和气体，口腔内有黏液，倒提病鸡可见从口中流出酸臭液体。病鸡拉稀，粪便呈黄绿色或黄白色。后期可见震颤、转圈、眼和翅膀麻痹，头颈扭转，仰头呈观星状以及跛行等神经症状，最后体温下降，不久在昏迷中死去。1月龄的小鸡病程较短，症状不明显，病死率高。

（3）亚急性或慢性型。初期症状与急性相似，不久后渐见减轻，但同时出现神经症状，翅腿麻痹，跛行或站立不稳，头颈向后或向一侧扭转，常伏地旋转，动作失调，反复发作，终于瘫痪或半瘫痪，一般经 10~20d 死亡。此型多发生于流行后期的成年鸡，病死率较低。

4. 病理变化 本病的主要病变是全身黏膜和浆膜出血，淋巴系统肿胀、出血和坏死，尤其以消化道和呼吸道最明显。

（1）**典型新城疫**。嗉囊充满酸臭味的稀薄液体和气体。腺胃黏膜水肿，其乳头间有鲜明的出血，或者有溃疡和坏死。十二指肠黏膜和泄殖腔充血和出血，盲肠扁桃体肿大并有出血或出血性坏死，病程稍长，有时可见肠壁形成枣核状溃疡。产蛋母鸡卵泡和输卵管显著充血，卵泡极易破裂以致卵黄流入腹腔引起卵黄性腹膜炎。心冠状沟和腹腔脂肪有细小如针尖大的出血点。气管黏膜充血，出血，气管内有多量黏液，有时见有出血，气囊壁混浊增厚，并有干酪样渗出物，渗出物多数是因有支原体或大肠杆菌混合感染所致。

（2）**非典型新城疫**。病理变化常不明显，往往看不到典型病变，常见的病变是心冠脂肪的针尖出血点，腺胃肿胀和小肠的卡他性炎症，盲肠扁桃体普遍有出血，泄殖腔也多有出血点。如若继发感染支原体或大肠杆菌，则死亡率增加，表现有气囊炎和腹膜炎等病变。

5. 实验室诊断 当鸡群突然采食量下降，出现呼吸道症状和拉绿色稀粪，成年鸡产蛋量明显下降及见到以消化道黏膜出血、坏死和溃疡为特征的示病性病理变化，可初步诊断为新城疫。实验室诊断有助于对ND的确诊。病毒分离和鉴定是诊断ND最可靠的方法，常用的是鸡胚接种、血凝试验HA和HI试验、中和试验及荧光抗体试验。注意本病与禽霍乱、传染性支气管炎和禽流感的区别。

（二）防治方法

1. 加强管理 一是采取严格的生物安全措施，防止NDV强毒进入家禽；二是免疫接种，提高禽群的特异免疫力。防止NDV强毒进入鸡群，必须采取严格的生物安全措施：日常的隔离、卫生、消毒制度；防止一切带毒动物（特别是鸟类、鼠类和昆虫）和污染物进入场内；不从疫区引进种蛋和苗鸡；鸡场正确的选址及采用现代的饲养制度如全进全出等制度。

2. 严格消毒 在养殖场门口和鸡舍门口都要设置消毒池，在消毒池里先放置一些稻草或草苫，再倒入消毒液。消毒液可用2%~3%氢氧化钠或5%来苏尔，注入量应以浸过草为宜。每天定时更换1次消毒液。每周消毒1次鸡舍，鸡舍四周环境以及各种养殖用具也要进行消毒。消毒液可选用2%氢氧化钠，3%~5%来苏尔，0.2%~0.5%过氧乙酸。但在免疫前后至少1天内不可带鸡消毒。按规定最好空舍2周后再进雏。如急用，在熏蒸消毒24h后打开门窗通风12~24h，无刺激气味后再使用。

3. 免疫预防 是防制新城疫的重要措施之一，首选应根据本地区疫病的流行情况，以及本场的饲养方式及数量，选择合适的疫苗及适宜的免疫方法，制定本场合理的免疫程序并认真执行。

一般的疫区可以采用下列免疫程序：7日龄用新城疫Ⅳ系苗加传支活疫苗点眼、滴鼻，1羽份/只，同时，注射新支二联油苗1羽份/只；23d用新城疫Ⅳ系苗3倍量饮水；

33d 用Ⅳ系苗4倍量饮水。

在新城疫污染严重的地区，1日龄用新城疫-传支二联弱毒疫苗喷雾或滴鼻、点眼；8～10日龄用新城疫弱毒疫苗饮水，新城疫油苗规定剂量颈部皮下注射；14d用传染性法氏囊病弱毒疫苗饮水；20～25d用新城疫弱毒疫苗饮水。

4. 检疫后处理 发生本病应按《中华人民共和国动物防疫法》有关规定处理。捕杀病禽和同群禽，深埋或焚烧尸体；污染物要无害化处理；对受污染的用具、物品和环境要彻底消毒。对疫区、受威胁区的健康鸡立即紧急接种疫苗。

模块三 传染性喉气管炎

传染性喉气管炎是由传染性喉气管炎病毒引起的一种急性接触性上呼吸道传染病。临诊特征为病禽高度呼吸困难，咳出血性渗出物，喉和气管黏膜肿胀、出血，并形成烂斑。

（一）诊断要点

1. 病原特征 传染性喉气管炎病毒属于禽疱疹病毒Ⅰ型，对消毒剂敏感，对外界环境的抵抗力弱。

2. 流行特点 本病主要侵害鸡，育成鸡和成年蛋鸡多发。主要通过呼吸道和眼传播。本病康复鸡可带毒一年以上，因此病鸡和康复后带毒鸡是本病的主要传染来源。本病一般呈地区性流行，以寒冷的秋冬季多发。本病在易感鸡群内传播很快，感染率可达90%，病死率为5%～70%，一般平均在10%～20%，在高产的成年鸡病死率较高。

3. 临床症状 自然感染潜伏期6～12d。表现为突然发病，传播迅速。开始病鸡流泪，鼻腔流出分泌物。经1～2d则呈现严重呼吸困难，病鸡张口吸气，甩头，剧烈咳嗽，并有带血的黏液或血凝块被咳出。检查口腔，可见喉部有灰黄色或带血的黏液，或者见干酪样渗出物。产蛋鸡发生可导致产蛋量下降。

4. 病理变化 主要病变为喉和气管的前半部黏膜肿胀、充血、出血、甚至坏死。发病初期喉头、气管可见带血的黏性分泌物或条状血凝块；中后期死亡鸡只，喉头气管黏膜附有黄色黏液，或者黄色干酪样物并在该处形成栓塞。鸡只多因窒息而死。

5. 实验室诊断 可根据流行病学、症状、病变作出初步诊断，确诊依靠病毒的分离和鉴定，血清学检测可作诊断。注意与新城疫、禽流感、传染性支气管炎、曲霉菌病等呼吸道疾病相区别。

（二）防治措施

1. 饲养管理 一般情况下，主要依靠认真执行环境卫生消毒制度，加强饲养管理，提高鸡只健康水平等措施预防本病发生。

2. 免疫预防 若本地区发病严重或鸡场已发生过该病，应进行免疫接种预防该病。免疫方法为：根据本地区情况，选择合适弱毒疫苗，在50日龄和90日龄左右进行两次免疫，有的疫苗进行一次免疫即可。多采用点眼方法进行，其优点是免疫确实，免后反应较小。

3. 治疗 鸡群发病，在做好饲养管理和消毒管理工作的基础上，可对鸡群进行对症治疗。

模块四　传染性支气管炎

传染性支气管炎是由传染性支气管炎病毒引起鸡的一种急性、高度接触性呼吸道传染病。临诊特征主要以病鸡咳嗽、喷嚏和气管啰音为主，肾病变可见白色水样下痢，肾肿大，有尿酸盐沉积。

(一) 诊断要点

1. 病原特征　传染性支气管炎病毒（IBV）属于冠状病毒科、冠状病毒属，多数呈圆形，有囊膜。病毒对常见消毒剂敏感，如1%来苏尔、1%石炭酸、0.01%高锰酸钾等均能在3~5min将其杀死。

2. 流行特点　主要传播途径是呼吸道，病毒随病鸡的呼吸道分泌物排出，经飞沫或尘埃传给易感鸡。对雏鸡饲养管理不善，如过热、过冷、拥挤、潮湿、通风不良、维生素和矿物质缺乏等均可促进本病的发生。

3. 临床症状　以呼吸道症状为主的传染性支气管炎，表现为咳嗽、喷嚏、张口呼吸，病雏因呼吸困难而死。产蛋鸡发病主要表现为产蛋下降，见有软壳蛋、畸形蛋，鸡蛋质量下降，蛋清稀薄如水样，蛋黄与蛋清分离。以肾病变为主的传染性支气管炎，临床表现精神萎顿，排灰白色稀粪，早期见有轻微呼吸道症状，后期因脱水而死。

4. 病理变化　以呼吸道症状为主的传染性支气管炎剖检主要病变在气管和喉头，喉部和气管充血、出血，充满黏液，混有血块。产蛋鸡发病病变同症状。以肾病变为主的传染性支气管炎剖检主要病变是肾脏明显肿大、色淡、肾小管和输尿管充盈尿酸盐而扩张，肾脏外观呈现花斑状。

5. 实验室诊断　可根据流行病学、临床症状、剖检病变作出初步诊断，确诊依靠病原的分离和鉴定。

（1）病毒分离。常用于病毒分离的材料包括病鸡的喉头分泌物和泄殖腔内容物（用无菌棉拭子蘸取）、气管、肺组织和肾脏等。将新鲜病料（组织块需磨碎），按1:5~1:10加入灭菌磷酸盐缓冲液制成组织悬液，离心取上清，加适量抗生素于4℃冰箱内感作2~4h。然后接种于9~11日龄SPF鸡胚或非免疫健康鸡胚的尿囊腔内，37℃孵育36~48h，取出部分鸡胚，收获尿囊液进行血清学或分子生物学检测，其余鸡胚继续孵化6~7d，观察胚体变化。如病料中有传染性支气管炎病毒，则部分鸡胚在接种后3~5d发生死亡，胚体比同日龄正常鸡胚矮小，卷成球形，又称"侏儒胚"。羊膜及尿囊膜增厚，胚体充血。初次分离的野毒往往要经过鸡胚盲传2~3代后，才能见到明显和规律的鸡胚病变。此外，也可通过鸡胚气管环培养法分离IBV。

（2）病毒鉴定。

①病毒中和试验。该试验可对传染性支气管炎病毒进行定性和定量检验。试验方法有鸡胚（7~11日龄）法、鸡肾细胞培养法和蚀斑法3种。鸡感染传染性支气管炎病毒后约10d（疾病流行过后的恢复期），其血液内出现中和抗体，并可持续6~12个月。因此，对患病鸡群的检验，通常采双份血清样，第一次是在发病初期，第二次是在发病后2~3周。若第二次血清样抗体滴度比第一次高出4倍，即可诊断为鸡传染性支气管

炎感染。

②琼脂扩散试验。可用感染鸡胚的绒毛尿囊膜制备抗原，也可用聚乙二醇浓缩感染鸡胚尿囊液制备抗原，按常规方式完成试验，经24~48h观察结果。此法特异性较强，操作方法简单而快速。鸡感染IBV野毒或接种弱毒疫苗7~9d后就能检出沉淀抗体，并可持续2~3个月。一般认为雏鸡血清中和指数在3.17以上时，就能用琼扩试验测出沉淀抗体的存在，因此，采用AGP试验对疫苗接种效果的监测有现实使用意义。

③血凝抑制试验。将含有传染性支气管炎病毒的鸡胚尿囊液离心浓缩后，加等量磷脂酶C置37℃处理90min作为抗原，再按微量法操作进行血凝抑制试验。

（二）防治措施

1. 预防 必须用多价苗进行免疫。雏鸡1~3日龄可用H_{120}滴鼻，21日龄用H_{52}饮水或滴鼻免疫，以后每3~4个月饮水免疫一次。预防肾型传支最好选用当地分离株的灭活疫苗或弱毒苗，使用H_{120}及H_{52}疫苗时对肾型传支没有保护。

2. 治疗 本病目前尚无特效疗法。

3. 检疫后处理 发生以呼吸道症状为主的传支后，使用抗生素以防止细菌继发感染，减轻症状，缩短病程。发生以肾病为主的传支可使用肾解毒药等提高肾功能，起到辅助治疗的作用。

模块五　传染性法氏囊病

传染性法氏囊病是由病毒引起的一种急性、高度接触性传染病。主要症状为腹泻、脱水、颤抖、极度虚弱。特征性病变为法氏囊肿大、出血，肾肿大和腿肌和胸肌出血。雏鸡感染后能造成免疫抑制，诱发多种疫病或使多种疫苗免疫失败。

（一）诊断要点

1. 病原特征 传染性法氏囊病病毒（IBDV）为双RNA病毒科。IBDV主要分布于法氏囊和脾脏，其次是肾脏。病毒血症期间血液和其他脏器中也有较多病毒。IBDV对环境抵抗力强，耐热、耐阳光及紫外线照射，3%的煤酚皂溶液、0.2%的过氧乙酸、2%次氯酸钠、5%的漂白粉、3%的石炭酸、3%福尔马林均可用于消毒。

2. 流行特点 IBDV的自然宿主仅为雏鸡和火鸡。不同品种的鸡均有易感性。母源抗体阴性的鸡可于1周龄内感染发病，有母源抗体的鸡多在母源抗体下降至较低水平时感染发病。3~6周龄的鸡最易感。也有15周龄以上鸡发病的报道。本病全年均可发生，无明显季节性。

病鸡的粪便中含有大量病毒，病鸡是主要传染源。鸡可通过直接接触和污染了IBDV的饲料、饮水、垫料、尘埃、用具、车辆、人员、衣物等间接传播，老鼠和甲虫等也可间接传播。本病毒不仅可通过消化道和呼吸道感染，也可经眼结膜以及污染的蛋壳传播。发生本病的鸡场，常常出现新城疫、马立克氏病等疫苗接种的免疫失败，这种免疫抑制现象常使发病率和死亡率急剧上升。IBD产生的免疫抑制程度随感染鸡的日龄不同而异，初生雏鸡感染IBDV最为严重，可使法氏囊发生坏死性的不可逆病变。1周龄后或法氏囊病母源抗体消失后而感染IBDV的鸡，其影响有所减轻。

3. 临床症状 本病的潜伏期 2~3d，易感鸡群感染时往往突然发病，如无继发感染，病程 7~8 天，死亡曲线呈尖峰状。死亡率差异很大，感染超强毒株时死亡率可达 70% 以上，有的仅为 1%~5%，多数情况下为 20% 左右。

发病鸡群的早期症状之一是有些病鸡有啄自己肛门的现象，随即病鸡出现严重的水样下痢，粪便呈灰白色石灰浆样。随着病程的发展，病鸡食欲逐渐消失，精神严重沉郁，垂头嗜睡，迅速衰弱死亡。急性病鸡可在出现症状 1~2d 后死亡，鸡群 3~5d 达到死亡高峰，以后逐渐减少。在初次发病的鸡场多呈显性感染，症状典型，死亡率高。以后发病多转入亚临诊型。近年来发现部分 I 型变异株所致的病型多为亚临诊型，死亡率低，但其造成的免疫抑制严重。

4. 病理变化 病死鸡脱水，皮下干燥，胸肌和两腿外侧肌肉出血，呈现涂刷状。法氏囊肿大，发黄，浆膜下水肿或出血。囊腔黏膜出血，腔内充满混浊的黏液或干酪样渗出物。肾脏肿大、苍白，见有尿酸盐沉积。腺胃与肌胃交界处或腺胃与食道交界处多见有出血带。日龄过小或日龄较大的发病鸡，病变较轻或不典型，肌肉出血不明显。

5. 实验室诊断 可根据流行特点、临床表现及病理剖检中的特征病变作出初诊。在诊断中应注意与磺胺类药物中毒引起的出血综合征相区分，药物中毒可见肌肉出血，但无法氏囊等变化，同时，鸡群有饲喂磺胺类药物史。另外，在本病发生过程中及其前后常有新城疫的发生，在诊断中要十分注意，以免误诊造成更大损失。

（二）防治措施

1. 严格消毒 雏鸡舍和患过本病的鸡舍应进行严格彻底消毒。所用消毒药以氯制剂、福尔马林和强碱消毒药效果较好。

2. 种鸡免疫 为防止育雏早期的隐性感染和提高雏鸡阶段的免疫效果，种鸡场应在鸡群开产前和种鸡 40~42 周龄时，两次用油佐剂灭活苗进行预防接种。

3. 免疫程序 应综合考虑确定合适的免疫程序，尤为关键的是确定首免日龄。在生产中可参考以下接种方案：种鸡群，2~3 周龄弱毒疫苗饮水，4~5 周龄中等毒力疫苗饮水，开产前油佐剂灭活疫苗肌肉注射；商品蛋鸡，14~15 日龄弱毒疫苗饮水，24~25 日龄中等毒力疫苗饮水；商品肉鸡可在 10~14 日龄首免，20~25 日龄二免；若母源抗体较高，可在 18~24 日龄只免疫一次。在严重污染区、本病高发区的雏鸡可直接选用中等毒力疫苗。

4. 治疗 传染性法氏囊病患鸡，可及时注射高免血清或高免卵黄抗体，每只鸡 1~2ml，配合应用止泻药（鞣酸、次硝酸铋）、抗生素抗继发感染，可收到很好的效果。

模块六 马立克氏病

马立克氏病（MD）是由疱疹病毒引起鸡和火鸡的一种淋巴组织增生性恶性肿瘤病，临诊特征为病鸡的外周神经、性腺、虹膜、各种脏器、肌肉和皮肤等部位的单核细胞浸润和形成肿瘤病灶。MDV 可破坏法氏囊、胸腺、脾脏等免疫器官，能引起严重的免疫抑制，受害鸡群对球虫病、新城疫等易感，并且影响各种疫苗的免疫效果。

(一)诊断要点

1. 病原特征 马立克氏病病毒(MDV)又称禽疱疹病毒2型,分3个血清型:1型为致瘤的MDV;2型为不致瘤的MDV(自然无毒株);3型为火鸡疱疹病毒(HVT)。病毒有两种存在形式,即裸体粒子(核衣壳)和有囊膜的完整病毒粒子。前者在外界环境中生存活力很低,主要见于肾小管、法氏囊、神经组织和肿瘤组织中;后者主要见于羽毛囊角化层中,对外界环境抵抗力强,污染的垫草和羽屑在室温下其传染性可保持4~8个月。常用消毒剂如5%福尔马林、3%来苏尔、2%氢氧化钠等10min即可杀死病毒。

2. 流行特点 易感动物为鸡和火鸡,一般认为鸡只在育雏期感染,3~4周龄发病,发病率和死亡率在2~5月龄时达到高峰,以后则逐渐减少。发病率和病死率差异很大,可由10%以下到50%~60%。主要通过直接或间接接触经空气传播。绝大多数鸡在生命的早期吸入有传染性的皮屑、尘埃和羽毛引起鸡群的严重感染。带毒鸡舍的工作人员的衣服、鞋靴以及鸡笼、车辆都可成为该病的传播媒介。

3. 临床症状 据症状和病变发生的主要部位,本病在临床上分为四种类型:神经型、内脏型、眼型和皮肤型。有时可以混合发生。

(1) 神经型(古典型)。表现为步态不稳,肢体麻痹,不能站立,蹲伏在地上,臂神经受侵害时则被侵侧翅膀下垂,呈一腿伸向前方另一腿伸向后方的特征性"劈叉"姿态;颈部神经受侵时,病鸡发生头下垂或头颈歪斜;迷走神经受侵时则可引起失声、嗉囊扩张以及呼吸困难;腹神经受侵时则常有腹泻。

(2) 内脏型(急性型)。常见于幼龄鸡群,主要表现为精神委靡不振,突然死亡。

(3) 眼型。表现为单眼或双眼视力减退或消失。虹膜失去正常色素,呈同心环状或斑点状以至弥漫的灰白色。瞳孔边缘不整齐,到严重阶段瞳孔只剩下一个针头大的小孔。

(4) 皮肤型。临诊症状不明显,往往在宰后拔毛时发现羽毛囊增大,形成淡白色小结节或瘤状物。此种病变常见于大腿部、颈部及躯干背面生长粗大羽毛的部位。

4. 病理变化 神经型表现在外周神经,如腹腔神经丛、坐骨神经丛、臂神经丛和内脏大神经,受害神经增粗,呈黄白色或灰白色,横纹消失,有时呈水肿样外观,病变往往只侵害单侧神经,诊断时多与另一侧神经比较。内脏型卵巢的受害最为常见,其次为肾、脾、肝、心、肺、胰、肠系膜、腺胃、肠道和肌肉等。在上述组织中长出大小不等的肿瘤块,呈灰白色,质地坚硬而致密。

5. 实验室诊断 据流行病学、症状、病变可作出初步诊断,实验室常用的诊断方法为琼脂扩散试验。马立克氏病常与禽淋巴白血病或网状内皮组织增生症混淆,应注意鉴别诊断。

(二)防治措施

1. 饲养管理 坚持自繁自养,全进全出制度,避免不同日龄鸡混养;实行网上饲养和笼养,减少鸡只与羽毛粪便接触;严格卫生消毒制度,尤其是种蛋、出雏器和孵化室的消毒,常选用熏蒸消毒法;消除各种应激因素,注意对传染性法氏囊病、禽白血病、禽网状内皮组织增生症等免疫抑制病的免疫与预防。

2. 疫苗接种 疫苗接种是防制本病的关键。疫苗的接种必须在雏鸡刚出壳(24h内)立即进行,接种途径为颈部皮下注射,1~2头份/只,必要时可重复接种。鸡群受一般强毒感染时,可选用马立克氏病火鸡疱疹病毒活疫苗(FC-126株)。受超强毒力病毒威胁的鸡场，选用超强致弱疫苗，如马立克氏病 CVI988 冷冻活疫苗或含有本苗的二价苗、三价苗。

模块七 产蛋下降综合征

产蛋下降综合征（EDS_{76}）是由禽腺病毒Ⅲ群中的病毒引起鸡的以产蛋下降为特征的一种传染病。主要表现为鸡群产蛋骤然下降，软壳蛋和畸形蛋增加，褐色蛋壳颜色变淡。

（一）诊断要点

1. 病原特征 产蛋下降综合征病毒属于禽腺病毒Ⅲ群，无囊膜，能在鸭胚、鸭胚肾细胞和鸭胚成纤维细胞、鸡胚肝细胞和鸡胚成纤维细胞上生长繁殖，但在鸡胚肾细胞和火鸡细胞中生长不良，在哺乳动物细胞不能生长。在鸭胚中生长良好，可使鸭胚致死。

EDS_{76} 病毒能凝集鸡、鸭、火鸡、鹅、鸽的红细胞，但不能凝集家兔、绵羊、马、猪、牛的红细胞。国内外分离到的 EDS_{76} 病毒株有十余个，国际标准毒株为荷兰 127 株。已知各地分离到的毒株同属一个血清型。病毒对乙醚、氯仿不敏感，0.3% 福尔马林 48h 可使病毒完全灭活。

2. 流行特点 本病只发生于产蛋鸡，但病毒的自然宿主为鸭、鹅和野鸭。不同品种的鸡对 EDS_{76} 病毒易感性有差异，产褐色蛋母鸡最易感。本病主要侵害 26~32 周龄鸡，35 周龄以上较少发病。幼龄鸡感染后不表现症状，血清中也查不出抗体，在性成熟而开始产蛋后，血清才转为阳性。

本病的传播方式主要是垂直传播。试验证明，感染母鸡所产的种蛋孵出的雏鸡，在肝脏可回收到 EDS_{76} 病毒。水平传播也是很重要的方式，因为从感染鸡的输卵管、泄殖腔、粪便、肠内容物都能分离到病毒，它可向外排毒，水平传播给易感鸡。EDS_{76} 病毒侵入鸡体后，在性成熟前对鸡不表现致病性，在产蛋初期由于应激反应，致使病毒活化而使产蛋鸡发病。

3. 临诊症状 感染鸡无明显症状，主要表现为突然性群体产蛋下降，比正常产量下降 20%~38%，甚至达 50%。病初蛋壳的色泽变淡，紧接着产畸形蛋，蛋壳粗糙像沙粒样，蛋壳变薄易破损，软壳蛋增多，占 15% 以上。对受精率和孵化率没有影响，发病率高但几乎不死亡，病程一般可持续 4~10 周。

4. 病理变化 本病无明显病变，有时可发现卵巢变小、萎缩，输卵管黏膜出血和卡他性炎症。

5. 实验室诊断 根据流行特点和症状可做出初步诊断，进一步确诊需进行实验室诊断。

（1）病原分离和鉴定。取病鸡的输卵管、泄殖腔、肠内容物和粪便作为病料，经无菌处理后，尿囊腔接种 10~12 日龄鸭胚（无腺病毒抗体），首次分离时鸭胚死亡不多，随着传代次数增加，鸭胚死亡数增多。分离的病毒如果有血凝现象，可用已知抗 EDS_{76} 病毒阳性血清进行 HI 试验或中和试验，以进一步鉴定分离病毒。

（2）血清学试验。鸡感染 EDS_{76} 病毒后，能产生高效价抗体，HI 试验是最常用的诊断方法之一。对于没有免疫接种的鸡群，如果 HI 效价在 1∶8 以上，则证明此鸡群已感染。

此外，还可采用 ELISA、荧光抗体试验和琼脂扩散试验等方法诊断本病。

(二) 防治措施

主要采取综合防治措施，杜绝 EDS_{76} 病毒传入。本病主要是经胚垂直传播，所以应从非疫区鸡群中引种。严格执行兽医卫生措施，加强鸡场和孵化房消毒工作。在日粮配合中，必须注意氨基酸、维生素的平衡。

免疫接种是预防本病的主要措施。在 110～130 日龄进行 EDS_{76} 油佐剂灭活苗免疫接种，免疫期 10～12 个月。也有使用 ND-EDS_{76} 二联油佐剂灭活苗或 ND-EDS_{76}-IB 三联油佐剂灭活苗，可收到打一针防多病和减少应激的良好效果。

模块八　禽白血病

禽白血病（AL）是由禽白血病/肉瘤病毒群中的病毒引起的禽类多种肿瘤性疾病的统称。在自然条件下以禽淋巴白血病最为常见，其他如成红细胞白血病、成髓细胞白血病、髓细胞瘤、纤维瘤和纤维肉瘤、肾母细胞瘤、血管瘤、骨石症等出现频率很低。

(一) 诊断要点

1. 病原特征　禽白血病/肉瘤病毒群中的病毒在分类上属反录病毒科甲型反录病毒属，旧称禽 C 型反录病毒群，最近被称为反录病毒。

根据囊膜糖蛋白抗原差异、宿主范围及病毒中和试验，本群病毒被分为 A～J 共 10 个亚型。A 亚型和 B 亚群的病毒是现场常见的外源性病毒；C 和 D 亚群致病力低，在现场很少发现；而 E 亚群病毒则包括无处不在的内源性白血病病毒，致病力低；J 亚群病毒则是近年来从肉用型鸡中分离到的，为外源性病毒。

包括禽淋巴白血病病毒在内的大多数禽白血病病毒可在敏感的鸡胚成纤维细胞上复制，但不产生任何明显病变，它们的存在可用各种试验检查出来。

白血病/肉瘤病毒对脂溶剂和去污剂敏感，对热的抵抗力弱。病毒材料需保存在 -60℃ 以下，在 -20℃ 很快失活。

2. 流行特点　鸡是本群所有病毒的自然宿主。人工接种病毒的野鸡、珠鸡、鸭、鸽、鹌鹑、火鸡和鹧鸪也可引起肿瘤。不同品种或品系的鸡对病毒感染和肿瘤发生的抵抗力差异很大。

外源性淋巴白血病病毒的传播方式有两种：通过种蛋的垂直传播和通过直接或间接接触的水平传播。垂直传播在流行病学上十分重要，因为它使感染从一代传到下一代。大多数鸡通过与先天感染鸡的密切接触获得感染。因为病毒不耐热，在外界存活时间短，感染不易间接接触传播。

通常感染鸡只有一小部分发生淋巴白血病，但不发病的鸡可带毒并排毒。出生后最初几周感染病毒，禽淋巴白血病发病率高，感染的时间后移，则发病率迅速下降。

内源性白血病病毒通常通过公鸡和母鸡的生殖遗传传递，多数有遗传缺陷，不产生传染性病毒粒子，少数无缺陷，在胚胎或幼雏也可产生传染性病毒，像外源病毒那样传递，但大多数鸡对它有遗传抵抗力。内源病毒无致瘤性或致瘤性很弱。

3. 临诊症状　禽淋巴白血病的潜伏期长，自然病例可见于 14 周龄后的任何时间，通常以性成熟时发病率最高。

禽淋巴白血病无特异症状，可见鸡冠苍白、皱缩，间或发绀。食欲不振、消瘦和衰弱也很常见。腹部常增大，可触摸到肿大的肝脏。一旦出现临诊症状，通常病程发展很快。

无明显症状的病毒感染，蛋鸡和种鸡的产蛋性能可受到严重影响，与不排毒的母鸡相比，排毒母鸡要少产蛋20~30枚，性成熟迟，蛋小而壳薄，受精率和孵化率下降。排毒肉鸡的生长速度亦受影响。

4. 病理变化 肝、法氏囊和脾几乎都有眼观肿瘤，肾、肺、性腺、心及骨髓和肠系膜也可受害。肿瘤大小不一，可分为结节性、粟粒性或弥漫性。肿瘤主要由成淋巴细胞组成，大小虽略有差异，但都处于相同的原始发育状态。

J亚群白血病病毒感染，可发生在4周龄或更大日龄的肉鸡，产生髓细胞瘤的时间比A亚群产生的成淋巴群细胞瘤要早，4~20周龄病鸡在肝、脾、肾和胸骨可见病理变化。病理组织学特征是肿瘤由含酸性颗粒的未成熟的髓细胞组成。

成红细胞白血病、成髓细胞白血病、髓细胞瘤等在现场很少发生，在生产上的意义不大，但它们在肿瘤的基础研究中起重要作用。

5. 实验室诊断 临诊诊断主要根据流行特点和病理学检查。诊断时首先应考虑发病鸡只的年龄，通常在16周龄以上。其次是病程和死亡率，本病在鸡群中发病是渐进性的，始终保持低的死亡率。此外，有中等数量典型病例，从病鸡肉眼病变的部位来看，几乎总是涉及法氏囊的病变。

病毒分离鉴定和血清学检查在日常诊断中很少使用，但它们是建立无白血病种鸡群所不可缺少的。病毒分离的最好材料是血浆、血清和肿瘤，新下蛋的蛋清、10日龄鸡胚和粪便中也含有病毒。检测特异性抗体的样品以血清和卵黄为好。

（二）防治措施

由于本病的垂直传播特性，水平传播仅占次要地位，先天感染的免疫耐受鸡是最重要的传染源，所以疫苗免疫对防治的意义不大，目前尚无可用疫苗。通常的做法是通过检测和淘汰带毒母鸡以减少感染，在多数情况下均能奏效。因为刚出雏的小鸡对接触感染最敏感，每批之间孵化器、出雏器、育雏室的彻底清扫消毒，均有助于减少来自先天感染种蛋的传染。

模块九 禽 痘

禽痘是由禽痘病毒引起鸡、火鸡、鸽等的一种高度接触性传染病。该病传播较慢，以体表无羽毛部位出现散在的、结节状的增生性皮肤病灶为特征（皮肤型），也可表现为上呼吸道、口腔和食管部黏膜的纤维素性坏死性增生病灶（白喉型），两者皆有的称为混合型。此病流行于世界各地，多为幼鸡和幼鸽患病，根据感染鸡的龄期、病型及有无混合感染，死亡率在5%~60%，并可影响其生长和产蛋性能，造成较严重的经济损失。

（一）诊断要点

1. 病原特征 禽痘病毒是一种比较大的DNA病毒，呈砖形或长方形，大小平均为$258nm \times 354nm$。在患部皮肤或黏膜上皮细胞内形成包涵体。鸡痘病毒具有吸附红细胞的性质，细胞培养物内的病毒增殖可用红细胞吸附试验测出。痘病毒对外界的抵抗力相当强，特别是对干燥的耐受力，上皮细胞屑和痘结节中的病毒可抗干燥数年之久，阳光照射数周仍可保持活力。一般消毒药，在常用浓度下，均能迅速灭活病毒。

2. 流行特点 本病主要发生于鸡和火鸡。许多鸟类，如金丝雀、麻雀、鸽、鹌鹑、野鸡、松鸡和一些野鸟都有易感性。各种龄期、性别和品种的鸡都能感染，但以雏鸡和中雏最常发病，且病情严重，死亡率高。成鸡较少患病。本病一年四季都可发生，夏秋季多发生皮肤型禽痘，冬季则以白喉型禽痘多见。南方地区春末夏初由于气候潮湿，蚊虫多，更多发生，病情也更为严重。

禽痘的传染常通过病禽与健康家禽的直接接触而发生，脱落和碎散的痘痂是禽痘病毒散播的主要形式之一。禽痘的传播一般要通过损伤的皮肤和黏膜感染，常见于头部、冠和肉垂外伤或经过拔毛后从毛囊侵入。黏膜的破损多见于口腔、食道和眼结膜。库蚊、疟蚊和按蚊等吸血昆虫，以及体表寄生虫如鸡刺皮螨在传播本病中起着重要的作用。蚊虫吸吮过病灶部的血液之后即带毒，带毒时间可长达10～30d，其间易感染的鸡被带毒的蚊虫刺吮后而传染，这是夏秋季节禽痘流行的主要传播途径。

某些不良环境因素，如拥挤、通风不良、阴暗、潮湿、体外寄生虫、啄癖或外伤、饲养管理不良、维生素缺乏等，可使禽痘加速发生或病情加重，如有慢性呼吸道病等并发感染，则可造成大批家禽的死亡。

3. 临床症状 根据症状、病变以及病毒侵害禽体部位的不同，分为皮肤型、黏膜型和混合型。

本病的潜伏期为：鸡痘4～6d，鸽痘4～14d，有时可长达2周后才出现症状。发病经过通常为3～4周，并逐渐恢复，而发生混合感染时病程延长。皮肤型和黏膜型均能恢复良好。

由于鸡的龄期、病型及有无混合感染等因素，鸡和火鸡的发病率不定，死亡率较低，但发病严重的幼禽死亡率可达50％。

皮肤型鸡痘和鸽痘的特征是在身体的无羽毛部位，如冠、肉垂、嘴角、眼皮、耳球和腿、脚、泄殖腔及翅的内侧等部位形成一种特殊的痘疹。最初痘疹为细小的灰白色小点，随后体积迅速增大，形成如豌豆大、灰色或灰黄色的结节。痘疹表面凹凸不平，结节坚硬而干燥，有时结节的数目很多，可互相连结而融合，产生大的痂块。如果痘痂发生在眼部，可使眼缝完全闭合；若发生在口角，则影响家禽的采食。这些痘痂突出于皮肤表面，在体表皮肤存在大约2周或稍短的时间之后，在病变的部位产生炎症并有出血，从痘痂的形成至脱落需3～4周，脱落后留下一个平滑的灰白色疤痕而痊愈。痘痂如被化脓菌侵入，引起感染，则会有化脓、坏死，严重的病例还可引起死亡。鸡痘和鸽痘的皮肤型，一般无明显的全身症状，但感染严重的病例或体质衰弱者，则表现精神委靡，食欲不振，体重减轻，生长受阻，产蛋鸡则产蛋减少或完全停产。

黏膜型鸡痘和鸽痘的痘疹多发生于口腔、咽部、喉部、鼻腔、气管及支气管，病鸡表现为精神委顿、厌食，眼和鼻孔流出的液体初为浆液黏性，以后变为淡黄色的脓液。时间稍长，若波及眶下窦和眼结膜，则眼睑肿胀，结膜充满脓性或纤维蛋白性渗出物。鼻炎出现2～3d后，口腔和咽喉等处的黏膜发生痘疹，初呈圆形的黄色斑点，逐渐形成一层黄白色的假膜，覆盖在黏膜上面。这些假膜是由坏死的黏膜组织和炎症渗出物凝固而成的，像人的"白喉",所以称为白喉型鸡痘或鸽痘。随着病程的发展,口腔和喉部黏膜的假膜不断扩大和增厚,阻塞口腔和喉部,影响病禽的吞咽和呼吸,嘴往往无法闭合,病禽频频张口呼吸,发出"嘎嘎"的声音;严重时,脱落的破碎小块痂皮掉进喉和气管,进一步引起呼吸困难,直至窒息死亡。

有些病禽皮肤、口腔和咽喉黏膜同时受到侵害和发生痘斑,称为混合型,有时还可见到败血型。病禽表现严重的全身症状,并随后发生肠炎,病禽可迅速死亡,或者急性症状消失后,转为慢性肠炎,腹泻致死。

4. 病理变化 皮肤型鸡痘的特征性病变是局部表皮及其下层的毛囊上皮增生,形成结节。结节起初表现湿润,后变为干燥,外观呈圆形或不规则形,皮肤变得粗糙,呈灰色或暗棕色。结节干燥前切开,切面出血、湿润。结节结痂后易脱落,并出现瘢痕。

黏膜型禽痘,其病变出现在口腔、鼻、咽、喉、眼或气管黏膜上。发病初期只见黏膜表面出现稍微隆起的白色结节,后期连片,并形成干酪样假膜,可以剥离。有时全部气管黏膜增厚,病变蔓延到支气管时,可引起附近的肺部出现肺炎病变。

实质脏器变化不大,但当发生败血型禽痘时,可出现内脏器官萎缩,肠黏膜脱落。

5. 实验室诊断 禽痘在皮肤、黏膜上形成典型的痘疹和特殊的痂皮及伪膜,结合其发病情况,如蚊虫发生的夏季、初秋以皮肤型多见,而冬季以黏膜型多发;老龄鸡有一定的抵抗力,而1月龄或开产初期产蛋鸡有多发的倾向,常可作出初步诊断。

应用组织学方法寻找感染上皮细胞内的大型嗜酸性包涵体和原生小体,也有较大诊断意义。

黏膜型禽痘开始时较难诊断,可用病料接种鸡胚或人工感染易感鸡。病料可用痘痂或口咽的假膜,制成1:5~1:10的悬浮液,接种于10~11日龄鸡胚的绒毛尿囊膜上,5~7d后绒毛尿囊膜上可见有致密的增生性痘斑;或者将病料擦入已划破的冠、肉垂、无毛部皮肤或拔去羽毛的毛囊内,当接种鸡在5~7d内出现典型的皮肤痘疹时,即可确诊。此外,也可采用琼脂扩散沉淀试验、血凝试验、中和试验等方法进行诊断。

在鉴别诊断上,本病应与白念珠菌病、毛滴虫病、维生素A缺乏症、啄损及外伤相区别。

(二)防治措施

1. 加强日常管理 平时做好卫生消毒、保持禽舍通风换气、尽量消灭禽群中的外寄生虫和环境中的蚊蝇等对控制该病具有重要作用。

2. 免疫接种 及时进行疫苗免疫接种是禽痘防制的主要措施。可经皮肤刺种鸡痘鹌鹑化弱毒疫苗,初次免疫一般在15日龄前后,开产前进行第2次免疫。疫苗的接种方法可采用翼膜刺种法和毛囊涂擦法,组织培养弱毒疫苗还可供饮水免疫。翼膜刺种法是用消毒的钢笔尖或注射针头蘸取疫苗,刺种在翅膀内侧皮下无血管处。毛囊法是在雏鸡的腿部外侧拔去几根羽毛,用消毒的毛笔或小毛刷蘸取经1:10稀释的疫苗涂在毛囊内,注意拔羽毛时不要引起创伤、出血等。在接种后3~5d即可发痘疹,7d后达高峰,以后逐渐形成痂皮,3周内完全恢复。接种后必须检查发痘情况。发痘好,说明免疫有效;若发痘差时,则应重复接种。在一般情况下,疫苗接种后2~3周产生免疫力,免疫期可持续4~5个月。

3. 及时控制疫情 发生本病时,应及时隔离病禽防止疫情扩大蔓延,淘汰并销毁严重的黏膜型病禽，对禽舍、运动场和用具进行严格消毒。鸡群发病后，被隔离的病鸡应在完全康复后 2 个月方可合群。

模块十 网状内皮组织增殖症

网状内皮组织增殖症（RE）是由网状内皮组织增殖症病毒（REV）引起的鸭、火鸡、鸡和野鸡等禽类的以淋巴网状细胞增生为特征的肿瘤性疾病。

（一）诊断要点

1. 病原特征 网状内皮组织增殖症病毒（REV）的病毒粒子大小与禽白血病病毒相似。REV 可以在鸡胚绒毛尿囊膜上产生痘样病变，并常导致鸡胚死亡。用 REV 接种 1 日龄雏鸡，导致严重的肝脾肿大，具有显著的坏死或淋巴组织增生性病变。

REV 分为复制缺陷型和非复制缺陷型两种。1958 年首次从患有内脏肿瘤的火鸡分离出来的 REV 原型病毒，称为 T 株，为复制缺陷型病毒，具有严重的致瘤性。其他毒株，包括 T 株辅助病毒、DIA 株（鸭传染性贫血病毒）、SN 株（鸭脾坏死病毒）和 CS 株（鸡合胞体病毒）均为非复制缺陷型病毒，它们与矮小综合征和慢性肿瘤有关。矮小综合征和慢性肿瘤均可自然发生，但 T 株引起的急性网状细胞瘤尚未发现自然病例。

2. 流行特点 本病的易感动物包括火鸡、鸭、鹅、鸡和鹌鹑，此外，还有野鸡和珍珠鸡等，其中以火鸡发病最为常见。2～6 月龄家禽发病多见。病禽的泄殖腔排出物、眼和口腔分泌物常带有病毒，主要通过接触水平传播。亦有报道指出本病毒可通过鸡胚垂直传播。

使用污染 REV 的疫苗在本病的传播上具有重要作用。已有报道用污染 REV 的马立克氏病火鸡疱疹病毒疫苗或禽痘疫苗对鸡进行接种可引起 REV 的人工传播，这种情况往往导致免疫失败或大批鸡发生矮小综合征。

3. 症状和病变 本病是除马立克氏病和淋巴细胞性白血病以外，病因清楚的第三种禽病毒性肿瘤病。

（1）急性网状细胞瘤。急性网状细胞瘤是由复制缺陷型 REVT 株引起的。人工接种后潜伏期最短为 3d，但死亡常发生于接种后 3 周左右。由于临诊症状出现迅速，几乎见不到症状就已死亡，病死率可高达 100%。病禽可见肝、脾肿大，伴有局灶性或弥散性浸润病变。病变还常见于胰、心、肾和性腺。组织学变化以大的空泡样淋巴网状内皮细胞的浸润和增生为特征。

（2）矮小综合征。矮小综合征是指由几种与非复制缺陷型 REV 毒株感染有关的非肿瘤病变，它包括生长抑制、胸腺和法氏囊萎缩、外周神经肿大、羽毛发育异常、肠炎和肝脾坏死等。临诊上鸡群表现为明显的发育迟缓和消瘦苍白，羽毛粗乱和稀少。

以非复制缺陷型 REV 感染鸡后常发生细胞免疫和体液免疫抑制。已有资料报道它能抑制马立克氏病病毒、火鸡疱疹病毒、新城疫病毒、绵羊红细胞等抗体的产生。抑制程度与接种剂量和毒株有关。实际上这组病毒的最大特点是引起免疫抑制。

（3）慢性肿瘤。由非复制缺陷型 REV 毒株引起的慢性肿瘤可分为两种类型。第一类包括鸡和火鸡经漫长的潜伏期后发生的淋巴瘤，这种肿瘤与淋巴细胞性白血病的主要区别在于前者是以淋巴网状细胞为主组成的。第二类是指那些具有较短潜伏期的肿瘤，这些肿瘤的特征大多尚未进行深入研究。

4. 实验室诊断 根据典型的肉眼病变和组织学变化可以做出本病的初步诊断，但确诊还需要进一步证明 REV 或 REV 抗体的存在。

病毒分离用的病料可采集口腔和泄殖腔拭子、病变或肿瘤组织、血浆、全血和外周血液淋巴细胞，以外周血液淋巴细胞最好。拭子用加有青霉素和链霉素的组织培养液冲洗制备；病变组织制成匀浆，离心取上清液，经细菌滤器除菌制备；外周血液淋巴细胞是将加有肝素的抗凝血低速离心，收集上层黄色血浆和中间层白细胞（少量即可）；高速离心，弃上清液，沉淀用组织培养液悬浮制备。以上制备物可分别接种在鸡胚成纤维细胞（CEF）单层上，至少盲传 2 代，每代 7d。REV 一般不产生细胞病变，可用荧光抗体试验对病毒进一步鉴定。也可以将分离出来的病毒腹腔接种于 1 日龄雏鸡，以复制典型病例和进一步做包括中和试验的血清学分析加以鉴定。

血清学检查应用直接免疫荧光或病毒中和试验，可以测出感染禽血清或卵黄中的特异性抗体。间接免疫荧光试验可以测出多数血清中的抗体。

（二）防治措施

至今尚无适用于本病的特异性防治办法，可参照禽白血病的综合性防治措施。为防止疫苗污染造成大批发病，加强对疫苗特别是注射使用的 MD 疫苗和鸡痘疫苗的监测是十分必要的。

模块十一 病毒性关节炎

鸡病毒性关节炎是一种由呼肠孤病毒引起的鸡的传染性疾病。病毒主要侵害关节滑膜、腱鞘和心肌，使胫跗关节上方的腱索肿大，趾屈腱鞘和蹠伸腱鞘肿胀。病鸡蹲坐，不愿走动或跛行。病鸡因运动障碍而生长停滞，消瘦衰竭，鸡群的饲料利用效率下降，淘汰率增高，因而给养鸡业带来巨大的经济损失。

（一）诊断要点

1. 病原特征 病毒性关节炎的病原是呼肠孤病毒。该病毒无囊膜，有两层衣壳，衣壳为二十面体对称，一般直径为 75nm。病毒对乙醚、pH 值 3~9 有抵抗力，对氯仿中度敏感或有抵抗力，能耐受 50℃ 2h 仍保留其活性，对更高温度的抵抗力因毒株而异。在较低温度下存活时间较长，4℃至少 3 个月，-20℃则 4 年以上。呼肠孤病毒不能凝集鸡、鹅、鸭、火鸡、牛、绵羊、兔、豚鼠、大鼠、小鼠和人 O 型的红细胞。病毒对 2%~3% 氢氧化钠和氢氧化钾、70% 乙醇较为敏感。病毒能在鸡胚中培养，其中以卵黄囊和绒毛尿囊膜接种法效果较佳。

2. 流行特点 鸡和火鸡是病毒性关节炎病毒的已知自然宿主和实验宿主。病毒在鸡群中的传播有二种形式：垂直传播和水平传播。排毒途径主要经消化道。潜伏期的长短因毒株的毒力、接种途径及鸡的敏感性的不同而异。该病多发生于肉鸡、肉用型或肉蛋兼用型等体型较大的鸡中。各日龄的鸡均可能发生本病，但临床上多见于 4~6 周龄期间。大多数感染鸡呈隐性经过，只有血清学和组织学的变化而无临床症状。在感染的鸡群中，有症状的病例一般占鸡群总数的1%~5%，也有10%或高于10%的报道。在屠宰场，因发育受阻或关节损害而废弃的病鸡比例则可能高达25%~30%。

3. 临床症状 病鸡食欲和活力减退，不愿走动，驱赶时可勉强移动，但步态不稳，继而出现跛行或单脚跳跃。病鸡因得不到足够的水分和饲料而日渐消瘦、贫血、发育迟滞，少数病鸡逐渐衰竭而死。检查病鸡可见单侧或双侧蹠部、跗关节肿胀，慢性病例蹠骨歪扭，趾向后屈曲。种鸡群或蛋鸡群感染后，产蛋量可下降10%~15%。

4. 病理变化 病变主要在跗关节、趾关节、趾屈肌腱和蹠伸肌腱。病的急性期，关节囊及腱鞘水肿、充血或点状出血，关节腔内含有少量淡黄色或带血色的渗出物，少数病例的渗出物为脓性，这可能与某些细菌合并感染有关。慢性病例的关节腔内的渗出物较少，关节硬固，不能将跗关节伸直到正常状态，关节软骨糜烂，滑膜出血，肌腱破裂、出血、坏死，腱和腱鞘粘连等。有时还可见到心外膜炎，肝、脾和心肌上有细小的坏死灶。

5. 实验室诊断 根据流行病学、临床症状和病理变化可作出假定性诊断。蹠部腱鞘的肿胀同时伴有心肌纤维间的异嗜性白细胞浸润具有诊断意义。根据病毒的分离与鉴定可作出确诊。禽类呼肠孤病毒具有群体特异性抗原，可用琼脂扩散法检测出来，也可用间接荧光抗体和ELISA等方法检测呼肠孤病毒的特异性抗体。用于分离病毒的病料可取自肿胀的腱鞘、跗关节或股关节的关节液、气管和支气管及肠内容物、脾脏等。

（二）防治措施

对病鸡尚无有效的特异性治疗方法。预防上主要采取常规生物安全措施。在接种疫苗方面，国内外有多种灭活或弱毒疫苗可供选择使用，接种时间也不尽相同。禽呼肠孤病毒存在着多个血清型的差别，这在选择疫苗时必须考虑到。在未确定当地病毒的血清型之前，一般宜选择抗原性较广的疫苗。对于种鸡群，一般1~7日龄、4周龄时各接种一次弱毒疫苗，开产前接种一次灭活疫苗。对于肉鸡群，多在1日龄时接种一次弱毒疫苗。弱毒疫苗多经饮水免疫，灭活疫苗的接种则经肌肉注射。

模块十二　禽传染性脑脊髓炎

禽传染性脑脊髓炎（AE）是由病毒引起的主要侵害幼龄雏鸡以神经症状为主要特征的传染病。临诊上表现为共济失调和快速震颤，特别是头颈部的震颤，故又称之为流行性震颤。本病在经济上的损失主要是雏鸡的死亡和淘汰以及产蛋鸡暂时性产蛋下降。

（一）诊断要点

1. 病原特征 禽脑脊髓炎病毒（AEV）无囊膜。该病毒抵抗力很强，能在自然环境中存活很久，对氯仿、酸、胰酶、胃蛋白酶有抵抗力。

AEV的不同毒株间无血清学差异，但野毒株和鸡胚适应毒株之间有明显生物学区别。野毒株的致病性有差异，易经口感染雏鸡，从粪中排毒。有一些野毒株嗜神经性较强，在幼雏产生严重的中枢神经症状和损害。野毒在通过快速继代适应鸡胚之前对鸡胚不致死。鸡胚适应毒株是高度嗜神经的，注射接种可在所有年龄的鸡引起疾病。

2. 流行特点 自然感染见于鸡、雉、野鸡、鹌鹑、火鸡和珍珠鸡等，鸡对本病最易感。各种日龄均可感染，但只有雏禽才有明显的临诊症状。雏鸭、幼鸽可人工感染。

本病既可垂直传播，也可水平传播。AE 的主要传播方式是消化道传播，感染鸡通过粪便排出病毒，排毒时间为 5~14d。感染时鸡的日龄越小，排毒时间越长。病毒对环境的抵抗力很强，在垫料中可存活 4 周以上。垫料等污染物是同栏鸡与鸡之间、鸡舍与鸡舍之间传播的主要传播媒介，也可把感染引入有易感鸡群的其他鸡场。皮下、皮内、腹腔、静脉、肌肉、口内和鼻腔等接种途径也可建立感染。

垂直传播在病毒的散播中起很重要的作用。有人报道，种鸡群在 5 月龄有 57% 感染病毒，但在 13 月龄 96% 为血清学阳性。如易感鸡群在性成熟后被感染，则母鸡 3 周内所产的种蛋带毒。病毒还可在孵化器内进一步传播，一些严重的感染胚蛋在孵化后期死亡，大部分的鸡胚可以孵化出壳，但出壳的雏鸡在数天内陆续出现典型的临诊症状。一般在感染 3~4 周后，种蛋内的母源抗体可保护雏鸡顺利出壳，并且不出现 AE 的临诊症状。

本病一年四季均可发生，发病率及死亡率随易感鸡的多少、病原的毒力强弱、感染日龄的大小等的不同而异。雏鸡的发病率一般为 40%~60%，死亡率 10%~25%，甚至更高。

3. 临诊症状 经胚胎感染的雏鸡的潜伏期为 1~7d，而通过接触传播或经口接种时至少 11d。自然发病通常在 1~2 周龄，但也可见出雏时即发病的。病鸡的最初症状是目光呆滞，随后发生进行性共济失调，驱赶时很易发现。共济失调加重时，常以跗关节着地，驱赶时勉强用跗关节走路并拍动翅膀，最终倒卧一侧。发病 3d 后出现麻痹而倒地侧卧。头颈震颤在发病 5d 后逐渐出现，一般呈阵发性，当受到刺激或骚扰可诱发病雏的震颤，持续长短不一的时间，并经不规则的间歇后再发。共济失调通常在颤抖之前出现，但有些病例仅出现颤抖而无共济失调。共济失调通常发展到不能行走，紧接这一阶段的是营养不良、虚脱和最终死亡。少数出现症状的鸡可存活，但有的病鸡晶状体混浊变蓝而失明。

本病有明显的年龄抵抗力。2~3 周龄后感染很少出现临诊症状。成年鸡感染可发生暂时性产蛋下降 (5%~10%)，蛋壳颜色基本正常，经 1~2 周恢复正常，但不出现神经症状。

4. 病理变化 AE 唯一的眼观变化是病雏胃壁肌层有散在的灰白色区域，它是由浸润的淋巴细胞团块所致。这种变化不很明显，容易忽略。主要的组织学变化在中枢神经系统和某些内脏器官。中枢神经系统的病变为散在的非化脓性脑脊髓炎和背根神经节炎；内脏组织学变化是淋巴细胞增生积聚，腺胃肌层的密集淋巴细胞灶也具有诊断意义，肌胃也有类似变化。有临诊症状的病鸡都有组织学变化。

5. 实验室诊断 根据流行特点和症状可做出初步诊断，确诊需作组织学检查，分离到病毒或血清特异抗体效价升高，则可进一步确诊。在鉴别诊断时需与新城疫、维生素 B_1 和维生素 B_2 缺乏症以及痢菌净等药物中毒相区别。

病毒分离最好取脑、胰或十二指肠病料，接种来自易感鸡群的 5~7 日龄鸡胚卵黄囊，待孵化出壳后观察 10d 是否出现症状。有症状时，取病鸡脑、胰和腺胃进行组织学检查或用荧光抗体法检查病毒抗原。病毒分离也可用鸡胚脑细胞培养。

感染 AEV 的鸡所产生的特异抗体可通过琼脂扩散试验、ELISA 等方法进行测定。

(二) 防治措施

1. 加强消毒与隔离 不从有 AE 的种禽场引进种蛋和雏鸡，种鸡感染后 1 个月内所产种蛋不能用于孵化。

2. 做好种鸡的免疫接种工作　种鸡群在生长期接种疫苗，保证其在性成熟后不被感染，以防止病毒通过蛋源传播给子代，母源抗体还可在关键的 2～3 周龄保护雏鸡不受 AEV 接触感染。疫苗接种也可防止蛋鸡群感染 AEV 所引起的暂时性产蛋下降，是预防 AE 的有效措施，目前使用的疫苗有活苗和灭活苗两种。

（1）活疫苗。一种是用 1 143 毒株制成的活苗，它是一种温和的野毒苗，毒力较强。可通过饮水法免疫，接种鸡只 1～2 周后其排出的粪便中能分离到 AEV。这种疫苗可通过自然扩散感染且具有一定的毒力，故小于 8 周龄的鸡不可使用此苗，以免引起发病。产蛋鸡群接种会使产蛋率下降 10%～15%，并持续 10d 至 2 周，一般于 10 周龄以上，但不迟于开产前 4 周接种疫苗。另一种是 AE 活苗与鸡痘弱毒苗制成的二联苗。一般于 10 周龄以上至开产前 4 周之间进行翅内刺种。

（2）灭活苗。AE 灭活苗是用 AEV 野毒株或鸡胚适应株接种 SPF 鸡胚，取其病料经灭活制备而成。AE 油乳剂灭活苗最为常用，这种疫苗安全性好，免疫接种后不带毒、不排毒，特别适用于无 AE 病史的鸡群，可于种鸡开产前进行免疫接种。

模块十三　鸡传染性贫血

鸡传染性贫血（CIA）是由鸡传染性贫血病毒引起鸡的以再生障碍性贫血和全身淋巴组织萎缩为特征的传染病。该病可以造成免疫抑制，经常并发、继发或加重病毒、细菌和真菌性感染，是危害很大的鸡的传染病之一。

（一）诊断要点

1. 病原特征　鸡传染性贫血病毒（CIAV）呈球形或六角形，无囊膜，病毒粒子呈二十面体对称，无血凝性。不同病毒株毒力有一定差异，但抗原性无差别。病毒能在鸡胚中增殖，卵黄囊接种时有些毒株可在 16～20 日龄时引起胚胎死亡。

CIAV 对酸、乙醚和氯仿有抵抗力。在 60℃耐 1h 以上，100℃经 15min 可使其灭活。在 5% 酚中作用 5min，在 5% 次氯酸 37℃作用 2h 失去感染力。福尔马林和含氯制剂可用于消毒。

2. 流行特点　鸡是本病毒唯一的宿主，所有年龄的鸡都可感染，自然发病多见于 2～4 周龄，1～7 日龄的雏鸡最易感，随日龄的增长易感性降低。垂直传播是本病主要的传播方式，母鸡感染后 3～14d 内种蛋带毒，带毒的鸡胚出壳后发病和死亡。也可通过消化道及呼吸道水平传播。CIAV 能使 1～7 日龄鸡发生贫血，并引起淋巴组织和骨髓肉眼可见病变，感染后 12～16d 病变最明显，第 12～28d 出现死亡，死亡率一般为 30%。2 周龄的鸡感染而不发病。有母源抗体的雏鸡可被感染，但不发病。

传染性法氏囊病病毒、马立克氏病病毒、网状内皮组织增殖症病毒及免疫抑制药物能增强本病毒的传染性和降低母源抗体的抵抗力，从而增加鸡的发病率和病死率。

本病毒诱导雏鸡的免疫抑制，不仅增加对继发感染的易感性，而且降低疫苗的免疫力，特别是对马立克氏病疫苗的免疫。

3. 临诊症状　潜伏期为 8～12d。精神委顿，发育受阻（感染后 10～20d 最严重），贫血，皮肤出血。有的皮下出血，可能继发坏疽性皮炎。血液学检查，红细胞和血红素明显降低，红细胞压积值降至低于20%（正常值在30%以上，降至25%以下可称为贫血），白细胞、血小板减少。经28d后不死者可以康复，但继发感染可能阻碍康复，加剧死亡。死亡率高低不尽相同，低的为10%，亦可高达60%。

4. 病理变化 全身性贫血，血液稀薄。胸腺萎缩，可能导致完全退化。骨髓萎缩是最有特征性的变化，表现股骨髓脂肪化呈淡黄红色，导致再生障碍性贫血。部分病例出现法氏囊萎缩。肝肿大发黄或有坏死斑点。腺胃黏膜出血。严重贫血病例见肌肉和皮下出血。组织学变化特征是所有造血组织被脂肪样组织所取代。淋巴组织普遍萎缩。

5. 实验室诊断 根据临诊症状和病理变化一般可做出初步诊断。但本病所出现的精神沉郁、发育不良和贫血等症状并不是其特有的，有多种原因可以引起类似症状。尤其要注意与原虫病、黄曲霉毒素中毒及服用过量磺胺等相区别，因为这些病均能导致再生障碍性贫血，引起出血综合征和免疫抑制。此外，本病常与其他疾病混合感染或继发感染，容易混淆。因此，为了确诊，还需进行病毒分离或血清学试验。

感染鸡的所有组织和粪便中均含有病毒，常用肝脏悬液加等量氯仿处理后接种1日龄SPF雏鸡，或者接种鸡胚卵黄囊进行病毒分离培养。接种雏鸡经14~16d后进行检查，如发现雏鸡红细胞压积下降，股骨骨髓变为黄白色及胸腺萎缩等典型病变，即可确诊。

（二）防治措施

目前还没有疫苗可供预防接种，只能依靠综合防治措施。在SPF鸡场及时进行检疫，剔除和淘汰阳性鸡有十分重要的意义。

模块十四 鸭 瘟

鸭瘟又名鸭病毒性肠炎，俗称大头瘟，是由疱疹病毒引起的鸭、鹅、雁的一种急性败血性传染病。临诊特征主要为病鸭软弱，下痢，流泪和部分病鸭头颈部肿大，食道黏膜有小出血点，并有黄褐色假膜覆盖或溃疡，泄殖腔黏膜充血、出血、水肿和坏死。

（一）诊断要点

1. 病原特征 鸭瘟病毒属于疱疹病毒，对外界抵抗力不强，温热和一般消毒剂能很快将其杀死。所有鸭瘟病毒分离株的抗原性相似，但它们之间存在毒力上的差异。

2. 流行特点 本病一年四季均可发生，但以春、秋季流行较为严重。鸭、鹅和天鹅对本病易感，对不同年龄、性别和品种的鸭都可感染。现在本病呈世界范围内流行。

鸭瘟可通过病禽与易感禽的接触而直接传染，也可通过与污染环境的接触而间接传染，被污染的水源是本病重要的自然媒介。家鸭的死亡率从5%~100%，死亡率和发病率相近。

3. 临床症状 自然感染潜伏期3~5d。病初体温升高达43℃以上，持续3~4d。病鸭表现精神委顿，头颈缩起，羽毛松乱，翅膀下垂，两脚麻痹无力，不愿下水，厌食甚至停食，渴欲增加。

病鸭的特征性症状是流泪和眼睑水肿。病初流出浆液性分泌物，使眼睑周围羽毛黏湿，而后变成黏稠或脓样，常造成眼睑粘连、水肿，甚至外翻。鼻腔流出浆液性或黏液性分泌物，呼吸时有鼻漏。病鸭腹泻，肛门周围沾满粪污，粪为黄色或草绿色。部分病鸭在疾病明显时期，头和颈部可发生不同程度的肿胀，触之有波动感，俗称"大头瘟"。暴发性鸭瘟一周内便可平息。种鸭表现为突然、明显的和持续的产蛋率下降达25%~40%。

4. 病理变化 病变的特点是出现急性败血症。食道与泄殖腔的病变具有特征性。食道黏膜有纵行排列呈条纹状的黄色假膜覆盖或小点出血，假膜易剥离并留下溃疡斑痕。泄殖腔黏膜病变与食道相似，即有出血斑点和不易剥离的假膜与溃疡。

食道膨大部分与腺胃交界处有一条灰黄色坏死带或出血带，肌胃角质膜下层充血和出血。肠黏膜充血、出血，以直肠和十二指肠最为严重。雏鸭感染时法氏囊充血发红，有针尖样黄色小斑点，到了后期，囊壁变薄，囊腔中充满凝固性渗出物。肝表面和切面上有大小不等的灰黄色或灰白色的坏死点，少数坏死点中间有小出血点，这种病变具有诊断意义。胆囊肿大，充满黏稠的墨绿色胆汁。心外膜和心内膜上有出血斑点，心腔里充满凝固不良的暗红色血液。产蛋母鸭的卵巢滤泡增大，卵泡形态不整齐，有的皱缩、充血、出血，有的发生破裂而引起卵黄性腹膜炎。

病鸭的皮下组织发生不同程度的炎性水肿，在"大头瘟"典型的病例，头和颈部皮肤肿胀，紧张，切开时流出淡黄色的透明液体。

5. 实验室诊断 根据流行病学，临床症状和病理变化初诊。荧光抗体试验及用急性期或恢复期血清做血清中和试验可用于诊断本病。将病料接种易感小鸭是最敏感的诊断方法。必要时进行病毒分离鉴定和中和试验加以确诊。PCR方法可作快速病原诊断。诊断时主要与禽霍乱相区别。

(二) 防治措施

1. 饲养管理 应避免从疫区引进鸭，如必须引进，一定要经过严格检疫，并经隔离饲养2周以上，证明健康后才能合群饲养。还要禁止在鸭瘟流行区域和野水禽出没区域放牧。平时对禽场和工具进行定期消毒。病鸭捕杀，停止放牧，防止病毒传播。

2. 预防接种 在受威胁区内，所有鸭、鹅应注射鸭瘟弱毒疫苗。产蛋鸭宜安排在开产前一个月或停产期注射。肉鸭一般在20日龄以上注射一次即可。发生鸭瘟时应立即采取隔离和消毒措施，对鸭群用疫苗进行紧急预防接种，必要时剂量加倍，可降低发病和死亡。

模块十五 鸭病毒性肝炎

鸭病毒性肝炎（DVH）是雏鸭的一种急性高度致死性传染病。病的特征是发病急，传播快，死亡率高。临诊特点为角弓反张。病变特征为肝脏肿大和出血。本病常给养鸭场造成巨大的经济损失。

(一) 诊断要点

1. 病原特征 病原为鸭肝炎病毒（DHV）。本病毒有3个血清型，即1型、2型、3型。我国流行的鸭肝炎病毒血清型多为1型，是否有其他型，目前尚无全面的调查和报道。3型病毒在血清学上有着明显的差异，无交叉免疫性。

在自然环境中，病毒可在污染的孵化器内至少存活10周，在阴凉处的湿粪中可存活37d以上，在4℃条件下可存活2年以上，在-20℃则可长达9年。病毒对氯仿、乙醚、胰蛋白酶和pH值为3.0时均有抵抗力。在56℃经60min仍可存活，但62℃经30min即被灭活。病毒在1%福尔马林或2%氢氧化钠中2h（15~20℃），在2%漂白粉溶液中3h可使病毒灭活。

2. 流行特点 本病主要发生于1~3周龄雏鸭，特别是5~10日龄雏鸭最多见，成年鸭可呈隐性经过。在自然条件下不感染鸡、火鸡和鹅。

病鸭是主要的传染源，成年鸭感染不发病，但可成为传染来源，野生水禽可能成为带毒者。传播途径主要经消化道和呼吸道水平传播。在野外和舍饲条件下，本病可迅速传播给鸭群中的全部易感的小鸭，表明其具有极强的传染性。病毒的传播多由于从发病场或有发病史的鸭场购入带病毒的雏鸭引起，也可通过人员的参观、饲养人员的串舍以及污染的用具、垫料和车辆等传播。鼠类也可机械性地传播本病。

雏鸭的发病率与病死率均很高，1周龄内的雏鸭病死率可达95%，1~3周龄的雏鸭病死率为50%或稍低。随着日龄的增长，发病率和死亡率降低，1月龄以上的小鸭发病几乎不死亡。

本病一年四季均可发生，但主要在孵化季节，我国南方多在2~5月和9~10月，北方多在4~8月。然而在肉鸭舍饲的条件下，可常年发生，无明显季节性。饲养管理不当，鸭舍内湿度过高，密度过大，卫生条件差，维生素和矿物质缺乏等都能诱发本病。

3. 临诊症状 本病发病急，传播迅速，死亡多发生在感染后的3~4d。雏鸭在刚发病时表现精神委顿、缩颈、行动呆滞或跟不上群，常蹲下，眼半闭，厌食，发病半日到1日即出现神经症状，表现运动失调，翅膀下垂，呼吸困难，全身性抽搐，病鸭多侧卧。死前角弓反张，头向后背部扭曲，俗称"背脖病"，两脚痉挛性地反复踢蹬，有时在地上旋转。出现抽搐后，约十几分钟即死亡。喙端和爪尖淤血呈暗紫色，少数病鸭死前排黄白色或绿色稀便。

4. 病理变化 主要病变在肝脏。肝肿大，质脆，色暗或发黄，肝表面有大小不等的出血斑点，胆囊肿胀呈长卵圆形，充满胆汁，胆汁呈褐色，淡茶色或淡绿色。脾有时肿大呈斑驳状。许多病例肾肿胀和充血。

5. 实验室诊断 突然发病，迅速传播和急性经过为本病的流行特征，结合肝肿胀和出血的病变特点可初步诊断为本病。一个更敏感可靠的方法是接种1~7日龄的易感雏鸭，复制出该病的典型症状和病变，而接种同一日龄的具有母源抗体的雏鸭，则应有80%~100%受到保护，即可确诊。

本病应与鸭瘟、黄曲霉毒素中毒症鉴别诊断。

（二）防治措施

严格的防疫和消毒制度是预防本病的积极措施，对4周龄以下的雏鸭隔离饲养，定期消毒，防止病毒侵入。

疫苗接种是有效的预防措施，可用鸭肝炎鸡胚化弱毒疫苗给临产蛋种母鸭免疫2次，每次1ml，间隔2周。这些母鸭的抗体至少可维持4个月，其后代雏鸭母源抗体可保持2周左右，如此即可度过最易感的危险期。但在一些卫生条件差，常发本病的鸭场，则雏鸭在10~14日龄时仍需进行一次免疫；未经免疫的种鸭群，其后代应在1日龄时皮下注射0.5~1.0ml弱毒疫苗。

发病或受威胁的雏鸭群，经皮下注射康复鸭血清、高免血清或卵黄液0.5~1.0ml，可起到降低死亡率、制止流行和预防发病的作用。

模块十六 番鸭细小病毒病

番鸭细小病毒病（MDP）俗称"三周病"，是由番鸭细小病毒（MDPV）引起的，以腹泻、气喘和软脚为主要症状的一种传染病，主要侵害1~3周龄的雏番鸭，具有高度传染性，发病率和死亡率高。易感动物除雏番鸭外，其他禽类和哺乳动物均不感染发病。

（一）诊断要点

1. 病原特征 番鸭细小病毒（MDPV）的生物学特性与小鹅瘟病毒（GPV）相似。通过交叉中和试验可以把MDPV和GPV区分开来。

病毒能在番鸭胚和鹅胚中繁殖，并引起胚胎死亡。病毒在番鸭胚成纤维细胞上繁殖并引起细胞病变。荧光抗体染色在细胞核内出现明亮的黄绿色荧光，说明病毒在细胞核内复制。该病毒对乙醚、胰蛋白酶、酸和热等灭活因子作用有很强的抵抗力，但对紫外线照射很敏感。

2. 流行特点 雏番鸭是唯一自然感染发病的动物，发病率和死亡率与日龄密切相关，日龄愈小发病率和死亡率愈高，3周龄以内的雏番鸭发病率为27%~62%，病死率为22%~43%。40日龄的番鸭也可发病；但发病率和死亡率低。

病鸭的排泄物中含有大量病毒，污染饲料、饮水、用具、人员和周围环境。如果病鸭的排泄物污染种蛋外壳，则引起孵坊内污染，使出壳的雏番鸭成批发病。

本病发生无明显季节性，但是由于冬、春气温低，育雏室空气流通不畅，空气中氨和二氧化碳浓度较高，故发病率和死亡率亦较高。

3. 临诊症状 本病的潜伏期4~9d，病程2~7d，病程长短与发病日龄密切相关。根据病程长短可分为急性和亚急性两种类型。

急性型主要见于7~14日龄雏番鸭。病雏主要表现为精神委顿，羽毛蓬松，两翅下垂，尾端向下弯曲，两脚无力，懒于走动，厌食，离群；有不同程度腹泻，排出灰白或淡绿色稀粪，并黏附于肛门周围；呼吸困难，喙端发绀，后期常蹲伏，张口呼吸。病程一般为2~4d，濒死前两肢麻痹，倒地，最后衰竭死亡。

亚急性型多见于日龄较大的雏鸭，主要表现为精神委顿，喜蹲伏，两脚无力，行走缓慢，排黄绿色或灰白色稀粪，并黏附于肛门周围。病程5~7d，病死率低，大部分病愈鸭颈部、尾部脱毛，嘴变短，生长发育受阻，成为僵鸭。

4. 病理变化 大部分病死鸭肛门周围有稀粪黏附，泄殖腔扩张、外翻。心脏变圆，心壁松弛，尤以左心室病变明显。肝脏稍肿大，胆囊充盈。肾和脾稍肿大，胰腺肿大且表面散布针尖大小的灰白色病灶。肠道呈卡他性炎症或黏膜有不同程度的充血和点状出血，尤以十二指肠和直肠后段黏膜为甚，少数病例盲肠黏膜也有点状出血。

5. 实验室诊断 根据流行特点、临诊症状和病理变化可以做出初步诊断。但是临诊上本病常与小鹅瘟、鸭病毒性肝炎和鸭传染性浆膜炎混合感染，故容易造成误诊和漏诊。确诊必须依靠病原学和血清学方法。

病毒分离与GPV相同，但要把MDPV和GPV区分开来，必须通过血清分子生物学方法或交叉中和试验,因为番鸭对 GPV 和 MDPV 都易感。由于 GPV 和 MDPV 存在共同抗原,对 MDPV 特异的单抗在对分离物的鉴定和对临诊样品的快速诊断上发挥很重要的作用。

(二) 防治措施

对种蛋、孵坊和育雏室的严格消毒尤为重要,结合预防接种,可减少或防止本病的发生和流行。国内已研制出 MDPV 弱毒活疫苗供雏番鸭和种鸭免疫预防用。也可使用灭活疫苗。

模块十七 小鹅瘟

小鹅瘟 (GP) 是由小鹅瘟病毒引起的主要侵害雏鹅的一种急性或亚急性败血性传染病。临诊特征为精神委顿、食欲废绝和严重下痢。主要病变为渗出性肠炎,小肠黏膜表层大片脱落,与凝固的纤维素性渗出物一起形成栓子,堵塞于肠腔。本病主要侵害 4~20 日龄雏鹅,传播快且病死率高。在自然条件下成年鹅的感染是无症状的,但可经卵将病传至下一代。

(一) 诊断要点

1. 病原特征 小鹅瘟病毒 (GPV) 属于细小病毒科细小病毒属,完整病毒粒子无囊膜,呈六角形。本病毒无血凝活性,与其他细小病毒亦无抗原关系。国内外分离到的毒株抗原性基本相同,仅有一种血清型。

小鹅瘟病毒在感染细胞的核内复制,患病雏鹅的肝、脾、脑、血液、肠道都含有病毒。初次分离可用鹅胚或番鸭胚。将病料接种 12~14 日龄鹅胚的尿囊腔或绒尿膜,鹅胚一般在接种后 5~7d 死亡。

本病毒对环境的抵抗力强,65℃经 30min 对滴度无影响,56℃能存活 3h。对乙醚、氯仿等有机溶剂不敏感,对胰酶和 pH 值 3 稳定。

2. 流行特点 自然病例仅发生于鹅和番鸭的幼雏。不同品种的雏鹅易感性相似。主要发生于 20 日龄以内的小鹅,雏鹅的易感性随年龄的增长而减弱。1 周龄以内的雏鹅死亡率可达 100%,10 日龄以上者死亡率一般不超过 60%,20 日龄以上的发病率低,而 1 月龄以上则极少发病。

发病雏鹅从粪中排出大量病毒,通过直接或间接接触而迅速传播,最严重的暴发是发生于病毒垂直传播后的易感雏鹅群。

在自然条件下,易感的成年鹅群一旦传入小鹅瘟病毒,先使少数鹅感染,感染的成年鹅通过粪便排出病毒,引起其他易感的成年鹅感染,如此不断传播,使整个鹅群感染,并可从一个鹅群传播至另一个鹅群。带毒鹅群所产的种蛋带有病毒,带毒的种蛋在孵化时,无论是孵化中的死胚,还是外表正常的带毒雏鹅都散播病毒,将孵坊污染,造成出壳雏鹅在 3~5d 大批发病。

发病的雏鹅通过粪便大量排毒,污染饲料、饮水。同舍内的其他易感雏鹅经消化道感染,从而引起群内的流行。

3. 临诊症状 本病的潜伏期依感染时的日龄而定,1 日龄感染为 3~5d,2~3 周龄感染为5~10d。根据病程可分为最急性、急性和亚急性等病型。病程的长短视雏鹅日龄大小而定。

3~7日龄发病者常为最急性，往往无前驱症状，一经发现即极度衰弱，或者倒地乱划，不久死亡。

7~15日龄内所发生的大多数病例常为急性。症状为精神委顿，虽能随群采食，但将啄得之草随即甩去；半日后行动落后，打瞌睡、拒食，但饮水增多，排出灰白色或淡黄绿色稀粪，并混有气泡；呼吸困难，鼻流出浆性分泌物，喙端色泽变暗；临死前出现两腿麻痹或抽搐。病程1~2d。

15日龄以上发病的雏鹅病程稍长，一部分转为亚急性，以精神委顿、消瘦和拉稀为主要症状。少数幸存者在一段时间内生长不良。

4. 病理变化 最急性型病例除肠道有急性卡他性炎症外，其他器官的病变一般不明显。15日龄左右的急性病例表现全身性败血变化，全身脱水，皮下组织显著充血。心脏有明显急性心力衰竭变化，心脏变圆，心房扩张，心壁松弛，心肌晦暗无光泽，颜色苍白。肝脏肿大。本病的特征性变化是小肠中下段极度膨大，质地坚实，状如香肠。剖开肠管，可见肠腔中充塞着淡灰色或淡黄色栓子。栓子中心为深褐色干燥的肠内容物，外面包裹着灰白色的假膜。有的病例小肠内形成长带状纤维素凝固物。

5. 实验室诊断 本病具有特征性的流行病学表现，如果孵出不久的雏鹅群大量发病及死亡，结合症状和特有的病变，即可作出初步诊断。确诊可通过病毒分离鉴定或特异抗体检查，检查血清中特异抗体的方法有琼脂扩散试验和ELISA试验。

病毒分离时，可取病雏的脾、胰或肝脏的匀浆上清液，通过尿囊腔接种12~15日龄鹅胚，可在5~7d内致死鹅胚，主要变化为胚体皮肤充血、出血及水肿，心肌变性呈瓷白色，肝脏变性或有坏死灶。死亡鹅胚中的小鹅瘟病毒可用免疫荧光法进一步证实。

(二) 防治措施

及早注射抗小鹅瘟高免血清能制止80%~90%被感染的雏鹅发病。由于病程太短，对于症状严重的病雏，抗血清的治疗效果甚微。对于发病初期的病雏，抗血清的治愈率为40%~50%。血清用量，对处于潜伏期的雏鹅每只0.5ml，已出现初期症状者为2~3ml，10日龄以上者可相应增加，一律皮下注射。

小鹅瘟主要是通过孵坊传播的，因此，孵坊中的一切用具设备，在每次使用后都必须清洗消毒，收购来的种蛋应用福尔马林熏蒸消毒。如发现分发出去的雏鹅在3~5d发病，即表示孵坊已被污染，应立即停止孵化，将房舍及孵化、育雏等全部器具彻底消毒。刚出壳的雏鹅要注意不与新进的种蛋和大鹅接触，以防感染。对于已污染的孵坊所孵出的雏鹅，应立即注射高免血清。

在本病严重流行的地区，利用弱毒苗甚至强毒苗免疫母鹅是预防本病最经济有效的方法。但在未发病的受威胁区不要用强毒免疫，以免散毒。目前使用较广的有SYG61和SSG74两个减毒株制成的弱毒苗。在留种前1个月做第一次接种，每只种鹅肌注弱毒苗绒尿原液100倍稀释物0.5ml，15d后做第二次接种，每只注射绒尿原液0.1ml。再隔15d方可留种蛋。免疫母鹅所产后代全部能抵抗自然及人工感染，其效果能维持整个产蛋期。如种鹅未进行免疫，而雏鹅又受到威胁时，也可用雏鹅弱毒苗对刚出壳的雏鹅进行紧急预防接种，每只皮下接种1:(50~100)稀释的弱毒疫苗0.1ml。也可注射小鹅瘟血清。鸭胚适应的弱毒苗和细胞培养致弱的弱毒苗也可用于母鹅和雏鹅的免疫。

任务 11　鸡新城疫抗体监测

【任务说明】

使学生掌握鸡新城疫抗体监测的操作方法，为今后从事鸡场疫病预防工作奠定基础。

【工作场景】

本任务安排在实训室或养鸡场兽医诊疗（化验室）进行。所需设备材料包括：微量振荡器、离心机、微量加样器（配带滴头）、96 孔"V"形反应板、1ml 和 5ml 注射器、针头、试管、吸管、pH 值为 7.2 的 0.01mol/L 磷酸盐缓冲溶液（PBS）、1% 鸡红细胞悬液、阿氏液、灭菌生理盐水、青霉素、链霉素、鸡新城疫病毒悬液、鸡新城疫阳性血清、被检鸡血清等。

【工作过程】

（一）试验准备

1. 阿氏液配制　葡萄糖 2.05g、枸橼酸钠 0.8g、枸橼酸 0.055g、氯化钠 0.42g，蒸馏水加至 100ml，微热溶解后，过滤，用 10% 枸橼酸调至 pH 值为 6.1，分装，在 69kPa 下高压灭菌 15min，4℃ 保存备用。

2. 1% 鸡红细胞悬液制备　采集至少 3 只 SPF 公鸡或无新城疫抗体的健康公鸡的血液与等体积阿氏液混合，用 pH 值为 7.2 的 0.01mol/L PBS 洗涤 3 次，每次以 1 000r/min 离心 10min，洗涤后配成体积分数为 1% 鸡红细胞悬液，4℃ 保存备用。

3. pH 值为 7.2 的 0.01mol/L PBS 制备　①配制 25×PB：称重 2.74g 磷酸氢二钠和 0.79g 磷酸二氢钠加蒸馏水至 100ml；②配制 1×PBS：量取 40 ml 25×PB，加入 8.5g 氯化钠，加蒸馏水至 1 000ml；③用氢氧化钠或盐酸调 pH 值为 7.2；④灭菌或过滤；⑤pH 值为 7.2 的 0.01mol/L PBS 一经使用，于 4℃ 保存不超过 3 周。

4. 被检血清制备　从新城疫免疫过鸡的翅静脉采血装入 2ml 的离心管中，凝固后离心，析出的液体为被检血清。也可用消毒过的干燥注射器采血，装于小试管内，使凝固成一斜面。放于室温中，待血清析出后，倒出保存于 4℃。

（二）操作过程

最常用的方法是采血清作微量血凝抑制（HI）试验。

1. 微量血凝（HA）试验　在进行 HI 试验之前必须先进行 HA 试验，测定病毒抗原的血凝价，以确定 HI 试验 4 个血凝单位所用病毒抗原的稀释倍数。

①用微量加样器向反应板上每个孔中分别加 PBS 缓冲液 25μl，共滴 4 排，换滴头。②吸取 25μl 病毒液，加于第 1 孔中，用该加样器挤压 5~6 次使病毒混合均匀，然后向第 2 孔移入 25μl，挤压 5~6 次后再向第 3 孔移入 25μl，依次倍比稀释到第 11 孔，使第 11 孔中液体混合后从中吸出 25μl 弃去，换滴头。第 12 孔不加病毒抗原，只作对照。③每孔再加 PBS 缓冲液 25μl。④每孔均加 1% 鸡红细胞悬液（将鸡红细胞悬液充分摇匀后加入）

25μl。⑤加样完毕,将反应板置于微型振荡器上振荡1min,或者手持血凝板摇动混匀,并放室温(20~30℃)下作用40min,观察并判定结果,试验操作术式,见表3-1。

表3-1 鸡新城疫血凝试验操作术式 单位:μl

孔 号	1	2	3	4	5	6	7	8	9	10	11	12
抗原稀释倍数	2^1	2^2	2^3	2^4	2^5	2^6	2^7	2^8	2^9	2^{10}	2^{11}	对照
PBS缓冲液	25	25	25	25	25	25	25	25	25	25	25	25
抗 原	25	25	25	25	25	25	25	25	25	25	25	—
PBS缓冲液	25	25	25	25	25	25	25	25	25	25	25	25
1%鸡红细胞	25	25	25	25	25	25	25	25	25	25	25	25
	振荡1 min或(20~30℃)下作用40 min判定										弃去25	
示 例	—	#	#	#	#	#	#	#	#	#	++	—

结果判定时,应将反应板倾斜,观察红细胞有无泪珠样流淌。完全凝集时不流淌。"#"表示红细胞完全凝集,"++"为不完全凝集,"-"为不凝集。

新城疫病毒液能凝集鸡的红细胞,但随着病毒液被稀释,其凝集红细胞的作用逐渐变弱。稀释到一定倍数时,就不能使红细胞出现完全的凝集,从而出现可疑或不凝集结果。能使全部红细胞发生凝集(#)的反应孔中病毒液的最大稀释倍数为该病毒的血凝滴度或称血凝价。上表例抗原血凝价为1:512。

2. 微量血凝抑制(HI)试验 ①4个血凝单位的病毒抗原配制及验证。血凝价除以4,如上表512÷4=128,即1ml(抗原)+127 ml(PBS)即成。配制好后和每天应用前都必须对4个血凝单位的病毒抗原进行测试验证。②采用同样的血凝板,每排孔可检查1份血清样品。检查另一份血清时,必须更换吸取血清的滴头。③用微量加样器向1~11号孔中分别加入25μl PBS缓冲液,第12号孔加50μl PBS缓冲液。④用另一微量加样器取一份待检血清25μl置于第1孔中,挤压6~7次混匀。然后依次倍比稀释至第10孔,并将其弃去25μl。第11孔为病毒血凝对照,第12孔为PBS对照,不加待检血清。⑤用微量加样器吸取稀释好的4个血凝单位的病毒抗原,分别向1~11孔中各加25μl。然后,将反应板置20~30℃下作用至少30min。⑥取出血凝板,用微量加样器向每孔中各加入1%红细胞悬液25μl,轻轻混匀1min,静置40min。应在第11孔完全凝集,第12孔红细胞呈纽扣状沉于孔底时观察。⑦结果判定。以完全抑制4个血凝单位的病毒抗原的最高血清稀释倍数为血凝抑制价(HI效价)。如下表的血凝抑制价为1:128,试验操作术式见表3-2。

【结果应用】

雏鸡最适首次免疫时间的确定主要根据其血清母源抗体的水平。雏鸡在3日龄时母源抗体滴度最高,以后逐渐下降,其半衰期约为4.5d,一般认为,当母源抗体滴度下降至3log2(1:8)以下进行首次免疫可获得理想免疫效果。

监测免疫效果:鸡群免疫后10~14d,抽样采血测定HI效价,若HI抗体滴度增加2个以上,如免疫前1:8,免疫后1:32,则为合格;若免疫后抗体滴度很低仅有1:(4~8),

则应进行重新免疫。监测时要随机抽样采血，血样数根据鸡群的大小而定。1 000只以下的鸡群，取10~15只鸡的血样；1 000~5 000只时，取25~30只鸡的血样；5 000~10 000只的鸡群，取40~50只鸡的血样。

表3-2　鸡新城疫血凝抑制试验操作术式　　　　　　　　　　　单位：μl

孔 号	1	2	3	4	5	6	7	8	9	10	11	12
血清稀释倍数	2^1	2^2	2^3	2^4	2^5	2^6	2^7	2^8	2^9	2^{10}	抗原对照	PBS对照
PBS缓冲液	25	25	25	25	25	25	25	25	25	25	25	25
血清	25	25	25	25	25	25	25	25	25	25	—	—
4单位病毒	25	25	25	25	25	25	25	25	25	25	25	25
	(20~30℃)作用至少30 min										弃去25	
1%鸡红细胞	25	25	25	25	25	25	25	25	25	25	25	25
	轻轻混匀1min，静置40min判定											
示例	—	—	—	—	—	—	++	#	#	—		

任务12　双抗体夹心Dot-ELISA诊断传染性法氏囊病

【任务说明】

斑点酶联免疫吸附试验（Dot-ELISA）是近几年创建的一项免疫酶新技术。

Dot-ELISA常用的检测法同ELISA相同，也有直接法、间接法、双抗体夹心法和竞争法等。它不仅保留了常规ELISA的优点，而且还弥补了抗原和抗体对载体包被不牢等不足，具有敏感性高、特异性强、被检样品量少、节省材料、不需特殊材料、结果容易判定和便于长期保存等优点。该技术广泛应用于抗原、抗体的检测等工作中，本任务以传染性法氏囊病（IBD）为例，简述双抗体夹心Dot-ELISA诊断法（检测抗原）。

【工作场景】

本任务可安排在实验室、实训室进行或企业兽医诊疗室（化验室）。所需材料包括：
①醋酸纤维素膜。
②包被液：0.05mol/L、pH值为9.6的碳酸盐缓冲液。
③洗涤液：含0.05%吐温-80的0.02 mol/L、pH值为7.2的PBS液。
④封闭液：含0.2%明胶的洗涤液。
⑤IBD-IgG高免血清：琼扩效价1:(128~256)。
⑥IBD-IgG采用饱和硫酸铵沉淀法、葡聚糖凝胶和DEAE纤维素层析法从IBD高免血清中提取IgG。
⑦酶标抗体：采用改良过碘酸钠法，用过氧化物酶标记免抗鸡IgG抗体。
⑧待检样品的处理：取待检法氏囊剪碎、研磨，制成5~10倍稀释的悬液，反复冻融3次，低速离心，取上清液作为待检样品。

【工作过程】

(1) 压迹。在醋酸纤维素膜的光滑面，用铅笔分成 7mm×7mm 的小格。

(2) 包被。用 0.05mol/L 碳酸缓冲液将 IBD-IgG 行 50×稀释，用微量吸样器吸取 2μl，滴于每个小格中，自然晾干。

(3) 封闭。将包被好的膜片浸入封闭液中，37℃下封闭 30min。

(4) 洗涤。用洗涤液充分冲洗 3 次，每次 2min，室温晾干。

(5) 将反应膜按压迹剪下，光滑面向上置于 20 孔反应板孔内，每孔加入待检液 100μl，37℃下感作 30min。

(6) 洗涤。用洗涤液充分冲洗 3 次，每次 2min，室温晾干。

(7) 酶标抗体感作：吸取稀释好的酶标抗体 100μl 于每个反应孔中，37℃作用 30min。

(8) 洗涤。用洗涤液充分冲洗 3 次，每次 2min，室温晾干。

(9) 显色。每孔加入显色液 100min，室温下避光显色约 5min，蒸馏水冲洗，终止反应。

(10) 判定。用肉眼观察，在阴性对照无可见斑点的条件下判定，并依反应色泽深浅记录试验结果："+++"表示斑点为致密深蓝色（强阳性）；"++"表示斑点呈蓝色（阳性）；"+"表示斑点呈淡蓝色（弱阳性）；"－"表示无可见斑点（阴性）。

任务 13　小鹅瘟琼脂扩散试验

【任务说明】

琼脂扩散试验是检测小鹅瘟抗体和抗原的一种快速、简便、特异的检验方法。此方法还常用于马立克氏病、禽流感、痘病等疫病的检疫和诊断中，本任务旨在使学生掌握琼脂扩散试验的操作方法，具备应用该方法检测动物疫病的能力。

【工作场景】

本任务安排在动物防疫与检疫实训室内完成。所需材料包括标准阳性血清、抗小鹅瘟病毒单克隆抗体、标准阴性血清。标准琼扩抗原。被检血清（无菌采取血液，分离血清，按 0.01% 量加入硫柳汞防腐，冻结保存待检。）、被检抗原、琼脂板（取 1.0g 优质琼脂或琼脂粉加 100ml pH 值为 7.8 的 8% 氯化钠溶液，加热使其完全溶解后，加入 1ml 1% 的硫柳汞溶液，混匀制成 3mm 厚的平板。）、打孔器、吸管等。

【工作过程】

学生在教师指导下按下列步骤操作。

1. 打孔　将制备好的琼脂板按模板用打孔器打孔，并挑出孔中的琼脂。中心 1 孔，周围 6 孔，孔径 3mm，孔距 4mm，用熔化琼脂补孔底。

2. 加样　中央孔加入标准琼扩抗原，1 孔、4 孔加入标准阳性血清，其他孔分别加入被检血清，或者 1 孔加入标准阳性血清，其他孔分别加入倍增稀释被检血清。各孔均以加满不溢出为度。将加样后的琼脂板放入填有湿纱布的盒内，置 20～25℃ 室温或 37℃ 温箱，24h 初判，72h 终判。

检测抗原时，中央孔加标准阳性琼扩血清，1 孔、4 孔加入标准琼扩抗原，其他孔加被检抗原。

3. 结果判定 当标准阳性血清孔与抗原孔之间形成清晰沉淀线时，被检血清孔与抗原孔之间也出现沉淀线，且与标准阳性血清沉淀线末端相吻合，即被检血清判为阳性。若被检血清孔与抗原孔之间无沉淀线出现时，即被检血清判为阴性。当被检血清最高稀释度孔与抗原孔之间形成清晰沉淀线时，即判为被检血清琼扩效价。

职业测试题

(一) 选择题

1. 鸡新城疫在宰后鉴定易出血部位是_____。
   A. 腺胃乳头　　　B. 肌胃黏膜　　　C. 肌胃、腺胃交界处　　　D. 小肠
2. 一般鸡在_____日龄以上接种Ⅰ系新城疫疫苗。
   A. 7　　　B. 14　　　C. 60　　　D. 90
3. 鸡新城疫的潜伏期一般为_____d。
   A. 2　　　B. 3～5　　　C. 15　　　D. 30
4. 鸡新城疫又叫_____。
   A. 禽流感　　　B. 亚洲鸡瘟　　　C. 欧洲鸡瘟　　　D. 禽霍乱
5. 鸡新城疫的特征病理变化是_____。
   A. 腺胃黏膜有出血点　　　　　B. 全身浆膜出血
   C. 小肠有枣核状出血性溃疡灶　D. 肝脏肿大变性
6. 影响鸡新城疫疫苗免疫效果的主要因素有：原抗体的高低、鸡的免疫应答和_____。
   A. 真性鸡瘟　　　　　　B. 传染性法氏囊病
   C. 巴氏杆菌病　　　　　D. 曲霉菌病
7. 鸡接种马立克氏疫苗的年龄是_____。
   A. 1 日龄　　　B. 2 周龄　　　C. 1 月龄　　　D. 2 月龄
8. _____是由淋巴细胞增生引起的肿瘤性疾病。
   A. 鸡白痢　　　B. 鸡马立克氏病　　　C. 鸡新城疫　　　D. 传染性鼻炎
9. 鸡马立克氏病的临床症状可分三种类型，即神经型、内脏型、皮肤型和_____。
   A. B 型变化　　　B. 胸腺型　　　C. 眼型　　　D. 生产限制型
10. 小鹅瘟的病理变化主要有小肠出现假膜性纤维素性肠炎，在小肠中段和后段有一二处膨大部，剪开膨大部肠管，常见有灰白色或淡黄色的_____栓子。
    A. 粪球状　　　B. 腊肠样　　　C. 气管样　　　D. 气囊样
11. 下列对禽流感的描述错误的是_____。
    A. 皮下水肿
    B. 肠道多发性纤维素性坏死性炎症，腺胃黏膜腺乳头出血
    C. 纤维素性肺炎

D. 心包炎及体腔积液
12. 下列说法中，错误的是_____。
A. 鸭瘟俗称"大头瘟"
B. 鸭病性肝炎主要发生于成年鸭
C. 小鹅瘟的临床特征是食欲废绝、严重下痢
D. 鸡霍乱可以传染给鸭
13. 下列关于禽传染病性脑脊髓炎（AE）的说法中，错误的是_____。
A. 主要侵害成年鸡
B. 一般仅能见到脑部水肿，轻度充血
C. 肌胃肌层出现灰白色病灶
D. 血清学诊断主要包括琼脂扩散和荧光抗体试验
14. _____是通过鸡蛋垂体传染的。
A. 鸡白痢   B. 鸡痘   C. 鸡霍乱   D. 新城疫
15. _____病胸肌和股肌呈条纹状或斑块状出血。
A. 鸡新城疫   B. 鸡霍乱   C. 鸡传染性法氏囊病   D. 传染性鼻炎
16. _____典型的病理变化氏败血症和消化道出血、溃疡、腺胃黏膜出血。
A. 鸡新城疫   B. 鸡白痢
C. 鸡马立克氏病   D. 鸡传染性法氏囊病
17. _____具有凝集黄牛精子的特性，因此可用抗血清作黄牛精子凝集抑制试验进行诊断。
A. 鸡新城疫病毒   B. 小鹅瘟病毒   C. 鸡马立克氏病病毒   D. 鸭瘟病毒
18. 诊断禽流感必须注意和_____鉴别。
A. 鸡新城疫   B. 禽出败   C. 鸡白痢   D. 鸡淋巴白血病
19. 诊断鸡新城疫的血清学试验最常用的方法是_____。
A. 琼脂扩散试验 B. 血凝抑制试验 C. 病毒中和试验 D. 补体结合试验
20. 属于肿瘤性疾病的是_____。
A. 鸡白痢   B. 鸡霍乱   C. 鸡马立克氏病   D. 促进干扰素形成
21. 头低垂，颈扭曲，嗉囊扩张，张口呼吸等，是_____鸡马立克氏病的典型症状。
A. 肝型   B. 脾脏型   C. 皮肤型   D. 神经型
22. 诊断鸡马立克氏病必须注意和_____鉴别。
A. 鸡淋巴白血病 B. 鸡白痢   C. 鸡新城疫   D. 鸡瘟
23. 鸡传染性法氏囊炎，宰后鉴定胸肌、腿肌表现为_____。
A. 出血   B. 坏死   C. 胶样浸润   D. 充血
24. 鸭病毒性肝炎多发生在_____鸭。
A. 老龄   B. 1月龄以上的成年
C. 2月龄   D. 4月龄
25. 鸭瘟的病变特征是_____。
A. 两翅下弯   B. 不活动   C. 头部肿胀   D. 腿鸡出血
26. 鸭瘟病毒对鸡、鸭、鹅、鸽、豚鼠、家兔、牛、羊和马等几种动物的红细胞

有_____。
   A. 凝集现象   B. 沉淀现象   C. 漂浮现象   D. 无凝集现象
27. 鸭瘟的具有诊断意义临床特征是_____。
   A. 两翅下垂   B. 四肢麻痹   C. 头部肿胀   D. 呼吸困难
28. 鸭瘟的肝表面有不规则大小和数目不等的灰黄色坏死灶,在坏死点中间有小点出血或其外周围有环状_____。
   A. 出血带   B. 充血带   C. 淤血斑   D. 卡他性炎
29. 小鹅瘟的病理变化主要有小肠出现假膜性纤维素性肠炎,在小肠中段和后段有一二处膨大部,剪开膨大部肠管,常见有灰白色或淡黄色的_____栓子。
   A. 粪球状   B. 腊肠样   C. 气管样   D. 气囊样
30. 小鹅瘟疫苗应接种_____。
   A. 雏鹅   B. 母鹅   C. 公鹅   D. 产蛋鹅
31. 病鸡呼吸困难,张口喘气,多见于_____。
   A. 传染性喉气管炎   B. 传染性支气管炎
   C. 新城疫   D. 禽霍乱
32. 病鸡呼吸带有明显的啰音多见于_____。
   A. 马立克氏病   B. 支原体病   C. 传染性法氏囊病   D. 大肠杆菌病

(二) 判断题

1. 家禽免疫接种的疫苗种类越多,保护力越强。(   )
2. 喷雾免疫时,为了使免疫效果确实可靠,喷雾机头应离鸡头越近越好。(   )
3. 饮水免疫时,剂量可为一般注射剂量的两倍。(   )
4. 鸡饮水免疫时最好用金属容器盛装溶液。(   )
5. 接种传染性法氏囊疫苗后一周内不宜接种其他疫苗。(   )
6. 不论禽流感病毒毒力高低,均可用分离到的毒株制成油乳剂灭活苗进行预防。(   )
7. 肾型传染性支气管炎无呼吸道症状。(   )
8. 新城疫疫苗气雾免疫效果优于滴鼻、饮水、肌注免疫方法。(   )
9. 鸡新城疫Ⅰ系苗只能用于20日龄以下的鸡。(   )
10. 传染性支气管炎H_{52}疫苗常用于雏鸡免疫。(   )
11. 小鹅瘟只发生于雏鹅。(   )
12. 禽白血病、脑脊髓炎、传染性贫血、产蛋下降综合征均可垂直传播。(   )
13. 传染性喉气管炎病变主要是在肺。(   )
14. 鸡传染性支气管炎可经呼吸道或消化道感染。(   )
15. 磺胺类药物对鸡传染性支气管炎治疗效果较好。(   )
16. 新城疫中毒型毒株,仅在易感的幼龄鸡造成致死性感染。(   )
17. 鸽可以感染新城疫,并造成大批死亡。(   )
18. 禽流感病毒有血凝性,是因为病毒表面存在血凝素。(   )
19. 马立克疫苗接种后,鸡就不会再发生马立克氏病。(   )
20. 鸡传染性法氏囊病易造成免疫抑制,使鸡群对其他疾病的易感性增高。(   )

(三) 综合分析题

1. 某养鸡场饲养雏鸡 6 000 只，现 30 日龄，鸡群突然发病，精神沉郁，鸡出现下痢，呼吸困难，部分鸡出现精神症状，已死亡近 500 只，剖检可见腺胃乳头出血。请你诊断可能为何病？应采取什么控制措施？

2. 一个鸡场要控制鸡马立克氏病、鸡新城疫、鸡痘和禽霍乱四种病，现根据这四种病的特点制定出一个合理的免疫程序。

3. 某新建鸡场的雏鸡、成鸡均发生鸡传染病，初步怀疑鸡传染性喉气管炎，你应从哪几个方面着手进一步检查和判断？并且制定出有效的防治措施？

4. 在一些已接种鸡新城疫Ⅱ系弱毒疫苗的鸡群中仍然发生新城疫流行，试分析可能有哪些引起免疫失败的因素？

5. 某鸡场 15～30 日龄鸡群突然发生以气喘、下痢，鸡冠发绀和急性死亡为特征的传染病，据了解该鸡群已在 3 日龄用过新城疫Ⅱ弱毒系苗滴鼻。请提出疑似病毒性传染病的病名及其诊断依据？指出其主要病原体和传染途径？

推荐阅读书目

陈溥言．兽医传染病学（第 5 版）．北京：中国农业出版社，2006．
童光志．动物传染病学．北京：中国农业出版社，2008．
甘孟侯．中国禽病学．北京：中国农业出版社，2003．
陈继明．重大动物疫病监测指南．北京：中国农业科学技术出版社，2008．
徐百万．动物疫病监测技术手册．北京：中国农业出版社，2010．

项目四　禽细菌病防治

【岗位需求】

家禽常见细菌病（沙门氏菌病、大肠杆菌病、禽霍乱、传染性鼻炎、禽结核病、鸡坏死性肠炎、弯曲杆菌病、葡萄球菌病、鸭疫里氏杆菌病等）的病原特征、流行特点、临床症状、病理变化、实验室诊断和防治措施。

【能力目标】

掌握家禽常见细菌病的诊断要点和防治措施；熟练应用相应的实验室诊断技术进行家禽细菌病的确诊；学会对临床症状和病变表现类似的疾病进行鉴别诊断。

模块一　沙门氏菌病

沙门氏菌病又名副伤寒，是由沙门氏菌属细菌引起各种动物沙门氏菌病的总称，临诊多表现为败血症和肠炎。

（一）诊断要点

1. 病原特征　沙门氏菌为革兰氏阴性、兼性厌氧菌。菌体两端钝圆、中等大小，除鸡白痢、鸡伤寒沙门氏菌外，其他都有周鞭毛，能运动，在普通培养基上能生长。沙门氏菌属迄今已有2 500种以上的血清型，但致病血清型不多，常见危害人畜的非宿主适应血清型只有20多种，加上宿主适应血清型，30余种。

主要有肠炎沙门氏菌、鼠伤寒沙门氏菌、猪霍乱沙门氏菌、鸡白痢沙门氏菌、鸡伤寒沙门氏菌等。许多血清型沙门氏菌具有产生毒素的能力，尤其是肠炎沙门氏菌、鼠伤寒沙门氏菌和猪霍乱沙门氏菌，可使人发生食物中毒。

本属细菌在外界可以生存数周或数月，对于化学消毒剂的抵抗力不强，一般常用消毒剂和消毒方法均能达到消毒目的。

2. 流行特点　人及各种动物对沙门氏菌都有易感性。各种年龄的禽均可感染，但幼龄禽较成年者易感。病禽和带菌者的排泄物和分泌物污染水源和饲料等，经消化道感染健禽。交配或人工授精也可发生感染。本病一年四季均可发生。一般呈散发或地方流行性。环境污秽、潮湿、拥挤，饲料和饮水供应不良，长途运输、气候恶劣、疲劳、饥饿等都可促进本病的发生。

3. 临床症状

（1）鸡白痢。由鸡白痢沙门氏菌引起的鸡的传染病，以2～3周龄内雏鸡的发病率与病死率为最高，成年鸡感染后多呈慢性或隐性经过。

雏鸡多在孵出后几天表现为精神委顿，拉稀薄白色如浆糊状粪便（白痢）。稀粪干结后封住肛门，故排粪时常发出尖叫声。有的呼吸困难或关节肿胀，跛行症状。病程4~7d。耐过鸡生长发育不良，成为慢性患者或带菌者。成年鸡常无临诊症状。极少数病鸡腹泻，产卵停止。有的因卵黄囊炎引起腹膜炎。

（2）禽伤寒。由鸡伤寒沙门氏菌引起鸡、鸭和火鸡的一种急性或慢性败血性传染病。主要发生于成年鸡（尤其是产蛋母鸡）和3周龄以上鸡，也可感染火鸡、鸭等禽类。临诊以黄绿色下痢及肝脏肿大，呈青铜色为特征。

潜伏期4~5d。青年或成年鸡和火鸡突然停食，精神委顿，冠和肉髯苍白，体温升高1~3℃，排黄绿色稀粪。病程5~10d内，死亡率较低，康复禽往往成为带菌者。

（3）禽副伤寒。由多种能运动的泛嗜性沙门氏菌引起的家禽疾病的总称。各种家禽及野禽均易感。出壳后2周发病，病死率10%~20%，重者达80%以上。

胚胎感染者出壳后几天发生死亡。出壳后感染雏鸡或雏火鸡表现精神不佳，饮水增加，怕冷，水样下痢，肛门周围黏附粪便，少数病鸡还出现眼结膜炎。成年鸡或火鸡在临床上多呈慢性经过，少数呈急性经过，表现为慢性下痢，产蛋下降，消瘦等。雏鸭感染常见颤抖、喘息及眼睑浮肿等症状，常猝然倒地而死，故有"猝倒病"之称。

4. 病理变化

（1）鸡白痢。急性死亡的雏鸡无明显肉眼可见的病变。病程稍长的死亡雏鸡可见心肌、肺、肝、肌胃等脏器出现黄白色坏死灶或大小不等的灰白色结节；肝脏肿大，有条纹状出血，胆囊充盈；心脏常因结节病变而变形。成年鸡呈慢性经过者表现为卵巢炎。

（2）禽伤寒。成年鸡，最急性病例病变轻微或不明显；急性病例常见肝、脾、肾充血肿大；亚急性和慢性病例，特征病变是肝肿大呈青铜色，肝和心肌有灰白色粟粒大坏死灶，肺和肌胃可见灰白色小坏死灶，卵巢及腹腔病变与鸡白痢相同。

（3）禽副伤寒。急性病例常无可见病变。病程稍长的，肝、脾充血，有条纹状或针尖状出血和坏死灶，肺及肾出血，心包炎，常有出血性肠炎。

5. 实验室诊断　根据流行特点，临床症状，病理变化可作出初步诊断，确诊用细菌学和血清学诊断。

（二）防治措施

1. 预防措施

（1）死病禽应严格执行无害化处理，以防止病菌散播。

（2）利用凝集试验做好种鸡群净化，建立严格的种蛋、孵化室消毒制度；做好鸡舍环境和用具清洁消毒，加强雏鸡饲养管理。注意药物预防，育雏时可在饮水中添加0.005%氟哌酸等药进行预防；或者依据竞争排斥原理预防雏鸡白痢，常用的有促菌生、调痢生、乳酸菌等（在使用这类制剂的同时以及前后4~5d禁用抗菌药物）。

（3）加强饲养管理，消除发病诱因，保持饲料和饮水的清洁、卫生。使用疫苗进行免疫接种。

2. 治疗措施

磺胺类、喹诺酮类等药物对本病有疗效，应在药敏试验的基础上选择药物，并注意交替用药。发病时可在饲料中加入0.03%复方磺胺-5-甲氧嘧啶，连用3~5d；或者在饮水中加入庆大霉素4万 IU/L，0.008%氨苄青霉素，0.005%氟哌酸或环丙沙星或恩诺沙星、连用3～5d。下痢不止者，可内服次硝酸铋5～10g或活性炭10～20g，以保护肠黏膜，减少毒素吸收，同时进行静脉内补液、强心（静注5%葡萄糖盐水，10%安钠咖）等对症治疗。

3. 检疫后处理 对于鸡白痢，通过血清学试验，检出并淘汰带菌种鸡，第一次检查于60～70日龄进行，第二次检查可在16周龄时进行，后每隔1个月检查1次、发现阳性鸡及时淘汰，直至全群的阳性率不超过0.5%为止。及时拣、选种蛋，并分别于拣蛋、入孵化器后、18～19日胚龄落盘时3次用28ml/m³福尔马林熏蒸消毒20min。出雏达50%左右时，在出雏器内用10ml/m³福尔马林再次熏蒸消毒。孵化室建立严格的消毒制度。育雏舍、育成舍和蛋鸡舍做好地面、用具、饲槽、笼具、饮水器等的清洁消毒定期对鸡群进行带鸡消毒。

模块二 大肠杆菌病

禽大肠杆菌病是由大肠埃希氏菌的某些致病菌株引起的禽类不同疾病的总称，包括大肠杆菌性败血症、大肠杆菌性肉芽肿、气囊炎、肝周炎、肿头综合征、腹膜炎、输卵管炎、滑膜炎、全眼球炎及脐炎等一系列疾病。该病是禽类胚胎和雏鸡死亡的重要原因之一。

（一）诊断要点

1. 病原特征 为大肠埃希氏杆菌的某些致病性菌株，革兰氏阴性，中等大小杆菌，有鞭毛，能运动，不形成芽孢，在普通琼脂培养基上生长良好。该菌在自然界的水中可存活数周至数月，常用的消毒药如2%～3%的氢氧化钠溶液、0.5%的新洁尔灭等均易将其杀死。对磺胺类、链霉素、庆大霉素等药物敏感，但极易产生耐药菌株。

2. 流行特点 各种品种、日龄禽类均可感染发病，以鸡、火鸡、鸭最为常见，雏鸡发病率和死亡率均较高。病禽和带菌禽是主要的传染源，病原通过污染的蛋壳，病鸡的分泌物、排泄物及被污染的饲料、饮水、食具、垫料及粉尘传播。最主要的传染途径是呼吸道，但也可通过消化道、蛋壳穿透、交配感染等。本病一年四季均可发生，但以冬春寒冷和气温多变季节多发，同时饲养管理、营养、应激等因素与本病的发生密切相关。

3. 临床症状 为多种家禽共患的传染病，病型有败血症、气囊炎、腹膜炎、输卵管炎、肉芽肿、肿头综合征、滑膜炎、全眼球炎及脐炎等系列疾病。潜伏期为数小时至3d，急性病禽表现为呆立一旁，缩颈嗜眠，口、眼、鼻孔处常附黏性分泌物，排黄白色或黄绿色稀粪，呼吸困难，食欲下降或废绝，病死率5%～10%。慢性表现为长时间的下痢，病程达十余天。

4. 病理变化

（1）急性败血型。3～7周龄多发。病变为肠浆膜、心外膜、心内膜有明显小出血点；肠壁黏膜有大量黏液，脾肿大数倍，心包腔有多量浆液。

（2）全眼球炎型。眼结膜充血、出血，眼房液混浊。

(3) 脐炎型。幼雏脐部受感染时，脐带口发炎，多见于蛋内或刚孵化后感染。

(4) 气囊炎型。常见病型，幼禽多发。气囊增厚，表面有纤维素性渗出物被覆，呈灰白色，由此继发心包炎和肝周炎，心包膜和肝被膜上附有纤维素性伪膜；心包膜增厚，心包液增量、混浊；肝肿大，被膜增厚，被膜下有大小不等的出血点和坏死灶。

(5) 卵泡炎、输卵管炎和腹膜炎型。产蛋期鸡感染时，卵泡坏死、破裂，输卵管增厚，有畸形卵阻滞，卵破裂溢于腹腔内；有多量干酪样物，腹腔液增多、混浊，腹膜有灰白色渗出物。

(6) 滑膜炎型。多见于肩、膝关节，关节明显肿大，滑膜囊内有不等量的灰白色或淡红色渗出物，关节周围组织充血水肿。

(7) 肉芽肿型。生前无特征性症状，主要以肝、十二指肠、盲肠系膜上出现典型的针头至核桃大小的肉芽肿为特征，其组织学变化与结核病的肉芽肿相似。

5. 实验室诊断 本病特征性的病理变化是初步诊断的依据，确诊需进行病原分离与鉴定。根据病型采取不同病料，如果败血性疾病，采取血液、肝、脾等内脏实质器官；若是局限性病灶，直接采取病变组织。采取病料应尽可能在病禽濒死期或死亡不久，因死亡时间过久，肠道菌很容易侵入机体内。

(1) 病料直接涂片。进行革兰氏染色，典型者可见单在的革兰氏阴性小杆菌，但有时在病料中很难看到典型的细菌。

(2) 分离培养。如病料没有被污染，可直接用普通平板或血平板进行划线分离，如病料中细菌数量很少，可用普通肉汤增菌后，再行划线培养。如果病料污染严重，可用鉴别培养基划线分离培养后，挑取可疑菌落除涂片镜检外，作纯培养进一步鉴定。

(3) 种属鉴定。符合下述主要性状者可确定为大肠杆菌：形态染色，革兰氏阴性小杆菌；运动性，阳性；吲哚产生试验，阳性；柠檬酸盐利用，阴性；H_2S 产生试验，阴性；乳糖发酵试验阳性。对于已确定的大肠埃希氏杆菌，可通过动物试验和血清型鉴定确定其病原性。在排除其他病原感染（病毒、细菌、支原体等），经鉴定为致病血清型大肠杆菌，或者动物试验有致病性者方可认为是原发性大肠杆菌病；在其他原发性疾病中分离出大肠杆菌时，应视为继发性大肠杆菌病。

(二) 防治措施

(1) 管理预防。首先加强饲养管理，降低饲养密度，注意控制温湿度和通风，减少空气中细菌污染，禽舍和用具经常清洗消毒，种禽场应加强种蛋收集、存放和整个孵化过程的卫生消毒管理，减少各种应激因素，避免诱发大肠杆菌病的发生与流行。

(2) 免疫预防。国内已研制成大肠杆菌灭活疫苗，有鸡大肠杆菌多价氢氧化铝苗和多价油佐剂苗，均有一定的防治效果。一般免疫程序为 7~15 日龄、25~35 日龄、120~140 日龄各一次。大肠杆菌血清型众多，制苗菌株最好是针对性强或自场分离株效果较好。

(3) 药物预防与治疗。一般可在雏禽出壳后开食时，在饮水中投 0.005% 氟哌酸或 0.03% 庆大霉素等饲喂 3~5d 预防效果好。病禽可选用敏感药治疗，常用药物有氟哌酸、恩诺沙星、氧氟沙星、庆大霉素、磺胺类、氟苯尼考等，轻病禽用药据用量拌水饲喂，重病禽肌肉注射用药，连续给药 3~5d，高敏药可取得良好治疗效果。另外，还可使用中草药进行预防和治疗，常用的有大蒜、穿心莲、黄连素、鱼腥草等。

模块三　禽霍乱

禽霍乱又称禽巴氏杆菌病，是由多杀性巴氏杆菌引起的鸡、鸭和火鸡的一种急性败血性传染病。临诊特征为急性病例表现为突然发病、下痢，肝表面有大小不等的灰白色坏死灶；慢性病例发生肉髯水肿及关节炎。

（一）诊断要点

1. 病原特征　多杀性巴氏杆菌是两端钝圆，中央微凸的短杆菌，单个散在，无芽胞，无鞭毛，不能运动，新分离的强毒株有荚膜。革兰氏染色阴性。病料触片或涂片用瑞氏、姬姆萨氏或美兰染色镜检，见菌体多呈卵圆形，明显两极浓染特性。用培养物所作的涂片，两极着色不那么明显，用印度墨汁等染料染色时，可看到清晰的荚膜。

该菌对外界环境的抵抗力较弱，普通消毒药常用浓度对本菌都有良好的抑制作用，但克辽林对本菌的杀菌力很差。

2. 流行特点　各种年龄的禽都可感染，以幼龄禽较为多见。患病禽只和带菌禽只由其排泄物、分泌物不断排出有毒力的病菌，污染饲料、饮水、用具和外界环境，经消化道、呼吸道、损伤皮肤、吸血昆虫叮咬传染。在饲养管理不良、长途运输、气候多变等外因诱导，而使机体抵抗力降低时，病菌即可乘机侵入体内，大量繁殖，诱发内源性传染。

发病无明显的季节性，尤以冷热交替、气候剧变、闷热、潮湿、多雨的时期发生较多。鸡多为散发，鸭多为暴发。

3. 临床症状　自然感染的潜伏期一般 2～9d。

（1）最急性型。常见于流行初期，病鸡突然发生不安，倒地挣扎，拍翅抽搐死亡；或者前一天晚上入圈时，精神食欲尚好，次日死于禽舍里。病程短者数分钟至数小时。

（2）急性型。最为常见。病鸡体温升高到 43～44℃。常有腹泻，粪便呈灰黄色、绿色、有时混有血液。食欲不佳，饮欲增加。呼吸困难，口、鼻分泌物增加。鸡冠和肉髯变为青紫色，有的病鸡肉髯肿胀，有热痛感。最后衰竭死亡，病程 0.5～3d，病死率很高。

（3）慢性型。鸡鼻孔流出黏液，经常腹泻，逐渐消瘦，冠、肉髯苍白，关节肿大，跛行。

病鸭多为急性型，不愿下水，闭目缩颈，两翅和尾羽下垂，羽毛蓬乱，口、鼻有黏液流出，导致呼吸困难，病鸭常常摇头，企图甩出黏液，故俗称"摇头瘟"。病鸭剧烈腹泻，排铜绿色或灰白色稀粪，严重者粪中混有血液。有的病鸭双脚瘫痪，不能行走，经 1～2d 死亡。病程稍长者发生关节炎，多见于跗、腕及肩关节。成年鹅症状与鸭相似，仔鹅发病以急性为主，常于发病后 1～2d 死亡。

4. 病理变化　鸭、鹅的病变与鸡基本相似。

（1）最急性型。无特殊病变，有时可见心外膜有少许出血点，肝可能有灰白色坏死灶。

（2）急性型。心外膜、心冠脂肪及腹部脂肪常见有大量点状出血；皮下、呼吸道、胃肠黏膜、腹腔浆膜有大量出血点，肺有充血和出血点；肝脏的病变具有特征性，肝稍肿，质地脆，呈棕色或黄棕色，肝表面散布有许多灰白色针尖大的坏死点；肌胃出血显著，肠道尤其是十二指肠呈卡他性或出血性炎症，脾脏无明显变化或稍肿大。

（3）慢性型。有的见到鼻腔和鼻窦内有多量黏性分泌物；有的可见关节肿大变形；有的公鸡的肉髯肿大，母鸡卵巢明显出血；有时在卵巢周围有干酪样物质，附着在内脏器官的表面。

5. 实验室诊断 据流行病学、症状、病变可作出初步诊断，确诊可采取心血、肝脏等涂片，经美兰染色后镜检，可见两极着色的球杆菌。

禽巴氏杆菌病应注意与鸡新城疫、鸭瘟、禽伤寒、小鹅瘟、雏鸭病毒性肝炎和禽流感等病相鉴别。

（二）防治措施

1. 预防 加强饲养管理，严格执行禽场兽医卫生防疫措施，以栋舍为单位采取全进全出饲养制度，预防本病的发生是完全有可能的。一般从未发生本病的禽场不进行疫苗接种。对常发地区或禽场，最好用疫苗免疫，目前常用的禽霍乱氢氧化铝甲醛灭活苗，用于2月龄以上禽免疫，免疫期3个月。此外还有禽霍乱蜂胶灭活菌苗、禽霍乱G190E40弱毒活疫苗等可供选择使用。在有条件的地方可在本场分离细菌，经鉴定合格后，制作自家灭活苗，定期对禽群进行注射，经实践证明通过1~2年的免疫，本病可得到有效控制。

2. 治疗 禽群发病应立即采取治疗措施，有条件的地方应通过药敏试验选择有效药物全群给药。可选用磺胺类药物、氟苯尼考、庆大霉素、土霉素、氟哌酸、环丙沙星、敌菌净等药之一按量混料或拌水饲喂，均有较好的疗效。重病禽可选用肌注给药，一天2次。当鸡只死亡明显减少后，再继续投药2~3d以巩固疗效防止复发。

模块四　传染性鼻炎

传染性鼻炎（IC）是由副鸡嗜血杆菌引起鸡的急性呼吸道疾病。主要症状为鼻腔和窦的炎症，表现流涕、面部水肿和结膜炎。

（一）诊断要点

1. 病原特征 副鸡嗜血杆菌呈多形性，为革兰氏阴性的小球杆菌，两极染色，不形成芽胞，无荚膜，无鞭毛。兼性厌氧，在含5% CO_2 的大气条件下生长较好。对营养的需求较高，需要V因子即烟酰胺腺嘌呤二核苷酸，鲜血琼脂或巧克力琼脂可满足本菌的营养需求。培养24h后可形成露滴样小菌落，不溶血。葡萄球菌在生长过程中可排出V因子，因此在交叉划线培养时，在葡萄球菌菌落附近可长出副鸡嗜血杆菌的菌落。本菌分为A、B、C 3个血清型。不同国家血清型的分布不同，我国流行的以A型为主。血清型与免疫特异性相符，即不同血清型的菌苗不能提供交叉保护。

本菌的抵抗力很弱，固体培养基上的细菌在4℃时能存活两周，卵黄囊内菌体-20℃应每月继代一次，在45℃存活不超过6min，在冻干条件下可以保存10年，对一般消毒剂敏感。

2. 流行特点 本病可发生于各种年龄的鸡，随着年龄的增加易感性增高，以育成鸡和产蛋鸡最易感，尤以产蛋鸡最易感。但近几年来，商品肉鸡发生本病也比较多见，应引起注意。

病鸡及带菌鸡是传染源,而慢性病鸡及隐性带菌鸡是鸡群中发生本病的重要原因。其传播途径可通过飞沫及尘埃经呼吸道传染,但多数通过污染的饲料和饮水经消化道感染。不能垂直传播。麻雀也能成为传播媒介。雉鸡、珍珠鸡、鹌鹑偶然也能发病。

本病的发生与诱因有关,如鸡群拥挤,不同年龄的鸡混群饲养,通风不良,鸡舍内氨气浓度过高,鸡舍寒冷潮湿,维生素A缺乏,受寄生虫侵袭等都能促使鸡群发病。鸡群接种禽痘疫苗引起的全身反应,也常常是传染性鼻炎的诱因。本病多发生于冬、秋两季。

3. 临床症状　潜伏期短,用培养物或鼻腔分泌物人工鼻内或窦内接种易感鸡,24～48h内发病。自然接触感染,常在1～3d内出现症状。本病具有来势猛、传播快的特点,一旦发病,短时间内便可波及全群。

最明显的症状是鼻腔和窦内炎症,表现鼻流浆液或黏液性分泌物,有时打喷嚏;眼睑和眼周围水肿,眼结膜潮红、肿胀;采食和饮水减少,或者有下痢,体重减轻,仔鸡生长不良;成年母鸡在发病后1周左右产蛋减少;公鸡肉髯常见肿胀。如炎症蔓延至下呼吸道,则呼吸困难,有啰音。如转为慢性和并发其他疾病,则鸡群中发出一种污浊的恶臭。病鸡常摇头,欲将呼吸道内的黏液排出,最后常窒息死亡。一般情况下单纯的传染性鼻炎很少造成鸡只死亡。

病程一般为4～8d,在夏季常较缓和,病程亦较短。若饲养管理不善,缺乏营养及感染其他疾病时,则病程延长,病情加重,病死率也增高。

4. 病理变化　主要病变为鼻腔和窦黏膜呈急性卡他性炎症,黏膜充血、肿胀,表面覆有大量黏液,窦内有纤维素性渗出物,后期变为干酪样物。常见卡他性结膜炎,结膜充血、肿胀,面部及肉髯皮下水肿。

5. 实验室诊断　根据流行特点、症状和病理变化可以怀疑本病。要进一步确诊需进行病原的分离鉴定、血清学试验、动物接种试验和鉴别诊断。

(1) 病原分离鉴定。可用消毒棉拭子自2～3只早期病鸡的窦内、气管或气囊无菌采取病料,直接在血液琼脂平板上划直线,然后再用葡萄球菌在平板上划横线,放在烛缸内,37℃培养,24～48h后在葡萄球菌菌落边缘可长出一种细小的菌落,这有可能是副鸡嗜血杆菌,获得纯培养后,再做进一步鉴定。

(2) 动物接种试验。以病鸡的窦分泌物或培养物,窦内接种于2～3只健康鸡,可在24～48h出现传染性鼻炎的症状。如接种材料含菌量少,则其潜伏期可延长至7d。

(3) 血清学诊断。可用加有5%鸡血清的鸡肉浸出液培养副鸡嗜血杆菌制备抗原,用凝集试验检查鸡血清中的抗体,通常鸡被感染后7～14d即可出现阳性反应,可维持1年或更长的时间。因为3种血清型的细菌都有共同抗原,所以用一种血清型制备的凝集抗原可检出3种血清型的抗体。凝集试验可用于检测鸡群过去的感染情况,也可用于菌苗效力检验。琼脂扩散试验也可用于本病诊断。

PCR已用于诊断,这种方法比常规的细菌分离鉴定快速,只需6h就能出结果,可以检出A、B、C3个血清型的菌株。

(4) 鉴别诊断。本病和慢性呼吸道病、慢性禽霍乱、禽痘以及维生素A缺乏症等症状相似,故仅从临诊上来诊断本病有一定困难。此外,传染性鼻炎常有并发感染,在诊断时必须考虑到其他细菌或病毒并发感染的可能性。

（二）防治措施

1. 管理措施 康复带菌鸡是主要的传染源，应该与健康鸡隔离饲养或淘汰；不同日龄的鸡只不能混养；不能从疾病情况不明的鸡场购进种公鸡或生长鸡；种鸡替换群只用1日龄雏，除非已知来源于无IC鸡群；要从鸡场消灭IC，需扑杀感染鸡或康复鸡；鸡舍和设备经清洗消毒后要闲置2~3周方可进鸡；加强鸡舍通风，避免过密饲养，带鸡消毒等措施可减轻发病。

2. 免疫接种 免疫接种用多价油剂灭活菌苗，对3~5周龄和开产前的鸡只分两次接种，可有效地预防本病。发病群也可做紧急接种，并配合药物治疗，同时对饮水和鸡舍带鸡消毒，可以较快地控制本病。

3. 治疗 本菌对多种抗生素及化学药物敏感，可选用高敏药物，常用氟苯尼考、强力霉素；环丙沙星等。在使用药物进行治疗时，要考虑到鸡群的采食情况，当采食量变化不明显时，可选用口服易吸收的药物；当采食量明显减少，口服给药不能达到有效血药浓度时，应采用注射给药途径。

模块五 禽结核病

禽结核病是由禽型结核分枝杆菌引起的一种慢性传染病。其发病特征为病程缓慢，病禽逐渐消瘦，产蛋量下降和最终死亡。其病理特点是在多种组织器官形成肉芽肿和干酪样坏死。

（一）诊断要点

1. 病原特征 禽型结核杆菌多数呈杆状，两端钝圆，长1~3μm，有时也可看到棒状的、弯曲的和钩形的。菌体偶尔发生分枝，不能形成芽胞。该菌最重要的染色特征是其耐酸性，对一般染色液较难着色，用抗酸染色法（姜-尼二氏抗酸染色法）进行染色，本菌被染成红色，其他细菌和组织染成蓝色。

本菌对外界环境，尤其是干燥环境的抵抗力较强，且有较强的耐酸性，对许多消毒药和染料也有较强的抵抗力，消毒药以福尔马林、漂白粉的效果较好。结核菌对紫外线、直射阳光及加热比较敏感。禽型结核杆菌对常用的抗生素如磺胺类、青霉素及其他抗生素有一定的抵抗力，对链霉素、异烟肼、对氨基水杨酸等药物较敏感。

2. 流行特点 结核病可发生于多种禽类，但以成年鸡最为多见，且较严重，其他禽感染往往比较轻微。病原菌随病禽的呼吸道分泌物或粪便排出体外，污染周围的土壤、垫料、饲料、饮水及用具，被健康禽摄入以后，细菌即侵入肠道内发生感染。鸡蛋在本病的传播上也具有一定的作用。本病常呈散发。

3. 临床症状 本病的潜伏期为2~12个月。初期病鸡无症状，待疾病发展到一定程度时，即出现精神沉郁、极度疲劳。食欲虽正常，但病鸡发生进行性和明显的体重减轻，胸部肌肉萎缩，胸骨突出，并可能变形。随着病情的发展，病鸡严重贫血，鸡冠、肉髯和肉垂苍白、羽毛松乱、食欲正常或减少。如果关节和骨髓发生结核，病鸡则呈单侧或两侧性跛行，或者翅膀下垂无力，关节有时断裂并排出液状或干酪样物质。如果肠道发生结核，病禽则表现严重的下痢，病禽最终多因极度衰竭而死亡。病程极为缓慢，可长达数月甚至更长。

4. 病理变化 本病的病变最常见于肝、脾、肠和骨髓，在这些器官及其组织形成不规则的、灰黄色或灰白色大小不等的结核结节，结节比较坚硬，但容易切开。切开后，可见内有不同数量的黄色小病灶或含有一个黄白色干酪样物质的中心区，外被一层纤维组织性包膜包裹。此包膜的厚度和坚固性随结节的大小和时间的长短而不同。病变结节的多少不一，重者布满整个器官，以肝、脾最多，结节稍突出于器官表面，极易从其毗邻的组织中摘除。肝脾的体积明显肿大，肠壁和腹膜也常有许多大小不等的结核结节。此外，在卵巢、睾丸、胸腺等处也可见到结核结节。禽的结核结节一般很少发生钙化。

5. 实验室诊断 本病经过临床诊断和病理变化检查，一般可作出初步确诊。进一步诊断可采取病禽的肝、脾组织进行涂片，用姜-尼二氏抗酸染色法染色、镜检，可见呈红色的杆状细菌。有条件和必要时，可采取病料，接种合适的培养基进行病原菌的分离和鉴定。

在鸡群中，要进行结核病的大群检疫，可应用禽型结核菌素做变态反应试验。其方法是：将鸡头固定，用1ml注射器将0.03~0.05ml的禽结核菌素注入鸡的一侧肉髯皮内，另一侧作为对照。注射后的48h观察反应，被注射的肉髯皮肤局部发生水肿，厚度增加1~5倍，颜色苍白，即应视为结核病阳性。在48h之后，肿胀逐渐减退，一般在5d内消失。

此外，还可应用全血凝集试验进行诊断检疫，即取禽结核杆菌凝集抗原1滴与新鲜血液1滴，于玻板上充分混匀，1min内出现凝集现象即为阳性结果。在病鸡群中，应用该法比结核菌素试验更有效。但在健康鸡群中，可能会出现假阳性结果。

（二）防治措施

1. 预防 本病的预防关键是要对鸡群进行定期检疫，发现阳性鸡，立即淘汰，绝对不能留作种用。死鸡应焚烧或深埋，以防疫病传播。检疫过6个月后，应进行第二次检疫，以检查有无新的病鸡出现。同时，要搞好环境卫生，加强饲养管理，及时淘汰老的鸡群。并引进无结核病的雏鸡，在新的环境中建立新的无结核病的健康鸡群。

2. 治疗 本病的药物治疗一般无实用价值，但对一些经济价值特别高的家禽，可联合使用抗结核病的药物进行治疗。如异烟肼（30mg/kg）和乙二胺二丁醇（30 mg/kg）联合应用，对本病有一定的治疗作用。

模块六 鸡坏死性肠炎

坏死性肠炎是由厌氧性梭状芽胞杆菌（由A型或C型产气荚膜梭菌）引起的鸡的传染疾病。其特征是发病急、死亡快、剖检病变主要在肠道。

（一）诊断要点

1. 病原特征 鸡坏死性肠炎的病原为小肠中的A型或C型产气荚膜梭菌。本菌是革兰氏阳性大杆菌，有荚膜。在血液平板上培养后其菌落周围有一定全溶血的内环，外环则不完全溶血，颜色淡。能发酵葡萄糖、麦芽糖、乳糖和蔗糖，不发酵甘露醇，液化明胶，吲哚试验呈阴性。可产生芽孢，并且芽孢对外界环境和许多常用的酚类和甲酚类消毒剂有

2. 流行特点 鸡对坏死性肠炎最易感，蛋鸡的自然发病日龄为2~6周龄，肉鸡的发病日期一般为2~5周龄。仅呈散发，多发于肉仔鸡，主要通过消化道传播。鸡的死亡率为6%，变更饲喂计划、环境应激、饲养密度过大以及其他应激时可能引起本病发生。

3. 临床症状 发病突然，病鸡表现精神沉郁，眼闭合，羽毛蓬乱，食欲下降或丧失。粪便稀，呈黑色，有时混有血液。慢性者体重减轻，排泄灰白色流动状软便，逐渐衰弱而死。

4. 病理变化 剖检病死鸡见小肠后1/3段为主要病变部位，以弥散性黏膜坏死为特征。小肠因产生气体而膨胀，肠壁表现充血、变薄，容易破裂，严重是黏膜呈弥漫性土黄色，干燥无光，呈严重的纤维素性坏死，形成伪膜；肠腔内含有出血性物质。邻近的肠系膜充血、水肿。肝充血并含有不同数目的界限清晰的2~3mm大的坏死区。

5. 实验室诊断 根据鸡坏死性肠炎的典型剖检病变、发病特点以及病原分离即可确诊该病。但要将鸡坏死性肠炎与溃疡性肠炎相鉴别。溃疡性肠炎的病原是肠道梭菌，其主要病变表现在肝脏、脾脏和肠道，肝脏一般肿大，表面有大小不等的黄色或灰白色的坏死灶，脾肿大、淤血，打开腹腔后一般闻不到腐臭味。而坏死性肠炎主要病变表现在小肠，肝脏和脾脏几乎没有病变。因鸡坏死性肠炎也常在球虫病发生过程中或发生后出现，因此，也应与单纯的球虫病相区别。

（二）防治措施

1. 预防措施 平时应做好综合性的预防措施。不喂发霉变质的饲料，添加益生素，搞好球虫病的预防。

2. 治疗措施 发病后应尽早确诊和投药。饮水效果较好的药物有林可霉素、青霉素、土霉素等。拌料治疗的有效药物有杆菌肽锌、氟苯尼考等。

模块七 弯曲杆菌病

弯曲杆菌病也称禽弧菌性肝炎，是由弯杆菌感染所引起的雏鸡和成年鸡的一种细菌性传染病。其症状往往不明显，病程较长，感染率高，死亡率低，常呈慢性经过。因此，易被忽视，但影响生长和产蛋。

（一）诊断要点

1. 病原特征 本病病原是革兰氏阴性、能运动、微嗜氧的弯杆菌属中的一种细菌。培养物涂片为革兰氏阴性菌，逗号状或"S"状，偶尔见有螺旋体形。姬姆萨染色着色最好。

菌落形态细小、圆形、湿润、边缘整齐，无色透明，在血液培养基中不溶血。此病原可在含鸡血清的肉汤培养基中生长，也可在10% CO_2 环境中用牛肉浸膏琼脂培养基上培养。该病原体可利用5~7日龄的鸡胚进行分离，接种后孵化4~5d可引起死亡。对小剂量的链霉素、盐酸多西环素、金霉素、环丙沙星敏感，而对多黏菌素、杆菌肽、氟苯尼考和青霉素有抵抗力。

2. 流行特点 本病在自然情况下只有鸡易感，多见于雏鸡或产蛋鸡。感染途径主要是消化道。病鸡和带菌鸡是主要传染源，通过其粪便污染饲料、饮水、用具等而经口传染健康鸡，多为散发或地方流行性发生。饲养管理不善、应激因素、球虫病以及滥用抗生素药物而使肠道内正常菌群失调等，都是发生本病的诱因。

3. 临床症状 本病多呈慢性感染，病鸡精神不振，鸡冠有鳞片状皱缩，逐渐消瘦，产卵量下降25%~30%。小母鸡开产期延迟。个别鸡或整个鸡群常有腹泻。肉用仔鸡可引起增重减慢。通常鸡群只有一小部分鸡在某一时间内表现症状。在未治疗的鸡群中，此病可持续许多周。死亡率为2%~15%。也有个别急性病例，感染后2~3d死亡。康复鸡仍可带菌、排菌。

4. 病理变化 本病最明显的病变在肝脏。肝脏可呈现肝硬变，表面散在黄色星状坏死灶。急性病例肝脏肿大、腹水和心包积液，并因肝局部破裂出血而在肝被膜下形成的血肿，呈条状，有时血肿破裂，在腹腔内形成血凝块；有时仅有一部分肝脏发生病变；还有的肝脏大小及颜色无变化，仅表面散布有出血斑。由于肝脏的出血块造成死鸡的鸡冠苍白，皮下组织与肌肉贫血。慢性病例可使肝脏发生萎缩。雏鸡病变主要是肝脏小点状坏死和卡他性出血性肠炎，心脏松软灰白，心包积液，个别脾肿大。

5. 实验室诊断 根据流行特点、症状和病理变化，可作出现场初步诊断。如要确诊，需要进行实验室诊断。

（1）细菌学检查。

①显微镜检查。取胆汁或盲肠内容物涂片做革兰氏染色、镜检，鸡弯曲杆菌为革兰氏阴性，呈短逗号、"S"形，老龄培养物呈球形的弧状细菌。制成悬滴标本，在暗视野或相差显微镜下观察，可见不同形态、能运动的弯曲杆菌。

②细菌培养。取胆囊、肝、脾、心等组织制成悬液，胆汁则蘸取1~2滴，用接种环划线于鲜血琼脂平板，在厌氧条件下经24h培养后形成细小、圆形、潮湿、光滑、隆起、几乎完全透明的无色菌落。如用胆汁或组织悬液接种于5~8日龄鸡胚卵黄囊，一般在接种后3~5d鸡胚死亡，体表皮肤出血，肝坏死。

③生化试验。大多数弯曲杆菌过氧化氢酶反应呈阳性，能耐受1%氯化钠，可发酵甘露醇、麦芽糖、乳糖、葡萄糖而产酸，亚硝酸还原试验呈阳性，不产生H_2S。

（2）血清学检查。对本病常用的血清学诊断法为凝集试验。

（3）鉴别诊断。本病应注意和脂肪肝综合征相区别。脂肪肝综合征发生于过于肥胖的鸡，肝脂肪变性，呈土黄色，质脆易碎，往往因肝破裂造成内出血而死亡。本病的肝脏也是硬化易碎，但肝脏的脂肪变性不常见，确诊应靠实验室诊断。

（二）防治措施

1. 治疗 每千克饲料中加入环丙沙星0.5g，连喂3d，然后剂量减半再用5d。将严重病鸡挑出，每只肌肉注射链霉素5万~10万U，每天2次，连用3d；盐酸多西环素，至少每千克饲料加1g，连喂3~5d，然后剂量减半再喂5d。

2. 预防 目前对本病的来源、传播方式尚未完全清楚。预防本病主要是搞好饲养管理，及时防止其他疾病。一般在环境舒适、营养充足、发育良好、体质健康的情况下，鸡群很少发生本病。

模块八 葡萄球菌病

葡萄球菌病主要是由金黄色葡萄球菌引起鸡和其他鸟类的各种疾病总称。在临床主要引起禽类的腱鞘炎、化脓性关节炎、黏液囊炎、败血症、脐炎、眼炎，偶见细菌性心内膜炎和脑脊髓炎等多种病型。

（一）诊断要点

1. 病原特征 葡萄球菌为革兰氏阳性单在或排列成短链状球菌。

2. 流行特点 鸡、鸭、鹅和火鸡等各种龄期的禽类对葡萄球菌均易感，但以雏禽更为敏感，而鸡以 30~70 日龄多发。葡萄球菌是体表的常在菌，一般情况下不会侵入体内，但当皮肤和黏膜完整性受到破坏，如带翅号、断喙、注射疫苗、网刺、刮伤和扭伤、断趾、啄伤等都可成为本病发生的因素。刚出壳的雏鸡由于脐环开张，为病原菌提供了入侵门户，从而引发脐炎或其他类型的感染。当鸡受到应激或造成机体抵抗力下降的一切因素，如长途运输、室温或气候突然变冷、饲养方式的改变、饲料的改变、通风不良、舍内积尘、高温高湿、禽群体质衰弱以及其他疫病的继发，如大肠杆菌病、新城疫、马立克氏病等均是本病发生的因素。

3. 临床症状 由于病原菌侵害部位不同，临床表现有多种病型。

（1）败血型鸡葡萄球菌病。该型病鸡临床表现不明显，多见于发病初期。可见病鸡精神不好，缩颈低头，不愿运动。病后 1~2d 死亡。

（2）葡萄球菌性皮炎。该病死亡率较高，病程多在 2~5d。病鸡精神沉郁，羽毛松乱，少食或不食，部分病鸡腹泻，胸腹部、翅、大腿内侧等处羽毛脱落，皮肤外观呈紫色或紫红色，有的破溃，皮下湿润充血。

（3）葡萄球菌性关节炎。雏禽、成禽均可发生，肉仔鸡更为常见。多发生于跗关节，常为一侧关节肿大，有热痛感。因运动、采食困难，导致衰竭或继发其他疾病而死亡。

（4）葡萄球菌性脐炎。新生雏鸡的脐环发炎肿大，腹部膨胀（大肚脐），与大肠杆菌所致脐炎相似，可在 1~2d 内死亡。

（5）鸡胚葡萄球菌病。一般在孵化后期 17~20 日龄死亡，已出壳的雏鸡多数出现腹部膨大、脐部肿胀、脚软乏力等症状，个别病雏胫跗关节肿大，在出壳后 24~48h 死亡。

上述常见病型可单独发生，也可几种病型同时发生。临床上还可见其他类型的疾病，如浮肿性皮炎、胸囊肿、脚垫肿、脊椎炎和化脓性骨髓炎等也时有发生。

4. 病理变化 败血型葡萄球菌病表现为肝、脾肿大，出血；心包积液，呈淡黄色，心内、外膜，冠状脂肪有出血点或出血斑；肠道黏膜充血、出血；肺充血；肾淤血肿胀。葡萄球菌性皮炎表现为病死鸡局部皮肤增厚、水肿，切开皮肤见有数量不等的胶冻样黄色或粉红色液体，胸肌及大腿肌肉有出血斑点或带状出血，或者皮下干燥，肌肉呈紫红色。关节炎型可见关节肿胀处皮下水肿，关节液增多，关节腔内有淡黄色干酪样渗出物。鸡胚葡萄球菌病表现为死胚表面黏附灰褐色的黏液，胚液呈灰褐色，胚头顶部及枕部皮下显著水肿和点状出血，水肿液呈胶冻样，浅灰色；死胚腹部膨大，脐部肿胀，黑褐色，部分脐环闭合不全；软脑膜、心外膜可见点状出血，肺淤血及点状出血，肝脏土黄色，卵黄囊容积大，血管呈树枝状充血和点状出血，卵黄暗褐色。

5. 实验室诊断 根据临床症状和病理变化，结合流行特点分析可做出初步诊断，查出病原菌才具有确诊意义。金黄色葡萄球菌在普通琼脂和血液琼脂（绵羊血或牛血）上生长良好，根据在固体培养基上典型的菌落形态、色素产生情况、溶血情况，镜检时典型的葡萄串状的排列方式，很容易确诊为金黄色葡萄球菌。

由于葡萄球菌常常是健康正常禽菌群的一部分，所以仅仅分离出葡萄球菌并不能作为葡萄球菌病的诊断证据，还需做致病性和非致病性葡萄球菌的区别。一般致病性葡萄球菌血浆凝固酶试验阳性，产生金黄色色素，在血液琼脂上呈 β-型溶血，发酵甘露糖，而非致病性葡萄球菌上述几项试验为阴性。

（二）防治措施

1. 防止发生外伤 鸡舍内网架安装要合理，网孔不要太大，捆扎塑料网的铁丝头要处理好，不能裸露。在断喙、带翅号、剪趾和免疫刺种时要小心并注意消毒。

2. 加强饲养管理 定期用适当的消毒剂进行带鸡消毒，可减少鸡舍环境中的细菌数量，降低感染机会。加强饲养管理和药物预防，饲喂全价饲料，特别注意供给充足的维生素和矿物质；鸡舍要通风良好，避免拥挤；断喙前后要使用药物进行预防。

3. 及时治疗 一旦鸡群发病，要立即全群给药治疗。金黄色葡萄球菌易产生耐药性，应通过药敏试验选择敏感药物进行治疗。一般可选用以下药物进行：庆大霉素，每千克体重3 000IU，肌肉注射，每天2次，连用3d；卡那霉素，每千克体重10～15mg，肌肉注射，每天2次，连用3d；环丙沙星，每千克饲料100mg，混饲，或者每1 000ml水加入50mg，混饮，连用3～5d。

4. 预防接种 常发地区可用疫苗接种来控制本病，国内研制的鸡葡萄球菌多价氢氧化铝灭活疫苗可有效地预防本病。

模块九　鸭疫里氏杆菌病

鸭疫里氏杆菌病又称鸭传染性浆膜炎，原名鸭疫巴氏杆菌病，是鸭、鹅和多种禽类的一种急性或慢性传染病。本病的临诊特点为倦怠，眼与鼻孔有分泌物，绿色下痢，共济失调和抽搐。病变特征为纤维素性心包炎、肝周炎、气囊炎、干酪性输卵管炎和脑膜炎。本病常引起小鸭大批死亡和生长发育迟缓，造成很大的经济损失，是危害养鸭业的主要传染病之一。

（一）诊断要点

1. 病原特征 病原为鸭疫里氏杆菌，本菌为革兰氏阴性小杆菌，无芽胞，不能运动，有荚膜。瑞氏染色呈两极浓染。初次分离可将病料（脑、心血、肝）接种于胰蛋白胨大豆琼脂（TSA）或巧克力琼脂平板，在含有二氧化碳的环境中培养，形成的菌落表面光滑、稍突起、圆形，直径1～1.5mm，若继续培养菌落稍大，可达2.0mm。不能在营养琼脂和麦康凯培养基上生长。在血琼脂上不产生溶血。

本菌血清型较复杂,到目前为止国际上已确认有21个血清型(即1~21),各血清型之间无交叉反应(5型例外,它能与2型和9型有微弱交叉反应)。我国目前至少存在13个血清型,即1~8型、10型、11型、13型、14型和15型。

在室温下,大多数鸭疫里氏杆菌菌株在固体培养基上存活不超过3~4d。4℃条件下,肉汤培养物可存活2~3周,欲长期保存菌种需冻干。

2. 流行特点 1~8周龄的鸭对自然感染均易感,但以2~4周龄的小鸭最易感。1周龄以下或8周龄以上的鸭极少发病。除鸭外,雏鹅亦可感染发病。本病的感染率有时可达90%以上,死亡率5%~75%。

本病主要经呼吸道或通过皮肤伤口(特别是脚部皮肤)感染而发病。恶劣的饲养环境,如育雏密度过大、空气不流通、潮湿、过冷过热、饲料中缺乏维生素或微量元素、蛋白水平过低等均易诱发本病。

3. 临床症状 急性病例多见于2~4周龄小鸭,临诊表现为倦怠,缩颈,不食或少食,眼、鼻有分泌物,淡绿色腹泻。不愿走动或行动跟不上群,运动失调,濒死前出现神经症状,头颈震颤,角弓反张,不久抽搐而死。病程一般为1~3d,幸存者生长缓慢。

亚急性或慢性病例,多发生于4~7周龄较大的鸭,病程可在1周以上。主要表现为精神沉郁,不食或少食,腿软,卧地不起,羽毛粗乱,进行性消瘦或呼吸困难。少数病例出现脑膜炎的症状,表现斜颈、转圈或倒退,但仍能采食并存活。

4. 病理变化 最明显的眼观病变是浆膜表面的纤维素性渗出物,主要在心包膜、肝脏表面以及气囊。在渗出物中除纤维素外,还有少量炎性细胞,主要是单核细胞和异嗜细胞。渗出物可部分地机化或干酪样化,即构成纤维素性心包炎、肝周炎或气囊炎。中枢神经系统感染可出现纤维素性脑膜炎。少数病例见有输卵管炎,即输卵管膨大,内有干酪样物蓄积。

慢性局灶性感染常见于皮肤,偶尔也出现在关节。皮肤病变多发生在背下部或肛门周围,表现为坏死性皮炎,皮肤或脂肪呈黄色,切面呈海绵状,似蜂窝织炎变化。跗关节肿胀,触之有波动感,关节液增多,呈乳白色黏稠状。

5. 实验室诊断 根据临诊症状和剖检变化可作出初步诊断,但应注意和鸭大肠杆菌败血症相区别,因为它们的眼观病变很相似。确诊必须进行实验室检查。

(1)涂片镜检。取脑、血液、肝脏或脾脏做涂片,瑞氏染色镜检,可见两端浓染的小杆菌。

(2)细菌的分离与鉴定。无菌取脑、心血或肝脏等病料,接种于巧克力琼脂或TSA培养基上,在含CO_2的环境中培养24~48h,观察菌落形态并做纯培养,对其若干特性进行鉴定。如有必要,还可采用玻片凝集或琼脂扩散反应进行血清型鉴定。

(3)荧光抗体法检查。取肝或脑组织做触片,火焰固定,用鸭疫里氏杆菌特异的荧光抗体染色,在荧光显微镜下检查。鸭疫里氏杆菌呈黄绿色环状结构,多为单个散在,其他细菌不着染。

(二)防治措施

避免鸭只饲养密度过大,注意通风和防寒,使用柔软干燥的垫料,并勤换垫料。实行"全进全出"的饲养管理制度,出栏后应彻底消毒,并空舍2~4周。

我国已研制出油佐剂和氢氧化铝灭活菌苗，在7~10日龄一次注射即可。由于本菌血清型较多，且易发生变异，所以制苗时最好针对流行菌株的血清型制成自家菌苗。

药物防治是控制发病与死亡的一项重要措施，常以氟苯尼考作为首选药物，也可使用喹诺酮类、氨苄青霉素、丁胺卡那霉素等。本菌极易产生耐药性，应通过药敏试验选择敏感药物进行治疗。

任务14　鸡白痢的检疫

【任务说明】

鸡白痢是一种常见多发的严重危害养鸡业发展的垂直传播性疫病，养鸡生产中需要通过检疫及时发现疫情并采取措施给予净化。本任务旨在通过鸡白痢全血平板凝集试验的检疫操作，使学生熟悉掌握凝集试验方法。

【工作场景】

本任务安排在实训室或养鸡场进行。所需材料包括：玻璃板、20号或22号注射针头、带柄不锈钢金属丝环（环直径约4.5mm）、橡皮乳头滴管（其滴管尖端的大小约一次垂直滴下液量为0.05ml）、干燥的灭菌试管、酒精棉、酒精灯、消毒盘、玻璃笔、纱布、火柴、工作服等。鸡白痢全血凝集反应抗原，由中国兽医药品监察所购得，或者其他来源的合格产品。抗原为福尔马林灭活的细菌悬液，每毫升含菌100亿。鸡白痢阴性、阳性血清等。

【工作过程】

（一）快速全血平板凝集反应

1. 操作方法　先将瓶中抗原充分摇匀，用滴管吸取抗原，垂直滴一滴（约0.05ml）于玻片上，然后使用注射针头刺破鸡的翅静脉或冠尖，以金属环蘸取血液一满环（约0.02ml）混入抗原内，随即搅拌均匀，并使散开至直径1~2cm为度。

2. 结果判断　抗原与血液混合在2min内发生明显颗粒状或块状凝集者为阳性。2min以内不出现凝集，或出现均匀一致的极微小颗粒，或在边缘处由于临干前出现絮状者判为阴性反应。在上述情况之外不易判断为阳性或阴性者，判为可疑反应。

3. 注意事项　抗原应在2~15℃冷暗处保存，在使用前必须充分振荡，抗原有效期6个月，避免温热及日光暴晒。本抗原适用于产卵母鸡及1年以上公鸡，幼龄鸡敏感度较差。每批鸡检查开始时，必须做阴性、阳性血清对照。本试验应在室温18℃以上进行，否则影响反应结果。

（二）血清试管凝集反应

1. 鸡血清样品制备　以20号或22号针头刺破鸡翅静脉，使之出血，用一清洁、干燥的灭菌试管靠近流血处，采集2ml血液，斜放凝固以析出血清，分离出血清，置4℃待检。

2. 抗原稀释　试管凝集反应抗原，必须具有各种代表性的鸡白痢沙门氏菌菌株的抗原成分，对阳性血清有高度凝集力，对阴性血清无凝集力。固体培养中洗下的抗原需保存于 0.25%～0.50% 石炭酸生理盐水中，使用时将抗原稀释成每毫升含菌 10 亿，并把 pH 值调至 8.2～8.5，稀释的抗原限当天使用。

3. 操作步骤 在试管架上依次摆 3 支试管，吸取稀释抗原 2ml 置第 1 管，吸取各 1ml 分置第 2、第 3 管。先吸取被检血清 0.08ml 注入第 1 管，充分混合后再吸取 1ml 移入第 2 管，充分混合后吸取 1ml 移入第 3 管，混合后吸出混合液 1ml 舍弃，最后将试管摇振数次，使抗原血清充分混合，置 37℃ 温箱中 20h 后观察结果。

4. 结果判断 试管 1、试管 2、试管 3 的血清稀释倍数依次分别为 1:25、1:50、1:100，凝集阳性者，抗原显著凝集于管底，上清液透明；阴性者，试管呈均匀混浊；可疑者，介于前两者之间。在鸡 1:50 以上凝集者为阳性。在火鸡 1:25 以上凝集者为阳性。

【注意事项】

我国大多数省份鸡群鸡白痢检疫的阳性率比较高，试分析其原因和拟定防治对策。

任务 15　鸡大肠杆菌病的诊断

【任务说明】

鸡大肠杆菌病具有诊断意义的剖检病变是纤维素性心包炎和肝周炎。本任务旨在使学生掌握鸡大肠杆菌病的病理剖检特征和鸡大肠杆菌病的微生物学诊断方法。

【工作场景】

本任务安排在实训基地或养鸡场进行。所需材料包括：大肠杆菌病死鸡、剪刀、镊子、接种环、普通琼脂斜面、普通肉汤、麦康凯琼脂平板、革兰氏染色液、三糖铁琼脂、糖发酵培养基、蛋白胨水、葡萄糖蛋白胨水、明胶培养基、普通半固体培养基、柠檬酸盐斜面培养基、吲哚试剂和 V-P 试剂等。

【工作过程】

（一）病理剖检

按程序对鸡尸体进行病理剖检。

（二）微生物学诊断

1. 病料采集 应从新鲜尸体中采样。如疑为急性大肠杆菌败血症，应无菌采集鸡血和肝脏。用注射器自心脏采血 1ml 用于细菌分离培养和肉汤增殖。用烧过的外科刀烧烙肝被膜后，再用灭菌棉拭子或接种环刺入肝实质取肝样做分离培养。如出现脓性纤维素性渗出物，应用棉拭子从心包腔、气囊以及关节腔中取样做细菌分离。如果发病超过 1 周，一般分离不到细菌，对于死后剖检病变明显的病例，可采集骨髓作为分离样品。敏感药物投服后，往往也不容易分离到大肠杆菌。

2. 分离培养 初次分离可同时使用普通肉汤、普通琼脂斜面和麦康凯琼脂平板。无菌采取病料，直接接种于上述培养基。置 37℃ 温箱培养 24h。大肠杆菌在麦康凯琼脂培养基上长出中央凹，直径 1～2mm 的粉红色圆形菌落。在普通琼脂培养基上形成中等大小、灰白色、圆形菌落。在肉汤中生长良好，混浊。

3. 染色镜检 将病料和分离到的细菌涂片，用革兰氏染色后镜检。大肠杆菌为粗短、两端钝圆的小杆菌，革兰氏染色阴性，多单个散在，个别成双排列，无芽胞。

4. 生化试验 从麦康凯琼脂平板中挑取菌落接种于三糖铁琼脂上，置37℃温箱中培养24h，如底部产酸、产气，不产生硫化氢，斜面上产酸则可疑为大肠杆菌，需利用生化试验继续鉴定。

5. 致病性试验 将分离菌株的18h肉汤培养物0.2ml分别皮下接种5只健康10日龄小鸡或小白鼠，均在接种后24~72h内死亡。

通过上述几个步骤，即可确定所分离到的是否为大肠杆菌以及是否属致病性菌株。

任务16 双抗体夹心ELISA法检测大肠杆菌菌毛抗原

【任务说明】

酶联免疫吸附试验（ELISA）的原理是在合适的载体（如聚苯乙烯塑料板）上，酶标抗体或抗原与相应的抗原或抗体形成酶—抗原—抗体复合物。在一定的底物参与下，复合物上的酶催化底物使其水解、氧化或还原成另一种带色物质。由于在一定的条件下，酶的降解底物和呈现色泽是成正比的。

ELISA试验主要分为间接法、双抗夹心法、竞争法。ELISA试验在禽病诊断中应用广泛，本任务以双抗体夹心ELISA法检测鸡大肠杆菌菌毛抗原。

【工作场景】

本任务可安排在实验室、实训室进行或企业兽医诊疗室（化验室）。所需材料包括：

①聚苯乙烯塑料微量组织培养板4×10孔。

②包被液（pH值为9.6）：$NaHCO_3$（2.93g、Na_2CO_3 1.95g，加蒸馏水至1 000 ml，置于4℃保存）。

③洗涤液（0.01mol/L、pH值为7.4 PBS）：NaCl 8g、KH_2PO_4 0.2g、$Na_2HPO_4 \cdot 12H_2O$ 2.9g、KCl 0.2g、吐温-20 0.5ml，加蒸馏水至1 000ml。

④底物溶液（$OPD-H_2O_2$）：磷酸盐-柠檬酸缓冲液（pH值为5.0）100ml，邻苯二胺（OPD）40mg，30% H_2O_2 0.15ml，现用现配。

⑤终止液（2mol/L H_2SO_4）：浓硫酸22.2ml、蒸馏水177.8ml。

⑥阳性血清：为抗大肠杆菌菌毛抗原的血清，琼扩效价在1∶（64~128）。

⑦提纯的IgG：用阳性血清按常规方法提纯IgG，琼扩效价为1∶80。

⑧酶标抗体（HRP-IgG）：采用改良过碘酸钠法，用过氧化物酶（HRP）标记抗大肠杆菌菌毛抗原的IgG所得的酶-抗体结合物。

⑨待检菌液和标准阳/阴性大肠杆菌均为37℃ 20h液体培养物。

⑩酶联免疫吸附试验检测仪。

【工作过程】

（1）包被抗体：包被抗体为提纯的IgG。用包被液将其稀释至最佳工作浓度，每孔加

0.1ml，4℃过夜。

(2) 洗涤：取出反应板，用洗涤液洗 3 次，每次 3min。

(3) 加待检菌液和标准阴、阳性菌液，每孔 0.1ml，37℃ 孵育 2.5h。

(4) 洗涤：方法同上。

(5) 加酶标抗体：加工作浓度的酶标抗体，每孔 0.1ml，37℃ 孵育 2.5min。

(6) 洗涤：方法同上。

(7) 加底物溶液：每孔 0.1ml，置暗盒内室温显色 20min。

(8) 加终止液，每孔 0.05ml。

(9) 结果判定：用检测仪于 492nm 处测定各孔 OD 值，其 P/N≥3（即待检标本孔 OD 值/阴性对照孔 OD 值），判定为阳性。

职业测试题

(一) 单项选择题

1. 病原性大肠杆菌具有多种毒力因子，引起不同的病理过程，其中有内毒素、外毒素、大肠杆菌素和_____。
   A. 溶血素　　　B. 干扰素　　　C. 噬菌体　　　D. 定植因子

2. 患鸡白痢病的公鸡，其睾丸极度_____，输精管管腔增大，充满稠密的均质渗出物。
   A. 萎缩　　　B. 肿胀　　　C. 发炎　　　D. 充血

3. 结核病的症状随患病器官的不同而异，但共同的表现是_____。
   A. 咳嗽　　　B. 淋巴结肿大　　　C. 顽固性腹泻　　　D. 消瘦、贫血

4. 下列关于禽伤寒的描述，正确的是_____。
   A. 肉髯发绀、肿胀
   B. 脾脏的病理变化不明显
   C. 全身无明显的出血
   D. 鸡最易感，鸭及其他禽类次之

5. 下列关于禽霍乱病理变化的描述，正确的是_____。
   A. 肝肿大，呈灰黄色，有针尖大的灰白色或灰黄色的坏死点
   B. 肝肿大，呈古铜色，有粟粒大灰白色坏死
   C. 脾肿大、淋巴滤泡增生，有灰白色坏死病灶
   D. 肉髯苍白皱缩

6. 禽霍乱肝脏的病理变化主要是_____。
   A. 肝硬化　　　B. 肝脂肪样变　　　C. 肝肿大质脆　　　D. 肝出血

7. 禽霍乱的病原体是_____。
   A. 多杀性巴氏杆菌　　　B. 鸡巴氏杆菌
   C. 溶血性巴氏杆菌　　　D. 沙门氏菌

8. _____ 的特征是渐进性消瘦和多种组织器官形成特殊结节。
   A. 巴氏杆菌病　　　B. 结核杆菌病　　　C. 布氏杆菌病　　　D. 沙门氏菌病

9. 鸡副嗜血杆菌为革兰氏阴性小球杆菌，可引起鸡的传染性鼻炎，临床表现流涕、喷嚏、流泪及眶下窦肿胀、脸部水肿，可用磺胺类药和抗生素治疗，但停药后_____。
   A. 可能复发　　　B. 不复发　　　C. 立即发病　　　D. 不再发病

10. 用瑞士、姬姆萨或美蓝染色镜检，_____ 菌体多呈卵圆形，两端着色深，中央着色浅。
   A. 大肠杆菌   B. 干扰素   C. 噬菌体   D. 沙门氏菌
11. 剖检病鸡，眶下窦肿胀、化脓，可怀疑为 _____。
   A. 大肠杆菌病   B. 支原体病   C. 传染性鼻炎   D. 沙门氏菌病
12. _____是沙门氏菌属中造成死亡率最高的。
   A. 鼠伤寒沙门氏菌   B. 肠炎沙门氏菌
   C. 猪霍乱沙门氏菌   D. 鸡白痢沙门氏菌
13. 结核结节眼观病变特征为半透明灰白色或黄色结节，切开可见_____。
   A. 干酪样坏死   B. 肉芽肿   C. 绿色钙化   D. 脓液
14. 下列关于禽伤寒的描述，正确的是_____。
   A. 肉髯发绀、肿胀   B. 脾脏的病理变化不明显
   C. 全身无明显的出血   D. 鸡最易感，鸭及其他禽类次之
15. 引起鸡白痢的病原体是_____。
   A. 沙门氏菌   B. 大肠杆菌   C. 绿脓杆菌   D. 葡萄球菌
16. 致病性葡萄球菌感染引起的疖、痈，是一种_____。
   A. 局部感染   B. 全身感染   C. 毒血症   D. 败血症
17. 典型的大肠杆菌菌落的形状为_____。
   A. 光滑、湿润、边缘不整齐   B. 光滑、湿润、边缘整齐
   C. 粗糙、湿润、边缘不整齐   D. 粗糙、干燥、边缘不整齐
18. 在鸭的心包膜、肝脏表面以及气囊产生纤维素渗出物的疾病可能是_____。
   A. 鸭瘟   B. 细小病毒病   C. 鸭疫里氏杆菌病   D. 鸭病毒性肝炎
19. 鸡坏死性肠炎的病原是_____。
   A. 产气荚膜梭菌   B. 大肠杆菌   C. 沙门氏菌   D. 葡萄球菌
20. 禽细菌性疾病的预防措施中最重要和最可行的是_____。
   A. 打扫卫生   B. 严格消毒   C. 疫苗接种   D. 治疗病鸡

（二）判断题

1. 鸡白痢是由沙门氏菌引起成鸡的常见病，以白色下痢为主要特征。（   ）
2. 大肠杆菌、巴氏杆菌、沙门氏杆菌都是条件性致病菌。（   ）
3. 禽霍乱肝脏的病理变化主要是肝脂肪样变。（   ）
4. 鸡传染性鼻炎用药物治疗有效，但常复发。（   ）
5. 成年鸡感染传染性法氏囊病后可发生暂时性产蛋下降，但不出现其他症状。（   ）
6. 禽大肠杆菌最好不用青霉素治疗。（   ）
7. 禽霍乱不能传染给鸭。（   ）
8. 禽巴氏杆菌病最急性型的病死鸡有很多特殊的病变。（   ）
9. 鸡葡萄球菌病的发生与外伤环境不良有关，与鸡痘无关。（   ）
10. 禽沙门氏菌病为垂直传播性疾病。（   ）
11. 养鸡场鸡白痢可通过全血平板凝集试验检测。（   ）

12. 怀疑为细菌性传染病的病料，若不能立即进行细菌分离，应先将病料冷冻，以免被杂菌污染。（   ）

13. 禽伤寒主要发生于10日龄以内的雏禽。（   ）

14. 养鸡场检出的鸡白痢阳性病鸡必须予以淘汰。（   ）

15. 加强饲养管理是预防禽大肠杆菌病的重要环节。（   ）

16. 禽霍乱病鸡可用氟苯尼考、庆大霉素、土霉素、诺氟沙星等药物治疗。（   ）

17. 传染性鼻炎病鸡污染的鸡舍地面可用2%~4%的氢氧化钠溶液进行消毒。（   ）

18. 禽结核病可造成蛋鸡的产蛋量下降和死亡。（   ）

19. 带翅号、断喙、注射疫苗、啄伤、刮伤等均可引起禽的葡萄球菌病。（   ）

20. 鸭疫里氏杆菌病主要引起产蛋鸭的产蛋下降。（   ）

（三）综合分析题

1. 请分析某鸡场在夏季容易发生禽霍乱的主要原因？请你简要提出切实有效的防治措施。

2. 某鸡场10日龄雏鸡发生了白色下痢，经兽医诊断疑似鸡白痢，请你用实验室诊断方法予以确诊。

3. 某蛋鸡场产蛋期蛋鸡产蛋量下降20%左右，大部分鸡出现腹泻，剖检鸡可见肝脏表面散在黄色星状坏死灶。使用环丙沙星给予治疗，效果良好。请你分析该蛋鸡群可能得了什么病？

4. 某养鸡户打算新进一批雏鸡，请你就雏鸡细菌性疾病的防治方面，给他提一些建议。

5. 某鸭场200只18日龄雏鸭表现为食欲降低，眼、鼻有分泌物，拉绿色稀粪，不愿走动，有的头颈震颤。请你分析这群雏鸭可能得了什么病？如何防治？

推荐阅读书目

陈溥言．兽医传染病学（第5版）．北京：中国农业出版社，2006．

童光志．动物传染病学．北京：中国农业出版社，2008．

甘孟侯．中国禽病学．北京：中国农业出版社，2003．

陈继明．重大动物疫病监测指南．北京：中国农业科学技术出版社，2008．

徐百万．动物疫病监测技术手册．北京：中国农业出版社，2010．

项目五 禽常见其他微生物性传染病防治

【岗位需求】
家禽常见其他微生物性疫病（鸡毒支原体感染、鸡传染性滑膜炎、衣原体病、禽曲霉菌病、禽念珠菌病等）的病原特征、流行特点、临床症状、病理变化、实验室诊断和防治措施。

【能力目标】
掌握家禽常见其他微生物性疫病的诊断要点和防治措施；熟练应用相应的实验室诊断技术进行家禽其他疫病的确诊；学会对临床症状和病变表现类似的疫病进行鉴别诊断。

模块一 鸡毒支原体感染

鸡毒支原体感染在鸡主要表现为呼吸道症状，如气囊炎等，过去称之为慢性呼吸道病（CRD）。本病的特征是咳嗽、流鼻液、呼吸道啰音。疾病发展缓慢，病程长，易继发感染，成年鸡多为隐性感染，可在鸡群长期存在和蔓延。

（一）诊断要点

1. 病原特征 鸡毒支原体（MG）是支原体科支原体属中的一个致病种，没有细胞壁，为最小原核生物。MG呈细小球杆状，姬姆萨染色着色良好，呈淡紫色，革兰氏染色阴性。本菌为需氧和兼性厌氧菌，对营养物质的要求极高，需要一个相当复杂的培养基，其中通常加有10%～15%灭活的禽、马或猪血清。MG能凝集鸡和火鸡的红细胞，并且能被相应的抗血清所抑制。

MG接种7日龄鸡胚卵黄囊中，能生长繁殖，但只有部分鸡胚在接种后5～7d死亡。鸡胚的病变为胚体发育不全，全身水肿，肝脏肿大、坏死，关节肿胀，尿囊膜、卵黄囊出血。如连续在卵黄囊继代，则死亡更加规律，病变更明显。死胚的卵黄囊及绒毛尿囊膜中含菌量最高。

MG对外界抵抗力不强。直射的阳光下迅速死亡，一般常用的消毒药均能迅速将其杀死。对热敏感，45℃经1h或50℃经20min即被杀死，经冻干后保存于4℃冰箱可存活7年。

2. 流行特点 各种年龄的鸡都可感染，尤以4～8周龄雏鸡最易感，成年鸡多为隐性感染。

病鸡和隐性感染鸡是传染源。本病的传播有垂直和水平传播两种方式。病原体可通过病鸡咳嗽、喷嚏的飞沫和尘埃经呼吸道传染。上呼吸道和眼结膜是MG入侵的主要门户。

被MG污染的饮水、饲料、用具能使本病由一个鸡群传至另一个鸡群。垂直传播可构成代代相传，使本病在鸡群中连续不断发生。在感染的公鸡精液中，也发现有病原体存在，因此，交配时也能发生传染。

单独感染MG的鸡群，在正常饲养管理条件下，常不表现症状，呈隐性经过，在有诱因存在时可转为显性传染。其诱发因素主要有：呼吸道感染其他病原微生物，常见的有传染性支气管炎病毒、传染性喉气管炎病毒、新城疫病毒、传染性法氏囊病病毒、副鸡嗜血杆菌和大肠杆菌等；用气雾和点眼、滴鼻法进行新城疫等弱毒疫苗免疫；饲养密度大，卫生条件差，气候变化，鸡舍通风不良，饲料中维生素缺乏等。用带有鸡毒支原体的鸡胚生产的弱毒苗，易通过疫苗接种而散播本病，这一点在生产实践中尤应注意。

本病一年四季均可发生，以寒冷季节多发。

3. 临床症状 自然感染难以确定潜伏期。幼龄鸡发病时，症状较典型，最常见的症状是呼吸道症状，表现咳嗽、喷嚏、气管啰音和鼻炎。病初流浆液或黏液性鼻液，使鼻孔堵塞，妨碍呼吸，频频摇头。当炎症蔓延至下部呼吸道时，则气喘和咳嗽更为显著，并有呼吸道啰音。到了后期，如果鼻腔和眶下窦中蓄积渗出物，则引起眼睑肿胀并向外突出。病鸡食欲不振，生长停滞。如无并发症，病死率也低。本病一般呈慢性经过，病程可长达1个月以上。

产蛋鸡感染后，只表现产蛋量下降，孵化率降低，孵出的雏鸡生长发育受阻。

滑液囊支原体（MS）引起鸡发生急性或慢性的关节滑液囊炎、腱滑液囊炎或黏液囊炎。

本病常易继发或并发大肠杆菌等感染而造成较大的经济损失。

4. 病理变化 单纯感染MG的病例，眼观变化主要表现为鼻腔、气管、支气管和气囊内含有黏稠渗出物。气囊的变化具有特征性，气囊壁变厚和混浊，严重者气囊壁有干酪样渗出物，早期如珠状，严重时成堆成块。自然感染的病例多为混合感染，如有大肠杆菌混合感染时，可见纤维素性肝周炎和心包炎。

5. 实验室诊断 根据流行特点、症状和病变，可作出初步诊断，但进一步确诊需进行病原分离鉴定和血清学检查。做病原分离时，可取气管或气囊的渗出物制成悬液，直接接种加有1:4 000醋酸铊和2 000IU/ml青霉素的支原体肉汤或琼脂培养基。血清学方法以全血平板凝集试验最常用，其他的还有HI和ELISA试验。

鸡毒支原体感染与鸡传染性支气管炎、传染性喉气管炎、传染性鼻炎、曲霉菌病等呼吸道传染病极易混淆，应注意鉴别诊断。

（二）防治措施

1. 加强饲养管理 本病的发生具有明显的诱因，因此，加强饲养管理和防止各种应激是预防本病的关键。生产实际中应注意保持良好的通风，饲养密度适宜；饲喂全价饲料，防止维生素缺乏；疫苗接种、更换饲料、转群等前后2~3d应使用敏感药物进行预防。

2. 对种蛋的处理 种鸡感染鸡毒支原体后可通过种蛋传给下一代，所以对种蛋进行处理以杀灭或减少蛋内的支原体，是有效预防本病的方法之一。处理种蛋的方法有两种：

（1）变温药物浸泡法：种蛋经一般性清洗，在浸蛋前3~6h使蛋温升至37~38℃，然后浸入5℃左右的泰乐菌素溶液中（每1 000ml水加入400~1 000mg），保持15min，利用温差造成的负压,使药物进入蛋内。

(2) 加热法:将种蛋放入46.1℃的孵化箱中处理12~14h,晾1h,当温度降至37.8℃时转入正常孵化。这种方法可杀死90%以上的蛋内支原体。

3. 药物预防 对1周龄内的雏鸡,使用敏感药物连续应用5~7d,可减少雏鸡带菌率;在本病易发年龄使用药物进行预防;使用新城疫等弱毒疫苗点眼、滴鼻、饮水或气雾免疫时,在疫苗中加入链霉素等药物防止激发本病;对开产种鸡每月进行1~2次投药,可减少种蛋带菌。常用药物有:

(1) 泰乐菌素。每1 000ml水加250~300mg,混饮,连用3~5d;或者每千克饲料加入500~800mg,混饲,连用3~5d。

(2) 链霉素。按千克体重20~30mg,肌肉注射或点眼。

(3) 北里霉素。每千克饲料250mg混饲,连用5~7d;或者每1 000ml水加250mg,混饮,连用3d。

(4) 红霉素。每1 000ml水加入125mg,混饮,连用3~5d。

(5) 喹诺酮类药物。如环丙沙星,每1 000ml水加入25~50mg,混饮,连用3~5d。

4. 疫苗接种 控制MG感染的疫苗有灭活疫苗和活疫苗两大类。灭活疫苗为油乳剂,可用于幼龄鸡和产蛋鸡。

5. 治疗 当鸡群发病时,可选用上述药物治疗,用量可适当增加,但一般不要超过两倍。用抗生素治疗时,停药后往往复发,因此,应考虑几种药物轮换使用。

6. 建立无MG感染的种鸡群 必须采取综合措施。在引种时,必须从无本病的鸡场购买。从MG感染阳性场建立无MG鸡群比较困难,但通过灭活疫苗免疫,收集种蛋前种鸡连续服用高效抗MG药物,结合种蛋的药物浸泡或加热法处理,可大大减少MG经蛋传递的概率。用这种方法培养出不带MG的健雏,以后在2月龄、4月龄、6月龄时进行血清学检查,淘汰阳性鸡,留下阴性鸡群隔离饲养作为种用,并对后代继续观察,确认是健康鸡群后,还应严格执行消毒、隔离措施,并定期做血清学检查,以保安全。

模块二 鸡传染性滑膜炎

鸡传染性滑膜炎又称鸡滑膜支原体病,是由滑膜支原体(MS)引起的一种鸡和火鸡的传染病,其主要表现为渗出性的关节滑膜炎、腱鞘炎和轻度的上呼吸道感染。

(一) 诊断要点

1. 病原特征 滑膜支原体(MS)与败血支原体(MG)在许多特性上是相似的,为多形态的球状体,直径约$0.2\mu m$,姬姆萨染色较好,在固体培养基上生长。典型的菌落特征为圆形隆起,略似花格状,有凸起的中心或无中心。

滑膜支原体对外界环境的抵抗力同败血支原体相似,不耐热。一般常用的消毒药物均可将其杀死。

2. 流行特点 本病呈世界性分布,常发生于各种年龄的商品蛋鸡群和火鸡群,在中国部分鸡场阳性率可达20%以上。

本病主要感染鸡和火鸡,鸭、鹅及鸽也可自然感染。急性感染主要见于4~16周龄的鸡和 10~24 周龄的火鸡，偶见于成年鸡；而慢性感染可见于任何年龄。

本病的传播途径主要是经卵垂直传播，其次是呼吸道，另外也可直接接触传播。

3. 临床症状 本病的潜伏期为 5~10d。病原体主要侵害鸡的跗关节和爪垫，严重时也可蔓延到其他关节滑膜，引起渗出性滑膜炎、滑膜囊炎及腱鞘炎。病鸡表现出行走困难，跛行，关节肿大变形，胸前出现水泡，鸡冠苍白，食欲减少，生长迟缓，常排泄含有大量尿酸或尿酸盐的青绿色粪便，偶见鸡有轻度的呼吸困难和气管啰音。上述急性症状之后继以缓慢的恢复，但关节炎、滑膜炎可能会终生存在。成禽产蛋量可下降 20%~30%，本病发病率为 5%~15%，死亡率 1%~10%。

火鸡症状与鸡相似，跛行是最明显的一个症状，患禽的一个或多个关节常见有热而波动的肿胀。本病的发病率及死亡率均较低，但踩踏和相互啄咬可能引起较大的死亡率。

4. 病理变化 剖检可见病鸡的关节和足垫肿胀，在关节的滑膜、滑膜囊和腱鞘有多量炎性渗出物，早期为黏稠的乳酪状液体，随着病情的发展变成干酪样渗出物。关节表面，尤其是跗关节和肩关节常有溃疡，呈橘黄色。肝脾肿大，肾脏肿大呈苍白的斑驳状。呼吸道一般无变化，偶见有气囊炎病变。

5. 实验室诊断 根据流行病学、临床症状及病理变化，可作出初步诊断。此外，要进行实验室诊断，并注意鉴别诊断。

本病的实验室诊断方法主要包括病原体的分离鉴定和凝集试验，其方法与鸡败血支原体病的相同。但应注意，在凝集试验中，本病的诊断抗原与败血支原体抗体之间可能会出现一定的交叉反应。

此外，本病的实验室诊断还可采用动物试验，取病鸡关节液及胸部水泡病料，研碎过滤，注射入 4 周龄幼鸡的足垫关节内，接种鸡在 1 周内足垫发炎肿胀，即可定为阳性。

本病应与葡萄球菌病、病毒性关节炎相区别。葡萄球菌病通过镜检可排除，而病毒性关节炎病鸡的血清不能凝集本病的抗原，以此即可区分。

(二) 防治措施

本病的预防所用疫苗有进口的禽滑液囊支原体菌苗，1~10 周龄用于颈部皮下注射，10 周龄以上用于肌肉注射，每只每次 0.5ml，连用 2 次，间隔 4 周，其他预防和治疗参照鸡慢性呼吸道病。

模块三　衣原体病

衣原体病又称鹦鹉热或鸟疫，是由鹦鹉热亲衣原体引起的一种接触性传染病，可给养禽业带来巨大的经济损失。本病也是一种重要的人兽共患病，必须给予足够的重视。

(一) 诊断要点

1. 病原特征 衣原体归于衣原体目衣原体科，是一类介于立克次体与病毒之间的微生物，具有滤过性、严格细胞内寄生的革兰氏阴性原核细胞型微生物。

衣原体有独特的发育周期，不同发育阶段的衣原体在形态、大小和染色特性上有差异。在形态上可分为个体形态和集团形态两类。个体形态又有大、小两种。一种是小而致密的，称为原体，具有高度感染性，呈球形、梨形或椭圆形，姬姆萨染色呈紫色，马基维洛染色呈红色；另一类是大而疏松的，称作网状体，无感染性，形体较大，呈圆形或椭圆形，姬姆萨染色和马基洛维染色均呈蓝色。鹦鹉热亲衣原体在细胞内可出现多个包涵体，成熟的包涵体经姬姆萨氏染色呈深紫色，革兰氏阴性。

可将禽源鹦鹉热亲衣原体分为两类：一是强毒株，能引起急性流行，可致自然宿主和试验宿主死亡，重要脏器出现广泛性血管充血和炎症，并可使接触感染禽鸟的人员和试验研究人员发生严重感染；二是低致病性毒株，引起慢性进行性流行，感染后不产生严重的临床症状，若无并发感染，死亡率一般低于5%。

由于衣原体严格细胞寄生，目前只能用鸡胚（鸭胚）或细胞培养及动物接种3种方式培养。

衣原体对理化因素的反抗力不强，对热、脂溶剂和去污剂及常用消毒液均十分的敏感。青霉素、金霉素、四环素、红霉素等均可抑制衣原体的生长繁殖，但链霉素、庆大霉素、卡那霉素、新霉素等则不能抑制。

2. 流行特点 衣原体的宿主范围十分广泛，火鸡、鸭和鸽易感染发病。一般来说，幼龄家禽比成年易感，易出现临床症状，死亡率也高。鸡对鹦鹉热亲衣原体具有较强的抵抗力，肉仔鸡和育雏期蛋鸡相对易感。

健康鸡可经消化道、呼吸道、眼结膜、伤口和交配等途径感染衣原体，吸入有感染性的尘埃是衣原体感染的主要途径。患病或感染畜禽可通过血液、鼻腔分泌物、粪便、尿、乳汁及流产胎儿、胎衣和羊水大量排出病原体，污染水源和饲料等成为感染源。吸血昆虫（如蝇、蜱、虱等）可促进衣原体在动物之间的迅速传播。

本病不具明显的季节性。禽类感染后多呈隐性。潜伏期短的只有10d，长的可达9个月以上。

3. 临诊症状 幼鸭表现颤抖、共济失调，排绿色水样粪便，眼和鼻孔周围有浆液性或脓性分泌物。发病率10%~80%，死亡率为0%~30%，其差异主要取决于感染时的年龄和是否混合感染沙门氏菌。成年鸭多为隐性感染。

2~3周龄的幼鸽多呈急性经过，病鸽精神委顿、厌食、腹泻，有时表现结膜炎和鼻炎，呼吸困难发出"咯咯"声，后期病鸽消瘦、衰弱，易发生死亡。康复鸽成为无症状的带菌者。鸽的感染率为30%~90%。

中国鸡群中普遍存在鹦鹉热亲衣原体感染，血清阳性率较高，多呈隐性经过，偶有肉仔鸡、育雏期蛋鸡和产蛋鸡发病较严重。肉仔鸡和育雏期蛋鸡感染强毒株可表现为肺炎型、水肿型和无卵巢、无输卵管型。产蛋期首次感染衣原体其症状同育成鸡，二次感染的鸡群主要表现在蛙鸣音、排亮绿色粪便、产蛋率下降，严重的鸡群下降到40%左右；白壳蛋、软壳蛋、沙壳蛋多，小蛋（无黄蛋）、畸形蛋少。

4. 病理变化 鸭的病变表现为全身性浆膜炎，胸肌萎缩；肝肿大，肝周炎；脾肿大，有时肝、脾有灰色或黄色坏死灶。

鸽的病变表现为气囊、腹腔浆膜、心外膜增厚，表面有纤维蛋白渗出；肝、脾常见肿大，变软变暗。

肉鸡病变主要集中在肺脏、细支气管、气囊。一般可见脾肿大，表面可见灰黄色坏死灶或出血点；肝肿大而脆，色变淡，有小坏死灶；气囊膜增厚混浊，有时被黄色纤维素性脓性渗出物覆盖,严重者形成黄色干酪物。肺淤血;心包囊有明显浆液性或浆液纤维素性炎症反应;肠道充血,可见泄殖腔内容物内含有较多尿酸盐;产蛋鸡病变主要集中在卵巢和输卵管,早期子宫腔出现轻度水肿,卵巢有发育正常的6~7个接近成熟的卵黄,中期液体增多,后期渗出液体增多,蛋黄漂浮如同水煮样。

5. 实验室诊断 禽衣原体病的诊断不能仅依靠病史和临床检查,确诊必须进行病原分离鉴定或血清学试验。

无菌操作收集病禽的组织器官(气囊、脾、心、肝和肾)或活禽的喉头/泄殖腔拭子,经常规处理后接种敏感鸡胚或细胞培养。卵黄囊接种于发育良好的5~7日龄鸡胚,3~10d内鸡胚死亡,卵黄囊管充血,卵黄液镜检可见支原体的原体。鸡胚不死亡的,有时需要盲传几代。有条件的实验室可细胞培养分离。

血清学试验常用补体结合试验,是可做衣原体感染的定性诊断。也可使用琼扩试验、间接血凝试验、ELISA及免疫荧光试验等。

(二)防治措施

1. 治疗方法 鹦鹉热亲衣原体对青霉素和四环素类抗生素都较敏感,其中以四环素类的治疗效果最好。大群治疗时可在每千克饲料中添加四环素(金霉素或土霉素)0.4g,充分混匀,连续喂给1~3周,可以减轻临床症状和消除病禽体内的病原。必须注意的是为减少对金霉素吸收的干扰作用,宜将饲料中的钙含量降至0.7%以下。

2. 防治 为有效防制衣原体病,应采取综合措施,杜绝引入传染源,控制感染动物,阻断传播途径。强化检疫,防止新传染源引入。保持禽舍的卫生,发现病禽要及时隔离和治疗。一旦怀疑,应该快速采取方法予以确诊,必要时对全部病禽扑杀以消灭传染源。带菌禽类排出的粪便中含有大量衣原体,故禽舍要勤于清扫,清扫时要注重个人防护。由于鹦鹉热亲衣原体可以传播给人并可引起严重疾病(鹦鹉热),因此在处理感染禽鸟和污染材料时必须格外小心,注意做好个人防护工作,如戴口罩等。

3. 鉴别诊断 本病在临床症状和剖检变化上易与支原体病、肾型传染性支气管炎、沙门氏菌病、巴氏杆菌病、大肠杆菌病及禽流感等疫病。

衣原体与支原体的区别:衣原体呼吸道发病严重,呼噜,强咳,尖叫。支原体轻微的呼噜,声音小,轻微的咳嗽。衣原体病前期有单侧性肺炎,严重时出现黄色或白色纤维素性渗出物,后期双侧性肺炎,形成黄色或白色纤维素性渗出物,支原体则没有肺炎。

衣原体与肾型传支的区别:衣原体病鸡的子宫输卵管囊肿,液体透明状,鸡只呈企鹅状态,并且透明液体逐渐增多,液体在真皮下和肌肉层之间。肾型传支是萎缩的输卵管内含有黏液。必要时应做病原分离鉴定区别。

本病有时也会有沙门氏菌、大肠杆菌等感染应在诊断时注意。

4. 用药误区 由于本病很容易与肾传支或同支原体病混淆,且肉鸡出现呼吸道病后较易激发大肠杆菌病,进而出现球虫血痢,一旦诊断失误,可能造成投药错误。有的鸡群用对肾脏有损害的药物,如庆大霉素、丁胺卡那等饮水治疗时,出现肾脏肿大,更加加重了鸡群的死亡率,更易误诊为肾传支。不确诊的时候可考虑用药:呼吸道药物+大肠杆菌药物+抗病毒药物+抗球虫药物。

模块四　禽曲霉菌病

禽曲霉菌病是由真菌中的曲霉菌引起的多种禽类的真菌性传染病，主要侵害呼吸器官。特征是在组织器官中，尤其是肺及气囊发生炎症和形成小结节。多见于雏禽，常呈急性暴发。

（一）诊断要点

1. 病原特征　主要病原体为烟曲霉，其次为黄曲霉。均为需氧菌，在室温和 37～45℃均能生长。在马铃薯培养基和其他糖类培养基上均可生长。烟曲霉在沙堡氏培养基、葡萄糖马铃薯培养基、血液琼脂经 25～37℃培养，初期形成白色绒毛状菌落，经 24～30h后开始形成孢子，菌落呈面粉状、浅灰色、深绿色、黑蓝色，而菌落周边仍呈白色。

曲霉菌的孢子抵抗力很强，煮沸 5min 才能将其杀死，一般消毒液要经 1～3h 才能杀死孢子，常用消毒剂有 5%甲醛、石炭酸、过氧乙酸和含氯消毒剂。对一般抗生素和化学药物不敏感，制霉菌素、两性霉素 B、灰黄霉素、克霉唑及碘化钾对本菌有抑制作用。

2. 流行特点　曲霉菌的孢子广泛分布于自然界，在禽舍的地面、垫草及空气中经常可分离出其孢子。禽类常因通过接触发霉饲料和垫料经呼吸道或消化道而感染。各种禽类都有易感性，以 4～12 日龄雏禽的易感性最高，常为急性经过，发病率和死亡率高，成年禽有抵抗力，多为慢性和散发。

曲霉菌孢子易穿过蛋壳进入蛋内，引起胚胎死亡或雏鸡感染。孵化室严重污染时，新生雏禽也可经呼吸道感染而发病。阴暗潮湿的鸡舍和不洁的育雏器及其他用具、梅雨季节、空气污浊等均能使曲霉菌增殖，易引起本病发生。

3. 临诊症状　自然感染的潜伏期 2～7d，人工感染 24h。急性者可见病禽精神不振，不愿走动，多卧伏，拒食，对外界反应淡漠。病程稍长，可见呼吸困难，伸颈张口，将病鸡放于耳旁，可听到沙哑的水泡破裂声，但不发出明显的"咯咯"声。由于缺氧，鸡冠和肉髯颜色暗红或发紫。食欲显著减少或不食，饮欲增加，常有下痢。离群独处，闭目昏睡，精神委顿，羽毛松乱。有的表现神经症状，如摇头、头颈不随意屈曲、共济失调和两腿麻痹。病原侵害眼时，结膜充血、肿胀、眼睑闭合，下眼睑有干酪样物，严重者失明。急性病程 2～7d，慢性可延至数周。

4. 病理变化　病变主要表现在肺和气囊。典型病例均可在肺脏表面散在粟粒大至黄豆大的黄白色或灰白色结节，结节柔软有弹性，切开见有层次的结构，中心为干酪样坏死组织，内含大量菌丝体，外层为类似肉芽组织的炎性反应层，并含有巨细胞。气囊壁通常增厚，附有黄白色干酪样结节，该结节由炎性渗出物和菌丝体组成，病程较长时，干酪样结节更大，数量更多，气囊壁变厚，并融合形成更大的病灶。随着病程的延长，曲霉菌在干酪样及增厚的囊壁上形成分生孢子，此时可见气囊壁上形成圆形隆起的灰绿色霉菌斑，呈绒球状。

5. 实验室诊断　根据流行特点、症状和剖检可作出初步诊断，确诊则需进行微生物学检查。取病变组织少许，置载玻片上，加生理盐水 1～2 滴，用针拉碎病料，加盖玻片后镜检，可见菌丝体和孢子。接种于马铃薯培养基或其他真菌培养基，培养后进行检查鉴定。

(二) 防治措施

不使用发霉的垫料和饲料是预防曲霉菌病的主要措施。垫料要经常翻晒，妥善保存，尤其是阴雨季节。种蛋、孵化器及孵化厅均按卫生要求进行严格消毒。育雏室应注意通风换气和卫生消毒，保持室内干燥、清洁。长期被烟曲霉污染的育雏室，土壤、尘埃中含有大量孢子，雏禽进入之前，应彻底清扫干净、换土，并用甲醛熏蒸消毒或0.4%过氧乙酸喷雾后密闭数小时，通风后使用。发现疫情时，迅速查明原因，并立即排除，同时进行环境、用具等的消毒工作。

本病目前尚无特效的治疗方法。用制霉菌素防治本病有一定效果，剂量为每100只雏鸡一次用50万IU，每日2次，连用2~4d。也可用1:3 000的硫酸铜或0.5%~1%碘化钾饮水，连用3~5d。

模块五　禽念珠菌病

禽念珠菌病又称霉菌性口炎、白色念珠菌病，俗称鹅口疮，其特征是在上消化道黏膜发生白色假膜和溃疡。

(一) 诊断要点

1. 病原特征　本病的病原是一种类酵母状的真菌，称为白色念珠菌。在培养基上菌落呈白色金属光泽。菌体小而椭圆，能够长芽，伸长而形成假菌丝。革兰氏染色阳性，但着色不甚均匀。病鸡的粪便中含有多量病菌，在病鸡的嗉囊、腺胃、肌胃、胆囊以及肠内，都能分离出病菌。

白色念珠菌在自然界广泛存在，可在健康畜禽及人的口腔、上呼吸道和肠道等处寄居。各地不同禽类分离的菌株其生化特性有较大差别。该菌对外界环境及消毒药有很强的抵抗力。

2. 流行特点　本病易发鸡、火鸡、鸽、鸭、鹅，以幼龄禽多发。鸽以青年鸽易发且病情严重。该病多发生在夏秋炎热多雨季节。病禽和带菌禽是主要传染来源。病原通过分泌物、排泄物污染饲料，饮水经消化道感染。雏鸽感染主要是通过带菌亲鸽的"鸽乳"而传染。本病发病率、死亡率在火鸡和鸽均很高。

禽念珠菌病的发生与禽舍环境卫生状况差，饲料单纯和营养不足有关。鸽群发病往往与鸽毛滴虫并发感染。

3. 临诊症状　病鸡精神不振，食量减少或停食，消瘦，羽毛粗乱，消化障碍。嗉囊胀满，但明显松软，挤压时有痛感，并有酸臭气体自口中排出。有时病鸡下痢，粪便呈灰白色。一般1周左右死亡。

幼鸭的白色念珠菌病的主要症状是呼吸困难，喘气，叫声嘶哑，发病率和死亡率都很高。一般根据流行病学特点，典型的临诊症状和特征性的病理变化可以作出诊断。确切诊断必须采取病变器官的渗出物作抹片检查，观察酵母状的菌体和菌丝，或者是进行霉菌的分离培养和鉴定。

火鸡雏多发，表现精神委顿，食欲减退。口腔内有黏液并黏附着饲料，擦去饲料在黏膜上见有一层白色的膜。病雏常伸颈甩头，张嘴呼吸。少部分雏有程度不同的下痢。火鸡一旦发病，死亡逐日增多，发病率、死亡率高。

大小鸽均可感染，但尤以青年鸽最严重。成年鸽一般无明显症状。雏鸽感染率亦较高，但症状不严重。口腔与咽部黏膜充血、潮红、分泌物稍多且黏稠。青年鸽发病初期可见口腔、咽部有白色斑点，继而逐渐扩大，演变成黄白色干酪样假膜。口气微臭或带酒糟味。个别鸽引起软嗉症，嗉囊胀满，软而无收缩力。食欲废绝，拉墨绿色稀粪，多在病后2～3d或1周左右死亡。一般可康复，但在较长时间内成为无症状带菌者。

4. 病理变化 病理变化主要集中在上消化道，可见喙缘结痂，口腔、咽和食道有干酪样假膜和溃疡。嗉囊黏膜明显增厚，被覆一层灰白色斑块状假膜，易刮落。假膜下可见坏死和溃疡。少数病禽引起胃黏膜肿胀、出血和溃疡，颈胸部皮下形成肉芽肿。

5. 实验室诊断 病理组织学检查在嗉囊黏膜病变部位，上皮细胞间散在多量圆形或椭圆孢子，尚见少数分枝分节，大小不一的酵母样假菌丝。

（二）防治措施

本病常用1∶2 000硫酸铜溶液或在饮水中添加0.07%的硫酸铜连服1周，制霉菌素按每千克饲料加入50～100mg（预防量减半）连用1～3周，或者每只每次20mg，每天2次连喂7d。投服制霉素时，还需适量补给复合维生素B，对大群防治有一定效果。

任务17　鸡支原体病凝集试验

【任务说明】

凝集试验是经典的血清学试验之一，分为直接凝集试验和间接凝集试验。该试验应用广泛，不仅可以用于病原的鉴定，还可用于检测相应抗体，常用于禽沙门氏菌病、支原体病、大肠杆菌病等传染病的诊断和监测。按其操作方法可分为玻片法、玻板法和试管法3种。其中，玻片法和玻板法最为常用。本任务以鸡支原体病凝集试验为例，帮助学生掌握该项实验室诊断技术。

【工作场景】

本任务可安排在实验室、实训室进行或企业兽医诊疗室（化验室），可根据具体检测的目的准备相应的材料。所需抗原由兽医生物制品厂提供，系用牛心汤培养基制成的凝集反应平板染色抗原，呈紫色。应在4～10℃冷暗处保存，防止冻结。标准阳、阴性血清由兽医生物制品厂提供。器材有玻板或白瓷反应板、针头和搅拌牙签、试管、吸管、注射器、离心管、离心机等。

【工作过程】

（一）平板凝集试验

1. 全血平板凝集试验 先在清洁的反应板上滴加染色抗原1滴（约0.05ml），然后以无菌操作于鸡翅下静脉采血1滴，与抗原混合，用牙签充分混匀，涂成直径约1.5cm的涂面，静置1～2min，即可判定结果。

2. 血清平板凝集试验 先用塑料管于鸡翅下静脉处引流采血，分离血清。然后，取血清滴于反应板上，再滴加支原体染色抗原 1 滴与之混合，用牙签充分搅拌混匀，静置 1~2min 后，即可判定结果。

3. 卵黄平板凝集试验 先将鸡蛋消毒、打孔、去净蛋清，用 1ml 注射器插入卵黄中吸取适量卵黄液于等量生理盐水中，混匀后吸取 1 滴于反应板上，再滴加有色抗原 1 滴，充分混合，静置 1~2min，即可判定结果。

4. 结果判定

（1）判定标准。

"＋＋＋"表示在 2min 内呈现絮状的大凝集块。

"＋＋"表示凝集块稍小，但清晰可见。

"＋"表示有颗粒状凝集，但仅在边缘部分出现。

"－"表示无任何凝集，液滴呈紫色混浊。

（2）结果判定。

①阳性。全血、血清或卵黄平板凝集试验，均以在 1~2min 呈"＋＋"以上反应者为阳性。

②可疑。2min 后出现凝集或 2min 内出现"＋"反应者，均为可疑。呈可疑反应者，应在 2 周后重检。

（二）试管凝集反应

1. 抗原稀释 将平板凝集抗原用含 0.25% 石炭酸的磷酸缓冲生理盐水（pH 值为 7.0）稀释 20 倍，作为试管凝集试验用抗原。

2. 待检血清制备 先用塑料管于鸡翅下静脉处引流采血，分离血清。

3. 操作 取 4 支小试管，吸取已稀释好的抗原 1ml 于第一管中，其他 3 管各 0.5ml。另取被检血清 0.08ml 于第一管中，充分混匀后吸取 0.5ml 于第二管中，以此倍比稀释，至第四管弃去 0.5ml。各试验管于 37℃ 温箱中作用 20~24h，取出观察结果，见下表。

4. 结果判定 凝集价在 1:25 或以上发生凝集时，可判为阳性；1:25 以下者为阴性。

表 支原体试管凝集操作术式

试管号	1	2	3	4	
稀释倍数	1:12.5	1:25	1:50	1:100	
抗原（ml）	1	0.5	0.5	0.5	弃去0.5
血清（ml）	0.08	0.5	0.5	0.5	

职业测试题

（一）判断题

1. 鸡毒支原体对外界抵抗力不强，3%~5% 的来苏尔可将其迅速杀死。（   ）
2. 成年鸡感染鸡毒支原体多呈隐性，为防止垂直传播应将其淘汰。（   ）
3. 禽曲霉菌病的传染来源是发霉的饲料和垫料。（   ）

4. 鸡毒支原体感染可采用全血平板凝集试验诊断。（　　）
5. 禽曲霉菌病特征症状是呼吸困难，但不发出明显的"咯咯"声。（　　）
6. 鸡毒支原体病不能垂直传播。（　　）
7. 泰乐菌素治疗鸡慢性呼吸道病效果较好。（　　）
8. 种蛋消毒是预防鸡毒支原体传给下一代的有效措施。（　　）
9. 鸡滑膜支原体可引起鸡的上呼吸道感染。（　　）
10. 0.2%~0.5%的过氧乙酸能够迅速杀死鸡滑膜支原体。（　　）
11. 在足垫关节内接种鸡滑膜支原体的幼鸡可引起足垫发炎症肿胀。（　　）
12. 5%~10%的漂白粉溶液可快速杀死衣原体。（　　）
13. 链霉素、庆大霉素、卡那霉素可用于治疗禽的衣原体感染。（　　）
14. 肉仔鸡对鹦鹉热亲衣原体有较强的抵抗力。（　　）
15. 鹦鹉热亲衣原体可以传播给人并引起严重疾病。（　　）
16. 禽曲霉菌病主要侵害禽的呼吸器官。（　　）
17. 制霉菌素可以用于治疗禽曲霉菌病。（　　）
18. 禽念珠菌病以成年禽多发。（　　）
19. 鸽念珠菌病往往与鸽毛滴虫病并发感染。（　　）
20. 硫酸铜溶液可用于治疗禽念珠菌病。（　　）

（二）综合分析题

1. 江苏省泰州市张某饲养肉鸽 500 只，笼养，60 日龄时发现 90 只鸽出现口疮和气喘症状，后死亡 18 只。请你对该病例给出初诊意见，病提出实验室诊断方法以及防治措施。

2. 泰州市某养鸡场饲养 2 500 只青年鸡，84 日龄时出现少数鸡发出类似"嗷嗷"的怪声。自行按感冒给鸡群投药 2d，症状不见好转，后接种传染性喉气管炎疫苗，两天后，鸡群出现了甩鼻、肿眼、流泪现象，采食量下降。你认为该鸡群可能得了什么病？应怎样做才能确诊？

3. 2012 年 1 月泰州市海陵区某镇养鸡户黄某所饲养 10 龄 200 只雏鸭，10d 前放在地面栏舍内，垫上 5cm 厚发黑的秕谷作为垫料，突然发病，不爱吃料，可见呼吸困难，闭目昏睡，有的两腿麻痹，头颈不随意弯曲。你认为该鸭群可能得了什么病？如何才能确诊？

推荐阅读书目

陈溥言. 兽医传染病学（第 5 版）. 北京：中国农业出版社，2006.
童光志. 动物传染病学. 北京：中国农业出版社，2008.
甘孟侯. 中国禽病学. 北京：中国农业出版社，2003.
陈继明. 重大动物疫病监测指南. 北京：中国农业科学技术出版社，2008.
徐百万. 动物疫病监测技术手册. 北京：中国农业出版社，2010.

项目六 禽常见寄生虫病防治

【岗位需求】
家禽常见寄生虫病（禽球虫病、禽住白细胞虫病、禽组织滴虫病、禽绦虫病、禽线虫病、禽吸虫病、鸡皮刺螨病、鸡奇棒恙螨病、鸡羽虱病）的病原特征、流行特点、临床症状、病理变化、诊断和防治措施。

【能力目标】
掌握家禽常见寄生虫病的诊断要点和防治措施；熟练应用相应的诊断技术进行家禽寄生虫病的诊断；学会对临床症状和病变表现类似的疾病进行鉴别诊断。

模块一 禽原虫病

一、鸡球虫病

鸡球虫病是鸡常见且危害十分严重的寄生虫病，雏鸡的发病率和致死率均较高。病愈的雏鸡生长受阻，增重缓慢；成年鸡多为带虫者，但增重和产蛋能力降低。

（一）诊断要点

1. 病原特征 病原为原虫中的艾美尔科艾美尔属的球虫，中国已发现9个种。不同种的球虫，在鸡肠道内寄生部位不一样，其致病力也不相同。柔嫩艾美尔球虫寄生于盲肠，致病力最强；毒害艾美尔球虫寄生于小肠中1/3段，致病力强；巨型艾美尔球虫寄生于小肠，以中段为主，有一定的致病作用；堆型艾美尔球虫寄生于十二指肠及小肠前段，有一定的致病作用，严重感染时引起肠壁增厚和肠道出血等病变；和缓艾美尔球虫、哈氏艾美尔球虫寄生在小肠前段，致病力较低，可能引起肠黏膜的卡他性炎症；早熟艾美尔球虫寄生在小肠前1/3段，致病力低，一般无肉眼可见的病变。布氏艾美尔球虫寄生于小肠后段，盲肠根部，有一定的致病力，能引起肠道点状出血和卡他性炎症；变位艾美尔球虫寄生于小肠、直肠和盲肠。有一定的致病力，轻度感染时肠道的浆膜和黏膜上出现单个的、包含卵囊（图6-1）的斑块，严重感染时可出现散在的或集中的斑点。

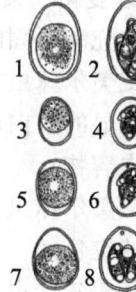

图6-1 鸡球虫卵囊形态
1~2. 巨型艾美尔球虫；
3~4. 和缓艾美尔球虫；
5~6. 堆型艾美尔球虫；
7~8. 脆弱艾美尔球虫

鸡球虫的发育要经过三个阶段：①无性阶段，在其寄生部位的上皮细胞内以裂殖生殖进行。②有性生殖阶段，以配子生殖形成雌性细胞、雄性细胞，两性细胞融合为合子，这一阶段是在宿主的上皮细胞内进行的。③孢子生殖阶段，是指合子变为卵囊后，在卵囊内发育形成孢子囊和子孢子，含有成熟子孢子的卵囊称为感染性卵囊。裂殖生殖和配子生殖在宿主体内进行，称内生性发育。孢子生殖在外界环境中完成，称外生性发育。鸡感染球虫，是由于吞食了散布在土壤、地面、饲料和饮水等外界环境中的感染性卵囊而发生的。

2. 流行特点　鸡球虫的感染过程：粪便排出的卵囊，在适宜的温度和湿度条件下，约经1~2d发育成感染性卵囊。这种卵囊被鸡吃了以后，子孢子游离出来，钻入肠上皮细胞内发育成裂殖子、配子、合子。合子周围形成一层被膜，被排出体外。鸡球虫在肠上皮细胞内不断进行有性和无性繁殖，使上皮细胞受到严重破坏，遂引起发病。

球虫虫卵的抵抗力较强，在外界环境中一般的消毒剂不易破坏。卵囊对高温和干燥的抵抗力较弱。

各个品种的鸡均有易感性，15~50日龄的鸡发病率和致死率都较高，成年鸡对球虫有一定的抵抗力。病鸡是主要传染源，凡被带虫鸡污染过的饲料、饮水、土壤和用具等，都有卵囊存在。鸡感染球虫的途径主要是吃了感染性卵囊。人及其衣服、用具等以及某些昆虫都可成为机械传播者。

饲养管理条件不良，鸡舍潮湿、拥挤、卫生条件恶劣时，最易发病。在潮湿多雨、气温较高的梅雨季节易暴发球虫病。

3. 临床症状　病鸡精神沉郁，羽毛蓬松，头卷缩，食欲减退，嗉囊内充满液体，鸡冠和可视黏膜贫血、苍白，逐渐消瘦，病鸡常排红色葫萝卜样粪便，若感染柔嫩艾美尔球虫，开始时粪便为咖啡色，以后变为完全的血粪，如不及时采取措施，致死率可达50%以上。若多种球虫混合感染，粪便中带血液，并含有大量脱落的肠黏膜。

病鸡消瘦，鸡冠与黏膜苍白，内脏变化主要发生在肠管，病变部位和程度与球虫的种别有关。

4. 病理变化　柔嫩艾美尔球虫主要侵害盲肠，两支盲肠显著肿大，可为正常的3~5倍，肠腔中充满凝固的或新鲜的暗红色血液，盲肠上皮变厚，有严重的糜烂。

毒害艾美尔球虫损害小肠中段，使肠壁扩张、增厚，有严重的坏死。在裂殖体繁殖的部位，有明显的淡白色斑点，黏膜上有许多小出血点。肠管中有凝固的血液或有葫萝卜色胶冻状的内容物。

巨型艾美尔球虫损害小肠中段，可使肠管扩张，肠壁增厚；内容物黏稠，呈淡灰色、淡褐色或淡红色。

堆型艾美尔球虫多在上皮表层发育，并且同一发育阶段的虫体常聚集在一起，在被损害的肠段出现大量淡白色斑点。

哈氏艾美尔球虫损害小肠前段，肠壁上出现大头针头大小的出血点，黏膜有严重的出血。

若多种球虫混合感染，则肠管粗大，肠黏膜上有大量的出血点，肠管中有大量的带有脱落的肠上皮细胞的紫黑色血液。

5. 实验室诊断　生前用饱和盐水漂浮法或粪便涂片查到球虫卵囊，或者死后取肠黏膜触片或刮取肠黏膜涂片查到裂殖体、裂殖子或配子体，均可确诊为球虫感染，但由于鸡的带虫现象极为普遍，因此，是不是由球虫引起的发病和死亡，应根据临诊症状、流行病学资料、病理剖检情况和病原检查结果进行综合判断。

(二) 防治措施

1. 预防 成鸡与雏鸡分开喂养,以免带虫的成年鸡散播病原导致雏鸡暴发球虫病。加强饲养管理。保持鸡舍干燥、通风和鸡场卫生,定期清除粪便,堆放;发酵以杀灭卵囊。保持饲料、饮水清洁,笼具、料槽、水槽定期消毒,一般每周一次,可用沸水、热蒸气或3%~5%热碱水等处理。据报道:用球杀灵和1:200的农乐溶液消毒鸡场及运动场,均对球虫卵囊有强大杀灭作用。每千克日粮中添加0.25~0.5mg硒可增强鸡对球虫的抵抗力。补充足够的维生素K和给予3~7倍推荐量的维生素A可加速鸡患球虫病后的康复。

2. 治疗 迄今为止,国内外对鸡球虫病的防制主要是依靠药物。使用的药物有化学合成的和抗生素两大类。

氯苯胍:预防按30~33 mg/kg浓度混饲,连用1~2个月,治疗按60~66mg/kg混饲3~7d,后改预防量予以控制。

氯羟吡啶(可球粉、可爱丹):混饲预防浓度为125~150 mg/kg,治疗量加倍。育雏期连续给药。

氨丙啉:可混饲或饮水给药。混饲预防浓度为100~125mg/kg,连用2~4周;治疗浓度为250 mg/kg,连用1~2周,然后减半,连用2~4周。应用本药期间,应控制每千克饲料中维生素B_1的含量以不超过10 mg为宜,以免降低药效。

用加强氨丙啉预防,按66.5~133 mg/kg浓度混饲,治疗浓度加倍。强效氨丙啉和特强效氨丙啉的用法同加强氨丙啉,但产蛋鸡限用。

硝苯酰胺(球痢灵):混饲预防浓度为125 mg/kg,治疗浓度为250~300 mg/kg,连用3~5d。

莫能霉素:预防按80~125 mg/kg浓度混饲连用。与盐霉素合用有累加作用。

盐霉素(球虫粉,优素精):预防按60~70 mg/kg浓度混饲连用。

奈良菌素:预防按50~80 mg/kg浓度混饲连用。与尼卡巴嗪合用有协同作用。

马杜拉霉素(抗球王、杜球、加福):预防按5~6 mg/kg浓度混饲连用。

阿波杀:按40~60 mg/kg浓度混饲或饮水给药均可。

常山酮(速丹):预防按3 mg/kg浓度混饲连用至蛋鸡上笼,治疗用6 mg/kg混饲连用1周,后改用预防量。

尼卡巴嗪:混饲预防浓度为100~125mg/kg,育雏期可连续给药。

杀球灵:主要作预防用药,按1 mg/kg浓度混饲连用。

百球清:主要作治疗用药,按25~30 mg/kg浓度饮水,连用2d。

磺胺类药:对治疗已发生感染的优于其他药物,故常用于球虫病的治疗。常用的磺胺药有:

复方磺胺-5-甲氧嘧啶(SMD-TMP),按0.03%拌料,连用5~7d。

磺胺喹噁啉(SQ),预防按150~250 mg/kg浓度混饲或按50~100 mg/kg浓度饮水,治疗按500~1 000 mg/kg浓度混饲或250~500 mg/kg饮水,连用3d,停药2d,再用3d。16周龄以上鸡限用。与氨丙啉合用有增效作用。

磺胺间二甲氧嘧啶(SDM),预防按125~250 mg/kg浓度混饲,16周龄以下鸡可连续使用;治疗按1 000~2 000 mg/kg浓度混饲或按500~600 mg/kg饮水,连用5~6d,或者连用3d，停药2d，再用3d。

磺胺间六甲氧嘧啶（SMM，DS-36，制菌磺），混饲预防浓度为100～200 mg/kg；治疗按100～2 000 mg/kg浓度混饲或600～1 200mg/kg饮水，连用4～7d。与乙胺嘧啶合用有增效作用。

磺胺二甲基嘧啶（SM2），预防按2 500 mg/kg浓度混饲或按500～1 000 mg/kg浓度饮水，治疗以4 000～5 000 mg/kg浓度混饲或1 000～2 000 mg/kg浓度饮水，连用3d，停药2d，再用3d。16周龄以上鸡限用。

磺胺氯吡嗪（ESb$_3$），以600～1 000 mg/kg浓度混饲或300～400 mg/kg浓度饮水，连用3d。

磺胺增效剂——二甲氧苄氨嘧啶（DVD）或三甲氧苄氨嘧啶（TMP），按1:(3～5)比例与磺胺类药合用，对磺胺类药有明显的增效作用，而且可减少磺胺类药的用量，减少不良反应的发生。

二、鸭球虫病

鸭球虫病在鸭群中经常发生，耐过的病鸭生长发育受阻，增重缓慢，对养鸭业危害极大。

（一）诊断要点

1. 病原特征 鸭球虫的种类较多，分属于艾美尔科的艾美尔属、泰泽属、温扬属和等孢属，多寄生于肠道，少数艾美尔属球虫寄生于肾脏。据报道，鸭球虫中以毁灭泰泽球虫致病力最强，暴发性鸭球虫病多由毁灭泰泽球虫和菲莱氏温扬球虫混合感染所致，后者的致病力较弱。

毁灭泰泽球虫卵囊呈短椭圆形，浅绿色。初排出的卵囊内充满含粗颗粒的合子，孢子化后不形成孢子囊，8个香蕉形的子孢子游离于卵囊内，无极粒。

菲莱氏温扬球虫卵囊较大，呈卵圆形，浅蓝绿色。卵囊壁外层薄而透明，中层黄褐，内层浅蓝色。新排出的卵囊内充满含粗颗粒的合子，有微孔，孢子化卵囊内含4个瓜子形孢子囊，狭端有斯氏体，每个孢子囊内含4个子孢子和一个圆形孢子囊残体，有1～3个极粒，无卵囊残体。

2. 流行特点 随粪排出的毁灭泰泽球虫卵囊在0℃和40℃时停止发育，孢子化所需适宜温度为20～28℃，最适宜温度为26℃，孢子化时间为19 h。寄生于小肠上皮细胞内，严重感染时，盲肠和直肠也见有虫体。有两代裂殖增殖。从感染到随粪排出卵囊的最早时间为118h。

随粪排出的菲莱氏温扬球虫卵囊在9℃和40℃时停止发育，24～26℃的适宜温度下完成孢子化需30h。寄生于卵黄蒂前后肠段、回肠、盲肠和直肠绒毛的上皮细胞内及固有层中，有三代裂殖增殖。潜伏期为95h。

3. 临床症状 急性鸭球虫病多发生于2～3周龄的雏鸭，于感染后第4出现精神委顿，缩颈，不食，喜卧，渴欲增加等症状；病初拉稀，随后排暗红色或深紫色血便，发病当天或第二、第三天发生急性死亡，耐过的病鸭逐渐恢复食欲，死亡停止，但生长受阻，增重缓慢。慢性型一般不显症状，偶见有拉稀，常成为球虫携带者和传染源。

4. 病理变化 毁灭泰泽球虫危害严重，肉眼病变为整个小肠呈泛发性出血性肠炎，尤以卵黄蒂前后范围的病变严重。肠壁肿胀、出血；黏膜上有出血斑或密布针尖大小的出血点，有的见有红白相间的小点，有的黏膜上覆盖一层糠麸状或奶酪状黏液，或者有淡红色或深红色胶冻状出血性黏液，但不形成肠心。

菲莱氏温扬球虫致病性不强，肉眼病变不明显，仅可见回肠后部和直肠轻度充血，偶尔在回肠后部黏膜上见有散在的出血点，直肠黏膜弥漫性充血。

5. 实验室诊断 鸭的带虫现象极为普遍，所以不能仅根据粪便中有无卵囊作出诊断，应根据临诊症状、流行病学资料和病理变化，结合病原检查综合判断。急性死亡病例可从病变部位刮取少量黏膜置载玻片上，加1~2滴生理盐水混匀，加盖玻片用高倍镜检查，或取少量黏膜作成涂片，用姬氏或瑞氏液染色，在高倍镜下检查，见到有大量裂殖体和裂殖子即可确诊。耐过病鸭可取其粪便，用常规沉淀法沉淀后，弃上清液，沉渣加64.4%（W/V）硫酸镁溶液漂浮，取表层液镜检见有大量卵囊即可确诊。

（二）防治措施

1. 预防 鸭舍应保持清洁干燥，定期清除粪便，防止饲料和饮水被鸭粪污染。饲槽和饮水用具等经常消毒。定期更换垫料，换垫新土。

2. 治疗 在球虫病流行季节，当地面饲养达到12日龄的雏鸭，可将下列药物的任何一种混于饲料中喂服，均有良效。

磺胺间六甲氧嘧啶（SMM）按0.1%混于饲料中，或者复方磺胺间六甲氧嘧啶加三甲氧苄氨嘧啶（SMM＋TMP，以5∶1比例）按0.02%~0.04%混于饲料中，连喂5d，停3d，再喂5d。

磺胺甲基异噁唑（SMZ）按0.1%混于饲料，或者复方磺胺甲基异噁唑加三甲氧苄氨嘧啶（SMZ＋TMP，以5∶1比例）按0.02%~0.04%混于饲料中，连喂7d，停3d，再喂3d。

克球粉按有效成分0.05%浓度混于饲料中，连喂6~10d。

三、鹅球虫病

（一）诊断要点

1. 病原特征 引起鹅球虫病的球虫有15种，其中以截形艾美尔球虫致病力最强，寄生于肾小管上皮，使肾组织遭到严重破坏。

2. 流行特点 3周至3月龄幼鹅最易感，常呈急性经过，病程2~3d，致死率可高达87%。其他种鹅球虫均寄生于肠道，单独感染时，有些种可引起严重发病，而另一些种则致病力弱，但混合感染时也会严重致病。

3. 临床症状 肾球虫病表现精神不振，翅膀下垂，食欲缺乏，极度衰弱和消瘦，腹泻，粪带白色。重症幼鹅致死率颇高。肠道球虫病呈现出血性肠炎症状，食欲缺乏，精神委靡，腹泻，粪稀或有红色黏液，重者可因衰竭而死亡。

4. 病理变化 肾球虫病可见肾肿大，呈淡灰黑色或红色，肾组织上有出血斑和针尖大小的灰白色病灶或条纹，内含尿酸盐沉积物和大量卵囊。肾小管肿胀，内含卵囊、崩解的宿主细胞和尿酸盐。肠球虫病可见小肠肿胀，呈现出血性卡他性炎症，尤以小肠中段和下段最为严重，肠内充满稀薄的红褐色液体，肠壁上可能出现大的白色结节或纤维素性类白喉坏死性肠炎。

5. 实验室诊断 根据症状、流行病学调查、病变及粪便或肠黏膜涂片或在肾组织中发现各发育阶段虫体而确诊。

（二）防治措施

治疗鹅球虫病除各种磺胺类药物外，尚可选用阿的平和氨基阿的平。两者用法相同，每千克体重用 0.05g，将药混于湿谷中投喂 5 次，每次相隔 2～3d，通常在第三次给药后粪内便不见卵囊。氨基阿的平的中毒量每千克体重 1g，使用时防止过量造成中毒。

四、禽住白细胞虫病

鸡住白细胞虫病是由卡氏住白细胞原虫和沙氏住白细胞原虫寄生于鸡的血液和内脏器官所引起的一种原虫病。

（一）诊断要点

病鸡出现严重贫血、鸡冠苍白、腹泻（排绿色水样稀便）等症状，严重感染的病例常因出血、咯血、呼吸困难而突然死亡。剖检可见全身皮下、肌肉和内脏器官表面全身广泛性出血，脏器表面出现白色裂殖体结节。

1. 病原特征

（1）卡氏住白细胞原虫。其在鸡体内的配子生殖阶段大致可分为 5 个时期：

第一期：主要见于血液涂片或组织触片中，虫体游离在血液中而未进入宿主细胞，呈紫红色圆点状。

第二期：虫体已侵入红细胞或成红细胞中，每个红细胞中可寄生 1～7 个虫体，其大小、形状与第一期虫体相似。

第三期：常见于组织印片中，虫体开始生长，并明显比第二期大，寄生于宿主细胞内或外，呈深蓝色，近似圆形，虫体核中间有一深红色的核仁，偶见 2～4 个核仁。

第四期：虫体寄生于宿主细胞内或外，已能区分大、小配子体，其大小、形状与第三期虫体差别不大。

第五期：常见于末梢血液涂片。成熟的大配子体呈圆形或椭圆形，细胞质丰富呈深蓝色，细胞核较小，呈肾形、椭圆形或梨形，核仁呈圆点状；成熟的小配子体呈不规则圆形，细胞质少，呈浅蓝色，核几乎占去虫体的全部体积，呈梨形或哑铃状，核仁呈紫红色，杆状或圆点状。宿主细胞增大呈圆形，细胞核被挤压呈一深色狭带，围绕虫体的 1/3。

（2）沙氏住白细胞原虫。成熟的配子体呈长椭圆形（图 6-2）。宿主细胞常被挤压成纺锤形。宿主细胞核被虫体挤向一侧或挤向虫体的两旁，呈半月状，宿主的细胞质向两端伸展似菱角。大配子体呈深蓝色，核仁明显呈褐红色；小配子体呈浅蓝色，核仁不明显。

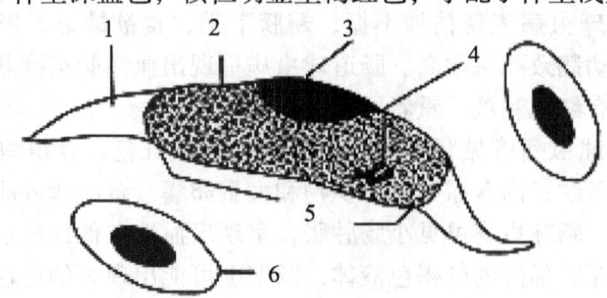

图 6-2　鸡沙氏住白细胞原虫

1. 白细胞的原生质　2. 配子体的原生质　3. 白细胞核　4. 配子体核　5. 配子体　6. 红细胞

2. 流行特点　不同品种、性别、年龄的鸡均能感染。多发生于3~6周龄的雏鸡，死亡率高达50%~80%；中鸡（5~7月龄）发病也严重，但死亡率不高，一般为10%~30%；成年鸡具有一定的抵抗力，一般不表现临床症状，死亡率低，通常为5%~10%。

卡氏住白细胞原虫、沙氏住白细胞原虫的子孢子在传播媒介蠓、蚋体内超过18d就失去感染力，且库蠓或蚋是以幼虫越冬，而幼虫体内不可能携带住白细胞原虫。耐药性虫株的出现、感染耐过的鸡，是本病每年重复流行的最初感染源。

本病是虫媒性疾病，通过传播媒介分别叮咬病鸡和健康鸡进行传播。住白细胞原虫病的发生及流行，与气候、地理位置、季节和传播媒介（蠓、蚋）的活动密切相关。热带、亚热带地区和地势低洼地区，夏秋季节，蠓、蚋大量繁殖，大大增加了家禽感染住白细胞原虫的机会。

鸡住白细胞原虫病呈世界性分布，鸡卡氏和沙氏住白细胞原虫病主要流行于南亚和东南亚一带，越南、泰国、印度、马来西亚和日本等国家和地区。我国也普遍存在，尤其在我国南方各省区，本病的发生相当常见。

3. 临床症状　自然感染的潜伏期为6~10d，以3~6周龄的雏鸡发病严重，死亡率高。病鸡出现精神沉郁、食欲不振、羽毛蓬乱、下痢、鸡冠和肉垂苍白等症状。感染后12~14d，突然出现出血、咯血、呼吸困难而死亡。感染稍轻者，可延迟1~2d出现出血死亡。中鸡和成年鸡感染后病情较轻，死亡率也较低，病鸡鸡冠苍白、消瘦，拉水样的白色或绿色稀粪。中鸡发育受阻，生长缓慢。成年鸡常引起产蛋下降或停止。

4. 病理变化　鸡冠、肉髯、颜面等皮肤及黏膜苍白；全身性出血（全身皮下广泛出血，肌肉特别是胸肌、腿肌、心肌有不同程度的出血斑点或条纹，全身脏器肿大、出血，尤其是肺脏、肾脏严重出血。有时出血也见于气管、胸腔、消化道及脑等处）及特征性病变——白色裂殖体小结节（胸肌、心肌、肺脏、肾脏、肝脏等器官上有针尖至粟粒大小、灰白或稍带黄色与周围界限明显的小结节，有时外围有出血环）。

5. 实验室诊断　根据发病季节、临床症状及病理剖检变化作出初步诊断。确诊需找到病原体。用消毒注射针头在鸡的翅下小静脉或鸡冠取一滴血液，涂薄片，瑞氏或姬氏染色，置高倍镜下观察，发现虫体即可确诊。亦可取肌肉及实质器官内的小结节压片，染色，镜检，可看到许多散在裂殖子。有报道用湿片检查法查出裂殖体：取病鸡的肺脏、心脏、肾脏及脾脏等，作一新切面，在放有50%甘油水溶液的玻片上按压数次，使片上液体微混，加盖玻片，镜检。可见有无色光滑、直径68~448μm的球体，内部不透明。有时球体破裂后，其内容物为无数尘埃样小粒，呈香蕉状。此法省时省力，可用于临床诊断。

有时可取病鸡的肾、脾、肺、肝、胰、腔上囊、卵巢制成切片，HE染色，镜检。可发现圆形大裂殖体存在部位，数量与眼观病变程度一致。其中，肾与脾内裂殖体最多，聚集或散在，最多一丛为17个，直径为27~40μm。

（二）防治措施

1. 加强日常管理　库蠓及蚋多产卵于有机质丰富的土壤和粪中，幼虫在水边变蛹，并羽化为成虫。因此，在流行季节要搞好鸡舍及其周围的环境卫生，及时清除污水、粪便及杂草，必要时用药物灭蠓。鸡舍要设置适宜隔离窗纱，阻止库蠓和蚋进入。

2. 及时治疗　药物治疗应在感染早期进行，最好是在疾病即将流行或正在流行的初期用药杀虫，效果良好，晚期用药往往因为病鸡器官发生器质性病变而效果很差。一个鸡场连续多年使用同一种药物，虫体可能产生抗药性，可改用另一种药物或同时使用两种有效药物，即可获得良好的控制效果。另外，由于病鸡采食及饮水量锐减，采用拌料或饮水给药往往达不到治疗剂量。因此，对严重病鸡采用注射给药，而采食及饮水量变化不大的病鸡可口服给药。治疗可用下列药物：

泰灭净：按每吨饲料添加泰灭净粉剂 100g，连用 14d，然后改为预防量；或者按每升水添加泰灭净钠粉 0.1g，然后改为预防量。

氯羟吡啶：按每千克饲料 250mg 混于饲料，连服 7d。

乙胺嘧啶：按每千克饲料 25～30mg 拌于饲料中饲喂。

贝尼尔（三氮脒）：0.01% 饮水 5d。

3. 免疫预防 已证实将含有裂殖体的组织脏器悬液用福尔马林灭活后，对 30 日龄的鸡进行免疫接种后，对鸡卡氏住白细胞原虫病具有一定的保护作用。至于非常好的虫苗，目前尚未见报道。故有待进一步研究新型虫苗，以提高预防本病的效果。

五、禽组织滴虫病

组织滴虫病又叫盲肠肝炎或黑头病，火鸡组织滴虫寄生于禽类盲肠和肝脏而引起的。本病多发生于雏火鸡。成鸡虽也能感染，但病情轻微。本病的主要特征是盲肠发炎、溃疡和肝脏表面具有特征性的坏死灶。

（一）诊断要点

1. 病原特征 火鸡组织滴虫为多形性虫体，大小不一，近似圆形和多形虫样，伪足钝圆（图 6-3）。无包囊阶段，有滋养体。常见有一根鞭毛，做钟摆样运动，核呈泡囊状。在组织细胞内的虫体，足有动基体，但无鞭毛，虫体单个或成堆存在，呈圆形、卵圆形或变形虫样，大小为 4～21μm。

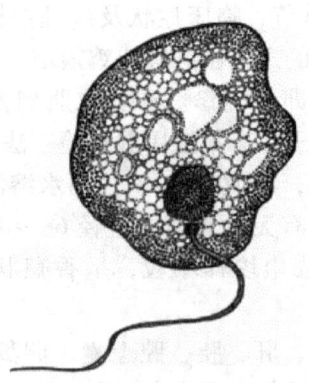

图 6-3　盲肠中有鞭毛的火鸡组织滴虫

2. 流行特点 组织滴虫行二分裂法繁殖。寄生于盲肠内的组织滴虫，可进入鸡异刺线虫体内，在卵巢中繁殖，并进入其卵内。异刺线虫卵到外界后，组织滴虫因有卵壳的保护，故能生存较长的时间，成为重要的感染源。

本病通过消化道感染，在急性暴发流行时，病禽粪便中含有大量病原，玷污了饲料、饮水、用具和土壤，健禽食后便可感染。蚯蚓吞食土壤中的异刺线虫卵时，火鸡组织滴虫可随虫卵生存于蚯蚓体内，当雏鸡吃了这种蚯蚓后就被滴虫感染。因此，蚯蚓在传播本病方面也具有重要作用。

2周龄至4月龄雏火鸡对本病的易感性最强，患病后死亡率也最高，8周龄至4月龄的雏鸡也易感；成鸡感染后症状不明显，常成为散布病原的带虫者。

本病的发生无明显季节性，但温暖潮湿的夏季发生较多。常发生于卫生和管理条件差的鸡场。鸡群过分拥挤，鸡舍及运动场不清洁，通风和光照不足，饲料缺乏营养，尤其是缺乏维生素A，都是诱发和加重本病流行的重要因素。

3. 临床症状 潜伏期15～21d，最短为5d。病鸡表现精神不振，食欲减少以致于停止。羽毛粗乱，翅膀下垂，身体蜷缩，怕冷，下痢。排泄淡黄色或淡绿色粪便，严重的病例粪中带血，甚至排出大量血液。有的病雏不下痢，在粪便中常发现盲肠坏死组织的碎片。病的末期，由于血液循环障碍，鸡冠呈暗黑色，因而有"黑头病"之称。病程一般为1～3周，病愈康复鸡的体内仍有虫体存在，带虫可达数周到数月。成鸡很少出现症状。

4. 病理变化 本病的病变主要局限在盲肠和肝脏，一般仅一侧盲肠发生病变，个别也有两侧盲肠同时受害的。在最急性病例中，仅见盲肠发生严重的出血性炎症，肠腔中含有血液，肠管异常膨大。典型的病例可见盲肠肿大，肠壁肥厚坚实，盲肠黏膜发炎出血、坏死甚至形成溃疡，表面附有干酪样坏死物或形成横截面呈同心圆状的坚硬肠芯。这种溃疡可达到肠壁的深层，偶尔可发生肠壁穿孔，引起腹膜炎而死亡。此种病例中常见到盲肠浆膜面黏附多量灰白色纤维素性渗出物，并与其他内脏器官相粘连。

肝脏肿大并出现特征的坏死病灶。这种病灶突出于肝脏表面，呈圆形或不规则形，中央凹陷，边缘隆起。病灶颜色为淡黄色或淡绿色。病灶的大小和数量不定，自针尖大、豆大至指头肚大，散在或密发于整个肝脏表面。

5. 实验室诊断 可根据流行病学、临床症状及特征性病理变化进行综合性判断。尤其是肝脏与盲肠病变具有特征性，可作为诊断的依据。还可采取病禽的新鲜盲肠内容物，加温（40℃）生理盐水稀释后作悬滴标本镜检虫体，可发现虫体在鞭毛协助下摆动或翻转。

本病在症状和剖检变化上与鸡盲肠球虫病相似。鉴别点在于本病检查不到球虫卵囊，盲肠常一侧发生病变及后者无本病所见的肝脏病变。但两种原虫病有时可以同时发生。

（二）防治措施

1. 预防 平时注意雏鸡与成鸡分群喂养，并定期对鸡群进行异刺线虫的驱虫。鸡舍定期用苛性钠消毒，注意通风及光照，保持饲料营养全价。鸡应与火鸡分开饲养。

2. 治疗 可使用下列药物：0.5%浓度的灭滴灵饮水，连用7d，停药3d，再用7d，有明显治疗效果。

模块二 禽蠕虫病

一、禽绦虫病

寄生于家禽肠道中的绦虫，种类多达40余种，其中最常见的是戴文科赖利属和戴文属及膜壳科剑带属的多种绦虫,均寄生于禽类的小肠,主要是十二指肠。大量虫体感染时,常引起贫血、消瘦、下痢、产蛋减少甚至停止。

(一) 诊断要点

1. 病原特征

(1) 棘盘赖利绦虫。成虫寄生于鸡、火鸡和雉的小肠内,体长25cm。头节顶突上有两列小钩共200~240个;4个圆形吸盘,上有8~15圈小钩。每个成节内有一组生殖器官,生殖孔开口于一侧或不规则地开口于两侧;睾丸20~40个。孕节子宫崩解为许多卵袋,每个卵袋内含6~12个虫卵;成熟孕节常沿中央纵轴线收缩而呈哑铃形,并在孕节与孕节之间形成小孔。中间宿主为蚂蚁。

(2) 四角赖利绦虫。成虫体长25cm。头节顶突上有1~3列小钩共90~130个;4个卵圆形吸盘,上有8~10列小钩;吸盘和顶突上的小钩均易脱落。颈节细长,每个成节内有一组生殖器官,生殖孔开口于同侧;睾丸18~35个,孕节呈近方形,孕节中子宫分为很多卵袋,每个卵袋内含6~12个虫卵。成虫寄生于鸡、火鸡、孔雀和鸽的小肠内。中间宿主为蚂蚁和家蝇。

(3) 有轮赖利绦虫。成虫寄生于鸡、火鸡、雉和珠鸡的小肠内,体长12cm。顶突大而宽扁,形似车轮状突出于前端,其基部有2列小钩共300~500个;4个圆形吸盘,无钩。每个成节内有一组生殖器官,生殖孔不规则地开口于虫体两侧;睾丸15~30个。孕节呈近圆形,似鼓;孕节子宫崩解为很多卵袋,每个卵袋内仅含一个虫卵。中间宿主为蝇类和步行虫科、金龟子科和伪步行虫科的甲虫。

(4) 节片戴文绦虫。成虫寄生于鸡、鸽和鹑类的十二指肠内,体长0.5~4mm,由3~9个节片组成,整体似舌形,由前向后逐渐增宽。顶突上有60~100个小钩,吸盘上有3~6列小钩。生殖孔规则地交互开口于节片侧缘前角;睾丸12~21个,在节片后部排成两行;雄茎囊发达,横列于节片前部,其长度占节片宽度一半以上。孕节内子宫分为许多卵袋,每个卵袋内含一个虫卵。中间宿主为蛞蝓。

(5) 矛形剑带绦虫。成虫寄生于鹅、鸭等水禽的小肠内,体长3~13cm,呈矛形,顶突上有8个小钩。颈短,节片20~40个。数个椭圆形睾丸,横列于卵巢内方生殖孔一侧;生殖孔开口于同侧节片侧缘前角。中间宿主为剑水蚤。

2. 流行特点 成虫寄生于家禽的小肠内,成熟的孕卵节片自动脱落,随粪便排到外界,被适宜的中间宿主吞食后,在其体内经2~3周时间发育为具感染能力的似囊尾蚴,禽吃了这种带有似囊尾蚴的中间宿主而受感染,在禽小肠内经2~3周时间即发育为成虫。成熟孕节经常不断地自动脱落并随粪便排到外界。

家禽的绦虫病分布十分广泛,危害面广且大。感染多发生在中间宿主活跃的4~9月份。各种年龄的家禽均可感染,但以雏禽的易感性更强,25~40日龄的雏禽发病率和死亡率最高,成年禽多为带虫者。饲养管理条件差、营养不良的禽群,本病易发生和流行。

3. 临床症状 患鸡消化不良,下痢,粪便稀薄或混有血样黏液,渴欲增加,精神沉郁,双翅下垂,羽毛逆立,消瘦,生长缓慢。严重者出现贫血,黏膜和冠髯苍白,最后衰弱死亡。产蛋鸡产蛋减少甚至停止。

4. 病理变化 小肠内黏液增多、恶臭,黏膜增厚,有出血点,严重感染时,虫体可阻塞肠道。棘盘赖利绦虫感染时,肠壁上可见中央凹陷的结节,结节内含黄褐色干酪样物。

5. 实验室诊断 在粪便中可找到白色米粒样的孕卵节片,在夏季气温高时,可见节片向粪便周围蠕动,取此类孕节镜检,可发现大量虫卵。对部分重病鸡可作剖检诊断。

(二) 防治措施

1. 预防 改善环境卫生,加强粪便管理,随时注意感染情况,及时进行药物驱虫。

2. 治疗 驱虫可用下列药物:

(1) 丙硫咪唑。每千克体重 20~30mg,一次内服。

(2) 硫双二氯酚。每千克体重 150~200mg,内服,隔 4d 同剂量再服一次。

(3) 氯硝柳胺(灭绦灵)。每千克体重 100~150mg,一次内服。

二、禽线虫病

(一) 鸡蛔虫病

鸡蛔虫病是由禽蛔科、禽蛔属的鸡蛔虫寄生于鸡小肠内引起的一种常见寄生虫病。本病遍及全国各地,常影响雏鸡的生长发育,甚至造成大批死亡,严重影响着养鸡业的发展。

1. 诊断要点

(1) 病原特征。鸡蛔虫(图 6-4)是寄生在鸡体内最大的一种线虫,呈淡黄白色,头端有三个唇片。雄虫长 26~70mm,尾端向腹面弯曲,有尾翼和尾乳突,一个圆形或椭圆形的泄殖腔前吸盘,二根交合刺近等长。雌虫长 65~110mm,阴门开口于虫体中部,尾端钝直。虫卵呈深灰色,椭圆形,卵壳厚,表面光滑或不光滑,新排出虫卵内含一个椭圆形胚细胞。虫卵大小为 (7~90) μm × (47~51) μm。

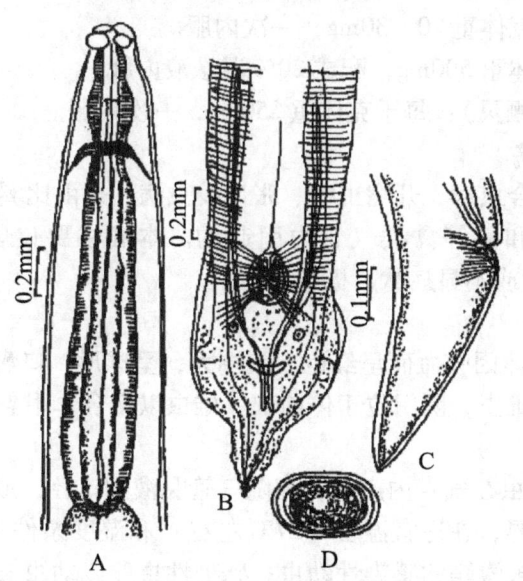

图 6-4 鸡蛔虫
A. 前部腹面 B. 雄虫尾部腹面 C. 雌虫尾部侧面 D. 卵

(2) 流行特点。受精后的雌虫在鸡的小肠内产卵,卵随鸡粪排到体外。虫卵对外界环境因素和常用消毒药物的抵抗力很强，在严寒冬季，经3个月的冻结仍能存活，但在干燥、高温和粪便堆沤等情况下很快死亡。

虫卵在适宜的温度和湿度等条件下，经1~2周发育为含感染性幼虫的虫卵，即感染性虫卵，其在土壤内6个月仍具感染能力。鸡因吞食了被感染性虫卵污染的饲料或饮水而感染，幼虫在鸡胃内脱掉卵壳进入小肠，钻入肠黏膜内，经一个时间发育后返回肠腔发育为成虫。从鸡吃入感染性虫卵到在鸡小肠内发育为成虫，需35~50d。除小肠外，在鸡的腺胃和肌胃内，有时也有大量虫体寄生。

3~4月龄以内的雏鸡最易感染和发病，一岁以上的鸡多为带虫者。

（3）临床症状。雏鸡常表现为生长发育不良，精神沉郁，行动迟缓，食欲不振，下痢，有时粪中混有带血黏液，羽毛松乱、消瘦、贫血，黏膜和鸡冠苍白，最终可因衰弱而死亡。严重感染者可造成肠堵塞导致死亡。成年鸡一般不表现症状，但严重感染时表现下痢、产蛋量下降和贫血等。

（4）病理变化。小肠黏膜发炎、出血，肠壁上有颗粒状化脓灶或结节。严重感染时可见大量虫体聚集，相互缠结，引起肠阻塞，甚至肠破裂和腹膜炎。

（5）实验室诊断。流行病学资料和症状可作参考，饱和盐水漂浮法检查粪便发现大量虫卵，或者尸体剖检在小肠，有时在腺胃和肌胃内发现有大量虫体可确诊。

2. 防治措施

（1）预防。搞好环境卫生；及时清除粪便，堆积发酵，杀灭虫卵；做好鸡群的定期预防性驱虫，每年2~3次；发现病鸡，及时用药治疗。

（2）治疗。驱虫可用下列药物：

①丙硫咪唑：每千克体重10~20mg，一次内服。

②左旋咪唑：每千克体重20~30mg，一次内服。

③噻苯唑：每千克体重500mg，配成20%混悬液内服。

④枸橼酸哌嗪（驱蛔灵）：每千克体重250mg，一次内服。

（二）比翼线虫病

比翼线虫病又称交合虫病、开嘴虫病、张口线虫病，是由比翼科比翼属的线虫寄生于鸡、吐绶鸡、雉、珠鸡和鹅等禽类气管内引起的。本病主要侵害幼禽，死亡率几乎达100%；成年禽症状轻微或不显症状，极少死亡。

1. 诊断要点

（1）病原特征。虫体因吸血而呈红色。头端大，呈球形；口囊宽阔呈杯状，其底部有三角形小齿。雌虫大于雄虫，阴门位于体前部。雄虫以交合伞附着于雌虫阴门部，永成交配状态。

（2）流行特点。雌虫在气管内产卵，卵随气管黏液到口腔，或者被咳出，或者被咽入消化道，随粪便排到外界，在适宜温度（27℃左右）和湿度条件下，虫卵约经3d发育为感染性虫卵或孵化为外被囊鞘的感染性幼虫；感染性虫卵或幼虫被蚯蚓、蛞蝓、蜗牛、蝇类及其他节肢动物等延续宿主吃入后，在其肌肉内形成包囊，虫体不发育但保持着对禽类宿主的感染能力。禽类宿主因吞食了感染性虫卵或幼虫，或者带有感染性幼虫的延续宿主而感染，幼虫钻入肠壁，经血流移行到肺泡、细支气管、支气管和气管，于感染后18~20d发育为成虫并产卵。

（3）临床症状。病禽伸颈，张嘴呼吸，头部左右摇甩，以排出黏性分泌物，有时可见虫体。病初食欲减退甚至废绝，精神不振，消瘦，口内充满泡沫性唾液。最后因呼吸困难，窒息死亡。

（4）病理变化。幼虫移经肺脏，可见肺淤血，水肿和肺炎病变。成虫期可见气管黏膜上有虫体附着及出血性卡他性炎症，气管黏膜潮红，表面有带血黏液覆盖。

（5）实验室诊断。根据症状，结合粪便或口腔黏液检查见有虫卵，或者剖检病鸡在气管或喉头附近发现虫体可确诊。

2. 防治措施

（1）预防。勤清除粪便，发酵消毒；保持禽舍和运动场卫生、干燥，杀灭蛞蝓、蜗牛等中间宿主，流行区对禽群体进行定期预防性驱虫；发现病禽及时隔离并用药治疗。

（2）治疗。丙硫咪唑按每千克体重 30～50mg，或者噻苯唑按每千克体重 500mg，一次内服，均有较好治疗效果。将噻苯唑按 0.05%～0.1% 比例混入饲料中喂服，亦有良效。

（三）禽毛细线虫病

禽毛细线虫病是由毛首科毛细线虫属的多种线虫寄生于禽类消化道引起的。中国各地均有发生。严重感染时，可引起家禽死亡。

1. 诊断要点

（1）病原特征。虫体细小，呈毛发状。前部细，为食道部；后部粗，内含肠管和生殖器官。雄虫有一根交合刺，雌虫阴门位于粗细交界处。虫卵呈棕黄色，腰鼓形，卵壳厚，两端有卵塞，卵内含一椭圆形胚细胞。

①有轮毛细线虫。前端有一球状角皮膨大。雄虫长 15～25mm，雌虫长 25～60mm。寄生于鸡的嗉囊和食道。中间宿主为蚯蚓。

②鸽毛细线虫。雄虫长 8.6～10mm，雌虫长 10～12mm。寄生于鸽、鸡、吐绶鸡的小肠。属直接型发育史，不需中间宿主。

③膨尾毛细线虫。雄虫长 9～14mm，尾部两侧各有一个大而明显的伞膜；雌虫长 14～26mm。寄生于鸡、火鸡、鸭、鹅和鸽的小肠。中间宿主为蚯蚓。

④鹅毛细线虫。雄虫长 10～13.5mm，雌虫长 16～26.4mm。寄生于鹅小肠及盲肠（图 6-5）。

⑤鸭毛细线虫。雄虫长 6.7～13.1mm，雌虫长 8.1～18.3mm。寄生于鸭、鹅、火鸡盲肠。直接型发育史，不需中间宿主。

⑥捻转毛细线虫。雄虫长 8～17mm，一根交合刺细而透明；雌虫长 15～60mm，阴门呈圆形，突出。寄生于火鸡、鸭等的食道和嗉囊。直接型发育史，不需中间宿主。

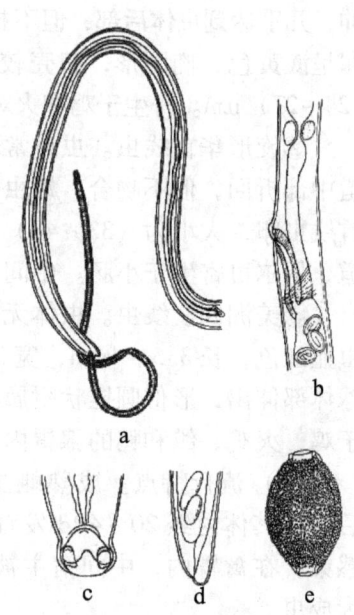

图 6-5 鹅毛细线虫
a. 雄虫尾部； b. 雌虫阴门侧面；
c. 雄虫尾端； d. 雌虫尾部； e. 虫卵

（2）流行特点。成熟雌虫在寄生部位产卵，虫卵随禽粪便排到外界，直接型发育史的毛细线虫卵在外界环境中发育成感染性虫卵，其被禽类宿主吃入后，幼虫逸出，进入寄生部位黏膜内，经1个月发育为成虫。间接型发育史的毛细线虫卵被中间宿主蚯蚓吃入后，在其体内发育为感染性幼虫，禽啄食了带有感染性幼虫的蚯蚓后，蚯蚓被消化，幼虫释出并移行到寄生部位黏膜内，经19~26d发育为成虫。

（3）临床症状。患禽精神委靡，头下垂；食欲不振，常作吞咽动作，消瘦，下痢，严重者，各种年龄的禽均可发生死亡。

（4）病理变化。虫体寄生位黏膜发炎，增厚，黏膜表面覆盖有絮状渗出物或黏液脓性分泌物，黏膜溶解、脱落甚至坏死。病变程度的轻重因虫体寄生的多少而不同。

（5）实验室诊断。检查粪便查到虫卵。

2. 防治措施

（1）预防。搞好环境卫生；勤清除粪便并作发酵处理；消灭禽舍中的蚯蚓；对禽群定期进行预防性驱虫。

（2）治疗。下列药物均有良好疗效：

①左旋咪唑：按每千克体重20~30mg，一次内服。

②甲苯咪唑：按每千克体重20~30mg，一次内服。

③甲氧啶：按每千克体重200mg，用灭菌蒸馏水配成10%溶液，皮下注射。

（四）禽胃线虫病

禽胃线虫病是由华首科华首属和四棱科四棱属的线虫寄生于禽类的食道、腺胃、肌胃和小肠内引起的。

1. 诊断要点

（1）病原特征。

①斧钩华首线虫。虫体前部有4条饰带，两两并列，呈不整齐的波浪形，由前向后延伸，几乎达到虫体后部，但不折回亦不相互吻合。雄虫长9~14mm，雌虫长16~19mm。虫卵呈淡黄色，椭圆形，卵壳较厚，内含一个"U"形幼虫，虫卵大小为（40~45）μm×（24~27）μm。寄生于鸡和火鸡的肌胃角质膜下。中间宿主为蚱蜢、象鼻虫和赤拟谷盗。

②旋形华首线虫。虫体常卷曲呈螺旋状，前部的4条饰带呈波浪形，由前向后，在食道中部折回，但不吻合。雄虫长7~8.3mm，雌虫长9~10.2mm。虫卵形态结构同斧钩华首线虫卵，大小为（33~40）μm×（18~25）μm。寄生于鸡、火鸡、鸽和鸭的腺胃和食道，偶尔可寄生于小肠。中间宿主为鼠妇虫，俗称"潮湿虫"。

③美洲四棱线虫。虫体无饰带，雄虫和雌虫形态各异。雄虫纤细，长5~5.5mm。雌虫血红色，长3.5~4mm，宽3mm，呈亚球形，并在纵线部位形成4条纵沟，前、后端自球体部伸出，形似圆锥状附属物。虫卵大小为（42~50）μm×24μm，内含一幼虫。寄生于鸡、火鸡、鸽和鸭的腺胃内。中间宿主为蚱蜢和德国小蠊蟑。

（2）流行特点。成熟雌虫在寄生部位产卵，卵随粪便排到外界，被中间宿主吃入后，在其体内经20~40d发育成感染性幼虫，家禽因吃入带有感染性幼虫的中间宿主而感染。在禽胃内，中间宿主被消化而释放出幼虫，并移行到寄生部位，经27~35d发育为成虫。

（3）临床症状。虫体小量寄生时症状不明显，但大量虫体寄生时，患禽消化不良，食欲不振，精神沉郁，翅膀下垂，羽毛蓬乱，消瘦，贫血，下痢。雏禽生长发育缓慢，成年禽产蛋量下降。严重者可因胃溃疡或胃穿孔导致死亡。

（4）病理变化。剖检发现胃壁发炎、增厚，有溃疡灶，并在腺胃腔内或肌胃角质层下查到虫体。

（5）实验室诊断。检查粪便查到虫卵，或者剖检发现胃壁发炎、增厚，有溃疡灶，并在腺胃腔内或肌胃角质层下查到虫体可确诊。

2. 防治措施

（1）预防。加强饲料和饮水卫生；勤清除粪便，堆积发酵；消灭中间宿主，可用0.005%敌杀死或0.006 7%杀灭菊酯水悬液喷洒禽舍四周墙角、地面和运动场；满1月龄的雏禽可作预防性驱虫1次。

（2）治疗。左旋咪唑按每千克体重20~30mg，混入饲料中喂给，或者配成5%水溶液嗉囊内注射；或者用噻苯唑按每千克体重300~500mg，一次内服。

（五）异刺线虫病

异刺线虫病又称盲肠虫病，是由异刺科异刺属的异刺线虫寄生于鸡、火鸡、鸭、鹅等禽、鸟类的盲肠内引起的一种线虫病。

1. 诊断要点

（1）病原特征。异刺线虫（图6-6）细小，呈白色，头端略向背面弯曲，食道末端有一膨大的食道球。雄虫长7~13mm，尾直，末端尖细；两根交合刺不等长、不同形；有一个圆形泄殖腔前吸盘。雌虫长10~15mm，尾细长，阴门位于虫体中部稍后方。虫卵呈灰褐色，椭圆形，大小为（65~80）μm×（35~46）μm，卵壳厚，内含一个胚细胞，卵的一端较明亮，可区别于鸡蛔虫卵。

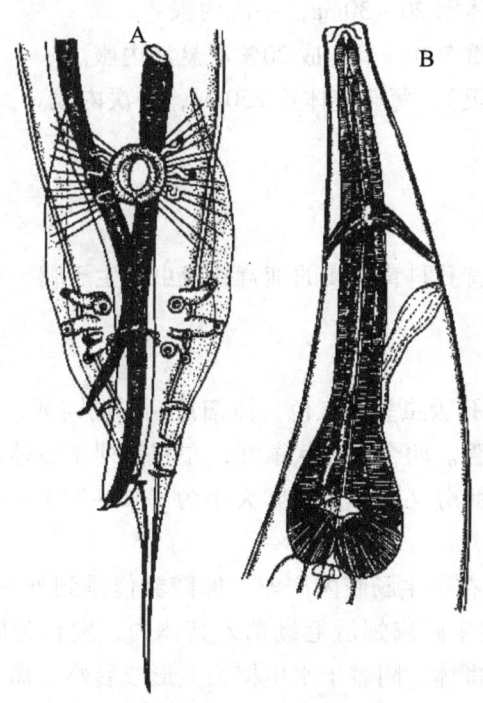

图6-6 鸡异刺线虫
A. 雄虫尾部腹面　B. 前部

(2) 流行特点。成熟雌虫在盲肠内产卵，卵随粪便排于外界，在适宜的温度和湿度条件下，约经2周发育成含幼虫的感染性虫卵，家禽吞食了被感染性虫卵污染的饲料和饮水或带有感染性虫卵的蚯蚓而感染，幼虫在小肠内脱掉卵壳并移行到盲肠而发育为成虫。从感染性虫卵被吃入到在盲肠内发育为成虫需24~30d。此外，异刺线虫还是鸡盲肠肝炎（火鸡组织滴虫病）病原体的传播者，当一只鸡体内同时有异刺线虫和火鸡组织滴虫寄生时，组织滴虫可进入异刺线虫卵内，并随虫卵排到体外，当鸡吞食了这种虫卵时，便可同时感染这两种寄生虫。

(3) 临床症状。患禽消化机能障碍，食欲不振或废绝，下痢，贫血，雏禽发育停滞，消瘦甚至死亡。成禽产蛋量下降或停止。

(4) 病理变化。尸体消瘦，盲肠肿大，肠壁发炎和增厚，有时出现溃疡灶。盲肠内可查见虫体，尤以盲肠尖部虫体最多。

(5) 实验室诊断。检查粪便发现虫卵，或者剖检在盲肠内查到虫体均可确诊，但应注意与蛔虫卵相区别。

2. 防治措施

(1) 预防。搞好环境卫生；及时清除粪便，堆积发酵，杀灭虫卵；做好鸡群的定期预防性驱虫，每年2~3次；发现病鸡，及时用药治疗。

(2) 治疗。驱虫可用下列药物：
①丙硫咪唑：每千克体重10~20mg，一次内服。
②左旋咪唑：每千克体重20~30mg，一次内服。
③噻苯唑：每千克体重500mg，配成20%混悬液内服。
④枸橼酸哌嗪（驱蛔灵）：每千克体重250mg，一次内服。

三、禽吸虫病

（一）背孔吸虫病

背孔吸虫病主要是由背孔科背孔属的细背孔吸虫寄生于鸭、鹅、鸡等禽类盲肠和直肠内引起的。

1. 诊断要点

(1) 病原特征。细背孔吸虫呈淡红色，体细长，两端钝圆，只有口吸盘。腹面有3行呈椭圆形或长椭圆形的腹腺。两个分叶状睾丸，左右排列于虫体后部。卵巢分叶，位于两睾丸之间。生殖孔开口于肠分叉后方。虫卵大小为（15~21）$\mu m \times 12\mu m$，两端各有1条卵丝，长约0.26mm。

(2) 流行特点。成虫在宿主肠腔内产卵，卵随粪便排到外界，在适宜的条件下，3~4d孵出毛蚴。遇到中间宿主圆扁螺后毛蚴钻入其体内，发育为胞蚴、雷蚴和尾蚴。成熟尾蚴在同一螺体内或离开螺体，附着于水生植物上形成囊蚴。禽类因啄食含囊蚴的螺蛳或水生植物而遭感染，童虫附着在盲肠或直肠壁上，约经3周发育为成虫。

(3) 临床症状。患禽精神沉郁，贫血，消瘦，下痢，生长发育受阻，严重者可引起死亡。

(4) 病理变化。由于虫体的机械性刺激和毒素作用，导致肠黏膜损伤、发炎。

(5) 实验室诊断。根据症状，结合粪便检查发现虫卵及剖检死禽发现虫体可确诊。

2. 防治措施

(1) 预防。勤清除粪便，堆积发酵，杀灭虫卵；对患禽群定期驱虫；用化学药物消灭中间宿主。

(2) 治疗。驱虫可用下列药物。

①氯硝柳胺：每千克体重 100～200mg，一次内服。

②硫双二氯酚（别丁）：每千克体重 150～200mg，一次内服。

③槟榔煎剂：槟榔粉 50g，加水 1 000ml，煮沸至 750ml 槟榔液，鸡每千克体重 10～15ml，鸭、鹅每千克体重 7～12ml，用细胶管插入食道内灌服或嗉囊内注射。

（二）后睾吸虫病

后睾吸虫病是由后睾科对体属、次睾属和后睾属的吸虫寄生于鸭、鸡、鹅等禽类的胆管和胆囊内引起的。1 月龄以上的雏鸭感染率最高。

1. 诊断要点

(1) 病原特征。

①鸭对体吸虫。多寄生于鸭胆管内。虫体窄长，后端尖细，背腹扁平，大小为（14～24）mm×（0.88～1.12）mm，口吸盘大于腹吸盘。两个睾丸前后排列于虫体后部。卵巢分叶，位于睾丸之前。生殖孔在腹吸盘前缘。虫卵呈卵圆形，一端有卵盖，另一端有个小突起，大小为 $26\mu m \times 16\mu m$。

②台湾次睾吸虫。寄生于鸭胆管和胆囊内。虫体细小狭长，前端有小刺。大小为（2.3～3.0）mm×（0.35～0.48）mm。口吸盘与腹吸盘近于等大。卵巢呈圆形或椭圆形；受精囊发达。虫卵呈椭圆形。其他与鸭对体吸虫相似。

③东方次睾吸虫。寄生于鸭、鸡、野鸭胆管和胆囊内。虫体呈叶状，体表有小刺。大小为（2.35～4.64）mm×（0.53～1.2）mm。睾丸大而分叶；卵巢呈卵圆形。虫卵大小为（29～32）$\mu m \times$（15～17）μm。其他与台湾次睾吸虫相似。

④鸭后睾吸虫。寄生于鹅、鸭等水禽肝胆管内。虫体较长，两端较细，大小为（7～23）mm×（1～1.5）mm。口吸盘大于腹吸血。体表平滑，缺雄茎囊。卵巢分为很多小叶，受精囊小，子宫发达。虫卵大小为（28～29）$\mu m \times$（26～18）μm。

(2) 流行特点。成虫在胆管和胆囊内产卵，卵随胆汁进入肠腔随粪便排出，落入水中，孵出毛蚴；毛蚴钻入第一中间宿主纹沼螺体内，发育为胞蚴、雷蚴和尾蚴；成熟尾蚴离开螺体，进入第二中间宿主麦穗鱼及爬虎鱼体内，在其肌肉或皮层内形成囊蚴；鸭、鹅等吃入含囊蚴的鱼而感染。其他食鱼水禽和鸟类也可感染。

(3) 临床症状。虫体的机械性刺激和毒素作用，患禽表现贫血，消瘦等全身症状，严重者常引起死亡。

(4) 病理变化。剖检可见胆囊肿大，囊壁增厚，胆汁变质或停止分泌；胆管发炎，管腔狭窄甚至堵塞。组织变化可见间质性肝炎，血管内可见吸虫幼虫。

(5) 实验室诊断。生前检查粪便发现虫卵，或者死后剖检在胆管、胆囊内查到虫体可确诊。

2. 防治措施

（1）预防。禽粪堆积发酵，杀灭虫卵，以免环境污染；消灭螺蛳，切断传播途径；流行区家禽避免到水边放牧，以防止感染；及时治疗患禽，防止病原散播。

（2）治疗。常用以下药物。

①硫双二氯酚。每千克体重150～200mg，一次内服。

②吡喹酮。每千克体重15mg，一次内服。

③丙硫咪唑。每千克体重75～100mg，一次内服。

（三）棘口吸虫病

棘口吸虫病是由棘口科棘口属的吸虫寄生于鸡、鸭、鹅等禽、鸟类直肠和盲肠内引起的。

1. 诊断要点

（1）病原特征。

①卷棘口吸虫（图6-7）。虫体呈淡红色，长叶状，体表有小刺。虫体大小为（7.6～12.6）mm×（1.26～1.6）mm。头襟发达，具有头棘。口吸盘位于虫体前端。两个椭圆形睾丸前后排列于体中部后方，生殖孔位于肠管分叉后方、腹吸盘前方。虫卵呈金黄色、椭圆形，大小为（114～126）μm×（64～72）μm，一端有卵盖，内含一个胚细胞和很多卵黄细胞。

②宫川棘口吸虫。大小为（8.6～18.4）mm×（1.62～2.48）mm，两个睾丸呈椭圆形，分叶。除禽、鸟类外，亦可寄生于哺乳动物和人。其他形态结构与卷棘口吸虫相似。

（2）流行特点。棘口吸虫的发育需要两个中间宿主，第一中间宿主为折叠萝卜螺、小土蜗螺和凸旋螺，第二中间宿主除上述3种螺外，尚有半球多脉扁螺、尖口圆扁螺和蝌蚪。

成虫在禽的直肠或盲肠内产卵，虫卵随粪便排到外界，落入水中的卵在31～32℃条件下仅需10d即孵出毛蚴；毛蚴进入第一中间宿主后，约经32d先后形成胞蚴、雷蚴、尾蚴；尾蚴离开螺体，游于水中，遇第二中间宿主即钻入其体内形成囊蚴。终末宿主禽类吃入含囊蚴的螺蛳或蝌蚪后而遭感染。囊蚴进入消化道后，囊壁被消化，童虫逸出，吸附在肠壁上，经16～22d即发育成成虫。

棘口吸虫病在中国各地普遍流行，对雏禽的危害较为严重。家禽感染主要是采食浮萍或水草饲料，因为螺与蝌蚪多与水生植物一起孳生。

（3）临床症状。轻度感染仅引起轻度肠炎和腹泻。严重感染时引起下痢，贫血，消瘦，生长发育受阻，甚至发生死亡。

（4）病理变化。剖检可见出血性肠炎，肠黏膜上附着有大量虫体，黏膜损伤和出血。

（5）实验室诊断。生前检查粪便发现虫卵并结合症状可确诊；死后剖检在肠道内发现

图6-7 卷棘口吸虫

虫体可确诊。

2. 防治措施

（1）预防。勤清除粪便，堆积发酵，杀灭虫卵；对患禽群定期驱虫；用化学药物消灭中间宿主。

（2）治疗。驱虫可用下列药物：

①氯硝柳胺。每千克体重100~200mg，一次内服。

②硫双二氯酚（别丁）。每千克体重150~200mg，一次内服。

③槟榔煎剂。槟榔粉50g，加水1 000ml，煮沸至750ml 槟榔液，鸡每千克体重10~15ml，鸭、鹅每千克体重7~12ml，用细胶管插入食道内灌服或嗉囊内注射。

（四）前殖吸虫病

前殖吸虫病是由前殖科前殖属的多种吸虫寄生于鸡、鸭、鹅等禽、鸟类的直肠、泄殖腔、腔上囊和输卵管内引起的，常导致母禽产蛋异常，甚至死亡。

1. 诊断要点

（1）病原特征。虫体呈棕红色，扁平梨形或卵圆形，体长3~6mm，宽1~2mm。口吸盘位于虫体前端，腹吸盘在肠管分叉之后。两个椭圆或卵圆形睾丸，左右并列于虫体中部两侧。卵巢分叶，子宫有下行支和上行支。生殖孔开口于虫体前端口吸盘左侧。虫卵呈棕褐色，椭圆形，一端有卵盖，另一端有一小突起，内含一个胚细胞和许多卵黄细胞，虫卵大小为（22~29）$\mu m \times$（12~15）μm。

（2）流行特点。成虫在寄生部位产卵，卵随粪便排到体外，落入水中，被第一中间宿主淡水螺类吞食，在其肠内孵出毛蚴，钻入螺肝发育为胞蚴，再由胞蚴发育为尾蚴；尾蚴离开螺体，进入水中，钻入第二中间宿主蜻蜓的幼虫和稚虫体内发育为囊蚴，禽类啄食带有囊蚴的蜻蜓幼虫或成虫即被感染，1~2周发育为成虫。

前殖吸虫病多呈地方性流行，其流行季节与蜻蜓的出现季节相一致，多发生在春季和夏季。家禽感染多因到水池岸边放牧时，捕食蜻蜓而引起；同时，含虫卵的粪便落入水中，造成病原散播。

（3）临床症状。感染初期，患禽外观正常，但蛋壳粗糙或产薄壳蛋、软壳蛋、无壳蛋，或者仅排蛋黄或少量蛋清，继而患禽食欲下降，消瘦，精神委靡，蹲卧墙角，滞留空巢，或者排乳白色石灰水样液体，有的腹部膨大，步态不稳，两腿叉开，肛门潮红、突出，泄殖腔周围沾满污物，严重者因输卵管破坏，导致泛发性腹膜炎而死亡。

（4）病理变化。输卵管发炎，黏膜充血、出血，极度增厚，后期输卵管壁变薄甚至破裂。腹腔内有大量浑浊的黄色渗出液或脓样物。

（5）实验室诊断。根据症状，结合查到粪便中虫卵，或者剖检有输卵管病变并查到虫体可确诊。

2. 防治措施

（1）预防。勤清除粪便，堆积发酵，杀灭虫卵，避免活虫卵进入水中；圈养家禽，防止吃入蜻蜓及其幼虫；及时治疗病禽，每年春、秋两季有计划地进行预防性驱虫。

（2）治疗。驱虫可用下列药物：

①六氯乙烷：以每千克体重0.2~0.3g，混入饲料中喂给，每天1次，连用3d。

②丙硫苯咪唑（抗蠕敏）：每千克体重80~100mg，一次内服。

③吡喹酮：每千克体重30~50mg，一次内服。

模块三　禽外寄生虫病

一、鸡皮刺螨病

本病是由皮刺螨科皮刺螨属的鸡皮刺螨所引起，其寄居于鸡、鸽、家雀等禽鸟类的窝巢内，吸食禽血。

（一）诊断要点

1. 病原特征　虫体呈长椭圆形，后部略宽。体表密生短绒毛呈淡红色或棕灰色。雌虫体长0.72~0.75mm，宽0.4 mm，饱血后其长度可达1.5 mm。雄虫体长0.6 mm，宽约0.32 mm。体表有细皱纹与短毛。假头长，螯肢一对，呈细长的针状，用以穿刺宿主皮肤而吸取血液，足很长，上有吸盘。

2. 流行特点　鸡皮刺螨属不完全变态的节肢动物，其发育过程包括卵、幼虫、若虫和成虫4个阶段，其中若虫为2期。侵袭鸡只的雌虫在吸饱血后，每次产卵10枚。在20~25℃的情况下，经过2~3d后孵化为3对足的幼虫。幼虫不吸血，经过2~3d后蜕化为4对足的第一期若虫。第一期若虫吸血后，隔3~4d蜕化为第二期若虫。第二期若虫再经0.5~4d后蜕化为成虫。鸡皮刺螨主要在夜间侵袭动物吸血，如果鸡于白天留居舍内或母鸡孵卵时，亦可遭受侵袭。

3. 临床症状　受到侵袭的鸡日渐衰弱、贫血，产蛋率下降，甚至引起死亡。

（二）防治措施

可用氰戊菊酯和溴氰菊酯杀灭鸡体上的螨；亦可用这类药物的水乳剂对鸡舍进行消毒，尤其是栖架、墙壁缝隙。产蛋箱要清洗干净，用沸水浇烫后，再在阳光下暴晒，以彻底杀灭虫体。

二、鸡奇棒恙螨病

鸡奇棒恙螨病是恙螨科奇棒属的鸡奇棒恙螨的幼虫寄生于鸡及其他鸟类引起的。主要寄生部位是翅膀内侧、胸肌两侧及腿内侧皮肤上。

（一）诊断要点

1. 病原特征　鸡奇棒恙螨又称鸡新勋恙螨，其幼虫很小，不易发现，饱食后呈黄色，大小为0.42 mm×0.32 mm，分头胸部和腹部，有3对足。

2. 流行特点　恙螨在发育过程中，仅幼虫营寄生生活；成虫多生活于潮湿的草地上，以植物液汁和其他有机物为食。雌虫受精后，产卵于泥土上，约经2周时间孵出幼虫。幼虫遇到鸡及其他鸟类便爬至其体上，刺吸体液和血液，有1~30d饱食时间，在鸡体上的寄生时间为5周以上。幼虫落地数日后发育为成虫。由卵发育为成虫需1~3个月。

3. 临床症状　病鸡患部奇痒、贫血、消瘦、垂头、不食，部分鸡死亡。

4. 病理变化　大量虫体寄生时，腹部和翼下布满痘疹状病灶，周围隆起，中间凹陷呈痘脐形，中央可见一小红点，即恙螨幼虫。

5. 实验室诊断　在痘疹状病灶的痘脐中央凹陷部可见有小红点，用小镊子取出镜检，可发现虫体。

（二）防治措施

应避免在潮湿地方放鸡。发现病鸡，可用70%酒精、碘酊或5%硫磺软膏涂擦病灶，一次可杀死虫体，数日病灶消失。

三、禽羽虱病

禽羽虱病是禽体表常见的体外寄生虫，它们属于食毛目，即所谓咀嚼虱，有严格的宿主寄生性。寄生于禽类的常见种类有鸡虱、鸭虱、鹅虱和鸽虱。

（一）诊断要点

1. 病原特征　其体长为0.5～2mm，呈深灰色。虱体扁平，分头、胸、腹3部分，头部的宽度大于胸部，咀嚼式口器。胸部有3对足，无翅。寄生于禽体表的羽虱有多种，有的为宽短形，有的为细长形。根据寄生部位不同主要有头虱（图6-8）、羽干虱（图6-9、图6-10）和大体虱（图6-11）3种。头虱主要寄生在禽的颈、头部，对幼禽的侵害最为严重；羽干虱主要寄生在羽毛的羽干上；大体虱主要寄生在肛门下面，有时在翅膀下部和背、胸部也有发现。羽虱的发育过程包括卵、若虫和成虫3个阶段，全部在禽类体表上进行。雌虱产的卵粘在羽毛的基部，约经一周孵化出若虫，若虫经3次蜕皮变为成虫。

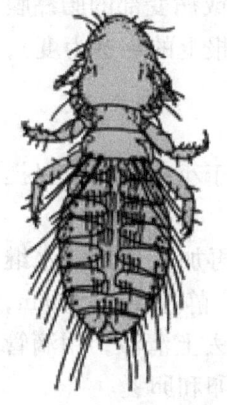
图6-8　鸡头虱
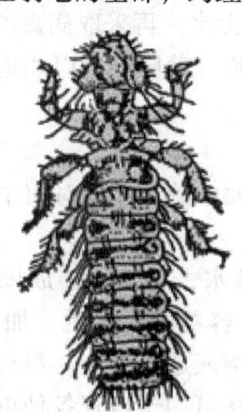
图6-9　鸭羽虱
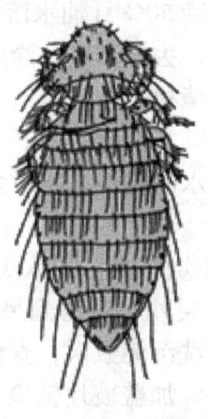
图6-10　鸡羽虱
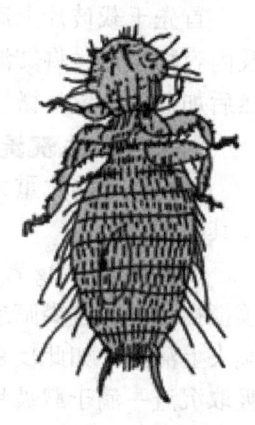
图6-11　大体虱

2. 流行特点　羽虱通过直接接触或间接接触传播，一年四季均可发生，但冬季较为严重。若鸡舍矮小、潮湿，饲养密度大，鸡群得不到砂浴，可促使羽虱的传播。

3. 临床症状　羽虱繁殖迅速，以羽毛和皮屑为食，使禽类奇痒不安，鸡因啄痒而伤及皮肤，羽毛脱落，日渐消瘦，产蛋量减少，以头虱和大体虱危害最大，使雏鸡生长发育受阻，甚至由于体质衰弱而死亡。

4. 诊断　在禽类体表发现虱体即可确诊。

（二）防治措施

1. 预防　防止野禽或家禽接触禽体，绝不能将有虱子的禽放入无虱的禽体。

2. 治疗　用250mg/L的溴氰菊酯直接向禽体喷洒或药浴，一定要保证全身都被喷到，同时，对鸡舍、笼具进行喷洒消毒。也可在运动场内建一方形浅池，在细砂内加入10%硫磺粉或4%马拉硫磷，充分混匀，铺成10~20cm厚度，让禽自行砂浴。

任务18　禽寄生虫病虫卵检查

【任务说明】

在禽寄生虫病诊断中，常需要通过病原学检查为疾病的确诊提供依据。对于常见的、较为重要的禽类寄生虫病来说，最常应用的病原学方法即虫卵或虫体检查法。寄生于禽体内的寄生虫，基本上都可以通过粪便排出虫卵、卵囊、滋养体等。因此，粪便是检查虫卵最常采取的病料。其次是病变部的肠黏膜及内容物。

【工作场景】

本任务可安排在实验室、实训室进行或企业兽医诊疗室（化验室）。所需材料根据需要准备。

【工作过程】

（一）直接涂片法

首先于载玻片上滴数滴50%甘油水溶液或常水，再采取病禽的粪便或病变部的肠黏膜及内容物少许，将其混匀，去掉粪渣，涂成薄膜（薄膜厚度以能透视书报上的字迹为度），然后加盖玻片置显微镜下镜检。

（二）水洗沉淀法

利用虫卵的比重大于水的特性，将较多粪便中的虫卵相对集中浓聚于小范围内，以提高其检出率。

取粪便5~10g置于小烧杯内，加入少量清水，将其搅拌成糊状，再加入适量清水继续搅拌，并通过粪筛或双层纱布过滤到另一个容器内；然后，加满水，静置10~20min，倾去上清液。如此反复水洗沉淀数次，直到上清液透明为止；最后，倒去上清液，用滴管吸取沉渣一滴于载玻片上，加盖玻片镜检。此法可用于检查各种虫的虫卵和卵囊。

（三）饱和盐水漂浮法

漂浮法是利用比重大于虫卵的溶液与粪便混合，使粪便中的虫卵漂浮于液体表面，从而提高其检出率。在临床上，最常应用的漂浮液为饱和盐水（沸水100ml中加氯化钠36g，使其充分搅匀熔化即成）。如禽球虫、蛔虫，均可利用此漂浮液进行浓聚。

试验时，取新鲜粪便5~10g于小烧杯内，然后加少量饱和盐水混匀，用双层纱布将粪液过滤到另一容器内。滤液静置15~20min，使虫卵集中于液面，再用直径在5mm以内的铁丝环平行接触液面，蘸取一层水膜于载玻片上；或者静置前即以载玻片置容器口与液面接触（容器用饱和盐水加满），静置后取下载玻片，加盖玻片镜检。容器要求深而口小，容积不可过大，漂浮液的量约为粪量的10倍。

（四）虫卵及卵囊计数

虫卵计数法可以用来粗略推断机体体内某些寄生虫的感染程度，也可用以判断药物驱虫的效果。虫卵计数的结果，常以每克粪便中虫卵数来表示（简称EPG）。常用的计数方法如下：

1. 斯陶尔氏法 该法适用于吸虫、球虫、线虫等寄生虫卵囊的计数。在56ml和60ml处有刻度的小三角烧瓶或大试管内，先加0.4%氢氧化钠溶液至56刻度处，再加入4g粪便，使液面上升到60ml处，再放入若干玻璃珠，塞紧容器口，用力振荡，使粪便完全散开。然后，立即吸取0.15ml粪便液，滴于2～3张载玻片上，加盖玻片，在显微镜下统计虫卵数。因0.15ml粪液中实际含粪便量为0.15×4/60=0.01（g），因此，数得的虫卵数乘以100，即为每克粪中的虫卵数。

2. 麦克马斯特氏法 此法比较方便，但是仅能用于球虫卵囊和线虫卵的计数。计数时，取粪便2g置于研钵中，先加入10ml水，搅匀，再加饱和食盐水溶液50ml，混匀后立即吸取粪液于虫卵计数器（即在一较窄的载玻片上刻长宽各1cm的方格2个，每一方格内再刻平行线数条，两载片间填上1.5mm厚的玻片条，并以黏合剂黏合上），使粪液充满两个1×1×0.15ml=0.15ml，0.15ml内含0.15×2/（10+50）=0.005（g），两个计数室则为0.01g，故数得的虫卵数乘以100即为每克粪中虫卵数。

【注意事项】

（1）直接涂片法简便易行，但检出率低。在虫卵数量不多时，每次必须作3～5张片进行检查，才能收到比较好的效果。

（2）沉淀法或漂浮法，均为使粪液静置等其自然下沉或上浮。如欲节省时间，可将上述粪液置离心管内，低速离心，可加强和加速其沉浮的过程。

任务19　禽寄生虫病虫体检查

【任务说明】

对于禽的几种主要的寄生虫病，常常需要通过粪便、肠内容物及血液进行虫体检查。

【工作场景】

本任务可安排在实验室、实训室进行或企业兽医诊疗室（化验室）。所需材料根据需要准备。

【工作过程】

（一）黏膜及粪便检查

禽绦虫、蛔虫、异刺线虫等寄生虫病，一般均可从粪便中直接检出虫体。

（1）检查时，取新鲜粪便，轻轻拨开进行检查，看是否有虫体或节片存在。

（2）较小的虫体或节片，可将粪便置于较大的容器内，加入5～10倍清水，彻底搅拌后静置10min，然后倾去上层粪液，再重新加水搅拌静置。如此反复数次，直至上层液体透明为止。

（3）最后，倾去上层透明液，将少量沉淀物放在衬以黑色背景的平皿内进行检查。必要时，可用放大镜或解剖显微镜检查。发现的虫体用镊子取出，以便进行鉴定。

（4）对于组织滴虫病及隐孢子虫病等，在检查时，应取肠内容物（盲肠）及肠黏膜，用温生理盐水（40℃）进行适当稀释，然后制成悬滴标本或直接涂片，在高倍镜下进行检查。

（二）血液检查

对禽来说，血液检查法一般常用于住白细胞虫病的检查。

（1）取血液1滴，滴于载玻片一端，按常规制成血片（血片要尽量薄）、晾干，用瑞氏染液或姬姆萨氏染液进行染色、镜检（高倍镜或油镜）。

（2）离心浓集法。采取血液，置于已加有柠檬酸钠的离心管内，混合后静置30min，以1 500r/min离心3～5min，使血细胞沉淀。弃去上层液，用吸管吸取细胞层压滴标本或染色镜检。

职业测试题

（一）判断题

1. 笼养或网上平养可以显著减少禽寄生虫病的发生。（   ）
2. 潮湿、阴冷和拥挤容易促使螨病的发生和蔓延。（   ）
3. 在母禽的蛋中所见到的寄生虫是卷棘口吸虫。（   ）
4. 驱虫后虫体已经杀死，因此，驱虫后家禽排除的粪便无须堆积发酵。（   ）
5. 异刺线虫是火鸡组织滴虫的传播者。（   ）
6. 鸡蛔虫在鸡体内有复杂的移行。（   ）
7. 粪便的漂浮法是利用比重比虫卵大的溶液稀释粪便，将粪便中比重小的虫卵浮集于液体表面。（   ）
8. 因为一些虫卵的比重比水大，可以沉于水底，利用这一原理用于检查某些虫卵的方法称为沉淀法。（   ）
9. 卷棘口吸虫可寄生于鸡、鸭、鹅等家禽的直肠和盲肠内。（   ）
10. 治疗鸡球虫可用丙硫咪唑、左旋咪唑。（   ）
11. 成年鸡多为球虫携带者。（   ）
12. 在潮湿、气温较高的梅雨季节易爆发禽球虫病。（   ）
13. 鸡感染球虫主要是吃了感染性卵囊所致。（   ）
14. 禽住白细胞虫寄生于鸡的血液和内脏器官。（   ）
15. 禽住白细胞虫病可引起成年鸡产蛋下降或停止。（   ）
16. 鸡场可用氯羟吡啶、乙胺嘧啶、贝尼尔等药物防治鸡住白细胞虫病。（   ）
17. 火鸡组织滴虫寄生于禽类盲肠和肝脏引起发病。（   ）
18. 火鸡滴虫病可用灭滴灵饮水治疗。（   ）
19. 禽绦虫病可引起贫血、消瘦、下痢、产蛋下降至停止。（   ）
20. 防治禽毛细线虫病应注意消灭禽舍的蚯蚓。（   ）

（二）综合分析题

1. 某地肉鸡养殖户中球虫病的发病率逐渐上升，发病率几乎达到100%，发病日龄也逐渐提前，由原来的15～20日龄提前至7～10日龄，个别养殖场的鸡只5日龄就开始发病。而且往往是反复发作，较难治愈。这一地区球虫病的药费支出已占总药费30%～

40%，甚至更多，同时由于养殖户大量使用各种球虫药，使球虫的耐药性不断增加，治疗难度增大，发病率居高不下。对于该地区肉鸡球虫病难防难控的局面，你认为为什么会出现这种状况，如何才能避免？

2. 盐城市某养殖户散养土鸡，3 500 羽，第 35 日龄，出现血便，直至 37 日龄无死亡鸡，血便由几处增加几十处，鸡群精神状况较差，采食量下降；剖检可见血液稀薄，肠道肿胀，出血，肠内容物中可见到蛔虫虫体，肠内容物含有大量血液。请你为该养殖户提出治疗方案。

3. 2008 年 7 月，江苏省扬州市某鸡场笼养蛋鸡 1 000 只，在防疫时发现有个别鸡的翅下有小红点爬行，怀疑是鸡虱病，该场兽医按鸡每千克体重用伊维菌素 200mg 进行皮下注射，并用 0.2% 灭虱精对鸡体表喷雾杀虫，但是效果不佳，虫体继续增多，发病鸡只不断增加，产蛋量下降，高达 8%～12%。工人在喂鸡时，小虫落到手上，吸食人血，皮肤出现红疹，瘙痒难忍。病鸡表现为日渐衰弱，贫血，产蛋量下降，患鸡常现奇痒症状，尾部、腹部羽毛有迅速移动的黑色、红色点状小虫。请你分析该鸡群感染的可能是什么寄生虫？采取何种措施能够控制？

推荐阅读书目

汪明. 兽医寄生虫学. 北京：中国农业出版社，2006.

李祥瑞. 动物寄生虫病彩色图谱. 北京：中国农业出版社，2004.

陈淑玉，汪溥钦. 禽类寄生虫学. 广东：广东科技出版社，1994.

项目七　禽普通病防治

【岗位需求】
家禽中毒的常见原因；家禽中毒的诊断措施；中毒的防治意义、原则与方法。

【能力目标】
了解家禽中毒病在临床的地位和作用；了解国内外家禽中毒病现状和发展趋势；理解家禽中毒病的危害。重点掌握家禽中毒的原因；家禽中毒的诊断程序；具备临床开展家禽中毒病防治的能力。

模块一　中毒病防治技术

近年来，随着养禽业的迅速发展，人们在重视疾病防治和提高饲养水平的同时，由于对饲料、添加剂或药物选择不慎或使用不当常导致家禽发生中毒病。家禽中毒病虽有别于传染性疾病，但往往给养禽业尤其是集约化生产带来很大的损失，除引起禽类大批死亡外，因慢性蓄积性中毒还会导致家禽饲料利用率降低，生长缓慢，生产性能或产蛋率下降，这些都应引起养殖户的高度重视。

一、中毒病的特点及处理

（一）中毒的原因

机体过量或大量接触毒物，引发组织结构和功能损害、代谢障碍而发生疾病或死亡者，称为中毒。中毒按其发生发展过程，可分为急性中毒、亚急性和慢性中毒。一次接触大量毒物所致的中毒，为急性中毒；多次或长期接触少量毒物，经一定潜伏期而发生的中毒，称慢性中毒；介于两者之间的，为亚急性中毒。有时也难以划分。

1. 饲料的保存与调制方法不当

（1）对饲料或饲料原料保管不当，导致其发霉变质而引起中毒。如黄曲霉毒素中毒、杂色曲霉毒素中毒等。

（2）利用含有一定毒性成分的农副产品饲喂家禽，由于未经脱毒处理或饲喂量过大而引起中毒，如菜籽饼、棉籽饼中毒等。

2. 管理不当　禽舍内由于管理不当往往会引起消毒剂或有害气体的中毒，如一氧化碳中毒、氨气中毒、甲醛（福尔马林）中毒、生石灰中毒、高锰酸钾中毒等。

3. 药物引起　如果用于治疗的药物使用剂量过大，或者使用时间过长可引起中毒。如磺胺类药物中毒、聚醚类抗球虫药中毒、喹乙醇（快育灵）中毒等。

4. 农药、化肥与杀鼠药对环境的污染 家禽常因采食被其污染的饲料、饮水，或者误食毒饵（如磷化锌中毒、氟乙酰胺中毒等）而发生中毒。此外，有些农药，在兽医临床上用来防治畜禽寄生虫病，若剂量过大，或者药浴时浓度过高，也可引起中毒。

5. 工业污染 随工厂排放的废水、废气及废渣中的有毒物质未经有效的处理，污染周围大气、土壤及饮水而引起的中毒。

6. 地质化学的原因 由于某些地区的土壤中含有害元素，或者某种正常元素的含量过高，使饮水或饲料中含量亦增高而引起的中毒。如氟中毒等。

（二）中毒病的特点

禽中毒性疾病属临床普通病的范畴，但又不同于一般的系统疾病，其影响范围较大，尤其是在大规模集约化饲养的条件下，可造成巨大的损失。调查禽群发生中毒时，往往表现以下特点。

（1）多为群发性，有的为地方流行性疾病，无传染性，但可以复制。

（2）一般发病急促，症状相同，死亡率高。

（3）体温一般正常或低于正常。

（4）经济损失严重。①造成动物直接死亡；②降低畜禽产品（乳、肉、蛋）的数量和质量；③降低繁殖率；④增加管理费用（疾病防治）；⑤许多中毒性疾病人畜共患。

（三）中毒病的诊断

只有准确快速地确诊中毒性疾病，才能采取有效的治疗和预防措施。临床上可根据其发病迅速，无传染性，同群或同圈畜禽同时或先后发病，体温正常或低于正常等特征作出初步诊断。但对于具体中毒病的诊断应通过以下方面进行综合分析。

1. 流行病学调查 在禽群发生中毒时，往往表现以下特点：疾病的发生与禽采食的某种饲料、饮水或接触某种毒物有关；患病家禽的主要临床症状一致，因此，在观察时要特别注意中毒禽的特征性症状，以便为毒物检验提示方向；在急性中毒时，食欲旺盛的禽只由于摄毒量大，往往发病早、症状重、死亡快，并可能出现同槽或相邻饲喂的家禽相继发病的现象。大多数毒物中毒的家禽体温不高或偏低；急性中毒死亡的家禽在尸体剖检时，胃内充满尚未消化的食物；死于机能性毒物中毒的禽，实质脏器往往缺乏肉眼可见的病变；死于慢性中毒的病例，可见肝脏、肾脏或神经出现变性或坏死。

对舍饲的家禽要查清饲料的种类、来源、保管与调制的方法；近期饲养上的变化及发病经过的时间，不同的饲料饲养禽的发病情况，观察饲料有无发霉变质等。对放养的家禽要了解发病前家禽可能活动的范围。了解最近家禽有无食入被农药或杀鼠药污染的饲料、饮水或毒饵的可能，最近是否进行过驱虫或药浴？使用的药品剂量及浓度如何？注意家禽采食的饲料或饮水有无被附近工矿企业"三废"污染的可能？如怀疑人为投毒，必须了解可疑作案人的职业及可能得到的毒物。

2. 临床检查 症状学检查对中毒病具有初步诊断的意义，尤其在那些表现有特征症状的中毒病中更显得重要。现将常见中毒病的症状与相关的中毒列举如下表。

常见症状	相关中毒病
黏膜发绀	亚硝酸盐，一氧化碳，菜籽饼等中毒
贫血	镉，铜，铅，羽衣甘蓝等中毒

(续表)

常见症状	相关中毒病
厌食	黄曲霉毒素,磷化锌,铅,汞,棉酚等中毒
腹泻	砷,镉,铅,钼,汞,亚硝酸盐,棉酚等中毒
口渴	铬酸盐,氯酸盐,砷,氯化钠等中毒
运动失调	黄曲霉毒素,铵盐,亚硝酸盐,氯酸盐,磷化锌,砷,汞,钼,氯化钠,磷化锌,四氯化碳,棉酚,一氧化碳,硒,灭鼠灵等中毒
肌肉震颤	阿托品,煤油,有机氯,有机磷,亚硝酸盐,铅,钼,磷,士的宁,棉酚等中毒
痉挛与惊厥	亚硝酸盐,士的宁,安妥,串珠镰刀菌素(霉玉米)等中毒
麻痹	有机磷,氰化物,烟碱,一氧化碳,铜,硒,磷等中毒
呼吸困难	铵盐,阿托品,一氧化碳,安妥,氰化物,硫化氢,铬酸盐,煤油,有机磷,草酸盐,硫磺,灭鼠灵等中毒
黄疸	黄曲霉毒素,砷,铜,磷等中毒
血尿	氯酸盐,铜,汞,灭鼠灵等中毒
失明	黄曲霉毒素,阿托品,铅,汞,砷,氯化钠中毒

3. 病理学检查 中毒病的病理剖检和组织学检查,对中毒病的诊断有重要价值,有些中毒病仅靠病理剖检就能提供确诊依据(见下表)。

常见病变部位	相关中毒病
皮肤和黏膜色泽变化	亚硝酸盐中毒时,皮肤和黏膜均呈现暗紫色(发绀);氢氰酸中毒或氰化物中毒时,黏膜为樱桃红色,皮肤则是桃红色;而硝基化合物中毒时黏膜却表现为黄色
胃肠道变化	胃内可看到不同的食入性毒物,带苦杏仁味的氰化物,大蒜臭味的有机磷、磷化锌,砷化合物;有些毒物可使胃内容物发生着色变化,如磷化锌将内容物染成灰黑色,铜盐染成蓝色或灰绿色,二硝基甲酚和硝酸盐染成黄色;强酸,强碱,重金属盐类及斑蝥,芫花等可引起胃肠道的充血,出血,糜烂和炎症变化
血液的变化	氰化物和一氧化碳中毒时,血液为鲜红色;亚硝酸盐中毒则为暗褐色;砷,氰化物及亚硝酸盐中毒时血液皆凝固不良;敌鼠钠、灭鼠灵等中毒时,为全身广泛性出血变化等
肝、肾变化	大多数中毒过程中,作为解毒器官的肝脏和毒物排出器官的肾脏,都会发生不同程度的一系列病理变化。如黄曲霉毒素,重金属,苯氧羧酸类除草剂及氨中毒时,肝脏肿大,充血,出血和变性变化
肺和胸腔变化	安妥中毒时肺水肿和胸腔积液是特征性的病理变化;氨肥和尿素中毒时,呼吸道黏膜发生充血,出血变化,肺充血,出血和水肿;还有各种有毒气体(如二氧化硫、一氧化碳),挥发性液体(如苯、四氯化碳),液态气溶胶(如硫酸雾)吸入性中毒时均可表现有气管和肺的炎症性病变

4. 动物试验(人工复制病例) 给敏感的家禽投喂可疑物质,观察其有无毒性,一般多采用大鼠或小鼠作实验动物。也可选择少数年龄、体重、健康状况相近的同种家禽,投给病禽吃剩的饲料,观察是否中毒。在进行这种试验时,应尽量创造与病禽相同的饲养条件,并要充分估计个体的差异性。

实验家禽应选择与自然中毒相同的动物,复制模型要有生物统计学意义的动物数量,并设立相应的对照组,其结果才比较能够如实反映实际中毒的情况。也可以选用家兔、小鼠、大鼠、豚鼠等实验动物,其多用于毒物的毒性试验,如急性、亚急性、慢性中毒试验或致畸、致癌试验等。

5. 治疗性诊断 在缺乏毒物检验条件或一时得不出检验结果的情况下,可采取停喂可疑饲料或饮水,观察发病是否停止。同时,根据可能引起中毒的毒物分别运用特效解毒剂进行治疗,根据疗效来判断毒物的种类。此法具有现实意义。

6. 毒物检验 毒物检验是诊断中毒很重要的手段,可为中毒病的确诊与防治提供科学依据。

(四) 中毒病的防治

家禽中毒性疾病,尤其是急性中毒,其发生和发展一般很快,应当尽早采取救治措施。即使在不明确病因或毒物的情况下,也应在尽快作出诊断的同时,进行一般性排毒处理和支持对症治疗。家禽中毒病的共同治疗原则为切断毒源,解毒与排毒治疗和对症支持疗法。

1. 切断毒源 必须立即停喂可疑有毒的饲料或饮水。阻止或延缓机体对毒物的吸收对经消化道接触毒物的病禽,可根据毒物的性质投服吸附剂、黏浆剂或沉淀剂。

2. 排出毒物 可根据情况选用切开嗉囊冲洗或泻下。

3. 解毒 使用特效解毒剂,如有机磷农药中毒,对于出现症状的家禽,应立即使用胆碱酯酶复活剂－解磷定或氯磷定,鸡每只肌肉注射 0.2~0.5ml,并同时应用阿托品,鸡每只皮下或肌肉注射 0.1~0.25mg。而氟乙酰胺农药中毒,可用解氟灵按每千克体重 0.1g 肌肉注射,中毒严重的病例还要使用氯丙嗪。

4. 对症治疗 中毒的禽群用葡萄糖溶液饮服,以增强肝脏的解毒功能。此外,还应调整家禽体内电解质和体液,增强心脏机能,维持体温。

5. 防止中毒的措施 家禽中毒必须贯彻预防为主的方针。预防家禽中毒有双重意义,既可防止有毒或有害物质引起畜禽中毒或降低其生产性能;又可防止畜产品中的毒物残留量对人的健康造成危害。因此,必须采取有效措施预防中毒,即禁喂含毒和腐败霉变饲料;防止化学毒物对禽群的危害;禁止在水塘、河沟等乱扔病禽尸体。

模块二 禽常见中毒病

随着养禽业的迅速发展,人们十分重视疾病防治和提高饲养管理,但由于对饲料、添加剂或药物选择不慎或使用不当常导致家禽发生中毒病,不仅引起禽类大批死亡,有些因慢性蓄积性中毒而导致饲料利用率降低,生长缓慢,生产性能或产蛋率下降,对养禽业尤其是集约化生产带来很大的损失。

一、食盐中毒

食盐是家禽日粮中不可缺少的一种矿物质盐类,对维持机体起到很大作用。成禽每天每只需 0.5~1g,幼禽饲料中食盐含量为 0.5%~1%。如在饮水不足的情况下,过量摄入食盐或含盐饲料可引起以消化紊乱和神经症状为特征的食盐中毒,主要病理变化为嗜酸性颗粒白细胞(嗜伊红细胞)性脑膜炎。临床表现为中枢神经兴奋及腹泻、脱水等。

(一) 诊断要点

1. 病因

①食盐含量过高。鸡食盐中毒量为每千克体重1~1.5g,当家禽摄入过量的食盐时,可引起中毒。此外,当"V"字形食槽不常清理,底部有食盐沉积过多时,亦可导致部分家禽中毒。

②饮水不足。鸡在炎热的季节限制饮水,或者寒冷的天气供给冰冷的饮水,容易发生钠离子中毒。一般认为,鸡可耐受饮水中0.25%的食盐,湿料中含2%的食盐即可引起雏鸭中毒。

③诱发因素。当家禽缺乏维生素E和含硫氨基酸、矿物质时,对食盐的敏感性增高;环境温度高而又散失水分时敏感性亦升高。

2. 临诊症状及剖检变化 中毒禽精神委顿,厌食,口渴增加,随后发生腹泻,有时呈神经过敏、惊厥、麻痹。剖检可见幼禽有明显的消化道充血、出血,内脏器官水肿,腹腔和心包积水,肾脏、输尿管和排泄物中尿酸沉积。

3. 实验室诊断 根据家禽有摄入大量食盐或其他钠盐,同时,饮水不足的病史,结合典型症状和病理组织学检查,可作出初步诊断。确诊需要测定体内氯离子,氯化钠或钠盐的含量。

(二) 防治措施

立即停用可疑饲料和饮水,换上新鲜淡水或糖水。但注意应有限地供给饮水,一次大量饮水反而会导致组织严重水肿及脑水肿。急性病例一般难以恢复。

二、菜籽饼粕中毒

菜籽饼中毒是其所含芥子油苷可水解生成异硫氰酸烯酯和硫氰酸盐,家禽采食过多时引起肺、肝、肾及甲状腺等多器官损害,临床上以急性胃肠炎、肺气肿、肺水肿和肾炎为特征的中毒性疾病。

(一) 诊断要点

1. 病因 菜籽饼中含有一种叫硫代葡萄糖苷的有害物质,该物质又能分解产生多种有毒物质。另外,菜籽饼中还有芥子酸和单宁等。菜籽饼在配合日粮中所占的比例过量,如普通菜籽饼在蛋鸡饲料中占8%以上,在肉鸡后期饲料中占10%以上,就会引起中毒的发生。此外,当菜籽饼发热、变质或日粮中缺碘时,会加重毒性反应,病情更重。

2. 临床症状 鸡的菜籽饼中毒大多为慢性经过,病鸡最初表现精神不好,厌食,粪便出现干硬、稀薄、带血等不同的异常变化,进而生长受阻,产蛋减少,蛋变小,破壳、软壳蛋增多,有腥味,种蛋孵化率降低。最终衰竭死亡。急性重剧中毒,可见突然两腿麻痹倒卧在地,肌肉痉挛,双翅扑击,口鼻流出混有血液的黏液及泡沫,腹泻,冠髯发紫,很快痉挛死亡。

3. 病理变化 可见甲状腺肿大,色紫质硬,胃肠黏膜充血或呈出血性炎症,尤以腺胃、肌胃出血明显。肺充血,肝脏沉积较多的脂肪并有出血,胆囊肿大,并充满胆汁。肾肿大。

4. 综合诊断 根据饲喂菜籽饼史、胃肠炎症状及甲状腺肿大的病变,可作出诊断。

（二）防治措施

本病尚无特效的治疗措施。发生中毒，应立即停喂含有菜籽饼的饲料，采用对症疗法并饮用10%葡萄糖水。更换富含蛋白质、维生素、矿物质而易消化的日粮，大多病例都可逐渐好转。防止菜籽饼中毒主要是限量使用和去毒后再使用。

（1）限量使用。蛋鸡在6周龄以下，肉用鸡在4周龄以下不要使用菜籽饼配料，以后限量使用，即菜籽饼在日粮中所占的比例不得超过5%。

（2）菜籽饼的去毒方法有坑埋法、蒸煮法、碱处理、氨处理等，经去毒处理后，其安全性与适口性都有很大改善，用量也可稍微增加一些。控制家禽日粮中菜籽饼所占的比例，一般不应超过饲料总量的20%。对孕畜和仔畜最好不喂菜籽饼和油菜类饲料。即使控制用量的菜籽饼，也应去毒后再行饲喂，常用的去毒方法有以下几种：

①碱处理法。用15%石灰水喷洒浸湿粉碎的菜籽饼，闷盖3~5h，再笼蒸40~50min，然后取出炒散或凉散风干，此法可去毒85%~95%。

②坑埋法。将菜籽饼按1:1比例加水泡软后，置入深宽相等，大小不定的干燥土坑上，上盖以干草并覆盖适量干土，待30~60d后取出饲喂或晒干贮存。此法可去毒70%~98%。

③蒸煮法。用温水浸泡粉碎菜籽饼一昼夜，再蒸煮1h以上，则可去毒。

（3）饲喂菜籽饼时，可适当增加碘与铜的喂量，铜可与其中的有毒成分形成螯合物而不被吸收。

三、棉籽饼粕中毒

棉籽饼中毒是动物采食大量含棉酚的棉籽饼而引起的临床上以胃肠炎，心、肝等实质器官损坏和蛋品质不良为特征的中毒性疾病。本病主要见于鸡。

棉籽饼是棉籽榨油后的副产品，棉籽饼含蛋白质36%~42%，其必需氨基酸的含量在植物中仅次于大豆饼，可以作为全价的畜禽日粮蛋白质来源，是动物的优质蛋白质饲料，棉籽壳也是动物饲料的纤维添加剂。然而，由于棉籽饼中含有多种有毒的棉酚色素，长时期过量饲喂可引起畜禽中毒。

（一）诊断要点

1. 病因　①带壳的土榨棉籽饼棉酚含量较高，一般不能用于喂鸡，如直接作为饲料，很容易引起中毒。②在日粮中所用的棉籽饼比例过大，一般在鸡的饲料中配入8%~10%以上并长期饲喂即可引起中毒。③无论棉仁饼或棉籽饼，如果发热变质，其游离棉酚的含量会增多，饲喂后引起中毒的可能性较大。④日粮中含有棉仁饼或棉籽饼时，如果维生素A、钙、铁以及蛋白质不足时，则会促使中毒的发生。

2. 临床症状　一般呈慢性蓄积性经过，雏鸡发病快而重，成年禽耐受力比较强。中毒病鸡主要表现精神不振，低头喜卧，食欲减退或不食，两翅无力下垂，有的出现出血性胃肠炎症状，排黑褐色稀粪并常混有黏液、血液和脱落的肠黏膜。中毒严重的病鸡，表现消瘦，冠和肉髯暗紫色，双腿无力，抽搐，终因呼吸、循环衰竭而死亡。公鸡还出现精液中精子减少、活力降低，种蛋的受精率、孵化率显著降低；母鸡产蛋减少，蛋个体变小，蛋黄变色（茶青色）等。煮熟的蛋黄较坚韧并稍有弹性，称为"橡皮蛋"。

3. 病理变化　可见胃肠黏膜充血、出血，黏膜易脱落，呈现出血性炎症。肝充血、肿大，呈黄色，其中有许多空泡和泡沫状间隙，质地变脆、变硬。胆囊肿大或萎缩，胰腺增大。肾脏呈紫红色，质软而脆，肺充血水肿，心外膜出血，胸腔、腹腔积有渗出液。卵巢和输卵管萎缩。

4. 实验室诊断　根据长时间大量用棉籽饼或棉籽作为动物饲料的病史，结合肝小叶中心性坏死，心肌变性坏死等病变可作出初步诊断。饲料中游离棉酚含量的测定为本病的确诊提供依据。血液学检查主要变化为红细胞数和血红蛋白减少，白细胞总数增加，其中嗜中性白细胞增多，核左移，淋巴细胞减少。

（二）防治措施

1. 治疗　棉籽饼中毒目前尚无特效疗法。发现中毒应立即停止饲喂含有棉籽饼的饲料，多喂一些青绿饲料，经1~3周，可逐渐恢复。对中毒的病鸡可用减轻胃肠炎等病症的对症疗法。对慢性中毒，除更换日粮外，还要注意适当补充维生素A、矿物质（钙、铁等）和蛋白质等。

2. 预防　防止中毒的发生，应以预防为主。方法主要有：①间歇使用。每隔1~2个月停用棉籽饼10~15d。②去毒处理。一是将棉籽饼打碎，加水煮沸1~2h；二是将棉籽饼置于铁锅以80~85℃干热2h或100℃干热30min；三是用2%石灰水或2.5%的草木灰、1%的氢氧化钠液浸泡24h；四是用0.1%~0.2%硫酸亚铁溶液浸泡4h。以上几种方法均可降低毒性。③将日粮中的棉籽饼控制在5%~6%为宜。④对于幼禽不要饲喂棉籽饼。⑤多喂青绿饲料。

四、鱼粉中毒

鱼粉在生产加工、运输过程中会产生一些有害物质如溃疡素、组胺、霉菌毒素、细菌，（如沙门氏菌）等，并被这些有害物质污染，对消化道有强烈的刺激、腐蚀和破坏作用。

（一）诊断要点

1. 病因　当饲料中过量添加这类鱼粉时，就会引起鸡中毒。

2. 临床症状　中毒鸡精神沉郁、食欲不振、步态不稳，羽毛蓬松，喜睡，倒提或挤压嗉囊流出酱油色液体，腹泻，排棕色、黑褐色软便。病情严重的迅速死亡，病程稍长的逐渐消瘦，最后衰竭死亡。

3. 病理变化　剖检可见从口腔到直肠都有黑色液体，腺胃乳头膨大溃疡，腺胃与肌胃结合部及腺胃与十二指肠交界处有不同程度的糜烂和溃疡，十二指肠肠壁变薄或增厚，黏膜上皮脱落，充血出血，个别严重的肌胃与腺胃间孔，流出黑色黏稠液体，污染腹腔，肝脏苍白，胆囊扩张。

（二）防治措施

用鱼粉配制饲料时应选择优质鱼粉；正确把握用量，一般优质鱼粉用量应在5%以下，普通鱼粉在4%以下，禁用劣质鱼粉。发病鸡群应换用优质鱼粉或减少鱼粉用量，添加酵母粉或其他蛋白质饲料。饮水中加0.4%的碳酸氢钠，早晚各1次，连饮3d；投服恩诺沙星，每天2次，连饮4~5d，也可服氨苄青霉素等；饲料中可适量添加维生素K_3粉。

五、黄曲霉毒素中毒

黄曲霉毒素中毒是人畜共患疾病之一。此病以肝脏受损，全身性出血，腹水，消化机能障碍和神经症状等为特征。

（一）诊断要点

1. 病因 黄曲霉毒素的分布范围很广，凡是污染了能产生黄曲霉毒素的真菌的粮食、饲草饲料等，都有可能存在黄曲霉毒素。禽中毒就是由于大量采食了这些含有多量黄曲霉毒素的饲草饲料和农副产品而发病的。由于性别、年龄及营养状态等情况，其敏感性是有差异的。其敏感顺序是：鸭雏＞火鸡雏＞鸡雏＞日本鹌鹑；家禽是最为敏感的，尤其是幼禽。根据国内外普查，以花生、玉米、黄豆、棉子等作物，以及它们的副产品，最易感染黄曲霉，含黄曲霉毒素量较多。世界各国和联合国有关组织都制定了食品、饲料中黄曲霉毒素最高允许量标准。

2. 临床症状 家禽中以鸭雏和火鸡对黄曲霉毒素最为敏感，中毒多取急性经过。多数病雏鸭食欲丧失，步态不稳，共济失调，颈肌痉挛，以呈现角弓反张症状而死亡。火鸡多为 2~4 周龄的发病死亡，8 周龄以上的火鸡对黄曲霉毒素有一定的抗性。小火鸡发病后，表现嗜睡、食欲减退、体重减轻、羽翼下垂、脱毛、腹泻、颈肌痉挛和角弓反张。病雏鸡的症状基本上与鸭雏和小火鸡的相似，但鸡冠淡染或苍白，腹泻的稀粪便多混有血液。成年鸡多呈慢性中毒症状，主要呈现恶病质，降低对沙门氏杆菌等致病性微生物的抵抗力，使母鸡引起脂肪肝综合征，产蛋率和孵化率有所降低。

3. 病理变化 病死家禽在肝脏有特征性损害。急性型的肝脏肿大，弥漫性出血和坏死。亚急性和慢性型的发生肝细胞增生、纤维化和硬变，肝体积缩小。病程在 1 年以上者，可发现肝细胞瘤、肝细胞癌或胆管癌。血液检验，病禽血清蛋白质组分都较正常值为低，表现出重度的低蛋白血症；红细胞数量明显减少，白细胞总数增多，凝血时间延长。急性病例的谷草转氨酶、瓜氨酸转移酶和凝血酶原活性升高；亚急性和慢性型的病例，异柠檬酸脱氢酶和碱性磷酸酶活性也明显升高。

4. 实验室诊断 首先要调查病史，检查饲料品质与霉变情况，吃食可疑饲料与家禽发病率呈正相关，不吃此批可疑饲料的家禽不发病，发病的家禽也无传染性表现。然后，结合临诊症状、血液化验和病理变化等材料，进行综合性分析，排除传染病与营养代谢病的可能性，并且符合真菌毒素中毒病的基本特点，即可作出初步诊断。若要达到确切诊断，必须进行可疑饲料的病原真菌分离、培养与鉴定以及可疑饲料的黄曲霉毒素测定。

（二）防治措施

目前，尚无治疗本病的特效药物，主要在于预防。预防中毒的根本措施是不喂发霉饲料，对饲料定期作黄曲霉毒素测定，淘汰超标饲料。现实生产实践中不能完全达到这种要求，搞好预防的关键是防霉与去毒工作，防霉和去毒两个环节应以防霉为主。

防霉的根本措施是破坏霉败的条件，主要是水分和温度。粮食作物收割后，防遭雨淋，要及时运到场上散开通风、晾晒，使之尽快干燥，水分含量达到谷粒为 13%，玉米为 12.5%，花生仁为 8% 以下。为防止粮食和精饲料在贮存过程中霉变，可试用化学熏蒸法，如选用氯化苦、溴甲烷、二氯乙烷、环氧乙烷等熏蒸剂；也可选用制霉菌素、马匹菌素等防霉抗生素。已被黄曲霉毒素污染的玉米、花生饼等谷物饲料即使做去毒处理也不宜再作饲料用。

六、喹乙醇中毒

喹乙醇是十几年来在中国畜禽生产中被广泛使用的一种抗菌、促生长性化学药物，但家禽对喹乙醇很敏感,临诊上有关鸡、鸭等发生中毒事例很多。

(一) 诊断要点

1. 病因 喹乙醇使用剂量较小,当作饲料添加剂应用时必须用量计算准确、彻底混合均匀。在防治细菌性疾病时治疗量为内服 20~30mg/kg,每天一次,连用 3d。预防量为每吨饲料添加 25~35g,连用一周。盲目增大剂量或使用时间过长常引起中毒。此外,喹乙醇在水中几乎不溶,如将喹乙醇饮水投药时,部分药物沉积水底容易导致部分鸡中毒。同时使用几种含有喹乙醇成分的药物(特别是某些中西复方制剂),或者与含喹乙醇的饲料同用,也极易造成重复用药而中毒。

2. 临诊症状及剖检病理变化 中毒鸡精神沉郁,厌食,流涎,排黄绿色稀粪,冠及肉髯发绀,行走摇晃或瘫卧,有时呈角弓反张等神经症状。产蛋鸡中毒后产蛋下降。剖检可见消化道尤其在十二指肠呈弥漫性出血、充血,肝肿大、易脆,胆囊充盈,心冠脂肪及心外膜有出血点,泄殖腔严重出血。

(二) 防治措施

目前无特效解毒药物。发生中毒后应立即停喂可疑饲料、饮水或药物,适当增加 5%葡萄糖水和服用维生素 C 有一定效果。但关键在于预防。

七、聚醚类抗生素中毒

聚醚类抗生素又称离子载体抗生素,临诊用作抗球虫药,其中对家禽较敏感、常引起中毒的有马杜拉霉素、盐霉素、莫能霉素等,以马杜拉霉素中毒最普遍。

(一) 诊断要点

1. 病因

(1) 用量过大、使用不当。马杜拉霉素推荐使用剂量为每 1 000kg 饲料添加 5g(即 5×10^{-6})。对于如此低的使用量,在拌料给药时必须混合均匀,但混合时如使用颗粒饲料则无法均匀分布,故宜采用粉料配药。盐霉素在用作预防球虫病时推荐剂量为每 1 000kg 饲料添加 50~70g,也必须与饲料充分混匀,不宜作为治疗药物加倍使用。

(2) 与其他药物联合应用或同类药物重复应用产生中毒。聚醚类抗生素不能与某些抗生素和某些磺胺药联合使用。例如盐霉素、甲基盐霉素、牧宁菌素不能与红霉素、泰妙菌素以及磺胺二甲氧嘧啶、磺胺喹噁啉、磺胺氯哒嗪合用。马杜拉霉素与泰妙菌素合用即使在常量下也可引起中毒。因此,该类药物与其他药物合用时应谨慎。市场上聚醚类抗生素较多,常以不同商品名出现,如含马杜拉霉素药物常用商品名有:杀球王、加福、杜球、抗球王等,一次同时使用多种聚醚类抗生素,甚至同一药物多种制剂同时使用均极易因剂量过大而发生中毒。

2. 临诊症状及剖检病理变化 鸡马杜拉霉素中毒时,轻则表现食欲减少,沉郁,互相啄羽,较严重时呈神经症状,行走摇摆,脚软,伏地或侧卧,两腿后伸,少数鸡兴奋转圈,排黄色或绿色水样粪便,消瘦脱水至死亡。剖检肝脏肿大、质脆、出血斑点,心脏有灰白点或出血点、出血斑,肠道黏膜肿胀出血尤以十二指肠严重。

(二) 防治措施

目前对该类药物临诊中毒无特效解毒药。防治原则为缓解症状和增加抵抗力。采用 5%葡萄糖、维生素 C 以及 10%碳酸氢钠溶液饮水或灌服,及时补充复合维生素和亚硒酸钠－维生素 E，可使病情得到一定控制。

八、磺胺类药物中毒

磺胺类药物常用于鸡球虫病、禽霍乱、鸡白痢等病的防治，如复方敌菌净、磺胺胍等。磺胺类药物的治疗量接近中毒量，且鸡较敏感，故使用剂量过大或连续用药时间过长很容易引起中毒。

（一）诊断要点

1. 病因 对每种磺胺药应掌握其安全剂量，任意增大剂量易发生中毒。例如，磺胺二甲嘧啶按 0.25% 混料饲喂中鸡能使体重减轻、生长减慢。小鸡、产蛋鸡、体弱鸡对磺胺类药物更敏感，应慎用或禁用。经拌料或饮水时应搅拌均匀，使用水溶性药物（钠盐）混饮。磺胺药及其代谢物（乙酰化物）遇酸性时易析出结晶造成肾损害，因此在使用时要注意配伍，不可与氯化铵、氯化钙等合用。为减少对肾脏的损害，建议与碱性药物如碳酸氢钠合用，用药期间应充分供给饮水。

2. 临诊症状及剖检病理变化 该药的急性中毒可在短时间内死亡，表现为兴奋不安，体温升高，呼吸加快，拒食，腹泻，共济失调，痉挛，麻痹等；慢性中毒表现为精神委靡，羽毛松乱，食欲不振或废绝，渴欲增加，贫血，鸡冠和肉髯苍白，结膜苍白或黄染。便秘或下痢，粪便呈白、灰白色或酱油色。小鸡生长受阻，成鸡产蛋下降，软、薄壳蛋增加，蛋壳粗糙。种蛋受精率和孵化率下降。病变以全身性出血和血液凝固不良为主要特征。剖检可见皮肤、皮下、肌肉和内脏器官出血，骨髓色泽变浅或黄染。胆囊、胃、肠管等处黏膜出血。肝肿大，呈土黄色，并有出血点和坏死灶。肾肿大可达 3～4 倍，呈土黄色，出血斑，输尿管变粗并充满白色尿酸盐，有时可见关节囊腔中有少量尿酸盐沉积。脾肿大，有出血性梗死或灰白色坏死灶。

3. 诊断 本病诊断依据为：鸡冠、肉髯苍白、结膜苍白或黄染；血液稀薄不凝固，全身广泛性出血，特别是胸部，腿部肌肉有条状或块状出血斑；骨髓色淡，严重者为黄色。结合病史情况，如果有磺胺药物的超量使用或超长时间连续使用，则可确诊。

（二）防治措施

本病重在预防。首先要严格掌握用药剂量和连续用药时间。由于本药中毒剂量与治疗剂量很接近，所以一定要严格按照药品使用说明书用药。本病无特效解毒药，一旦中毒应立即停药，饮水中加入 1%～2% 碳酸氢钠和 3%～5% 葡萄糖让鸡自由饮用，还可将复合维生素 B 用量增加一倍，达到 3.6mg/kg 饲料。出血严重的按每千克饲料添加维生素 C 0.2g、维生素 K 35mg，连用 5～7d。对严重中毒，呼吸困难的病鸡，可肌注维生素 B_{12}，每只 1～2μg；或者肌注叶酸，每只 50～100μg；或者口服维生素 C 25～30mg。

九、磷化锌中毒

磷化锌是经常使用的灭鼠药和熏蒸杀虫剂，带有闪光的暗灰色晶体，不溶于水，但在空气中易吸收水分，放出蒜臭味磷化氢气体，有剧毒，对家禽中毒量为 20～30mg/kg。

家禽误食磷化锌后，在胃内酸性环境下立即释放出剧毒的磷化氢和氯化锌，呈强烈的刺激和腐蚀作用，导致胃肠的炎症、溃疡和出血。吸收后主要损害实质器官和血管壁。

（一）诊断要点

1. 病因 最常见的原因是家禽误食含磷化锌的毒饵或饲料被磷化锌污染而中毒。

2. 临床症状与病理变化 最急性的中毒病例往往不表现明显的症状即突然死亡；急性中毒在1h内出现症状，最初表现为兴奋，肌肉震颤，后期则转为极度沉郁，呼吸困难，饮水增多，羽毛松乱，腹泻，运动失调，随后倒地，头向背后屈曲，两脚向两侧伸长，很快惊厥死亡；慢性中毒主要呈现消化机能紊乱，下痢，粪便呈绿色，暗处呈荧光，精神委顿，羽毛松乱，消瘦，虚弱。

剖检可见腺胃和小肠黏膜充血、出血、溃疡或糜烂，胃肠内容物有大蒜味，肝、肾、脾变性或局部性坏死，肺气肿，气管、支气管内有多量的黏性液体。心包积液，腹水较多，尸体呈暗红色。

3. 诊断 从现场调查、临床症状和病理变化进行综合分析，可作出初步诊断。确诊可采用双硫腙法等作磷化锌的定性分析。

（二）防治措施

1. 预防 应注意不可在投放鼠药的田地上放养家禽；使用磷化锌进行毒鼠时，毒饵应由专人负责，晚上放、早上收，毒死的老鼠应深埋或烧毁。

2. 治疗 发现中毒病禽，可灌服适量的0.1%~0.5%硫酸铜溶液，有一定的解毒作用；也可灌服适量的0.1%高锰酸钾溶液，每只5~20ml。

十、有机磷农药中毒

有机磷农药中毒是由于接触、吸入或误食某种有机磷农药所致。其中毒机制是抑制胆碱酯酶的活性，使机体内乙酰胆碱不能分解成乙酸和胆碱而引起胆碱能神经过度兴奋，出现毒蕈碱样和烟碱样症状。

有机磷农药的种类很多，主要有内吸磷、对硫磷、八甲磷、甲基对硫磷、敌百虫、马拉硫磷、氧化乐果等。家禽对这类农药特别敏感，稍不注意，就会引起中毒，尤其是水禽。

（一）诊断要点

1. 病因 中毒的途径较多，误食喷洒过农药的青绿植物或饮用了被农药污染的水；误食拌过或浸过农药的植物种子或被农药污染的饲料；敌百虫等农药驱除禽体表寄生虫时使用的浓度过大；敌敌畏等农药在禽舍内驱虫灭蚊等，都有可能导致有机磷农药中毒。

2. 临床症状与病理变化 最急性中毒可未见任何先兆而突然死亡。急性中毒表现为运动失调、盲目奔跑或飞跃、瞳孔缩小、流泪、流鼻液和流涎，食欲下降或废绝，频频排粪，呼吸困难，冠和肉髯紫蓝色。病后期转为沉郁，不能站立，抽搐，昏迷，最终衰竭死亡。

病变主要表现在皮下或肌肉有出血点；嗉囊，腺胃，肌胃的内容物有大蒜味；胃肠黏膜充血、肿胀，易剥落；喉气管内充满带气泡的黏液；肺淤血、水肿、胀大，腹腔积液；心肌、心冠脂肪有点状出血；肝、肾变性呈土黄色。

3. 诊断 根据病史调查及临床症状和病理变化，一般可作出初步诊断。必要时，进行胆碱酯酶活性测定及有机磷农药的定性检验加以确诊。

（二）防治措施

1. 预防 为了预防本病的发生，应用有机磷农药杀灭禽舍或家禽体表的寄生虫时，应特别小心，剂量要准。农药喷洒过的禽舍和运动场，清扫后方可让禽进入。有机磷农药保存应远离饲料和水源。

2. 治疗 发生中毒时，应立即清除含毒物料，同时进行治疗。

（1）对症治疗。肌肉注射硫酸阿托品，成鸡每只 0.2~0.5ml，对各种有机磷农药均有疗效。

（2）胆碱酯酶复活剂（如解磷定、氯磷定、双复磷等）均有效 解磷定，每只鸡肌肉注射 0.2~0.5ml；双复磷，每千克体重 40~60mg，肌肉或皮下注射。

（3）经消化道引起的有机磷农药中毒，可喂服 1%~2% 的石灰水，成鸡每只 5~10 ml；或者 1% 硫酸铜及 0.1% 高锰酸钾溶液灌服，可将残留在消化道内的毒物转化为无毒物质。

（4）在饲料中添加维生素 C，有助于病禽的康复。

十一、一氧化碳中毒

一氧化碳主要是由煤炭在氧气供应不足的状态下不完全燃烧而产生的一种无色、无味、无刺激性的窒息性毒气。当吸入一定量的一氧化碳后，导致家禽全身组织缺氧性中毒。主要见于育雏期的雏禽。

（一）诊断要点

1. 病因 在冬季，育雏室门窗密闭而用煤、煤气等燃烧保温时，因燃烧不全和通风不良，使一氧化碳浓度过高而引起中毒。

2. 临床症状与病理变化 轻度中毒家禽主要表现为精神委顿，不活跃，羽毛松乱，食欲减退，生长发育不良；严重中毒的家禽，先表现为烦躁不安，不久变为呼吸困难，运动失调、呆立、昏睡、头向后仰，临死前常发生痉挛、惊厥。剖检可见肺淤血、肺气肿，血液和脏器呈樱桃红色，血液凝固不良。

3. 诊断 以现场调查、临床症状及剖检血液呈樱桃红色，可作出诊断。必要时，可进行实验室诊断，以检出血液中的碳氧血红蛋白浓度。

（二）防治措施

发现中毒时，如有条件，最好迅速将雏禽移到另一间空气新鲜、温度适宜的育雏室内。无此条件，可迅速打开门窗，换进新鲜空气。同时，抢修煤炉，安装排气管，解决供暖问题。中毒严重的，也可皮下注射少量的生理盐水或 5% 葡萄糖溶液及强心剂。

十二、高锰酸钾中毒

高锰酸钾具有抑菌、防腐、除臭等功能，在家禽中常作饮水消毒剂。同时，也能提供微量元素锰。但使用不当，也会引起中毒。

（一）诊断要点

1. 病因 当饮水中高锰酸钾的浓度高于 0.2% 时，极易引起中毒。饮水中高锰酸钾溶解不彻底，浓度不均匀或有粒状高锰酸钾被误食，均能引起中毒。

2. 临床症状与病理变化 高锰酸钾主要是对消化道有腐蚀和刺激作用。主要症状是口腔、咽喉呈紫红色或深褐色，呼吸困难，精神沉郁，肌肉震颤，常有腹泻。病理变化是食道、嗉囊、胃肠黏膜呈深褐色，受腐蚀后呈溃疡或糜烂状，有时也可见到斑点状出血。

3. 诊断 根据饮水调查和临床症状及病理变化，可作出诊断。

(二) 防治措施

1. 预防 预防要点是加强饲养管理。高锰酸钾使用时用量要准，配制要全溶、均匀。用于消毒器具和饮水的高锰酸钾浓度应严加区分。

2. 治疗 发现中毒，无特殊的解毒药，应立即更换清水。必要时，可用3%的双氧水10ml，加水100ml稀释后清洗嗉囊，灌服植物油或蛋清，并于饮水中酌加鲜牛奶或奶粉。

模块三 营养代谢病防治技术

营养代谢病是营养缺乏病和新陈代谢障碍病的统称。营养物质供应不足或缺乏，或者神经、激素及酶等对物质代谢的调节发生异常，均可导致营养代谢性疾病。随着畜牧业的发展，动物营养代谢病作为群发性普通病日趋突出。营养代谢病包括碳水化合物、脂肪、蛋白质、维生素、矿物质等营养物质的不足或缺乏；新陈代谢病包括碳水化合物代谢障碍病、脂肪代谢障碍病、蛋白质代谢障碍病、矿物质代谢障碍病、水盐代谢障碍病及酸碱平衡紊乱。

家禽营养代谢病没有活的致病因子，无传染性和体温反应。其病因主要由营养不足、营养平衡失调所致。病程发展缓慢，常需数周至数月，具有群发的性质，一般以幼仔鸡、高产蛋鸡及生长发育快的肉鸡多发，症状也较明显。本类疾病早期诊断困难，通过调查分析饲料及其添加剂的来源与品质有助于作出诊断。发病后治疗费用高，疗效缓慢，经济损失较大。因此，预防是控制此类疾病的关键。

一、蛋白质和氨基酸缺乏症

家禽为维持正常的生长发育和生产性能，必须由饲料中不断地摄入蛋白质。饲料蛋白质的主要营养作用是以氨基酸的形式吸收进入体内，用以合成家禽自身所特有的蛋白质和其他活性物质，如激素、嘌呤、嘧啶、血红素和胆汁酸等，这些功能是其他营养物所不能代替的。因此，在家禽饲料中蛋白质含量不足或氨基酸配比不平衡时，就会造成蛋白质和氨基酸缺乏症，导致家禽生长停滞，发生疾病，时间稍长则导致死亡。

蛋白质是由18种氨基酸和2种酰胺构成的复杂的有机物，饲料蛋白质的营养价值主要决定于氨基酸的组成。家禽必需的氨基酸有蛋氨酸、赖氨酸、组氨酸、色氨酸、苏氨酸、精氨酸、异亮氨酸、亮氨酸、苯丙氨酸和缬氨酸10种必须从饲料中摄取的氨基酸。其中，限制性氨基酸为赖氨酸、蛋氨酸和色氨酸。各种家禽对蛋白质和氨基酸的需要量有差别。因此，日粮配合中应分别施予。

(一) 诊断要点

引起家禽蛋白质与氨基酸缺乏，总的来讲是由于摄入蛋白质不足或消耗过多，以及一种或某几种氨基酸不足而造成的。

1. 病因

（1）饲料中的蛋白质和氨基酸含量绝对不足，是最常见的原因。家禽饲料中蛋白质和氨基酸的含量有较大的差异，如果饲料种类单一，日粮配合不合理，长期缺乏动物性蛋白饲料，可造成蛋白质和氨基酸的缺乏。另外，家禽对蛋白质和氨基酸的需要量与家禽的种类、品种、年龄、生产性能、环境温度、日粮能量水平等因素有密切关系，长期不变地使用某一配方，也会引起蛋白质与氨基酸的缺乏。

（2）氨基酸搭配不平衡。由于饲料蛋白质的不足，必然会造成氨基酸的缺乏和不平衡。一种氨基酸的缺乏会影响到其他氨基酸的利用而造成多种氨基酸的缺乏。此外，某些氨基酸之间的颉颃作用、转化关系等考虑不周，也可造成某些氨基酸的缺乏。

（3）家禽的许多疾病都可造成家禽的采食量减少，食欲下降或废绝，而使蛋白质的摄入不足；消化道炎症及消化功能障碍，影响家禽对蛋白质的摄入、消化、吸收和利用；某些热性病、慢性消耗性疾病可使体内蛋白质的消耗增加；糖、脂肪摄入不足时，能量缺乏，使蛋白质分解加强，同时也影响到蛋白质的合成。

2. 临床症状　雏禽缺乏蛋白质和氨基酸时，由于缺少组成禽体的主要原料而表现为生长发育缓慢，羽毛蓬松、无光泽，虚弱无力，精神不振，食欲下降，体温略低，常拥挤成堆；血浆胶体渗透压低而常发生皮下水肿，红细胞总数和血红蛋白下降而贫血，增重达不到预期效果。

成年家禽除表现上述一些症状外，主要表现为渐进性消瘦，产蛋量下降或停止；公禽由于产生的精子活力差，配种率和孵化率都低。

无论幼禽或成禽，由于血液中的白蛋白和球蛋白含量下降，病禽的抗病能力差，常继发多种其他疾病而造成死亡。

3. 病理变化　多数病例消瘦、皮下脂肪消失、水肿、肌肉苍白萎缩、血液稀薄且凝固不良，胸、腹腔和心包腔积液，全身几乎无脂肪，心冠沟脂肪呈凝胶样。

4. 实验室诊断　根据临床症状和病理变化，结合对饲料的分析，找出病因，一般不难作出诊断。此外，患病时，血液中总蛋白、白蛋白、球蛋白、红细胞总数和血红蛋白含量明显下降。必要时，测定这些指标也有助于本病的诊断。

（二）防治措施

一般情况下，家禽饲料中完全缺乏蛋白质是不存在的，往往是由于饲料中蛋白质和氨基酸的含量不足或氨基酸不平衡而发生本病。为了预防本病的发生，应注意以下几点：

第一，保证家禽日粮中蛋白质的含量。要适当搭配植物性饲料和动物性蛋白饲料，雏鸡和肉鸡应为20%左右，产蛋鸡应为14%～16%，其中动物性蛋白饲料不应少于3%。

第二，注意各氨基酸之间的平衡和搭配关系，尤其是限制性氨基酸含量。

第三，确定家禽对蛋白质和氨基酸需要量时，要根据家禽的种类、品种、年龄、生产力、环境温度、日粮的能量水平等因素的不同来调整，不可长期固定不变地使用某一饲料配方。

第四，在配合饲料时，应注意蛋白质的品质。品质差的蛋白质含必需氨基酸的种类不齐全，含量也少。

二、维生素缺乏症

维生素是维持动物机体生命、生长和繁殖所不可缺少的一类低分子有机化合物。它既非构成组织的主要原料，又非体内能量的来源，但它在调节物质代谢方面却起着十分重要的作用。因饲料中维生素和维生素原不足或缺乏，以及机体内维生素合成紊乱而引起的疾病，统称为维生素缺乏症。

（一）脂溶性维生素缺乏症

1. 维生素 A 缺乏症 维生素 A 缺乏症是维生素 A 长期摄入不足或吸收障碍所引起的一种慢性营养缺乏症，以夜盲、干眼病、角膜角化、生长缓慢、繁殖机能障碍及脑和脊髓受压迫为特征。各种家禽各个发育阶段均可发生。

（1）病因。家禽维生素 A 缺乏症常由原发性维生素 A 缺乏和继发性维生素 A 缺乏引起。

原发性维生素 A 缺乏是家禽饲料中维生素 A 或维生素 A 原含量不足，家禽体内维生素 A 贮备耗竭；饲料加工贮存不当引起维生素 A 的破坏；雏禽快速发育及产蛋高峰及疾病过程中维生素 A 需要量增加而致相对缺乏；饲料中含硝酸盐和亚硝酸盐过多，引起维生素 A 和维生素 A 原分解；饲料内中性脂肪和蛋白质不足、维生素 A 和胡萝卜素吸收不完全、参与维生素 A 运输的血浆脂蛋白合成减少等均可引起缺乏症。

继发性维生素 A 缺乏是由于慢性消化不良、肝脏和胆道疾病引起维生素 A 的吸收和转化不足而引起的缺乏症。

（2）临床症状。幼禽缺乏维生素 A，经 6~7 周可出现症状。病初，雏禽精神不振，羽毛蓬乱，生长停滞，流眼泪，眼睑内积聚黄白色干酪样物，喙和小腿皮肤黄色消退。继而出现神经过敏和共济失调，常歪头。捕捉等刺激常引起间歇性神经症状发作，头扭转，转圈运动，同时作后退运动和惊叫。

成年禽维生素 A 缺乏多见于产蛋期，呈慢性经过。病禽逐渐消瘦，体弱，羽毛蓬乱，步态不稳，产蛋量明显下降，孵化率也低。眼内蓄积乳白色干酪样分泌物，角膜软化或溃疡，上下眼睑常被黏着，外观似乎失明。舌背、舌系带、硬腭、喉头和食道前端有米粒大小干酪样疱状结节，剥离后黏膜完整而无出血和溃疡。鼻孔常流出黏稠鼻液，以致堵塞鼻道而引起呼吸困难。由于黏膜腺管鳞状化而发生脓疱性咽炎和食管炎。

（3）病理变化。尸体剖检的主要变化是眼、消化道、呼吸道、泌尿生殖器官等上皮组织角化、脱落、坏死。雏禽鼻窦、喉头、气管上端有多量黏液性分泌物和少量干酪样物，食道上端至嗉囊口均有散在的粟粒大白色脓疱。在腹腔内，肝表面、心外膜、心包、肾外膜、肾盂和输尿管均有明显的白色尿酸盐沉积。实验室检查，血浆中维生素 A 含量低于 $0.18\mu mol/L$。

（4）诊断。本病的诊断依据是，饲料中缺乏含维生素 A 和维生素 A 原的成分；家禽眼流浆液黏液性或脓性分泌物，角膜软化，共济失调和麻痹等临床表现；血浆中维生素 A 在 $0.18\mu mol/L$ 以下；维生素 A 治疗有效等，可建立诊断。

本病应注意与传染性鼻炎、传染性支气管炎、鸡痘、大肠杆菌病及痛风病相区别。

（5）预防和控制。家禽维生素 A 缺乏症的预防主要在于平时加强饲养，除注意必需的蛋白质、脂肪、糖和矿物质外，还必须保证有足够的维生素 A 和维生素 A 原。疾病发生后，首先要改换饲料，供给富含胡萝卜素的饲料。雏鸡可在饲料中添加生肝块；也可将 1~2ml 鱼肝油混于饲料中饲喂；并对角膜软化、溃疡等冲洗后涂以抗菌眼膏。

2. 维生素 D 缺乏症 维生素 D 缺乏症是家禽日粮中维生素 D 供给不足、消化吸收障碍或光照不足所致的一种慢性进行性营养不良症。各个发育阶段的家禽均可发生。

（1）病因。家禽体内维生素 D 主要来源于饲料和体内合成，日光照射可使维生素 D_3 原转变为维生素 D_3。因此，家禽饲料中维生素 D 含量长期不足、笼养期间光照不足或肾脏功能不全而对维生素 D 的转化能力降低等均可引起维生素 D 缺乏，致使肠道吸收钙、磷量减少，血钙、血磷含量降低，骨中钙、磷沉积不足，乃至骨盐溶解，最后导致成骨作用障碍。幼禽表现为佝偻病，成年家禽发生骨质软化症。

（2）临床症状。雏禽患病时生长缓慢，健康不佳，行走困难、跛行、步态不稳、左右摇摆，常以跗关节蹲伏，故有"佝偻病"或"软骨病"之称。嘴（喙）变形，指压即弯，故称"橡皮嘴"。产蛋母鸡产蛋率下降，蛋壳薄或产软壳蛋，腿软不能站立，呈"企鹅型"蹲伏姿势，嘴、爪和龙骨、胸骨变软，弯曲。

（3）病理变化。肋骨与脊椎结合部、肋骨与肋软骨结合部以及肋骨的内侧表面有局限性肿大，并形成白色、突起的串珠状结节。X线检查，骨骺肿大，长骨弯曲，自发性骨折，纤维性骨营养不良及继发性甲状旁腺机能亢进。

实验室检查可出现血磷和血钙降低，血浆碱性磷酸酶总活力和骨型碱性磷酸酶均升高。血清中 1，25-二羟胆钙化醇及 24，25-二羟胆钙化醇下降，甚至不能检出。

（4）诊断。可根据饲料中维生素 D 原不足及光照时间短、临床上出现佝偻病或软骨症状、蛋鸡产蛋情况确定诊断。血磷、血钙降低及碱性磷酸酶活性升高，也是建立诊断的依据。

（5）预防和控制。治疗和预防维生素 D 缺乏，主要在加强饲养管理，给予充足的光照时间。在饲料中补充富含维生素的成分，钙磷比例要适当；不长期大量饲喂影响钙、磷吸收的物质，如磺胺类药物，四环素类药物等。对于病禽，治疗可用鱼肝油、维生素 A 及维生素 D_3 等添加到饲料中，每千克饲料添加量为 5～60ml，预防时添加量为每千克饲料 500IU。

3. 维生素 E 缺乏症　维生素 E 缺乏症是由于饲料中维生素 E 不足所致的一种营养代谢障碍综合征。维生素 E 与硒有密切关系，它们之间有一定的协同作用。因此，家禽饲料中如果维生素 E 与硒同时缺乏，则症状严重；如缺乏二者之一，则症状较轻。

（1）病因。饲料中维生素 E 含量不足而导致生物膜结构及膜结合酶活性的改变，使生物膜功能及其他代谢功能障碍。造成饲料中维生素 E 不足的原因主要是：饲料中缺乏富含维生素 E 的成分；饲料加工、贮存过程中维生素 E 被氧化酶破坏；饲料中不饱和脂肪酸过多，其酸败时产生的过氧化物使维生素 E 氧化；维生素 E 相对需要量增加等。

（2）临床症状和病理变化。维生素 E 缺乏的临床症状，因家禽种类、受害的组织和器官不同可分为 3 个病型。

①脑软化症。15～30 日龄雏鸡多发。病雏共济失调、站立不稳、行走摇摆、飞舞、喜后坐于胫关节上，躺倒于地面，头向后仰或向下弯曲，双腿痉挛。病理解剖呈现脑膜水肿，小脑肿胀柔软，表面有小出血点，可见到黄绿色浑浊样坏死区。

②渗出性素质。1 月龄内雏鸡多发。患鸡皮下水肿，胸腹部皮下蓄积大量紫蓝色液体。病理剖检，病鸡胸部、腿部肌肉及肠壁有轻度出血。

③肌营养不良。常发生于 2～3 周龄的幼鸭。患鸭全身衰弱，肌肉萎缩，运动失调，站立，常引起大批死亡。病理剖检，胸肌和腿部肌肉中出现灰白色条纹，肌肉色泽苍白、贫血，故有"白肌病"之称。

（3）诊断。依据临床表现、病理变化、防治试验和实验室检查诊断。血液和肝脏维生素 E 含量的测定和羟尿酸溶血试验可作为评价家禽体内维生素 E 状态的指标。羟尿酸溶血试验，健康雏鸡标准溶血率不超过 8%，维生素 E 缺乏时溶血率可为 23% ~ 33%。

（4）预防和控制。调整日粮，合理加工、贮存饲料，减少饲料中不饱和脂肪酸的含量；多喂青绿饲料、谷物，饲料中加 0.5% 植物油，同时每千克饲料补充 0.05 ~ 0.1mg 的硒制剂。或者每千克饲料添加维生素 E 10 ~ 20mg，连用 10 ~ 14d，即可预防本病。治疗时，可给每只病鸡口服维生素 E 制剂 300IU。

4. 维生素 K 缺乏症 维生素 K 缺乏症是由于维生素 K 缺乏而引起的出血性疾病，以血液中凝血酶原等凝血因子减少、血液凝固过程发生障碍、血凝时间显著延长以及身体和内脏的广泛性出血为特征。主要发生于雏禽。

（1）病因。维生素 K 是机体合成凝血酶原的必需物质，也与肝脏中凝血因子 Ⅶ、Ⅸ、Ⅹ 的合成有关。因此，维生素 K 缺乏时，凝血时间显著延长，皮下、肌肉及胃肠道出血。造成维生素 K 缺乏的原因是家禽日粮中缺乏富含维生素 K 的成分；家禽患肝脏病和胃肠疾病时，脂类物质的消化吸收障碍，以致脂溶性维生素 K 的吸收减少而患缺乏病；大量或长期使用磺胺类药物与抗菌素使家禽胃肠道内微生物数量减少，维生素 K 合成不足。

（2）临床症状与病理变化。维生素 K 缺乏时，主要表现为凝血时间延长和具有出血素质。在小鸡饲料中缺乏维生素 K，2 ~ 3 周后即可出现出血症状。病鸡表现为食欲减退或不食，呼吸极度困难，两翅下垂、闭眼、缩颈、颤抖、呆立或蜷缩集堆。鸡冠、肉髯、皮肤苍白而干燥，翼下有大量出血点。病理剖检表现为血液凝固不良，大腿、头、颈部皮下、胸肌、胸腔、心脏均被出血覆盖；肝脏、肾脏严重贫血，并有针尖大小的出血点。

（3）诊断。依据临床表现、病理变化和防治试验可建立诊断。凝血相检验可作为评价家禽体内维生素 K 状态的指标。

（4）预防和控制。针对诊断时找出的病因采取相应对策。给雏鸡日粮中添加维生素 K_3 每千克饲料 1 ~ 2mg，并配合适量青绿饲料、鱼粉、肝脏等富含维生素 K 的饲料成分，可起到有效的预防作用；及时治疗胃肠道及肝脏的疾病，以改善对维生素 K 的吸收利用；磺胺、抗生素药物的应用时间不易过长，以免破坏胃肠道微生物合成维生素 K_3。治疗时，每千克饲料加维生素 K_3 3 ~ 8mg，同时每吨饲料中加入维生素 C 2g、多维 5g，可使本病很快减轻。在急性发作时，可肌肉注射维生素 K_3 0.5 ~ 2mg/只，连续 3 ~ 5d。

（二）水溶性维生素缺乏症

水溶性维生素包括 B 族维生素和维生素 C，家禽肠道内微生物能合成少量的 B 族维生素，但还必须从饲料中补充供应。有的饲料可能缺乏一种或多种 B 族维生素，长期饲用可引起不足或缺乏。

1. 维生素 B_1 缺乏症（硫胺素缺乏症） 维生素 B_1 缺乏症是由于饲料中维生素 B_1 不足或饲料中含有干扰维生素 B_1 作用的物质所引起的一种营养缺乏症，临床表现以神经症状为特征。本病多发生于雏鸡。

（1）病因。维生素 B 主要参与糖代谢。缺乏维生素 B_1 时，丙酮酸不能氧化，造成神经组织中丙酮酸和乳酸的积累，同时，能量供应减少，以致影响神经组织及心肌的代谢和机能，引起多发性神经炎。

造成家禽维生素 B_1 缺乏的主要原因是：饲料中缺乏维生素 B_1；慢性腹泻和急性下痢影响小肠吸收维生素 B_1；饲料中含维生素 B_1 酶或 B_1 的颉颃物；饲料中含碱，造成维生素 B_1 的分解。

（2）临床症状和病理变化。雏鸡发病较快，可在2周龄以前发病。病雏鸡发育不良食欲减退，体温降低，体重减轻，羽毛松乱无光泽，腿无力，步态不稳，行走困难。初期以飞节着地行走，两翅展开以维持平衡，进而两腿发生痉挛，向后伸直，倒地而不能站立；然后，向上蔓延，翅、颈部伸肌发生痉挛，头向背侧极度挛缩，发生所谓"观星"姿势，有的发生进行性麻痹，瘫痪倒地不起。成鸡发病较慢，可在3周时发病。病鸡的鸡冠呈蓝紫色，所产蛋的孵化率低，孵出的小雏亦呈现维生素B_1缺乏症，有的因无力破壳而夭折。病程为5~10d，不予救治的多取死亡转归。病程较急的，甚至可2~3d内死亡。

病理剖检，胃肠有炎症，十二指肠发生溃疡并萎缩。右侧心脏常扩张，心房较心室明显，生殖器官也发生萎缩，睾丸比卵巢明显。小鸡皮下发生水肿，肾上腺肥大，母鸡比公鸡更明显。

对于病鸭，头部常偏向一侧，或者团团打转，或者漫无目的地奔跑，或者抬头望天，或者突然跳起，多为阵发性发作。在水中游泳时，常因此而被淹死。每次发作几分钟，一天发作几次，病情一次比一次严重，最后全身抽搐，呈角弓反张而死亡。

（3）诊断。一般依据是否缺乏米糠、麸皮等谷物饲料或青绿饲料的生活史，临床表现麻痹、运动障碍等神经症状，食欲减退但不废绝，维生素B_1治疗效果显著等，可建立诊断。测定血中丙酮酸和维生素B_1含量，有助于确定诊断。

（4）预防和控制。预防本病主要是加强饲养管理，增喂富含维生素B_1的饲料，如青饲料、谷物饲料及麸皮等。雏鸡补充维生素B_1，每天2次，每次0.1mg。用酵母代替亦可，但注意不要与其他碱性药物同用。肌肉注射维生素B_1针剂，每只鸡5mg，疗效很好。对消化道疾病、发热等造成的维生素B_1缺乏，查准病因后，应对原发性疾病及时治疗。

2. 维生素B_2缺乏症 维生素B_2又名核黄素，对动物的生长发育和生产能力的提高非常重要。它的缺乏，会使体内生物氧化以及新陈代谢发生障碍。维生素B_2在禾谷类及其副产品中含量很少。因此，以禾谷类及其副产品为饲养的家禽，很容易发生维生素B_2缺乏症。雏鸡群发病时，发病率可达30%~50%。如不及时诊治，病死率颇高。

（1）病因。家禽对维生素B_2的需要量较其他家畜要多，而能满足其需要量的饲料较少，体内细菌合成量又不能满足机体需要。因此，在缺乏青绿饲料的情况下，如不注意选择富含维生素B_2的饲料或不添加维生素B_2时，就很容易出现维生素B_2缺乏症。

（2）临床症状。小鸡维生素B_2缺乏的特征症状是"趾卷曲"性瘫痪。根据病情的轻重可分为3种表现形式：第一种是患鸡以跗跖关节着地而蹲坐和趾稍弯曲；第二种是以腿的严重无力和一脚或两脚的趾明显弯曲为特征；第三种是以趾完全向内或向下弯曲和肢无力，甚至以跗关节拖地行进为特征的病鸡始终保持食欲，后因行走困难、吃不到饲料而消瘦，少数病雏可发生下痢。维生素B_2缺乏主要发生于雏鸡，成年鸡亦可患病，主要表现为产蛋率与孵化率下降，并与缺乏程度成正比。

小火鸡和小鸭维生素B_2缺乏的症状与小鸡不同。小火鸡约在8日龄时发生皮炎，肛门有干痂附着、发炎和擦伤；约在17日龄时，发育迟滞或完全停止；约21日龄时开始发生死亡。小鸭常有腹泻和生长停止。小鹅症状与小鸡类似，表现为足趾内卷和瘫痪。

（3）病理变化。坐骨神经和臂神经显著肿大和变软，严重者比正常粗大4~5倍；胃肠道黏膜萎缩，肠道变薄，肠道中有多量泡沫状内容物；心冠脂肪消失，肝肿大呈紫红色。

(4) 诊断。依据所饲喂饲料的生活史和临床症状,可初步建立诊断。测定红细胞中维生素 B_2 的含量和血中谷胱甘肽还原酶,对该病的诊断有一定的价值。

(5) 预防和控制。本病必须早期防治。对雏禽一开食时就应喂标准配合日粮,或在每吨饲料中添加 2~3g 维生素 B_2,即可预防本病发生。群体发病治疗时,每 500kg 饲料加 1 000g 复方多维,每天每只再补加维生素 B_2 粉 250μg 拌料,连用 5~7d。个别严重病鸡可用维生素 B_2 进行注射,每只鸡 2.5mg,每天 1 次,连注 3d。

3. 维生素 B_3 缺乏症 维生素 B_3 又称泛酸或遍多酸。对脂肪、蛋白质和碳水化合物的代谢均有重要作用。它的缺乏,会使角膜血管增生变厚,出现神经症状,性功能也受到影响。

(1) 病因。维生素 B_3 广泛分布于动植物界,一般情况下不易缺乏。但饲料经酸碱处理或烘干时,维生素 B_3 因被破坏而减少。饲喂大量肉屑及鱼粉所组成的饲料时,也能出现维生素 B_3 不足。

(2) 临床症状与病理变化。病鸡表现为特征性皮炎症状:头部羽毛脱落,头部、趾间和脚底皮肤发炎,外层皮肤有脱落现象,并产生裂隙,以致行走困难。有时可见脚部皮肤增生角化,有的形成疣状隆凸物。幼鸡并发生发育迟滞,羽毛生长阻滞和松乱,眼睑常被渗出黏液黏着,口角、肛门周围有痂皮,口内有脓样物质。蛋鸡的产蛋率受影响较小,但孵化率下降,孵化的雏鸡发育迟缓,死亡率亦高。

幼火鸡维生素 B_3 缺乏症状与雏鸡相似,幼鸭除发育迟滞外,不呈现小鸡所见症状,但死亡率很高。

(3) 诊断。依据鸡饲喂饲料的生活史、临床症状和维生素 B_3 治疗有效的试验,可确立诊断。种鸡产的蛋在孵化期的最后 2~3d 时,胚胎死亡率高,胚短小,皮下有出血和严重水肿的表现,有助于确定种鸡维生素 B_3 缺乏。

(4) 预防和控制。本病的预防,主要是加强日常饲养管理。雏鸡对维生素 B_3 的需要量为每千克饲料 10mg,蛋鸡为 2.2mg。鸡患病时,可添加干首蓿草、花生饼和酵母等饲料,每千克饲料添加 5.0~5.5mg 泛酸钙则更为经济。对缺乏维生素 B_3 的母鸡所孵出的雏鸡,虽极度衰弱,但立即腹腔注射 200mg 的维生素 B_3,可收到良好的治疗效果。

4. 维生素 B_6 缺乏症 维生素 B_6 系吡哆醇、吡哆醛和吡哆胺的总称,其主要功能是在体内作为氨基酸转氨酶及脱羧酶辅酶的组成成分;含硫氨基酸和色氨酸的代谢及氨基酸进入细胞,也必须有维生素 B_6 的参与。谷物、酵母、豆类、肉类、种子外皮及禾本科植物都含有维生素 B_6,成年鸡很少发生单纯维生素 B_6 缺乏,本病主要见于雏鸡。

(1) 病因。维生素 B_6 的缺乏,主要是饲料配比和加工不当,尤其是热加工往往引起 B_6 的破坏而引起绝对含量的不足。不同品种的鸡对维生素 B_6 的需求量不同,也可导致维生素 B_6 的相对含量不足。

(2) 临床症状与病理变化。维生素 B_6 缺乏的主要症状是食欲下降、生长不良、贫血及特征性的神经症状,小鸡双腿神经性颤动,多以强烈痉挛抽搐而死亡。另有些病鸡则呈现骨短粗症。成年病鸡的产蛋量和孵化率明显下降,贫血,逐渐衰竭死亡。病理剖检可见皮下水肿,内脏器官肿大,脊髓和外周神经变性,有的可呈现肝变性。

(3) 诊断。本病症状与其他维生素缺乏症有些类似,临床上主要根据饲料配方和加工方式,配合维生素 B_6 治疗有效建立诊断。

（4）预防和控制。预防本病应加强饲料搭配。雏鸡、肉仔鸡、产蛋鸡按每千克饲料3.0mg，种母鸡按每千克饲料4.5mg供给。对于不同品种的雏鸡，也应根据其需要量分别施予饲养。治疗本病可内服维生素 B_6 40~150mg/d，同时给予维生素 B_1、维生素 B_2、维生素 PP 等，可提高疗效。

5. 维生素 B_{11} 缺乏症　维生素 B_{11} 又称叶酸，广泛分布于动植物界，特别是在植物绿叶中含量丰富而得名。在体内转变为四氢叶酸形式，参与核酸、蛋白质的生物合成过程，并与红细胞、白细胞的成熟有关。它在中性、碱性中对热稳定，在酸性中加热易分解，易被光破坏。因此，当饲料加工、贮存不当时，易造成维生素 B_{11} 缺乏。

（1）病因。维生素 B_{11} 广泛分布于动植物界，动物肠道内细菌也可合成维生素 B_{11}，但长期服用磺胺或其他抗菌药，或者长期单一饲喂谷物性饲料，或者饲料加工、贮存不当引起维生素 B_{11} 的破坏，都可发生维生素 B_{11} 缺乏，尤其在小鸡和小火鸡中易发生。

（2）临床症状与病理变化。幼龄小鸡的主要症状是发育迟滞，羽毛形成不良或褪色，病死率高，常伴发大细胞高色素性贫血，红细胞巨大，成熟受阻。幼龄火鸡和部分病鸡生长速度减慢，呈特征性的颈麻痹，颈伸直，作注视地面状。产蛋母鸡则产蛋率和孵化率下降，孵化的胚胎常呈现胫跗骨弯曲，下颌缺损，并趾畸形和出血。病理剖检可见胃肠黏膜有点状出血，肝、脾、肾贫血。

（3）诊断。根据临床症状和病理变化及死亡鸡胚的病理特征，可建立诊断。

（4）预防和控制。家禽饲料中应搭配适量的苜蓿粉、槐叶粉、豆粕、酵母或肝粉，防止单一用玉米作饲料，以保证叶酸的供给。饲料中长期添加抗菌类药物而引起维生素 B_{11} 缺乏者，应根据发病原因适当减量。已发病鸡群可在饲料中按每千克饲料加入0.5mg叶酸，也可用叶酸 0.5~100μg，肌肉注射，连用 2~3d。若配合应用维生素 B_{12}、维生素 C 进行治疗，效果更好。

种用火鸡以鱼粉或以溶剂抽提的大豆饼作为主要蛋白来源或饲喂颗粒饲料时，应添加人工合成的叶酸。火鸡的预防性添加量为每吨饲料 0.5~1.0g。已发病的可将叶酸按每 4 000ml 水 150~00mg 的比例加入饮水中，几天内可望治愈。

6. 维生素 B_{12} 缺乏症　维生素 B_{12} 结构很复杂且有多种形式，含有钴，故又称为钴维生素或钴胺素。维生素 B_{12} 在体内参与了许多代谢过程，其中最重要的是参与核酸和蛋白质的合成，促进红细胞的发育和成熟。当维生素 B_{12} 缺乏时，可导致巨幼红细胞性贫血和神经系统的损害。

（1）病因。在自然条件下，各种动物都不易发生维生素 B_{12} 缺乏症。维生素 B_{12} 的供应，几乎全依赖于胃肠道内微生物的合成，微生物合成维生素 B_{12} 时必须有微量元素钴的存在。因此，钴缺乏地区的家禽可发生该病。由于鸡不能吸收利用下部肠道内细菌合成的维生素 B_{12}，日粮中添加钴对维持体内维生素 B_{12} 的营养状态没有多大作用，易造成维生素 B_{12} 的缺乏，因而主张在饲料中直接添加维生素 B_{12}。

（2）临床症状和病理变化。病雏鸡生长缓慢，食欲降低，贫血种鸡产蛋量下降，蛋小而轻，蛋壳陈旧，孵化率降低，孵化到第 16~18d 时就出现胚胎死亡率的高峰。特征性的病变是鸡胚生长缓慢，鸡胚体形缩小，皮肤呈弥漫性水肿，肌肉萎缩，心脏扩张并形态异常，甲状腺肿大，肝脏脂肪变性，卵黄囊、心脏和肺等胚胎内脏均有广泛出血。有的还呈现骨短粗病等病理变化。病鸡剖检，可发现肾、肝、心发生脂肪变性。

(3) 诊断。依据临床症状和病理变化以及鸡胚的特征性病变，可建立诊断。维生素 B_{12} 缺乏时，尿中甲基丙二酸显著增加，测定尿中甲基丙二酸可作为维生素 B_{12} 缺乏的指标。

(4) 预防和控制。对雏鸡、生长鸡群，在饲料中增补鱼粉、肉屑、肝粉和酵母等，可防止本病的发生。在种鸡日粮中，每吨加入 4mg 维生素 B_{12}，可使其种蛋能保持较高的孵化率，并使孵出的雏鸡体内储备足够的维生素 B_{12}，以致出壳后数周内有预防维生素 B_{12} 缺乏的能力。治疗可用维生素 B_{12} 制剂，每只鸡注射 0.002mg。

7. 维生素 PP 缺乏症 维生素 PP 又称维生素 B_5，包括烟酸和烟酰胺，在维生素中是结构最简单、性质最稳定的一种，参与体内生物氧化。当维生素 PP 缺乏时，辅酶合成受到影响，使生物氧化受阻，新陈代谢发生障碍，导致畜禽癞皮病、角膜炎、神经和消化系统功能障碍。

(1) 病因。维生素 PP 在谷物种皮、胚芽、花生饼、苜蓿中含量丰富。家禽体内也可由色氨酸合成一部分，但不能满足机体需要，玉米中色氨酸及维生素 PP 含量极低，且含有抗烟酰胺作用的乙酰嘧啶。因此，长期单用玉米作饲料，便可能发生维生素 PP 缺乏。低蛋白日粮可加剧 PP 的缺乏。鸡患有热性病、寄生虫病、腹泻症、肝和胰脏等机能障碍皆可能致病。

(2) 临床症状与病理变化。病鸡口腔黏膜发炎，并有溃疡，外观黑色，唾液黏稠，呼气恶臭，火鸡尤为典型，特称"黑舌病"。病鸡皮肤发炎有化脓性结节，下痢。幼鸡和小火鸡生长停滞，羽毛稀少，跗骨节肿胀和腿弯曲。小鹅和小鸭的腿发生异常，在小鹅则称骨短粗病，小鸭则称为弯腿病。

病理剖检所见的主要病变为皮肤肥厚，有褶和痂；肝萎缩并呈脂肪变性；胃和小肠黏膜萎缩；结肠与盲肠壁增厚，易碎，肠内容物黏附，呈豆腐渣样覆盖物，难以洗脱。

(3) 诊断。根据饲喂的饲料、临床症状和病理变化，可建立诊断。但维生素 PP 缺乏症与锰缺乏或胆碱缺乏所致的骨短粗症（滑腱症）有区别，鸡患维生素 PP 缺乏症时跟腱极少从踝骨滑落。

(4) 预防与控制。调整日粮中玉米比例，配合富含维生素 PP 的大麦、麸皮、豆类、鱼粉、肝粉等，或者添加维生素 PP、色氨酸、啤酒酵母等，可防止本病的发生。病鸡可在每千克饲料中加维生素 PP 10mg，病雏鸡则加 15~20mg。若有肝病存在时，可配合应用胆碱或蛋氨酸进行治疗。

8. 生物素缺乏症 生物素又称维生素 H 或维生素 B_7，广泛分布于动植物界。性质较为稳定，但在高温及氧化剂下能被破坏。当其缺乏时，可导致蛋白质、糖和脂肪代谢障碍，引起家禽皮炎、贫血和脱毛症。

(1) 病因。生物素在自然界存在较广，肠内细菌也可以合成，一般不易缺乏，仅雏鸡和小火鸡有可能发生缺乏症。生物素缺乏的原因可能是：某些疾病使生物素的需要量增加；大麦和小麦等所含生物素的可利用性低；谷类、肉粉和鱼粉等饲料的生物素含量低；某些天然饲料中生物素是结合型，不易被家禽利用；生蛋白含抗生物素蛋白，阻碍生物素的吸收利用；饲料酸败导致生物素的破坏；连续服用磺胺或其他抗生素。凡此种种，都可导致家禽生物素缺乏。

(2) 临床症状与病理变化。雏鸡和雏火鸡的典型症状为食欲不振，羽毛干燥变脆，翼羽易被破坏，跖骨弯曲，趾爪、喙底和眼睑边缘发生皮炎，骨短粗。成年鸡和火鸡蛋的孵化率降低，胚胎发生先天性骨短粗症；营养不良、体型小，显现"鹦鹉嘴"，肢小，畸形和并趾。胚胎死亡率在孵化第一周最高，最后3d其次。

（3）诊断。依据特征性临床症状及饲料供给，结合鸡胚发育情况和特征，可建立诊断。

（4）预防和控制。消除日粮中陈旧玉米、麦类过多以及较长时间喂给抗生素添加剂而引起生物素缺乏的病因。雏鸡、种鸡的每千克饲料添加150mg生物素，种火鸡为200~250mg，可收到良好的预防效果。病鸡治疗，可口服或注射生物素3~5mg。

9. 胆碱缺乏症 胆碱具有多种重要的生理功能，当胆碱缺乏时，易引起脂肪代谢障碍，使大量的脂肪在家禽肝内沉积导致脂肪肝或称脂肪综合征。

（1）病因。胆碱在动物肝脏、小麦胚、大豆饼、花生饼、肉骨粉和鱼粉中含量丰富，玉米中含量很少。因此，以玉米为主配合日粮饲养的家禽易患此病；由于维生素B_{12}、叶酸、维生素C和蛋氨酸都可参与胆碱的合成，它们的缺乏也易影响胆碱的合成；日粮中维生素B_1和胱氨酸与胆碱有颉颃作用，它们增多时能促进胆碱缺乏的发生；日粮中长期应用抗生素和磺胺类药物，能抑制胆碱在体内的合成。

（2）临床症状与病理变化。雏鸡和幼火鸡表现为生长停滞，腿关节肿大，病理变化为胫骨和跗骨变形，跟腱滑脱。成年鸡表现为产蛋量下降，蛋的孵化率降低。肝中脂肪酸增高，母鸡明显高于公鸡。有的肝破裂而发生急性内出血，突然死亡。有些生长期的鸡也易出现脂肪肝。剖检可见肝肿大，色泽变黄，表面有出血点，质地很脆弱。肾脏及其他器官也有脂肪浸润和变性。

（3）诊断。根据临床症状和病理变化，结合饲料配比和饲养生活史，可初步建立诊断。测定肝中脂肪酸含量可作为诊断的必要参考。

（4）预防和控制。本病以预防为主，只要针对调查出的病因采取有力措施，就可以预防本病的发生。治疗本病可在每千克日粮中加氯化胆碱1g，维生素E 10IU，肌醇1g，连续饲喂；或者每只鸡每天喂氯化胆碱0.1~0.2g，连用10d。

三、矿物质及微量元素缺乏症

矿物元素（常量元素和微量元素）是家禽饲料中不可缺少的成分。每种元素都有其特定的生理效应，并不为有机物或激素所能完全取代。饲料中微量元素缺乏或其比例失调，可引起一系列代谢障碍、功能紊乱、生长发育迟缓和繁殖功能减退等症状。轻者导致畜产品减产，重者可酿成疾病，甚至大批死亡。随着传染性疾病和寄生虫病的扑灭与控制，本病越来越显得突出。

（一）常量元素缺乏症

一般认为，凡占动物总重量1/10 000以上的矿物元素，称之为常量元素，包括碳、氢、氧、硫、磷、钾、钠、钙、镁、氯等。它们是构成动物骨架、组成组织细胞和进行新陈代谢最基本的物质，机体的需求量较大。其中的几种元素极易造成缺乏，从而导致机体产生各种生理和病理变化。

1. 钠缺乏症 钠是机体必需的常量元素，在维持机体渗透压和酸碱平衡方面具有重要作用。机体内钠的代谢较快，储存量有限，必须经常由饲料中供给。如长期缺乏，家禽生长发育停滞，生产能力下降，严重者可引起死亡。

植物性饲料中含钠较少，动物性饲料含钠较多。家禽体内的钠主要来源于食盐。食盐或饲料中的钠被摄入体内后，很容易被吸收并迅速分布于全身，且主要经肾脏随尿排出体外。肾脏依据机体对氯化钠的需要量调节氯化钠的排泄，即摄入多排泄多，摄入少排泄也少。

（1）病因。钠缺乏的原因可归纳为摄入减少和排泄增加两个方面。摄入减少主要是由于饲料中含钠较少，不添加食盐或给量不足。排泄增多常由于剧烈下痢或出汗所致。

（2）临床症状与病理变化。家禽缺钠时，食欲减退，消化不良，饲料消化利用率降低，雏鸡和青年鸡生长发育缓慢，产蛋鸡体重、蛋重减轻，产蛋率下降，容易出现啄肛、食血等恶癖。钠的缺乏也可引起骨质软化，角膜角化，生殖腺功能停止，肾上腺肥大，血浆及体液容量下降，心输出量减少，动脉压下降，肾上腺功能损害而引起血中尿素增加，导致休克，如不及时调整，最后可导致死亡。

（3）诊断。本病诊断依据是饲喂的饲料中有含钠不足的生活史；是否有严重的下痢；临床症状和病理变化。为了确诊，可测定饲料中氯化钠含量和肝、脑中钠的含量。

（4）预防和控制。为了防止钠缺乏症的发生，在家禽日粮中要注意补充其需要量的氯化钠。在一般情况下，家禽日粮中添加食盐量以0.37%最为适宜（0.25%~0.5%），最高不超过0.5%。但应视所用鱼粉量和鱼粉含盐量而定，切不可使饲料中食盐过高，否则引起食盐中毒。

当钠缺乏病发生后，在日粮中加入1%~2%的氯化钠喂2~3d，有良好的治疗作用。但饲喂时间不可过长，并给予充足的饮水。

2. 氯缺乏症 氯和钠在家禽生理上起着重要作用，他们协同维持细胞外液和渗透压相对稳定，调节水的代谢和酸碱平衡。氯可生成胃液中的盐酸，保持胃液的酸性。家禽对氯和钠的需要量基本相同，各日龄鸡对氯的需要量为每千克饲料800mg。在一般植物性饲料中，氯含量较少，动物性饲料中含量较高，家禽对氯的摄入一般由食盐供给。

（1）病因。家禽氯缺乏一般与钠缺乏有关。主要是饲料中含氯较少，不添加食盐或给量不足。

（2）临床症状与病理变化。家禽缺氯时一般表现为血液浓缩、脱水、生长极度不良，小鸡死亡率高。病鸡还表现出特征性的神经症状，当受惊吓时，突然倒地，身体前翻，两腿后伸，不能站立，经几分钟麻痹后可恢复正常，但再受惊吓时又会重新出现上述症状，有的休克死亡。

（3）诊断。本病诊断的依据是饲喂的饲料中含氯不足的生活史；临床症状和病理变化；一般与钠的缺乏同时发生。为了确诊，可测定饲料中氯化钠的含量和肝、脑中氯、钠含量。

（4）预防和控制。防治本病主要应注意饲料中的含盐量。一般家禽对食盐的需要量占饲料的0.25%~0.5%，以0.37%左右量为适宜。同时，应视饲料中动物性饲料的含量而调整。食盐切忌过高，否则会引起中毒。

发现缺氯后，在日粮中加1%~2%的氯化钠喂2~3d，但饲喂时间不易过长，并给予充足的饮水。

3. 镁缺乏症 镁是家禽必需的常量元素之一。家禽体内的镁约有70%与钙、磷共同构成骨骼,蛋壳中约含0.4%的镁,其余的镁分布在体液中。镁对维持肌肉、神经的正常机能具有重要的作用。碳水化合物的代谢和许多酶的活化作用都需要有镁的参与,镁对钙、磷的平衡也有一定的作用。家禽常用饲料中均有一定量的镁,其中豆饼类、糠麸类、青饲料中含镁较丰富。鸡对镁的需要量一般为每千克饲料400～600mg。

(1) 病因。一般饲料中的镁基本上可以满足家禽的需要,所以镁缺乏症并不多见。有的地区土壤中镁含量少或缺镁,可引起镁的缺乏;长期饲喂含镁少的饲料(稻谷、玉米、血粉等),使镁供给不足;饲料中钙、磷含量过高、维生素D不足时,可影响镁的吸收利用。这些情况下均可能发生镁缺乏症。

(2) 临床症状与病理变化。雏禽缺镁时一般表现为生长发育停滞,肌肉震颤,严重时呈昏迷状态,最后导致死亡。成年家禽则表现为产蛋量减少,蛋壳变薄,骨质疏松。

(3) 诊断。依据饲料中镁的供给情况和临床症状,结合本地区缺镁和流行病学的调查,可作出诊断。测定饲料和血浆中镁含量可为诊断提供依据。

(4) 预防和控制。防治本病主要在于加强饲养管理,给予富含镁的饲料,如糠麸类、油饼等;调整日粮中的钙、磷、镁的比例,保证饲料中含镁量不低于0.04%;必要时,在饲料中添加硫酸镁、氧化镁、碳酸镁等镁制剂。

4. 钙缺乏症　钙是家禽体内无机盐中最多的一类物质。除构成骨骼外,还在维持神经与肌肉的兴奋性、参与凝血过程、降低毛细血管和膜的通透性方面起重要作用。钙缺乏时,可引起家禽颤抖、痉挛及神经传导障碍等精神症状,严重者可引起佝偻病和骨软病。

(1) 病因。引起家禽钙缺乏的原因较多,主要有:①饲料中钙的绝对含量不足;②影响钙吸收的物质的作用:饲料中的草酸、植酸、脂肪酸等都可和钙结合成不溶或溶解性低的盐;③钙磷比例不合适;④维生素D的缺乏;⑤胃肠道消化机能障碍;⑥排泄较多,鸡每产1个蛋,约排出钙2g,几乎占鸡体总钙量的1/10;⑦日粮中蛋白质过高以及环境温度高、运动少、日照不足等管理不当,都可能成为致病因素。

(2) 临床症状与病理变化。钙缺乏的早期即可见病禽喜欢蹲伏、不愿走动、食欲不振、异嗜、生长发育迟滞等症状。雏鸡呈八字腿姿势,折叠性骨折、胫跗骨弓形弯曲或扭曲,喙和爪变得较易弯曲,肋骨末端呈念珠状小结节,跗关节肿大、蹲卧或跛行。成年蛋鸡产蛋量下降或停产,蛋壳粗糙、变薄、易碎,蛋的孵化率也随之降低;钙、磷同时缺乏时,病鸡体重减轻、瘫痪,幼鸡发生佝偻病,成鸡发生骨软症。

病理剖检,可见全身骨骼都有不同程度的肿胀,骨体容易折断,骨密质变薄,骨髓腔变大。肋骨变形,胸骨呈"S"状弯曲,骨质软。关节面软骨肿胀,有的有较大的软骨缺损或纤维样附着物。肾肿大,输尿管、肝、脾、心脏沉积有大量白色尿酸盐。此点尤应注意与大肠杆菌病、痛风病相区别。

(3) 诊断。钙缺乏症的症状和病理变化比较明显,依此可建立诊断。内脏器官的剖检应注意与鸡大肠杆菌病和痛风病相区别。测定血钙和X光检查,可为早期诊断提供依据。

(4) 预防与控制。本病应以预防为主,以早期诊断或监测预报及适时控制为目标。首先,要保证饲料中钙的供给量,调整好钙磷比例;对舍饲笼养家禽,应使之得到足够的日光照。其次是做好监测预报,尽可能及早采取预防措施,避免造成损失。

一般日粮中补充骨粉或鱼粉进行防治本病,效果较好。同时,调整钙磷比例。病禽还应加喂鱼肝油或补充维生素D。

5. 磷缺乏症 磷和钙是家禽体内无机盐中最多的一类物质，除构成骨骼外，磷还在构成磷脂、参与氧化磷酸化反应以及脱氧核糖核酸、核糖核酸和许多辅酶（如焦磷酸、硫胺素、磷酸吡哆醛、辅酶Ⅰ及辅酶Ⅱ）等的构成方面起着重要作用。机体内磷和钙的代谢密切相关。既相互影响，又相互促进。因此，饲料中钙、磷必须保持适当的比例。磷缺乏时，机体的代谢发生障碍，钙的吸收和沉积受到影响，引起家禽异嗜、佝偻病和骨软病等。

（1）病因。现在认为，家禽体内的钙主要靠主动吸收，而磷则似乎是被动吸收的。饲料中的无机磷不必经消化就能被吸收，有机磷经酶水解后，在小肠后段被吸收。而饲料中的磷多数以化合物形式存在。因此，家禽磷缺乏主要是由于：①饲料中磷的绝对含量不足；②钙磷比例不适合；③饲料中磷的存在形式不适；④维生素D缺乏导致钙的吸收障碍，从而改变钙磷比而影响磷的吸收；⑤肠道消化机能障碍；⑥铁、镁、锰、铅、铝等与磷酸结合形成不溶性盐，影响磷的吸收。

（2）临床症状与病理变化。由于磷和钙在代谢上关系密切，家禽磷缺乏与钙缺乏症的症状与病理变化有许多相同或相似之处。幼禽腿无力，喙与爪变软易弯曲。采食困难，走路不稳，常以飞节着地，呈蹲状休息，骨骼变软肿胀。生长缓慢或停滞，有的发生腹泻。成鸡最初产薄壳蛋、软蛋，产蛋量急剧下降，腿变软无力，运动困难，站立时负重困难，常呈蹲伏状，甚至飞节着地，凭借尾力呈"三脚"状负重，最后骨组织增生，飞节不灵活，行走时挺胸，像鹅一样缓慢行进。剖检可见全身骨骼有不同程度的肿胀，骨体易折断，骨髓腔变大，骨质软。肾肿大，输尿管、肝、脾、心脏沉积有大量白色尿酸盐。

（3）诊断。根据家禽生长发育迟缓、关节肿大和骨变形，不难作出诊断。雏鸡患佝偻病时，腿无力，喙和爪变软乃至弯曲。但需注意与传染性多发性关节炎鉴别。其鉴别要点在于佝偻病体温不高，无传染性，且肿胀关节无热无痛，无严重的跛行。

实验室测定血清无机磷浓度和血清碱性磷酸酶活性可为诊断提供依据。

（4）预防和控制。本病应以预防为主。首先，要保证日粮中磷的供给和钙磷比例。对舍饲笼养家禽，要使之得到充足的阳光照射。其次，做到早期诊断和实验室监测预报，尽早采取防治措施，以免造成巨大的经济损失。

一般日粮中补充骨粉或鱼粉进行防治，效果较好。若日粮中钙多磷少，则以磷酸氢钙、过磷酸钙添加较为适宜，同时加喂鱼肝油或维生素D。

（二）微量元素缺乏症

一般认为，凡占动物体重总量1/10 000以下的元素，称微量元素，主要包括铜、铁、锡、铅、锌、硼、砷、铝、汞等约40种。它们的生物学作用和生理功能是多种多样的，主要作为多种酶、辅酶、某些激素和维生素的构成成分发挥作用。因此，当微量元素缺乏时，所反映出的疾病也是相当复杂的。

1. 硒、维生素E缺乏综合征 硒缺乏症是以硒缺乏造成的骨骼肌、心肌及肝脏变质性病变为基本特征的营养代谢障碍综合征。其临床表现和病理改变极为复杂，包括多种疾病类型。鉴于硒缺乏同维生素E缺乏在病因、病理、症状及防治等诸多方面均存在着复杂而紧密的关联性，有人将二者合称硒、维生素E缺乏综合征。

（1）病因。本病的发生是世界性的，但仍有一定的地区性，即在缺硒的地带易发病。在土壤-植物-动物生态循环链上，任何一个环节缺硒，均可导致硒缺乏症的发生。①土壤中硒含量不足是硒缺乏症的根本原因；②饲料中硒含量不足是硒缺乏症的直接原因；③维生素E有助于硒以还原状态存在，利于硒的吸收，在一定程度上可补偿硒的不足，维生素E缺乏可促使硒缺乏症的发生；④应激可诱发硒缺乏；⑤硒颉颃元素（铜、银、锌及硫酸盐等）可使硒的吸收利用率降低，是硒缺乏的继发因素。

(2) 临状症状与病理变化。硒缺乏时，组织损伤的程度和代谢障碍的环节不同，其病理变化和临床表现亦多种多样，且常因家禽的种类和年龄而异。成年鸡主要表现为白肌病、生殖紊乱（产蛋和孵化率降低）；雏鸡为白肌病，渗出性素质，胰纤维化；火鸡和鸭则为白肌病、嗉囊肌病或肠肌病。主要症状和病理变化为：①渗出性素质：常在2~6周龄发病较多，呈急性经过。病雏躯体低垂的胸腹部皮下出现淡蓝绿色水肿样变化，可扩展至全身。排稀便或水样便，最后衰竭死亡。剖检可见到水肿部位有淡黄绿色的胶冻样渗出物或淡黄绿色纤维蛋白凝结物；②白肌病：病禽表现食欲不振，精神委顿，羽毛蓬乱，翅下垂，互相堆挤在一起。两腿软弱无力，运步迟缓，跛行，有时呈现特殊的企鹅步样。病情严重的，则因两肢麻痹而卧地不起，完全丧失运动能力，最后死于衰竭。主要病变在肌肉，雏鸡多在胸肌，腿部肌肉的病变少见。雏火鸡病变多在平滑肌和肌胃，其次是心肌，骨骼肌病变少见。病变部位肌肉变性、色淡，呈灰黄色、黄白色的点状、条状、片状不等。心肌扩张变薄，多在乳头肌内膜有出血点。胰脏变性，体积小而有坚实感。火鸡肌胃变性，质软，颜色淡。

(3) 诊断。本病的诊断依据是：①流行病学调查：发病有一定的地域性（低硒地区）、季节性（冬、春两季多发）和群发性，无传染性，以幼禽较易发生；②临床症状与病理变化；③实验室检验：血浆、血清中特异性酶（如肌酸磷酸激酶，CPK）活性升高；血液中谷胱甘肽过氧化物酶（GSH—PX）活性和酶含量降低；维生素E含量降低。

(4) 预防和控制。本病以预防和预测并重为主。一般在鸡每千克饲料中添加0.1~0.2mg亚硒酸钠和20mg维生素E进行预防。有怀疑症状即进行实验室检测预报，做到及早防治。治疗时，用0.005%亚硒酸钠皮下或肌肉注射，雏禽0.1~0.3ml，成年家禽1.0ml，或用饮水法，配制成0.1~1mg/kg的亚硒酸钠溶液给禽饮用，5~7d为一疗程。同时，配合维生素E进行治疗。

2. 锰缺乏症 锰是机体必需的微量元素，它是体内多种酶、酶激活剂、黏多糖、激素等的组成成分。锰缺乏时，动物糖和蛋白质代谢障碍，导致生长缓慢，黏多糖合成不足，骨营养障碍。在家禽，表现为跗关节肿大，胫骨和跖骨发生扭转或弯曲，腓肠肌腱从踝骨骨槽中滑出为特征的症状，曾称为滑腱病、踝病、跗关节病，多呈地区性流行。

(1) 病因。原发性锰缺乏，起因于饲料锰含量不足。植物性饲料中锰含量与土壤中锰含量、尤其是活性锰含量密切相关。酸性土壤可诱发植物锰缺乏。在中国主要分布于北方地区。家禽日粮需锰量的参考值为：鸡45~60mg/kg，火鸡70mg/kg，鸭50mg/kg。低于参考值的临界水平，则可引起家禽锰缺乏。继发性锰缺乏，是日粮中钙、磷、铁、钴等锰的拮抗元素过多，影响锰的吸收利用，造成锰的缺乏。

(2) 临床症状与病理变化。骨骼畸形是锰缺乏的特征性症状。鸡多发生于运动场狭小的2~9周龄群饲雏鸡。主要表现为骨短粗症（滑腱症），跗关节外踝肿胀、平展，腓肠肌腱从侧方滑离跗关节，两腿弯曲，胫骨和跗跖骨向外扭曲，不能支撑机体，而蹲伏于跗关节上。成年鸡产蛋减少，胚胎畸形，鹦鹉嘴，球形头。有的还呈现惊厥和运动失调等神经症状。

缺锰雏鸭，一般在10日龄时出现跛行，随着日龄增长跛行更加严重。30日龄时出现和雏鸡类似的症状。

病禽剖检可发现骨骼短粗，管骨变形，骺肥厚。骨骼硬度良好。病母禽产蛋的孵化率降低，胚胎躯体短小，骨骼发育不良，翅短，腿短而粗，头呈圆球样，喙短弯呈特征性的"鹦鹉嘴"。

（3）诊断。目前还没有简易的诊断方法。根据临床症状和病理变化可初步确认，缺锰地区可通过补锰的阳性效应加以确诊。测定羽的锰含量，更能为诊断提供依据。

家禽缺锰的骨骼畸形与佝偻病十分相似。佝偻病时，血中碱性磷酸酶活性增高，而缺锰时则降低，鸡为正常对照组鸡的46.1%，且钙剂和维生素D对本病无效，可资鉴别。血锰、肝锰和羽锰的测定，则更有助于诊断。

（4）预防和控制。日粮中可调整增加含锰丰富的糠麸，有良好的预防作用。缺锰的家禽，可在饲料中添加硫酸锰0.1~0.2g/kg，或用1:3 000高锰酸钾溶液作饮水，每天更换2~3次，连用2d，以后再用2d。检测羽中锰含量，可达到监测预报和及早预防的目的。

3. 锌缺乏症 锌是体内200多种酶的组成成分，参与蛋白质、核酸的合成及其他物质的代谢。缺锌时，各种含锌酶的活性降低，相应的氨基酸、蛋白质代谢紊乱，核酸合成减少，使细胞分裂、生长与再生受阻，导致动物生长发育停滞，细胞储水机制障碍，皮肤干燥。而且锌与味觉和激素的合成有关，可使家禽采食减少，消化和繁殖机能降低。

（1）病因。原发性锌缺乏是饲料中锌的绝对含量不足。一般低于40mg/kg即可造成锌缺乏。继发性锌缺乏起因于饲料中存在干扰锌吸收利用的因素。钙、碘、铜、锡、镉、钼等都是锌的颉颃元素，这些成分含量过高就会影响到锌的吸收。另外，饲料中的植酸、纤维素含量过高也会影响锌的吸收，造成锌的相对不足。

（2）临床症状与病理变化。锌缺乏症是一种慢性、无热、非炎症性疾病。临床上，家禽以角化过度、生长停滞为特征。病禽采食量减少，采食速度减慢，生长停滞，羽毛发育不良，卷曲，蓬乱，折损或色素沉积异常。皮肤角化过度，表皮增厚，翅、腿、趾部尤为明显。长骨变短粗，跗关节肿大。产蛋减少，孵化率下降，胚胎畸形，表现为躯干和肢发育不全。有的血液浓缩，红细胞积压容量升高25%左右，单核细胞显著增多。边缘性缺锌时，临床上呈现增重缓慢，羽毛发育不良，易折损，开产日龄延迟，产蛋率、孵化率降低等。

（3）诊断。根据特征性临床表现、病史（慢性病程）和流行病学调查，结合羽、血清锌和碱性磷酸酶含量测定，锌缺乏症的诊断易于建立。诊断上皮肤变化应注意与烟酸缺乏、维生素A缺乏等疾病的皮肤病变相区别。

（4）预防和控制。发现本病及时补锌，短期内即能奏效。补锌可采取调整日粮结构和在日粮中加锌，也可内服、注射锌制剂。

酵母、糠麸、油饼和动物性饲料含锌丰富，可适当增加比例。在饲料中加碳酸锌或硫酸锌，每吨干饲料加碳酸锌20~40g或硫酸锌50~100g亦可。添加锌的安全范围较宽，加锌达1 000mg/kg亦无毒性反应。

4. 铁缺乏症 铁在家禽体内含量很少却非常重要，它是血红蛋白、肌红蛋白和细胞色素以及其他呼吸酶类的必需组成成分，其主要功能是把氧转运到组织中（血红蛋白）和在细胞氧化过程中转运电子。因此，铁是家禽的物质代谢、造血、形成羽毛色素等所必需的微量元素之一。此外，铁对机体的抗体产生也有密切的关系。

家禽常用饲料中均含一定量的铁，其中动物性饲料含量较多，油饼类次之。家禽对铁的需要量一般为每千克饲料 80mg。

（1）病因。一般配合饲料中含铁量基本可满足家禽的需要，但动物性饲料不足，雏禽生长迅速对铁的需要量较大，而补充不足，可造成铁的缺乏。此外，饲料中植酸含量过多及铜、维生素 B_6 含量不足时，也会影响铁的吸收利用。

（2）临床症状与病理变化。家禽缺铁主要表现为缺铁性小红细胞低色素型贫血，鸡冠和肉髯苍白、消瘦、生长发育不良、蛋鸡产蛋量下降、有色羽毛的鸡其羽毛色素形成不良而变淡。血液变化是血红蛋白含量减少，红细胞数量降低。缺铁能使机体的抗体产生减少，故对传染病的敏感性增强。

（3）诊断。根据所喂日粮情况和临床症状、实验室检验血红蛋白含量减少、红细胞数量降低可建立诊断。

（4）预防和控制。防治本病是保证日粮中满足不同家禽对铁的需要量，尤其对幼禽和种禽。保证提供适量动物性饲料，或者在日粮中加含铁的添加剂，一般每千克饲料达 80mg 即可。治疗时，可加硫酸亚铁，每千克饲料 130～200mg，也可用硫酸亚铁 100g、硫酸铜 12g、糖浆 500mg 混合，每只滴服 1 滴，或者加 3 倍水，让其自由饮用。

5. 碘缺乏症 碘是动物必需的微量元素，是合成甲状腺素的主要原料，后者具有调节代谢和促进生长发育的作用。当碘缺乏时，雏禽生长发育受阻。同时，由于甲状腺素合成减少，反馈性地引起垂体促甲状腺素分泌增多，刺激甲状腺使其功能加强，腺体增生，造成甲状腺肿大。

（1）病因。家禽体内的碘主要来自饲料和饮水。而植物性饲料中的碘，又是土壤中碘溶于水而来的。因此，环境缺碘，特别是土壤中缺碘是家禽碘摄入不足的根本原因。家禽日粮中碘含量要求：8 周龄雏鸡、种鸡，1～5mg/kg；8～18 周龄后备鸡及产蛋鸡，0.45mg/kg，低于临界值，则可造成碘缺乏。另外，某些药物和化合物也可影响碘的吸收利用。

（2）临床症状与病理变化。雏禽生长缓慢，羽毛蓬乱，易脱落，甲状腺肿大，压迫食管可引起吞咽障碍。气管因受压而移位，吸气时发出特异的笛音。剖检可见甲状腺肿大，一般比正常增大 5～15 倍。

（3）诊断。本病的诊断基于病史调查、临床表现和必要的化验。低碘地区较易发生。同时，经测定血碘和甲状腺素 T_3 和 T_4，可进行综合诊断。

（4）预防和控制。补碘是防治本病的根本措施。用碘盐代替普通食盐，是预防本病的有效、简便、安全的方法。但应注意碘盐的保存，要保持干燥、严密、避光、低温。碘盐中有碘化钠、碘化钾和碘酸钾等，一般以碘化钾更为经济实用。这种预防方法用于治疗，同样有效。

四、痛　风

家禽痛风又称尿酸素质，是一种核蛋白营养过剩或嘌呤核苷酸代谢障碍，尿酸盐形成过多或排泄减少，在体内形成结晶并蓄积的一种代谢病。临床上以关节肿大、运动障碍和尿酸血症为特征。本病以鸡多见，其次是火鸡、水禽，偶见于鸽。

（一）诊断要点

1. 病因 本病的发生原因比较复杂，一般认为是饲喂大量富含核蛋白和嘌呤碱的蛋白质饲料所致。属于这类的饲料有动物内脏、肉屑、鱼粉、大豆粉等。按尿酸盐的沉积部位和病因，可分为内脏痛风和关节痛风2种病型。

（1）内脏型痛风。一般认为是肾脏衰竭的结果，是因近曲小管功能不全，分泌减少，造成高尿酸血症，以致尿酸盐结晶在心、肝、腹膜等器官的浆膜上沉着，即属于肾中毒型内脏痛风。另一种是由于维生素A缺乏、尿结石、试验性结扎输尿管所致的内脏浆膜面尿酸沉积，即退行性和阻塞型内脏痛风。

（2）关节型痛风。不常见。其原因尚不十分清楚，可能与饲喂高核蛋白饲料及与遗传有关。另外，禽舍潮湿、阴暗、密集，运动和光照不足，饲料中维生素缺乏，可促使本病的发生。

2. 临床症状与病理变化 本病通常取慢性经过，急性死亡者甚少。病禽食欲减退，逐渐消瘦，运动迟缓，肉冠苍白，羽毛蓬乱，脱毛，周期性体温升高，心跳加快，气喘，伴有神经症状及皮肤瘙痒，排白色尿酸盐，血液尿酸盐升高至150mg/L以上。

（1）关节型痛风。运动障碍，跛行，不能站立，腿和翅关节肿大，初期软而痛，界限不明显，以后肿胀逐渐变硬，微痛而形成樱桃大、核桃大乃至鸡蛋大的结节。病程稍久，则结节软化或破溃，排出灰黄色干酪样物，局部形成溃疡。尸体解剖，关节腔积有白色或淡黄色黏稠物。关节肿胀，关节、关节软骨、关节周围组织、滑膜、腱鞘、韧带等部位有尿酸盐沉着，形成大小不等的结节。结节切面中央为白色或淡黄白色团块。

（2）内脏型痛风。临床上不易发现，多取慢性经过。主要表现为营养障碍，增重缓慢，产蛋减少，下痢及血液中尿酸水平增高。剖检可见胸腹膜、肠系膜、心包、肺、肝、肾、肠浆膜表面布满石灰样粟粒大尿酸盐结晶。肾脏肿大或萎缩，外观灰白或散在白色斑点，输尿管扩张，充满石灰样沉淀物。

3. 诊断 依据饲喂动物性蛋白饲料过多、关节肿大、关节腔或胸腹膜有尿酸盐沉积，可作出诊断。关节内容物化学检查呈紫尿酸铵阳性反应，镜检可见细针状或禾束状或放射状尿酸钠晶粒。或者将粪便烤干，研成粉末，置于瓷皿中，加10%硝酸2~3滴，待蒸发干涸，呈橙红色，滴加氨水后，生成紫尿酸铵而显紫红色。

（二）预防和控制

1. 预防 预防要点在于减喂动物性蛋白饲料，控制在20%左右；调整日粮中钙磷比例，添加维生素A，也有一定的预防作用；笼养鸡适当增加运动，亦可降低本病的发病率。

2. 治疗 对本病的治疗，目前尚无有效的方法。关节型痛风，可手术摘除痛风石。为促进尿酸排泄，可试用阿托品或亚黄比拉宗，鸡0.2~0.5g内服，每天2次。

五、脂肪肝综合征

本病见于产蛋母鸡，为笼养鸡多见的一种营养代谢病。发病的特点是多出现在产蛋率高的鸡群或产蛋高峰期，产蛋量明显下降，鸡体况良好，有的突然死亡，多见肝破裂，肝脏发生异常脂肪变性。

（一）诊断要点

1. 病因 在正常情况下，新鲜肝中含脂肪约5%。由于某种原因或多种原因影响脂肪代谢过程，使脂肪在肝中沉积过多，均可导致脂肪肝。脂肪肝形成是肝内脂肪来源过多或去路过少的结果。具体原因为：

（1）肝脂肪来源过多。①从饲料中摄取过多的糖和脂肪，这些物质进入肝脏，使脂肪的合成增多。②脂肪组织中脂肪的动员增加，大量游离脂肪酸从脂肪组织中动员出来进入肝脏，在肝中合成过多脂肪。

（2）肝脏脂肪的利用减少。肝内游离脂肪酸氧化减少，使脂肪合成增加。

（3）肝脏输出脂肪障碍。肝内脂肪必须在肝中形成脂蛋白才能运出肝脏，脂蛋白合成过少可形成脂肪肝，多见于：①饲料中蛋白质缺乏使肝内氨基酸供应减少，影响脱脂脂蛋白的合成，进而影响脂蛋白的合成。②肝功能损害引起三酰甘油与脱脂肪蛋白的结合障碍。③胆碱和必需脂肪酸缺乏时，磷脂在肝内合成减少，以致影响脂蛋白的合成。

另外，笼养鸡体态过肥，运动不足，也可引起脂肪肝综合征。

2. 临床症状与病理变化 发病和死亡的鸡大都是母鸡，多数过度肥胖。病鸡产蛋量下降，从高产率75%~85%降到40%~55%。

病鸡喜卧，腹大而软绵下垂，冠、髯苍白贫血。严重的嗜眠、瘫痪、消化紊乱，排粪迟滞或稀软。一般从出现明显症状到死亡1~2d，有的在数小时内即死亡。

尸体剖检，可见腹腔及肠系膜均有多量的脂肪沉积。肝脏肿大，边缘钝圆，呈黄色油腻状，表面有出血点和白色坏死灶，质地极脆，易破碎如泥样，用刀切时，在刀的表面上有脂肪滴附着。

3. 诊断 本病生前诊断困难。确诊依据是肝活体组织学检查和死后剖检。因一般为群体发生，参考长期饲喂高能饲料和高脂肪饲料及临床症状，可为病鸡群的诊断提供帮助。

肝功能检查，磺溴酞钠（BSP）清除时间延长。

（二）预防和控制

本病的防治要点是去除病因，给予胆碱、蛋氨酸等抗脂肪肝药物。

1. 预防 加强饲养管理，适当限制饲料的喂量，使体重适当。降低饲料代谢能的摄入量，以适应变化了的环境下鸡群的需要。调整饲料配方，增加富含亚油酸的饲料成分，并在每1 000kg饲料中加氯化胆碱100g。

2. 治疗 已发病鸡群，日粮中加胆碱每千克饲料22~110mg，治疗1周可见效。或者每只鸡喂服氯化胆碱0.1~0.2g，连服10d。

六、笼养鸡产蛋综合征

笼养鸡产蛋综合征不是一种独立的疾病，而是由于鸡体内物质代谢紊乱，临床上表现喜卧、不能站立、骨骼变形、产蛋减少等一系列综合症状。

（一）诊断要点

1. 病因 本病形成的主要原因是钙、磷及维生素D缺乏或其比例失调，特别是高产蛋鸡，由于形成蛋壳需要消耗大量的钙和磷，若此时不注意调整饲料，则很容易发生产蛋综合征。

2. 临床症状与病理变化 病初无明显的临床表现，由于骨骼中钙、磷的调节，血钙、磷含量也无明显变化。进一步发展，病鸡表现站立困难，精神委顿，腿软无力，常以飞节和尾部支撑身体，或者因骨折、瘫痪而伏卧。初期鸡群产蛋总量减少不明显，但软壳蛋、薄壳蛋及无壳蛋增加，继而产蛋率迅速下降甚至停产，种蛋孵化率降低，剖检可见肋软骨处呈串珠状，骨骼变形，一般情况下本病死亡率较低。

3. 诊断 由于本病系钙、磷及维生素D缺乏或失调所致，临床上与钙、磷及维生素D缺乏症有诸多相同之处。在作饲料分析和临床表现判断后，本病多发于高产蛋鸡，可综合评判诊断。

（二）预防和控制

增加饲料中钙、磷及维生素D含量是防治本病的主要措施，如在饲料中补充骨粉、肉骨粉、贝壳粉、石灰粉等，并正确调配钙、磷比例，大多病鸡可自然恢复。另外，将鸡改为平养，同时，增加光照，可加快病鸡的康复。

模块四　其他普通病防治

一、肉鸡腹水综合征

腹水综合征又称腹水症，是由多种致病因素引起的以腹腔内潴留大量积液为主要特征的一种疾病。本病发病率和死亡率均较高，是威胁肉鸡业发展的一种常见疾病。本病主要发生于肉仔鸡，蛋鸡偶尔也可发生，尤以3～6周龄的肉仔鸡和生长速度快的肉雄性鸡更易感染。一般常年均可发生，但以冬春低温季节多见。其发病率随致病因子不同而有高有低。死亡率较高，可达60%以上。

（一）诊断要点

1. 病因 本病的发生主要是由于多种致病因素造成鸡慢性缺氧、代谢机能紊乱等造成的。致病因素非常繁多和复杂，概括起来主要有以下几个方面。

（1）饲养环境和管理不善。鸡舍通风换气不良，空气中缺氧，氨气、一氧化碳、二氧化碳以及灰尘等有害物质浓度过高，可导致肺脏受损害，进而危及心脏、肝脏，引起整个循环、呼吸系统机能障碍而发生腹水症。

（2）饲料质量和营养失调。在日粮饲料中，能量和食盐含量过高（如油脂补加量超过2%～3%），极易导致腹水症的发生。另外，饲料中维生素E、硒或磷元素的缺乏、霉菌毒素及有毒脂肪等的存在，均可提高腹水症的发病率。

（3）用药和疾患影响。长期连续投服或过量用药，尤其是磺胺类、呋喃类或离子载体抗球虫剂，常会损害鸡的心脏、肝脏等器官，使血清渗透压降低而诱发腹水症。另外，肉鸡患某些疾病，如慢性呼吸道病、大肠杆菌病、慢性中毒等，都可发生程度不同的腹水现象。

（4）与遗传因素有关。肉鸡生长速度过快，摄食量大，对能量及氧的需要量比蛋鸡高。因此，携氧和运送营养物质的红细胞比蛋鸡明显增多，尤其是4～5周龄的肉仔鸡对饲料的转换率最佳。快速生长使体内红细胞不能在肺毛细血管内通畅流动，影响肺部的血液灌注，导致动脉高血压及右心衰竭、代谢机能紊乱，从而导致腹水症的发生。这也是肉鸡腹水症发生率明显高于蛋鸡的遗传因素。

2. 临诊症状　病初表现精神不振，呼吸困难，减食或不食，个别可见拉白色稀粪，以后迅速发展为腹水症。可见腹部明显膨大、发紫，外观呈水袋状，手触有明显的波动感。病雏常以腹部着地，行动困难，多于出现腹水后 1~2d 死亡，一般死亡率为 10%~30%，高者可达 60% 以上。

3. 病理变化　剖检可见腹腔内含有大量腹水，呈淡黄色、透明、内有大小不等的半透明胶冻样物质；肝、脾肿大，有时有出血，表面有黄白相间的斑块，有的肝脏萎缩、硬化；心脏肿大，右心扩张、柔软、心壁变薄，心包内积有多量液体；肺脏呈弥漫性水肿、充血；肾脏常有肿大、充血、尿酸盐沉着。

（二）防治措施

本病目前尚无特效治疗和预防方法，只能尽量去消除一切可能诱发腹水症的各种不利环境因素。主要应做好以下几个方面的工作。

1. 努力改善饲养环境和加强科学管理　保持鸡舍空气新鲜，通风良好。鸡舍温度、湿度及饲养密度要适宜，防止供氧不足和二氧化碳及氨气等有害气体在舍内过量蓄积。用煤炉供暖的鸡舍，更应保持良好的通风。舍内饮食（水）器具布局适当，垫料保持清洁干燥，粪便及时清扫，以减少氨气等有害气体的产生。

2. 适当调整日粮营养，合理使用药物　可适当延长粉状饲料饲喂时间，限制前期快速生长，一般 2~3 周龄给予粉料，4 周龄至出栏给予颗粒料为宜；适当降低日粮粗蛋白与能量水平，添加油脂量在 6 周龄前应保持 1% 左右，7 周龄至出栏不超过 2%；饲料中食盐含量不应超过 0.5%；对于磺胺类药物不宜长期连续投服，可采用交替用药的办法。

3. 减轻各种应激反应　不断提高鸡的抗病能力，以降低本病的发生。

4. 及时治疗　一旦发生腹水症，应尽快查出和消除引起腹水发生的因素。要使用利尿剂消除或减少腹水，加喂维生素 C、维生素 E 及含硒生长素等，限制饮水及调整饲料的钠盐平衡。一般对鸡群可用双氢克尿噻片 100mg，加葡萄糖 125g，维生素 C 1g，混合后加水 20kg（或拌料 10kg），每天 2 次，连用 3d，对本病有一定疗效。也可试用下列中草药：大黄 50g、莱菔子 80g、茯苓 60g、猪苓 80g、青皮 60g、陈皮 60g、泽泻 50g、木通 40g、苍术 30g、白术 60g、槟榔 40g、茵陈 60g，以上药物粉碎后拌料可供 250 只鸡服用 1d，连用 3d，可排出大量腹水，逐渐恢复。

二、啄癖

啄癖又称异食癖、恶食癖，是鸡彼此互相啄食身体个别部位的一种恶癖。有各种各样的表现形式，常见的有啄肛、啄毛、啄头、啄尾、啄翅、啄蛋等恶癖，被啄破的部位一旦有出血，鸡群则争抢啄食，能迅速导致被啄鸡的死亡。即使不死，也对被啄鸡的发育、生产性能产生极大影响。

（一）诊断要点

引起啄癖的原因很多，大致可分为以下 3 个方面。

1. 管理方面的原因

①鸡群密度过大、舍内及运动场拥挤、通风换气不良、温度及湿度过高等原因，容易

造成鸡只烦躁，导致相互蚕食。这种情况在较大的雏鸡和青年鸡群中容易发生。

②不同日龄的鸡混群饲养，或者由具有恶癖鸡群引进新鸡，或者向笼内补充新鸡以取代淘汰鸡时，常容易由于打斗受伤而导致啄癖的发生。

③舍内光线过强，蛋鸡产蛋后不能很好地休息，使泄殖腔难以复常，日久造成脱肛，引发啄肛。尤其在产蛋初期，由于初产鸡肛门括约肌紧张，有时微血管破裂、出血，在强烈的光照下，易引起其他鸡的注意，从而发生啄癖。

2. 饲料营养不全 饲料中食盐、某些微量元素、维生素、含硫氨基酸（蛋氨酸、胱氨酸）、蛋白质等的不足，易导致啄癖的发生。尤其是啄羽最为常见，因为在羽毛中含硫氨基酸最为丰富。另外，在限量饲养时鸡群处于饥饿状况或两次给料的间隔时间过长，均易造成啄癖的发生。

3. 寄生虫方面的因素 一些外寄生虫病引起局部发痒，致使禽只不断啄叨患部，甚至啄破出血，引起啄癖。

（二）防治措施

1. 隔离饲养 发现被啄鸡，应立即挑出，隔离饲养，尽快查出病因，及时治疗，控制蔓延。

2. 断喙 断喙是防止啄癖最有效的办法。一般在雏鸡 5~8 日龄时进行，70 日龄再修喙一次。

3. 加强饲养管理

（1）光线要适当。若光线过强，可将红色玻璃纸粘在玻璃窗上或用红色灯泡照明，均可避免啄癖。

（2）饲养密度要适宜。鸡舍保持通风良好，以排出氨气、硫化氢、二氧化碳等有害气体。这些气体浓度过大，易引起啄癖。

（3）提供营养全面的饲料。保证微量元素、维生素、食盐、氨基酸等的供给。

4. 治疗 治疗发生啄癖时，应根据病因进行治疗。

（1）若因蛋白质不足，应马上添加动物性饲料（鱼粉），减少谷物饲料，增加粗纤维含量，多喂些糠麸及氨基酸等。

（2）如因矿物质不足，应适当补喂矿物质、骨粉、贝壳粉等，提高饲料中食盐含量（0.2%），连喂 2~3d，并保证足够的饮水。切不可将食盐加入饮水，因为鸡的饮水量比采食量大，易引起中毒，而且会越饮越渴，越渴越饮。

（3）可加喂蛋氨酸、羽毛粉、啄肛灵、啄羽毛灵、核黄素、生石膏等。其中，以生石膏最有效，按 2%~3% 加入饲料饲喂 10~15d 即可。

三、中 暑

中暑是日射病和热射病的总称，是禽在炎热的夏季常见的疾病，尤以雏禽多见。

（一）诊断要点

1. 病因及症状 发生中暑的主要原因是由于夏季禽舍过分拥挤、通风不良、潮湿、饮水不足，造成环境温度较高、湿度较大，热量难以散发，水禽则多由于在烈日下放牧或长时间在灼热的地面上活动而造成中暑。

患禽一般最初表现为呼吸急促，张口呼吸，两翅张开下垂，口渴，大量饮水，体温升高，随后出现晕眩、走路不稳或不能站立，很快发生惊厥而死亡。剖检可见脏器实质及脑膜出血或充血。

2. 诊断 根据发病季节、气候及环境条件、发病情况及症状等综合分析，一般不难作出诊断。

（二）防治措施

1. 加强管理 炎热的夏季要注意禽舍的通风、供给充足的饮水、减小饲养密度和设法降低禽舍内的温度，同时加喂抗热应激的药物如0.5%的小苏打。运动场要有树阴或凉棚；水禽放牧要避开中午。

2. 及时治疗 发现中暑，应立即将其转移到阴凉通风处，水禽可全部赶下水。病轻的禽可逐渐恢复，病重的禽可将其放在凉水中浸泡一会或向其身上喷洒冷水，以降低体温，促进恢复。

四、硬嗉病

硬嗉病又称嗉囊阻塞，大小禽均会发生此病，尤以雏禽多发。

（一）诊断要点

1. 病因 多由于吞食了大量含羽毛、绳头、破布等异物的饲料或采食了大块硬玉米谷等而造成。另外，当日粮突然更换或长时间饥饿后，往往因过食也会引起阻塞。

2. 症状 病禽嗉囊明显膨大，触摸时感觉坚硬，充满了硬固的内容物，采食停止或少食。严重时病禽呼吸困难，冠髯发紫，翅膀下垂。如不及时治疗，往往会导致死亡。

（二）防治措施

1. 加强饲养管理 注意饲料中的纤维含量，要求雏禽不超过3%，成禽不超过5%，块根饲料要切碎。同时，要坚持定时、定量、定质饲喂，供给足够的饮水，加强运动。

2. 治疗

（1）软化泻下法。即灌喂或往嗉囊内注射植物油或温水，再轻轻捏揉嗉囊，使内容物软化，然后将其倒提，使内容物经食道、口腔排出。一次排不净的，可重复进行，待嗉囊排空后，再灌服或注入植物油适量，2d内给予少量易消化的食物和充足的饮水。

（2）手术法。当积食坚硬，上述方法不能奏效时，可施行手术切开。在术部拔毛消毒，在嗉囊的上中部切开，取出所积食物，用0.1%高锰酸钾溶液或清洁温开水冲洗；然后，用针线将嗉囊及皮肤分别缝合好，术部消毒，涂上鱼石脂软膏即可。术后1~2d内给予少量易消化的饲料，经1周左右，刀口即可愈合。

五、软嗉病

软嗉病是指嗉囊黏膜发生炎症的一种疾病，多见于雏鸡，有时也可见于成年鸡。

（一）诊断要点

1. 病因 引起本病的原因主要是由于采食了发霉变质的、容易发酵的饲料，饲料在嗉囊内发酵腐败，产生有害液体和气体，并刺激黏膜而引起。

2. 症状 嗉囊膨大柔软，内充大量气体和液体，挤压时口腔流出黄色酸臭液体，并混有气泡。同时，病禽精神沉郁，食欲废绝。严重的病例表现为不断伸颈，频频张嘴，呼吸困难，叫声微弱，不及时消除病因进行治疗，常引起中毒，最后麻痹窒息而死亡。

（二）防治措施

1. 预防 加强饲养管理，防止喂给发霉变质的、容易发酵的饲料。

2. 治疗 发生本病时，可将病禽倒提，轻轻挤压嗉囊，使酸臭液体经口排出，再灌入 0.01%～0.02% 高锰酸钾溶液或 1.5% 的小苏打溶液，灌至嗉囊膨大时，揉捏嗉囊 1～2min，再倒提排出药液。此后，口服土霉素 0.5～1 片，大黄苏打 1/6～1/3 片，大蒜瓣 1 小片。此法可隔日再进行一次。

幼雏用上述方法不好处理，除更换饲料外，可饮用 0.01%～0.02% 高锰酸钾溶液，口服少许土霉素片或加 10 倍水稀释的大蒜汁。另外，于每千克饲料中拌入 20～30g 木炭末、3～6 片复合维生素 B、4 片大黄苏打片，连喂 3d，有较好疗效。

六、脱 肛

脱肛，又称肛门垂脱，是泄殖腔向外翻出的一种疾病，易发生于初产或高产的鸡群。

（一）诊断要点

产生脱肛的原因很多。但多是由于饲养管理不当而造成的，如饲料营养水平过高，突然增加饲喂量或突然增加光照，刺激蛋鸡产大蛋和双黄蛋，使蛋在输卵管中通过困难或因产蛋过多，输卵管油脂分泌不足而失去润滑性；或者因维生素 A 缺乏，致使输卵管及泄殖腔黏膜角质化而失去弹性等，这些均引起产道不畅、产蛋时用力过度，从而使泄殖腔外翻垂附于外，造成脱肛。往往被其他鸡追逐啄食，最后导致死亡。

另外，输卵管及泄殖腔的一些疾病，如有炎症时，病鸡排粪困难、肛门收缩障碍也可出现脱肛。

（二）防治措施

1. 加强蛋鸡的饲养管理 开产母鸡应逐渐增加光照和蛋白质含量；饲料中维生素含量要充足；鸡群密度适中；舍内地面干燥；通风良好；勤换垫料等。

2. 对患鸡要及时整复 先用温水洗净外垂部分，再用 0.1% 高锰酸钾溶液消毒，然后用手轻轻将脱出部分推入体内，使泄殖腔还原复位。将整复的鸡单独饲喂于安静、阴暗处，停食 1d。只给饮水，使其暂停产蛋，减少排粪。对顽固性脱肛，可将肛门处进行袋口状缝合。

七、肌胃溃疡

肌胃溃疡是发生于雏鸡和青年鸡的一种消化道疾病。主要特征是病鸡的肌胃角质膜发生糜烂和溃疡，严重的病例可引起肌胃穿孔。

（一）诊断要点

1. 病因 引起本病的因素比较复杂，但一般认为是饲喂了高比例的鱼粉和变质或劣质的鱼粉而造成的。因为变质鱼粉中组氨酸含量较高，可与蛋白质发生反应产生一种叫作肌胃糜烂素的有毒物质，从而刺激胃黏膜引起糜烂和溃疡。另外，饲料中硫酸铜、半胱氨酸、氧化锌等成分的过量以及维生素 B、维生素 K、维生素 E 的缺乏和某些霉菌毒素的存在等因素，均可引起本病的发生。

2. 症状 病禽表现精神倦怠，食欲下降或消失，闭眼缩颈，消瘦贫血，严重者口吐黑色样液体。嗉囊外观多呈淡褐色至淡黑色，故俗称本病为"黑嗉子病"。倒提病禽或手捏嗉囊，可从口中流出黑褐样物质。病禽排稀便，重者拉黑褐色软便，发病率可达20%左右。有些病禽翅下血管干瘪，刺破血管见血液稀薄，呈淡红色或粉红色，不易凝固。喙脱色，冠苍白、萎缩，腿、脚黄色素消失。

3. 病理变化　剖检可见嗉囊、腺胃、肌胃及整个肠道均充满棕黑色液体，肌胃角质层初期肿胀、增厚，失去正常色泽，外观呈橡皮样。后期在皱襞深处出现小点出血，以后出血点增多、扩大，逐渐形成糜烂和溃疡，重者可造成胃穿孔；腺胃、肠道黏膜脱落，出血。

（二）防治措施

1. 预防

（1）改善饲养管理，严格控制日粮中鱼粉的含量，一般优质鱼粉最好不超过5%。同时，坚决不用劣质的或变质的鱼粉，饲料随拌随喂，不宜久放。

（2）保证饲料中有适量的维生素K、维生素E、维生素B_6等成分，加锌、铜等物质时不要过量。

（3）在饲料中，添加适量的碳酸氢钠（在3%鱼粉日粮中，每千克加入10g碳酸氢钠），可预防本病的发生。

2. 治疗

（1）发现本病后，应立即更换鱼粉或降低鱼粉含量，改用其他蛋白质饲料。

（2）在病初有食欲、嗉囊内容物不变成褐色时，可在饲料或饮水中投入0.2%~0.4%的碳酸氢钠，早、晚各1次，连喂2d。

（3）维生素K_3注射液0.5~1mg/只，止血敏50~100mg/只，肌肉注射，每天2次，连用4d。

（4）大群禽可在每千克饲料中添加维生素K_3 2~3mg、维生素C 30~50mg、维生素B_6 3~7mg。

（5）发生严重的肌胃糜烂时，可选用西咪替丁（又叫甲氰咪胍片）治疗。每片0.2g，可拌饲料3kg，连用3~5d，有明显疗效。

（6）为了防止继发感染，可选用庆大霉素、卡那霉素、氟苯尼考、恩诺沙星等抗菌药物混料或饮水。

任务20　蛋鸭维生素B_2缺乏症诊治

【任务说明】

维生素B_2是机体生物氧化过程中多种酶的组成部分，参与体内许多的营养代谢过程，对家禽的正常生长发育与繁殖功能都有很大影响。

【任务背景】

2010年10月，江苏省泰州市苏陈镇某番鸭养殖户饲养的3 000只6月龄番鸭中，部分鸭出现异常。病鸭主要表现为不愿走动，强制驱赶时则常借助于翅膀向前扑动，并用跗关节走动。两侧脚趾均向内弯曲，用跗关节支撑身体或伸腿侧卧。

【工作过程】

1. 病史调查　病番鸭中一部分喜食掉落在地上时间过久的饲料；而大部分病番鸭发病前则因飞翔能力强，常飞出圈舍外觅食，而少食舍内的全价料，大部分鸭发病前出现精神不振。

2. 临诊检查　全部病鸭表现为体质衰弱，羽毛蓬乱且脏；均不能站立，趾爪并拢向内卷曲，似握拳状；皮肤干燥粗糙，一般以跗关节着地行走，同时，两翅展开，移动困难，20%跗关节皮肤角化严重、僵硬；严重者腿部肌肉萎缩、松驰、瘫痪不起；30%的病鸭出现结膜及角膜炎症；隔离饲养治疗时，可见其产蛋率及蛋的孵化率显著降低。

3. 剖检病鸭　剖检5例重症鸭，均可见坐骨神经和臂神经显著肿胀变粗、变软、弹性差，最粗者比正常者大近4倍。胃肠黏膜萎缩，胃肠壁变薄，肠内有多量泡沫状内容物，肝脏肿大，边缘钝圆，个别脂肪肝现象较明显。

4. 实验室检查　经细菌学检验，在剖检病鸭血液涂片及肝脏组织触片中均未发现特殊的细菌感染。经测定所喂同批全价颗粒料中维生素B_2的含量基本正常，能满足蛋鸭日粮营养需求，但掉落在地上时间较长的饲料则维生素B_2含量不足。

5. 得出结论　根据病史调查、临床症状、剖检病变及实验室诊断，可初步诊断为维生素B_2缺乏症。

6. 治疗措施

（1）在病鸭日粮中添加生产的维生素B_2散（100g×0.4%），每60~100kg饲料添加100g，均匀混合，自由采食。

（2）在病鸭每100kg饮用水中添加上述维生素B_2散100g，自由饮水。

（3）给病鸭肌肉注射维生素B_2针剂，规格2ml（含维生素B_2 10mg），0.1~0.2mg/kg体重，每日2次，连用3~5d。

【任务结果】

经连续用药并加强管理，除2例因脚趾卷曲变形较久不可逆转外，大部分病鸭分别于3~15d康复。

任务21　鸡盐霉素中毒的诊治

【任务说明】

在禽群发生中毒时，往往表现疾病的发生与禽采食的某种饲料、饮水或接触某种毒物有关；患病家禽的主要临床症状一致，因此在观察时要特别注意中毒禽的特征性症状，以便为毒物检验提示方向；在急性中毒时，家禽在发病之前食欲良好，禽群中食欲旺盛的由于摄毒量大，往往发病早、症状重、死亡快，往往出现同槽或相邻饲喂的家禽相继发病的现象；从流行病学看，虽然可以通过中毒试验而复制，但无传染性，缺乏传染病的流行规律。

【工作场景】

2008年11月,江苏省江都市某养殖场饲养的42日龄三黄鸡出现低头缩翅、卧地不起、运动失调等症状,并在较短时间内达到近10%的死亡率。

【工作过程】

1. 现场调查　该养殖场共饲养3 000只42日龄三黄草鸡,饲料为某公司生产的全价料,内含有预防剂量的盐霉素。5 d前鸡群出现呼吸道症状,于是使用强力霉素与泰乐菌素饮水,剂量分别为100 mg/L和500 mg/L,连用5d,病情有缓解,但未见明显改善,故加大强力霉素与泰乐菌素的使用剂量,分别为200 mg/L和700 mg/L,并将当天的用量集中在下午饮用,鸡群饮药至2h左右时,出现大批死亡。

2. 临床症状观察及剖检　鸡群精神不振,不愿走动,采食停止,有的鸡只低头缩颈,两翼下垂,卧地不起,或出现运动失调,终以全身麻痹而死亡,至发现为止共死亡300余只。剖检病死鸡可见:肠道内充满微红色内容物,肠壁水肿、弥散性充血、出血,胆囊肿大,肝脏充血,有的鸡只口腔及食道内附有黏液。

3. 试验诊断　为进一步确诊为盐霉素中毒,随机从大群中取50只出现中毒症状鸡只,分为两组,每组25只,试验组饲喂原有饲料同时饮用尚未饮尽的药液,对照组饲喂不含盐霉素的饲料同时饮用清水。6h后观察结果,试验组有3只鸡发生麻痹死亡,另有2只鸡共济失调;对照组未发生异常情况。

4. 得出诊断结果　根据临床麻痹症状,结合药物使用情况及各药物药理毒力作用,确诊该鸡群死亡的直接原因是由于长期使用泰乐菌素影响了盐霉素的代谢,最终引起盐霉素蓄积中毒。

5. 采取防治措施　立即停止使用药物,给予5%白糖水自由饮用,每半小时饲养人员进鸡舍驱赶鸡群,发现有运动障碍鸡只及时挑出,单独照顾。停喂原有饲料,改为不含药物添加剂的饲料。

【任务结果】

经合理处理后,当天下午,鸡群即停止死亡。

任务22　雏鸭一氧化碳中毒的诊治

【任务说明】

一氧化碳主要是由氧气供应不足的状态下不完全燃烧而产生的一种无色、无味、无刺激性的窒息性毒气。冬季育雏时常需用煤、煤气等燃烧保温,如育雏室密闭,通风不良时常因一氧化碳浓度过高而引起雏禽中毒。

【工作场景】

2010年12月20日上午,泰州市张某饲养的4 000只樱桃谷商品鸭,在6日龄时,采食量突然下降，仅有1%~2%的雏鸭采食，大群表现羽毛蓬松，精神沉郁，鸭只出现大量不明原因的死亡，一天内死亡上百只（晚上死亡居多）。

【工作工程】

1. 现场调查 深入鸭舍内查看，可见病鸭流泪、咳嗽、呼吸困难等症状，头向后仰，死前发生痉挛和惊厥。经观察发现鸭舍取暖炉没有安装烟囱，且门窗关闭无通风口，室内煤球燃烧产生的气体刺鼻，令人窒息。询问得知鸭群饮水量也有异常，观察发现育雏舍内放置的水槽少且小，约200只雏鸭一个饮水槽，因而造成雏鸭长时间缺水。

2. 剖检死鸭 可见病死雏鸭全身皮肤呈樱桃红色，个别出现紫红色斑块状，血液呈樱桃红色，且凝固不良；全身肌肉黑红色，无光泽；口腔内含有大量的黏液，气管环出血；个别胸骨突出；肺淤血、水肿；心包积液，心肌变硬，心包膜、心冠脂肪有针尖大小出血点；肝脏肿大、表面有出血点；肾肿大、充血，有尿酸盐沉积呈花斑肾，输尿管内有多量尿酸盐蓄积；胆囊肿胀；肠黏膜呈樱桃红色。

3. 实验室检查

（1）病鸭皮肤呈樱桃红色，血液呈樱桃红色，且凝固不良。

（2）取病鸭血1滴加入到1杯水中，混合后溶液呈微红色。

（3）取病鸭血5滴，加水10ml，再加10% NaOH溶液5滴，混合后溶液呈粉红色。

4. 诊断 根据育雏舍的保温及通风情况、临床症状和病理变化及实验室检查，即可诊断为一氧化碳中毒并发鸭群脱水。

5. 防治措施

（1）停止使用煤炉供热保温，同时打开门窗（但要注意不能让雏鸭突然受冷，以免引起其他疾病），保持鸭舍内的空气流通。

（2）增加饮水器个数，让雏鸭得到充足的饮水，并在水中加入维生素C和葡萄糖，每升水中加入20%维生素C 10ml、葡萄糖20g，连饮5 d。水温以15~25℃为宜，对脱水严重的雏鸭应适当控制饮水。

（3）为预防由于通风换气所致的应激感染，饲料中加入氟派酸，连用5 d。同时加强消毒。

（4）降低配合料的蛋白质水平，以减轻肾脏的负担。

【任务结果】

该群雏鸭病情好转，无继发病例。

职业测试题

（一）单项选择题

1. 禽痛风有两种类型，即内脏型和_____。
   A. 泌尿型　　　B. 呼吸型　　　C. 光过敏型　　　D. 关节型

2. 家禽痛风的主要原因是血液中_____过高，因而在临床上表现为运动迟缓，关节肿胀及尿酸盐排泄量增加。
   A. 血浆蛋白浓度　　B. 尿素浓度　　C. 尿酸盐浓度　　D. 乳酸盐浓度

3. 家禽痛风是常见的鸡病之一，下述这些原因中都是最常发生的，但_____却不是事实。
   A. 饲料含鱼粉太高　　　　　　　　B. 饲料钙含量太高
   C. 饲料含维生素 A 太高　　　　　　D. 饲料中含盐太高

4. 硒-维生素 E 缺乏可引起_____。
   A. 禽脂肪肝综合征　　　　　　　　B. 鸡脂肪肝和肾综合征
   C. 桑葚心　　　　　　　　　　　　D. 家禽痛风

5. 下列几种情况中，_____与雏鸡渗出性素质的病因关系最密切。
   A. 维生素 B_1 缺乏　　　　　　　B. 维生素 B_2 缺乏
   C. 维生素 C 缺乏　　　　　　　　　D. 硒-维生素 E 缺乏

6. 下列几种疾病中，_____家禽最易发生，表现为胫骨和跗骨关节增大，胫骨弯曲向外扭转，长骨缩短变粗，腓肠肌腱从侧方滑离跗关节，行动困难，不能负重，似蹲伏于跗关节上。
   A. 锰缺乏症　　　　　　　　　　　B. 硒缺乏症
   C. 锌缺乏症　　　　　　　　　　　D. 维生素 B_1 缺乏症

7. 下述所列，_____不是维生素 A 在体内的主要功能。
   A. 维持成纤维细胞的完整性　　　　B. 促进骨骼和黏多糖的合成
   C. 维持视觉　　　　　　　　　　　D. 促进生长。

8. 维生素 H 又称为_____。
   A. 硫胺素　　　　B. 生物素　　　　C. 吡哆醇　　　　D. 核黄素

9. _____缺乏可引起雏鸡表现厌食，消瘦，角弓反张，头向后仰呈"观星状"，同时进行性肌麻痹症状比较典型。
   A. 维生素 A　　　B. 维生素 B_1　　C. 维生素 B_2　　D. 维生素 D

10. 鸡群中如发现雏鸡生长缓慢，1～2 周后不能走路或走路是以飞节着地，足趾向内弯曲等典型病状，这似乎像某种维生素缺乏症，可试在饲料中添加_____以观察病情变化。
    A. 维生素 D　　　B. 鱼肝油　　　C. 维生素 B_2　　D. 维生素 E

11. 下列几种症状及现象中，对维生素 B_2 缺乏症诊断意义最大的是_____。
    A. 跗关节着地，趾爪向内卷缩，呈"曲爪麻痹症"
    B. 生长受阻，多发性神经炎
    C. 上皮角化、夜盲和繁殖机能障碍
    D. 皮炎、癫痫样抽搐、贫血

12. 鸡群中有时发生腿屈曲、头颈扭曲甚至出现翻转，跌倒或坐地滚转，这似乎是因_____缺乏。
    A. 维生素 A　　　B. 维生素 B_1　　C. 维生素 B_2　　D. 维生素 C

13. 下述所列，_____是 B 族维生素。
    A. 生育酚　　　　B. 钙化醇　　　　C. 硫胺素　　　　D. 抗坏血酸

14. 高海拔是_____发生的一个重要诱发因素。
    A. 禽脂肪肝综合征　　　　　　　　B. 鸡脂肪肝和肾综合征

C. 肉鸡腹水综合征　　　　　　　　D. 家禽痛风

15. 亚硝酸盐中毒的特效解毒药是_____。
　A. 氯化钠　　　B. 亚甲蓝　　　C. 麝香草酚蓝　　　D. 硫代硫酸钠

16. 食盐是动物的必需营养成分，一般不产生毒性，但鸡等则易产生中毒，其主要原因一方面是食入盐过量，另一方面是因为_____。
　A. 品种不同　　　　　　　　B. 易吸收盐
　C. 难排泄盐　　　　　　　　D. 不能自由饮到水

17. 下述所列，_____可作为棉籽饼的去毒减毒方法。
　A. 硫酸亚铁解毒法　　B. 坑埋法　　C. 碱处理法　　D. 酸处理法

18. 坑埋法可作为_____的去毒减毒方法。
　A. 菜籽饼中毒　　B. 棉籽饼中毒　　C. 黑斑病甘薯中毒　　D. 亚硝酸盐中毒

19. 有机磷引起家禽中毒，主要是它抑制胆碱酯酶的活性，使_____在体内蓄积，因而引起胆碱能神经兴奋。
　A. 乙酰胆碱　　　B. 胆碱　　　C. 氯化胆碱　　　D. 磷酸胆碱

20. 有机磷农药中毒剖检，胃内容物_____。
　A. 有蒜臭味　　　B. 有苦杏仁味　　　C. 染成黑色　　　D. 染成黄色

21. 下述所列，_____可引起鸡的肠道有弥漫性的出血斑点，腺胃和肌胃角质层下出血，肝肿胀成黄色等病理变化。
　A. 喹乙醇药物中毒　　　　　　B. 磺胺类药物中毒
　C. 鸡脂肪肝和肾综合征　　　　D. 禽脂肪肝综合征

22. 下述所列_____可引起鸡的腺胃和肌胃交界处出现灰黑色的坏死区，肝淤血肿胀等病理变化。
　A. 喹乙醇药物中毒　　B. 磺胺类药物中毒　　C. 有机磷农药中毒　　D. 灭鼠灵中毒

（二）判断题

1. 应用美蓝治疗亚硝酸盐中毒时，应选用低浓度，小剂量。（　　）
2. 猪食盐中毒表现明显的神经症状，主要是大脑血管周围有大量的淋巴细胞浸润，形成所谓的"袖套"现象。（　　）
3. 食盐中毒本质上是由 Cl^- 引起的中毒。（　　）
4. 鸡对棉籽饼的毒性最敏感。（　　）
5. 棉籽饼中毒的毒性成分是结合棉酚。（　　）
6. 阿托品是有机磷中毒的特效解毒剂。（　　）
7. 在治疗有机磷杀虫剂中毒时常用解磷定，因为它有颉颃乙酰胆碱的作用。（　　）
8. 敌百虫中毒时，不能用碱性溶液冲洗。（　　）
9. 一种霉菌可以产生多种霉菌毒素，一种霉菌毒素可由多种霉菌产生。（　　）
10. 黄曲霉毒素的主要毒害作用表现为严重的肾毒和血管毒。（　　）
11. 氟乙酰胺中毒主要是通过"渗入作用"干扰三羧酸循环，组织细胞失去能量供给而发生损害。（　　）
12. 敌鼠钠进入体内通过抑制凝血酶原引起中毒。（　　）
13. 喹乙醇中毒的主要原因是因其安全用量与中毒量之间范围小。（　　）

14. 家禽营养代谢病是新陈代谢障碍病和营养缺乏病的总称。（　　）
15. 家禽营养代谢病造成的主要经济损失是生长发育受阻和生产性能下降。（　　）
16. 胆碱、含硫氨基酸缺乏是鸡脂肪肝和肾综合征发生的主要原因。（　　）
17. 生物素缺乏是鸡脂肪肝和肾综合征发生的主要原因。（　　）
18. 佝偻病是幼禽的钙磷代谢障碍性疾病，其主要病理特征是成骨细胞钙化不足。（　　）
19. 微量元素是指动物体内含量不足百分之一的元素，在体内发挥重要的生物学作用。（　　）
20. 硒-维生素 E 缺乏在牛上可引起营养性肌营养不良和胎衣滞留。（　　）
21. 雏鸡渗出性素质是由于饲料中缺乏硒和维生素 E 引起的。（　　）
22. 铜缺乏症的家禽，临床上表现以贫血、腹泻、运动失调和被毛褪色为特征症状。（　　）
23. 家禽体内维生素 A 及胡萝卜素不足或缺乏可导致以上皮角化、夜盲和繁殖机能障碍为特征的维生素 A 缺乏症。（　　）

（三）综合分析题

1. 简述家禽中毒性疾病诊断的一般程序？
2. 兽医临床上，家禽中毒病的治疗原则是什么？
3. 家禽营养代谢病发生的原因有哪些？
4. 家禽营养代谢病的临床特点？
5. 试述家禽缺乏硒和维生素 E 的临床表现和预防措施？
6. 引起家禽异嗜的可能原因有哪些？生产中如何预防？

推荐阅读书目

王小龙. 畜禽营养代谢病和中毒病. 北京：中国农业出版社，2009.

农业部人事劳动司. 动物疫病防治员（修订版）. 北京：中国农业出版社，2008.

陈怀涛. 动物营养代谢疾病诊断病理学. 北京：中国农业出版社，2011.

赵双正，倪秉玉. 动物中毒病防治手册. 北京：四川科学技术出版社，2011.

刘宗平. 动物中毒病学. 北京：中国农业出版社，2006.

李国江. 动物普通病（第 2 版）. 北京：中国农业出版社，2008.

项目八　禽胚胎病防治

【岗位需求】
熟练掌握照蛋和胚胎剖检技术，对种蛋的生成过程、胚胎的生长发育、孵化条件、病原微生物造成胚胎病理形态学变化能明确鉴定。

【能力目标】
对禽类胚胎病要做出正确的诊断，对种蛋的生成过程、胚胎的生长发育、孵化条件、病原微生物造成胚胎病理形态学变化等知识的全面了解和掌握。

模块一　禽胚胎病的诊断与预防

禽的胚胎病是一类综合性疾病，在日常的疾病防治工作中研究较少且易忽略。由于各种原因引起的胚胎病不仅造成死胚增加，孵化率下降，健雏率降低，而且由此种蛋孵出的雏禽将带有病原体，成为疫病传染源，传染病在养禽场中循环往复、绵延不断。因此，对胚胎病的研究和防治工作应给予充分的重视。

（一）胚胎病的诊断

由于各种胚胎病所引起的孵化率低下，雏鸡生长发育迟缓和死亡率增加，经济上的损失是巨大的。从"预防为主"的原则出发，应注意搞好种鸡群的饲养管理工作，使种蛋能有完全的营养成分。保证种鸡群的健康，不使有蛋源性传染病的存在。否则，不但由于种蛋死胚而影响孵化率，而且，所孵出的雏鸡常常是养鸡场传染来源之一。此外，还要做好种蛋保管工作和健全孵化制度，避免发生由于种蛋贮存不当和孵化方法不善而带来的胚胎病。

1. 照蛋　在现代化大规模的饲养和孵化条件下，由于种蛋的受精率和孵化率高，一般已不主张对孵化过程中落盘前的种蛋进行照蛋。但作为诊断胚胎病的一种方法，在种蛋孵化过程中，于一定期限内通过照蛋能够了解胚胎的发育情况，以确定孵化措施是否正确。同时，测定受精率以尽快地掌握种蛋的受精情况。

（1）孵化第5天照蛋。蛋黄的投影已伸向蛋的尖端，且不能自由移动。伸达整个卵黄表面的血管十分明显，已形成一个丰富的血管网，色泽暗红。胎儿的投影像一只居于蜘蛛网中心的蜘蛛，可见黑色的眼点。如胚胎位置靠近蛋的外壳边缘，血管网不见发育，或者模糊不清、其色淡白。均为胚胎不能发育或发育停滞之症候。

（2）孵化第11天照蛋。胚胎背面的血管加粗，颜色加深。发育正常的胚胎，能清晰地看到尿囊，它包围了整个蛋白部分，并在蛋的尖端呈密闭状态。凡是尿囊没有闭合，或者尿囊没有包围住蛋白，均为胚胎发育缓慢的现象。

(3) 孵化第 17 天照蛋。胚胎背面的黑影完全遮盖了蛋的尖端。由于胎儿下沉，气室下缘尿囊又被照见。每个胚胎的黑影都随着活动而变化。凡是胚胎尖端未被黑影完全遮盖，可以认为胚胎发育迟缓。

此外，由于胚胎发育的进行，蛋的重量可有规律地发生减重现象。在孵化第 1～19d 大约可失去其原有重量的 11%。在胚胎发育异常时，蛋重的变化则显然不同。因此，这些变化也是胚胎病的症候之一。

2. 胚胎剖检　即利用病理解剖学的方法，对胚胎进行剖检，能更清楚地发现胚胎的肉眼可见的或是显微的病理形态变化，从而确定其疾病性质和特点。

3. 微生物学检测　能准确地确定传染性胚胎病的种类。

以上各种方法是诊断不可缺少的手段，可根据实际情况和工作需要进行。

(二) 胚胎病的综合防治措施

对胚胎病应贯彻预防为主的方针和采取综合性的防治措施。如搞好种禽群的饲养管理工作，使种蛋不缺乏任何营养成分；清除种禽群中的蛋传递性疾病，做好种蛋的保管工作和健全孵化制度，避免因这些工作的失误而带来的胚胎病。

1. 种禽采用严格、科学的饲养管理程序　供优质日粮，育健康、高产鸡群，种禽饲养过程中制订科学的饲养管理程序，掌握适宜的温度，合理的饲养密度、光照、通风、体重及均匀度，定期淘汰病、残、弱鸡，建立健全种禽免疫程序与抗体检测体系，培育出优质、健壮的种禽。制定合理、经济的饲料配方，提供优质饲料满足种禽生产需要。生产出优质种蛋。

2. 净化环境，消灭传染源

(1) 鸡场净化。舍外要定期喷洒、喷雾消毒，净化场内小气候。可用火碱、百毒杀等消毒剂。

(2) 舍内净化。带禽喷雾消毒净化舍内小气候，每天 1 次。正常时可用 1:600 百毒杀或 1:3 000 优氯净。感染疾病时用 1:200 百毒杀或 1:500 优氯净交替喷雾，每日 2 次。

(3) 饮水消毒。选用刺激性小的 1:1 000 百毒杀或 1:3 000 威岛等消毒药，每周饮水 1 次，目的是净化肠道微环境。要求每 2 周更换消毒药一次，防止微生物产生抗药性。

(4) 病鸡隔离，死鸡、排泄物及时清运出场，作无害化处理。

3. 慎重引种、严格净化，减少蛋传递性疾病

(1) 引种。从无蛋传性疾病的祖代或曾祖代鸡场引进父母代种鸡。

(2) 白痢净化。通过全血平板凝集反应，淘汰阳性鸡。一般检测时间在 18～20 周龄，转群前、留种蛋前和高峰后各普遍检测一次。检出的阳性鸡要坚决淘汰。如发现阳性鸡，应每 4 周检一次，直至连续两次全群均为阴性，且该两次之间的间隔不少于 21d，才能留种蛋孵化。通过短时间间隔检测，重检 2～3 次足以检出所有的感染鸡，以后每隔半年检疫一次。注意检疫前 3 周不得喂任何药物，否则凝集反应出现凝集假象，影响结果。

(3) 支原体净化。常采用综合净化措施，逐步降低阳性率，最终达到彻底净化。药物控制：种鸡在 1 周龄、4 周龄、9 周龄分别投敏感药物一次，每次 3～5d，常用药物有泰乐菌素、支原净等，为避免产生抗药性，可交替使用不同的药物。疫苗接种：种鸡在 12 周龄、18 周龄分别注射一次败血—滑膜霉形体二联灭活苗。通过此方法可有效防止该病经蛋垂直传播。

（4）其他疫病的净化。根据发病日龄、季节及发病规律，在日粮中添加相应的预防药物，把疾病消灭在萌芽阶段。如鸡白痢、小鸡脐炎、球虫、白冠病等都是预防的重点。

（5）种鸡开产前的药物净化。种鸡 18~19 周转入产蛋鸡舍应激较大，可饮用电解多维 5~7d 或日粮中添加维生素 E 40~50mg/kg、维生素 C 200mg/kg。另外，转群后常发生肠炎，饲料或饮水中可加入抗生素药物预防，如氟派酸、喹乙醇、恩诺沙星等。

（6）产蛋期定期投放药物。整个产蛋期应选择既不影响产蛋、受精率，又能抑菌和助消化的药物。如土霉素、环丙沙星、食母生等，每月用 3~5d，电解多维每周饮 1 次。此期禁用磺胺类药物、大剂量的链霉素等。

4. 重视人工授精，努力提高种蛋受精率

（1）培育优良种公鸡。根据种禽的不同要求要严格挑选，选留体格健壮、雄性强的种公禽。通过采精试验最终选留性反射良好、精液浓稠、量大、精子活力强的种公禽。公母适当配比，如蛋鸡人工授精选留比例为 ♂：♀ 为 1：30。种公禽要单独配料，注重多维、微量元素，特别是维生素 E 的添加。

（2）熟练人工授精，严格进行操作。如种公鸡精液：乳白色，无粪尿污染；输精时间：下午 16：00~18：00；输精量：原精液 0.02~0.03ml；输精深度：2~3cm；输精频率：每次间隔 4~5d。注意采出精液后应在 20~30min 输完，时间越长精子活力变得越弱，受精率越低或减弱，造成孵化过程中的弱胚增多，胚胎发育缓慢，死亡率升高，孵化率降低。在进行操作时，千万不要抽烟，因"烟"能使精子变弱或死亡。

5. 种蛋的收集、种蛋的选择、消毒和保存 每日种蛋应收集 4 次，并及时将过大、过小、畸形蛋、砂壳蛋、裂纹蛋、血污蛋挑出，然后用福尔马林与高锰酸钾消毒，入孵时再消毒一次，这是目前较场用、效果好、简便易行的办法。用量：每立方米空间福尔马林 30~40ml、高锰酸钾 15~20g、30~40g 湿度 90%、密闭 30min 消毒。水禽种蛋可用碘液浸蛋或漂白粉浸蛋法。碘液浸蛋可用：结晶碘 5g、碘化钾 8g 溶于 1 000ml 水中配成的溶液，浸没种蛋 1min。漂白粉浸蛋法：配成含有效氯 1.2%~1.5% 的漂白粉水溶液，大约每 1 000 枚种蛋用 50L。药液温度 16~30℃，浸蛋时间 3min。此外还有抗生素消毒法，目前常用的有红霉素溶液（1mg/ml）或庆大霉素溶液（0.5mg/ml），浸蛋时间均为 20~30min。种蛋应保存在通风、空气新鲜处。保存时间一般为 3~7d。保存最适温度 18℃。蛋库内要安装冷暖空调。相对湿度 75% 为宜，湿度过大过小都会影响种蛋品质，导致蛋内水分蒸发或变质。

6. 入孵操作规范

（1）温度。孵化过程中应依"看胎施温"的原则，根据胚胎发育情况及时调整孵化温度。为减少季节因素的影响，采取夏降温、冬供暖措施，把室温控制在 22~26℃。孵化中如门表与孵化器内温度误差超过 10℃，应立即校正。应该强调的是孵化前的预温阶段是非常重要的。

（2）湿度。孵化过程中，种蛋内水分蒸发保持一定的速度，蒸发过程蛋表现为失重。如相对湿度偏高，蛋内水分蒸发慢，蛋失重小，气室小，影响气体交换，导致缺氧而使胚胎死亡；相对湿度偏低时，蛋内水分蒸发快，失重大，雏鸡体重小。最适宜的相对湿度为：1~18d，60%；19~21d，75% 左右。

(3) 通风。通风目的是供给胚胎充足的氧气,排出多余的 CO_2 和降温。过度通风,不仅散失大量热量增加成本,还因 CO_2 浓度低而不能使蛋壳中坚硬的 $CaCO_3$ 变为松软的 $CaHCO_3$,造成雏鸡破壳困难而降低孵化率。一般孵化器内的 CO_2 浓度应低于0.5%。

(4) 翻蛋。翻蛋目的使种蛋受热均匀,促进胚胎运动,防止粘连。鸡胚一般每2h翻蛋一次,翻蛋角度90°为宜。14d后胚胎已发育成形,并具有一定的热调节机能和活动能力,14d停止翻蛋对胚胎吞食蛋白和吸收营养有一定的促进作用。

(5) 晾蛋。超温时,把蛋车从孵化器内全部拉出,散尽余热,使蛋表温度降至30℃。

(6) 照蛋。在孵化过程中通过定期照蛋,可了解胚胎发育状况。入孵后6d进行头照,剔除无精蛋、死精蛋。10d检查"合拢"、17d检查"封门"情况。根据鸡胚发育情况及时调整孵化温、湿度,防止发生胚胎病。

(7) 落盘。鸡胚孵化到19d时,从孵化器移到出雏器内叫落盘。具体掌握在有10%鸡胚"起嘴"时进行。出雏盘内的胚蛋不可太挤,更不能上摞,以单层平放占底面积的90%为宜,以免因密度太大、温度偏高或缺氧导致胚胎窒息死亡。启动机器后,用7g高锰酸钾、14ml福尔马林,消毒30min。

(8) 消毒。种蛋孵化过程中要进行多次消毒。种蛋入孵温度升至正常时,要用福尔马林30~40ml、高锰酸钾15~20g进行熏蒸消毒30min,孵化过程种用1∶600倍的百度杀喷雾消毒2~3次,落盘时再用同浓度的福尔马林熏蒸消毒20min。进一步净化孵化器及胚蛋进行消毒,防止病菌污染。

7. 防止孵化场地和孵化器具的污染　孵化场地应建立严格的卫生消毒措施,严禁外来人员、货物进出孵化室,孵化场所定期用百毒杀、威岛等消毒剂交替进行喷雾消毒,孵化室一切用具每批使用后必须先进行高压水冲洗,然后再用甲醛熏蒸消毒。

8. 应急处理

(1) 孵化过程中发现大批胚胎营养不良性疾病。应稍提高孵化温度,并迅速降低湿度,会有助于出雏。同时,及时地有针对性地改善种禽群的饲料,加大所缺乏营养成分的用量,并加强管理。

(2) 某些胚胎病可以实施治疗,从而大大减少发病和死亡。孵化后期进行胚内注射营养性药物。支原体病阳性种禽所产种蛋,入孵前将蛋内温度升至37℃,浸入4℃抗生素溶液中(8×10^{-4}的利高霉素或支原净、高力米先等)30min,抹干后再入孵。亦可在孵化至7~11d通过气室注入抗生素以消灭胚内的支原体。

模块二　常见胚胎病及其防治

禽的胚胎病是一类综合性疾病,在日常的疾病防治工作中研究较少且易忽略。由于各种原因引起的胚胎病不仅造成死胚增加,孵化率下降,健雏率降低,而且由此种蛋孵出的雏禽将带有病原体,成为疫病传染源,传染病在养禽场中循环往复、绵延不断。因此,对胚胎病的研究和防治工作应给予充分的重视。禽胚胎病按其致病原因可分为3种:营养性胚胎病、传染性胚胎病和条件性胚胎病。

（一）营养性胚胎病

家禽营养性胚胎病也称为胚胎营养不良，大多数是由于母禽营养不良所致，当母禽饲养不当，例如饲料中缺乏一种或多种营养物质，或者各种营养物质配比不当，就会使种蛋内的营养成分失常，遂引起营养性胚胎病。主要特征为胚胎肢体短小，骨骼发育受阻，明显发育不良。常因维生素不足或缺乏，或者是矿物质、微量元素不足，或者是蛋白质和必需氨基酸不足，或者因为某些营养成分过多，干扰另一些营养成分摄入所引起。本病无治疗方法，可通过供给种禽全价饲料，剔除不适合作种用的次品蛋等措施进行预防。如果为硫胺素或核黄素缺乏，可从气室孔滴入 1～2 滴内含 500mg/ml 的维生素 B_2，有助于幼雏顺利孵出。

1. 综合性营养不良 引起的胚胎病母禽饲养不当，使种蛋内多种营养成分同时缺乏或不足时，即可发生，其中又以蛋白质含量过低或品质不良、各种氨基酸比例失常最为重要。另外，喂以变质的饲料，如腐败的肉类或鱼产品、炼油脂的残渣等，也是重要原因。

综合性营养不良所引起的胚胎病，其特征是：胚胎不能充分发育，表现为躯体短小，足肢弯曲，颈也弯曲，呈"鹦鹉喙"的特征性外观，出壳前已告死亡；孵出的幼雏，足肢粗短，呈现所谓"骨短粗症"特征。蛋内大部分蛋白未被利用，蛋黄高度黏稠，但肌肉和骨骼的发育一般不显异常。这种胚于出壳前大多死亡。孵出的幼雏足肢粗短，呈现所谓"骨短粗症"特征。

2. 维生素 D 缺乏引起的胚胎病 种蛋的特征是蛋壳薄、脆而易碎，蛋内蛋黄的可动性很大。以此种蛋孵化时，胚体皮肤出现水泡，泡内有透明无色或淡黄色液体。水肿现象的广泛发生，使胚胎发育受阻，胚体短小，肝脏脂肪浸润。胚胎多于孵化的第 10～16d 死亡。

3. 维生素 A 缺乏引起的胚胎病 本病因母禽饲料营养维生素 A 含量不足所致，特征是：表现为眼干燥，无光泽。呼吸道、消化道和泌尿生殖器官的上皮可能角化，幼雏对传染病的抵抗力明显下降。患本胚胎病的病例，常见胚胎或幼雏的器官内、肠系膜、心包膜、肠和卵黄囊内有多量的尿酸盐沉着，其中以肾脏为明显。

孵化初期死胚多，能继续发育者生长缓慢，闷死或出雏的幼雏皮肤与被毛有色素沉着。喙和小腿部皮肤的黄色消褪。有时有干眼病，表现为眼干燥、无光泽，眼睑中有干酪样物，呼吸道、消化道和泌尿生殖器官的上皮可能角化，幼雏对传染病的抵抗力明显下降。患本病的病例常可见胚胎或幼雏的器官内、肠系膜、胸膜、心包膜、肠和卵黄囊内有多量的尿酸盐沉着，其中又以肾脏为明显。判断种蛋维生素 A 含量是否足够除分析种禽饲料外，最准确的方法是取种蛋的蛋黄、胚胎或 1 日龄幼雏的肝组织进行测定，而不能凭种蛋蛋黄颜色的深浅作出判断。

4. 维生素 B_1 缺乏引起的胚胎病 饲料中维生素 B_1 含量不足或水禽在放牧过程中采食大量鱼虾和贝类，维生素 B_1 被破坏。种蛋孵化过程中常出现死胚，如能发育至末期的幼雏，亦常因啄壳困难无法孵出而死亡，或者刚孵出即行出现缺乏病特有的"观星"状神经症状。

5. 维生素 B_2 缺乏引起的胚胎病 饲料中维生素 B_2 含量不足，种蛋内维生素 B_2 含量迅速下降。用这种蛋孵化即发生本病。胚胎发育受阻，胚体短小，部分胚胎在孵化过程中常发生死亡。死胚的特征是：胚体短小，颈部弯曲，足肢缩短，趾爪向内弯曲、蜷缩，该病变特征具有重要的诊断意义。绒毛呈结节状，所谓"绳结"外观，这是胚胎皮肤的生理机能发生障碍，绒毛不能从毛鞘突出，因而一堆堆的卷曲所致；此外，尚可见胚胎发生水肿、贫血、肾脏变性等变化。

6. 维生素 B_{12} 缺乏引起的胚胎病 种蛋内维生素 B_{12} 缺乏引起。胚体生长缓慢，孵至第16～18d时死亡率很高，胚胎的皮肤弥漫性水肿，肌肉萎缩，心脏扩大、变形，甲状腺肿大，肝脂肪变性，卵黄囊、心肌和肝脏均有出血病灶。

7. 维生素 E 缺乏引起的胚胎病 本病仅发生于饲养管理条件十分恶劣的情况下，孵化的第1周内死胚最多。胚体的病变主要是蛋黄中的胚层肿胀，因而使胚盘的血管受压迫，胚体淤血甚至出血。此外尚可见胚胎晶状体混浊和角膜淤斑等变化。

（二）传染性胚胎病

传染性胚胎病分内源性胚胎病与外源性胚胎病两种。内源性胚胎病分蛋传递性病毒性与细菌性胚胎病两种，是病原微生物在患病或病愈的母禽体内，在蛋形成过程中以内源性途径进入蛋内。外源性胚胎病是病原微生物通过破损或无破损的蛋壳，以外源性途径进入蛋内，导致胚胎病。

1. 白痢杆菌病 种鸡感染鸡白痢沙门氏杆菌，病菌在蛋黄内大量存在和繁殖，胚胎早期蛋黄即发生变性和凝结，胚胎发育明显受阻。胚胎在孵化后期常发生大量死亡，死胚的肝、脾肿大，其心、肺、肝、脾等器官有许多细小的点状坏死病灶。尤其是肺背面的灰白色结节病变具有临床诊断价值。卵黄囊、胚体和蛋黄膜上常有尿酸盐沉积，输尿管、肾、直肠和泄殖腔则更为多见。雏鸡肝脏有砖红色条纹状出血。

2. 鸡伤寒 种禽感染鸡伤寒沙门氏菌，病菌在蛋黄内大量存在和繁殖，胚胎基本仍能发育，但于孵化末期常大量死亡，或者许多幼雏不能啄壳以致窒息而死。本病的主要病理变化是卵黄不能充分吸收，胚胎腹部较大、瘦弱，内脏器官特别是肝脏和心脏常有细小的坏死灶。

3. 禽副伤寒 这种胚胎病多发于水禽。当母禽发生本病时病原体进入蛋内或由附着于蛋表面的病原菌侵入蛋内，蛋内的病原菌首先在蛋黄中迅速繁殖，进而侵入发育中的胚胎使其发病或死亡。大量死胚常发生于孵化的头2周内，又以6～10d为多，胚胎的死亡率可高达90%。死胚的病变特征为：尿囊膜肿胀充血，肝脏有许多灰白或灰黄色的小坏死灶，胆囊充满胆汁，心脏和肠黏膜偶有出血点，脾肿大，从肝、脾、心、蛋黄或胆囊等处容易分离到本病原体。

4. 禽大肠杆菌病 致病性大肠杆菌引起禽类生殖器官发病，从而经蛋传递；含大肠杆菌的粪便或垫料污染蛋壳，病菌穿透蛋壳进入蛋内。胚体各器官发生广泛的坏死灶，蛋黄和蛋白变稀。死于孵化15d的胚胎可见皮肤广泛充血，羊膜腔出血和肝脏坏死。那些能继续发育的胚胎，常孵出病雏，体重轻，蛋黄吸收不良。死亡雏禽中约有1/3有典型的特征性的纤维素性肝周炎和纤维素性心包炎的病理变化。

（三）孵化条件不当引起的胚胎病

1. 胚胎发育早期过热引起的胚胎病 胚胎在孵化早期缺乏体温调节能力，故承受孵化器内温度变动的能力有限。试验证明，孵化的头5d，鸡胚致死温度的上限为42.2℃，至第8d，致死温度的上限增加到45.6～47.8℃，这样的水平一直维持到整个孵化的末期。胚胎对外界高温的这种由小而大的忍受能力，与其体温调节机能不断完善有关。

（1）禽胚孵化的头一天过热，即孵化的温度高于标准的范围，但尚未达到42℃以上时，胚胎会变为一个无定形的团块，或者血管网发育缓慢，严重时直接使胚胎死亡。

（2）如果在孵化的第2~3d过热，则出现胚膜皱缩，并常与脑膜互相粘连，结果常导致头部畸形，如无颅畸形等。这些畸形胚胎常可活至孵化的后期，甚至孵化出壳，但不能成活。

（3）在孵化的第3~5d过热，胚胎常发生异位，胚胎在腰腔未接合前沉入卵黄的内部。过热常使孵化的第1周内的胚胎死亡率升高。如果胚胎整个发育过程温度过高，局部组织可发生充血、出血，羊膜与尿囊膜囊肿，这些都是血液循环紊乱的表现。

2. 短时间急剧过热引起的胚胎病 孵化器内的温度由于某些原因而在短时间内突然急剧过热，由于胚胎对急剧受热比缓慢受热更难以适应，此时胚胎常因血管破裂而死亡，其特征性表现是尿囊血管高度充血、皮肤充血，皮肤、脑和肝脏有点状乃至弥漫性出血。

3. 长时间过热引起的胚胎病 如果孵化过程中温度长期过高，常给胚胎发育造成种种不良影响，其中主要是胚胎发育加速，使尿囊早期萎缩，出现过早吸壳现象。孵出的雏禽通常是弱小的，绒毛发育以及卵黄吸收不良。有时尚见脐部出血，脐环未闭合。幼雏孵出后，蛋壳内常留有蛋白残渣。

有部分幼雏虽能吸壳，但因瘦弱而不能站立而死于壳内。此种死雏常可发现体位不正，蛋白和蛋黄吸收不良，内脏器官充血。

如果温度过高仅发生于孵化后期，则胚胎的生长受抑制，影响了对蛋内营养物质的吸收利用，高温尚可降低多种酶的活性，因而影响胚胎的物质代谢。高温还可增强心脏的搏动，可导致心脏麻痹和心肌出血。

4. 低温引起的胚胎病 禽类胚胎对低温的忍受能力比对高温强。这是禽类在进化过程中形成的一种适应能力，因为成年的禽类在孵化中常离开蛋窝。故孵化过程中短时间低温不会造成胚胎发育异常。低温主要使胚胎生长发育停滞，但在孵化初期与中期一般不会造成大量死胚。温度偏低情况下孵至第11d时检查的鸡胚，可见尿囊尚未完全包围蛋壳的内部表面，尿囊不能闭合，蛋白利用减慢。低温常使雏禽的出壳时间延迟，甚者达几天之久。幼雏瘦弱，常不能站立，腹部膨大，有时腹泻。雏禽出壳后蛋壳内常留有污秽的血性液体。一些发育差的弱雏则不能出壳，其病变为颈部黏液性水肿，肝脏肿大，胆囊胀大，心脏扩张，有时可见肾水肿或胚体畸形。卵黄黏稠，呈暗绿色。

5. 湿度过高引起的胚胎病 试验表明，正常孵化的前10d中，鸡胚通过蒸发水分散热的量超过了其产热量。如果孵化器内的温度过高，妨碍了蛋内水分的蒸发，胚胎即可受热，又因尿囊的液体蒸发缓慢，水分占据蛋内的空隙，妨碍了胚胎的生长发育。

湿度过高，幼雏出壳时间不一致，幼雏体弱，体表常附有黏液，腹部肿胀。许多幼雏体弱不能啄壳而闷死于蛋内。这种死胚可见尿囊湿润，胚胎的液体黏稠呈胶冻样。当幼雏啄破壳膜时，尿囊液会黏附于其体表并迅速凝固而形成一层薄膜，妨碍了幼雏的呼吸和运动，会使幼雏窒息而死。温度过高有利于各种霉菌的繁殖，使胚胎的曲霉菌病发病率升高。

6. 氧气不足引起的胚胎病 在孵化的中期尤其是后期，胚胎发育需要大量的氧气。如果蛋内的胎位不正，例如，胚体足肢朝向钝端，或者头部朝向蛋的中央，对气室产生不同程度的压迫，均可使胚胎窒息死亡。此外，当孵化蛋的表面细孔被破蛋的碎块、蛋白性液体或尘埃所堵塞时，也可造成胚胎窒息。

7. 翻蛋不当引起的胚胎病 在孵化过程中，在一定时间内，必须将蛋从一侧翻向另一侧。如果不翻蛋，或者将蛋以垂直进行孵化，即蛋的位置不改变时，朝向蛋壳的蛋黄与胚体发生干涸，并与蛋壳粘连，从而引起大批死亡。

任务 23　照蛋区分鸡胚质量

【任务说明】

照蛋工作是孵化过程中的一个重要环节，如果操作不当，会对孵化生产造成一定程度的损失，为保证孵化率和雏鸡的质量，应按规定进行照蛋。

【工作场景】

本任务可在孵化室进行，需要照蛋器、孵化器、鸡胚等器材。

【工作过程】

1. 第一次照蛋　一般在入孵后 5d 进行。主要是检查种蛋的受精情况，及时把无精蛋和死精蛋选出。正常的受精蛋可看到血管分布如蛛网状，颜色变红，蛋黄下沉。而无精蛋，仍和鲜蛋一样，蛋黄悬在中央，蛋体透明。死精蛋内混浊，可见有血环、血弧、血点和间断的血线。

2. 第二次照蛋　一般在孵后 11d 进行。发育良好的胚胎变大，血管粗大而布满蛋内，蛋的小头血管已经合拢，气室大而边界分明。而死胎蛋则蛋内显出黑影，周围血管模糊或无血管，蛋内混浊，颜色发黄。大型立体孵化机在第二次照蛋时，多采用抽查法，抽检几个蛋盘的胚胎。

3. 第三次照蛋　一般在 18~19d 进行。此时发育良好的胚胎更大，胚胎充满蛋内，但仍能见到血管，胚胎颈部突入气室，气室边缘呈波浪状。而死胎则血管模糊不清，靠近气室部分发黄，与气室界限不太明显。

【注意事项】

（1）照蛋前应将所用的出雏机准备好。在上一批出雏结束后，将出雏盘、出雏车、出雏机彻底清洗、消毒，并按每立方米 46ml 的福尔马林和 23g 的高锰酸钾混合熏蒸消毒 10h 以上（在出雏机内同时进行），以达到理想的消毒效果。照蛋前 1~2h 预先开启出雏机，以便工作时使出雏机温、湿度达到设定值。这样可以保证在照蛋落盘开始时，出雏机内干燥、清洁、无菌、无污染。

（2）照蛋时所用的照蛋架、照蛋器等用具应提前准备好，并要求其性能良好，以保证照蛋落盘工作的顺利进行。

（3）胚胎在从孵化机转入出雏机后，出雏温度应略低于孵化温度，一般设定在 37.2~37.5℃。工作间及出雏室的环境温度应控制在 23~28℃，以避免照蛋落盘过程中温度过低而使胚胎受冷应激，从而导致不能出壳，甚至死亡。

（4）照蛋时应做到轻、稳、快，严禁动作粗暴，以免胚胎受剧烈震动而造成损伤，影响孵化率。每车种蛋的照蛋落盘工作应在 10~12min 内完成。

(5)照蛋过程中准确区分无精蛋、死精蛋和发育良好的种蛋，并将无精蛋和死精蛋剔出。在照蛋落盘时碰到臭蛋爆裂时，要及时清除，并将其放入盛有消毒液的容器中进行浸泡消毒，然后及时运出孵化车间，用消毒液对所污染的地方进行严格消毒，避免污染出雏机，因为臭蛋中含有大量的绿脓杆菌等病原微生物。

(6)照蛋落盘后，装有种蛋胚胎的出雏机内按每立方米用 28ml 的福尔马林和 14g 的高锰酸钾熏蒸消毒 20min。

任务 24　鸡种蛋入孵操作

【任务说明】

鸡种蛋在整个孵化期之间，每一步都要认真操作，但是根据胚胎发育的特点，在孵化操作中，尽可能地创造适合胚胎发育的孵化条件，即抓住提高孵化率和雏禽质量的主要矛盾，一般是前期注意保温，后期重视通风。

【工作场景】

本任务可在孵化室进行，需要孵化器、鸡胚、消毒液等器材。

【工作过程】

种蛋入孵操作过程为：选蛋→消毒→装盘→调试→湿度→通风→翻蛋→照蛋→停电处理→落盘→出雏→清理消毒。

【注意事项】

(1)种蛋入孵前预热，既利鸡胚的苏醒，恢复活力，又可减少孵化器中温度下降，缩短升温时间。

(2)用福尔马林和高锰酸钾消毒孵化器里种蛋时，应在蛋壳表面凝水干燥后进行，并避开 24~96h 胚龄的胚蛋。

(3)18~21 日胚龄鸡胚是胚胎从尿囊绒毛膜呼吸过渡到肺呼吸时期，需氧量剧增，胚胎自温很高，而且随着啄壳和出雏，壳内病原微生物在孵化器中迅速传播，此期的通风换气要充分。

(4)啄壳、出雏时提高湿度，同时降低温度。一方面是防止啄破蛋壳时，蛋内水分蒸发加快，不利破壳出雏；另一方面可防止雏禽脱水，特别是出雏持续时间长时，提高湿度更为重要。在提高湿度的同时应降低出雏器的孵化温度，避免同时高温高湿。19~21d 胚龄时，出雏器温度一般不得超过 37~37.5℃。出雏期间相对湿度提高到 70%~75%。

(5)拣雏时间的选择，一般在 60%~70% 雏禽出壳，绒毛已干时，第一次拣雏。在此之前仅拣去空蛋壳。出雏后，将未出雏胚蛋集中移至出雏器顶部，以便出雏。最后再拣 1 次雏，并扫盘。

(6)观察窗的遮光。雏鸡有趋光性，已出壳的雏鸡将拥挤到出雏盘前部。不利其他胚蛋出壳。所以观察窗应遮光，使出壳雏鸡保持安静。

(7)防止雏鸡脱水。雏鸡脱水严重影响成活率，而且是不可逆转的，所以雏鸡不要长时间待在出雏器里和放在雏鸡处理室里，雏鸡不可能同一时刻出齐，即使较整齐，最早出的和最晚出的时间也相差 32h 左右，再加上分级、打针、鉴别等出雏后的一系列工作，时间就更长。因此，从出雏到送至饲养者手中，早出壳者，可能已近 48h，所以应及时送至育雏室或送交养殖户。

职业测试题

（一）判断题
1. 传染性胚胎病有内源性胚胎病及外源性胚胎病之分。（　　）
2. 主要的传染性胚胎病有胚胎副伤寒、曲霉菌病、脐炎等。（　　）
3. 种母禽患维生素缺乏病时，种蛋一般不发生胚胎病。（　　）
4. 发生所谓"血圈蛋"，胚膜皱缩，常与脑膜连接在一起，呈现头部畸形。（　　）
5. 温度过低可致心脏扩张，肠内充满卵黄物质和胎粪，胚胎颈部呈现黏液性水肿。（　　）
6. 不定时翻蛋，蛋黄很容易因上浮与蛋壳粘连，造成胚胎发育不良或死胎。（　　）
7. 当蛋的倾斜角度不够，垂直进行孵化时，也会引起胚胎死亡。（　　）

（二）选择题
1. 胚胎病的诊断方法不包括_____。
   A. 照蛋　　　　　B. 胚胎剖检　　　　C. 微生物学检测　　D. 系统检查
2. 照蛋一般在孵化第_____d。
   A. 2　　　　　　B. 3　　　　　　　　C. 4　　　　　　　D. 5
3. 正常孵化第 5d 照蛋不可能出现的是_____。
   A. 蛋黄的投影已伸向蛋的尖端　　　　B. 能自由移动
   C. 血管明显　　　　　　　　　　　　D. 色泽暗红
4. 下列禽胚胎病不是按其致病原因来分的是_____。
   A. 营养性胚胎病　B. 传染性胚胎病　　C. 条件性胚胎病　　D. 骨短症胚胎病
5. 具有"鹦鹉喙"特征性外观的胚胎病是_____。
   A. 营养性胚胎病　B. 传染性胚胎病　　C. 条件性胚胎病　　D. 骨短症胚胎病
6. 不是维生素 D 缺乏引起的胚胎病特征的是_____。
   A. 蛋壳薄　　　　　　　　　　　　　B. 蛋内蛋黄可动性大
   C. 脆而易碎　　　　　　　　　　　　D. 胚体颈部弯曲

（三）综合分析题
1. 胚胎病的诊断方法有哪些？
2. 胚胎病的防治措施有哪些？
3. 常见胚胎病有哪些及其防治措施？
4. 常引起营养性胚胎病原因有哪些？
5. 传染性胚胎病有哪些及各自特点？
6. 有哪些常见的孵化条件不当引起的胚胎病的原因？
7. 入孵操作过程是什么？
8. 防止孵化场地和孵化器具被污染的措施有哪些？
9. 孵化过程中应急处理措施有哪些？

附录

附录一 中华人民共和国动物防疫法

(1997年7月3日第八届全国人民代表大会常务委员会第二十六次会议通过 2007年8月30日第十届全国人民代表大会常务委员会第二十九次会议修订)

目录

第一章 总则
第二章 动物疫病的预防
第三章 动物疫情的报告、通报和公布
第四章 动物疫病的控制和扑灭
第五章 动物和动物产品的检疫
第六章 动物诊疗
第七章 监督管理
第八章 保障措施
第九章 法律责任
第十章 附则

第一章 总则

第一条 为了加强对动物防疫活动的管理,预防、控制和扑灭动物疫病,促进养殖业发展,保护人体健康,维护公共卫生安全,制定本法。

第二条 本法适用于在中华人民共和国领域内的动物防疫及其监督管理活动。

进出境动物、动物产品的检疫,适用《中华人民共和国进出境动植物检疫法》。

第三条 本法所称动物,是指家畜家禽和人工饲养、合法捕获的其他动物。

本法所称动物产品,是指动物的肉、生皮、原毛、绒、脏器、脂、血液、精液、卵、胚胎、骨、蹄、头、角、筋以及可能传播动物疫病的奶、蛋等。

本法所称动物疫病,是指动物传染病、寄生虫病。

本法所称动物防疫,是指动物疫病的预防、控制、扑灭和动物、动物产品的检疫。

第四条 根据动物疫病对养殖业生产和人体健康的危害程度,本法规定管理的动物疫病分为下列三类:

(一)一类疫病,是指对人与动物危害严重,需要采取紧急、严厉的强制预防、控制、扑灭等措施的;

（二）二类疫病，是指可能造成重大经济损失，需要采取严格控制、扑灭等措施，防止扩散的；

（三）三类疫病，是指常见多发、可能造成重大经济损失，需要控制和净化的。

前款一、二、三类动物疫病具体病种名录由国务院兽医主管部门制定并公布。

第五条　国家对动物疫病实行预防为主的方针。

第六条　县级以上人民政府应当加强对动物防疫工作的统一领导，加强基层动物防疫队伍建设，建立健全动物防疫体系，制定并组织实施动物疫病防治规划。

乡级人民政府、城市街道办事处应当组织群众协助做好本管辖区域内的动物疫病预防与控制工作。

第七条　国务院兽医主管部门主管全国的动物防疫工作。

县级以上地方人民政府兽医主管部门主管本行政区域内的动物防疫工作。

县级以上人民政府其他部门在各自的职责范围内做好动物防疫工作。

军队和武装警察部队动物卫生监督职能部门分别负责军队和武装警察部队现役动物及饲养自用动物的防疫工作。

第八条　县级以上地方人民政府设立的动物卫生监督机构依照本法规定，负责动物、动物产品的检疫工作和其他有关动物防疫的监督管理执法工作。

第九条　县级以上人民政府按照国务院的规定，根据统筹规划、合理布局、综合设置的原则建立动物疫病预防控制机构，承担动物疫病的监测、检测、诊断、流行病学调查、疫情报告以及其他预防、控制等技术工作。

第十条　国家支持和鼓励开展动物疫病的科学研究以及国际合作与交流，推广先进适用的科学研究成果，普及动物防疫科学知识，提高动物疫病防治的科学技术水平。

第十一条　对在动物防疫工作、动物防疫科学研究中做出成绩和贡献的单位和个人，各级人民政府及有关部门给予奖励。

第二章　动物疫病的预防

第十二条　国务院兽医主管部门对动物疫病状况进行风险评估，根据评估结果制定相应的动物疫病预防、控制措施。

国务院兽医主管部门根据国内外动物疫情和保护养殖业生产及人体健康的需要，及时制定并公布动物疫病预防、控制技术规范。

第十三条　国家对严重危害养殖业生产和人体健康的动物疫病实施强制免疫。国务院兽医主管部门确定强制免疫的动物疫病病种和区域，并会同国务院有关部门制定国家动物疫病强制免疫计划。

省、自治区、直辖市人民政府兽医主管部门根据国家动物疫病强制免疫计划，制订本行政区域的强制免疫计划；并可以根据本行政区域内动物疫病流行情况增加实施强制免疫的动物疫病病种和区域，报本级人民政府批准后执行，并报国务院兽医主管部门备案。

第十四条　县级以上地方人民政府兽医主管部门组织实施动物疫病强制免疫计划。乡级人民政府、城市街道办事处应当组织本管辖区域内饲养动物的单位和个人做好强制免疫工作。

饲养动物的单位和个人应当依法履行动物疫病强制免疫义务，按照兽医主管部门的要求做好强制免疫工作。

经强制免疫的动物，应当按照国务院兽医主管部门的规定建立免疫档案，加施畜禽标识，实施可追溯管理。

第十五条　县级以上人民政府应当建立健全动物疫情监测网络，加强动物疫情监测。

国务院兽医主管部门应当制定国家动物疫病监测计划。省、自治区、直辖市人民政府兽医主管部门应当根据国家动物疫病监测计划，制定本行政区域的动物疫病监测计划。

动物疫病预防控制机构应当按照国务院兽医主管部门的规定，对动物疫病的发生、流行等情况进行监测；从事动物饲养、屠宰、经营、隔离、运输以及动物产品生产、经营、加工、贮藏等活动的单位和个人不得拒绝或者阻碍。

第十六条　国务院兽医主管部门和省、自治区、直辖市人民政府兽医主管部门应当根据对动物疫病发生、流行趋势的预测，及时发出动物疫情预警。地方各级人民政府接到动物疫情预警后，应当采取相应的预防、控制措施。

第十七条　从事动物饲养、屠宰、经营、隔离、运输以及动物产品生产、经营、加工、贮藏等活动的单位和个人，应当依照本法和国务院兽医主管部门的规定，做好免疫、消毒等动物疫病预防工作。

第十八条　种用、乳用动物和宠物应当符合国务院兽医主管部门规定的健康标准。

种用、乳用动物应当接受动物疫病预防控制机构的定期检测；检测不合格的，应当按照国务院兽医主管部门的规定予以处理。

第十九条　动物饲养场（养殖小区）和隔离场所，动物屠宰加工场所，以及动物和动物产品无害化处理场所，应当符合下列动物防疫条件：

（一）场所的位置与居民生活区、生活饮用水源地、学校、医院等公共场所的距离符合国务院兽医主管部门规定的标准；

（二）生产区封闭隔离，工程设计和工艺流程符合动物防疫要求；

（三）有相应的污水、污物、病死动物、染疫动物产品的无害化处理设施设备和清洗消毒设施设备；

（四）有为其服务的动物防疫技术人员；

（五）有完善的动物防疫制度；

（六）具备国务院兽医主管部门规定的其他动物防疫条件。

第二十条　兴办动物饲养场（养殖小区）和隔离场所，动物屠宰加工场所，以及动物和动物产品无害化处理场所，应当向县级以上地方人民政府兽医主管部门提出申请，并附具相关材料。受理申请的兽医主管部门应当依照本法和《中华人民共和国行政许可法》的规定进行审查。经审查合格的，发给动物防疫条件合格证；不合格的，应当通知申请人并说明理由。需要办理工商登记的，申请人凭动物防疫条件合格证向工商行政管理部门申请办理登记注册手续。

动物防疫条件合格证应当载明申请人的名称、场（厂）址等事项。

经营动物、动物产品的集贸市场应当具备国务院兽医主管部门规定的动物防疫条件，并接受动物卫生监督机构的监督检查。

第二十一条　动物、动物产品的运载工具、垫料、包装物、容器等应当符合国务院兽医主管部门规定的动物防疫要求。

染疫动物及其排泄物、染疫动物产品，病死或者死因不明的动物尸体，运载工具中的动物排泄物以及垫料、包装物、容器等污染物，应当按照国务院兽医主管部门的规定处理，不得随意处置。

第二十二条　采集、保存、运输动物病料或者病原微生物以及从事病原微生物研究、教学、检测、诊断等活动，应当遵守国家有关病原微生物实验室管理的规定。

第二十三条　患有人畜共患传染病的人员不得直接从事动物诊疗以及易感染动物的饲养、屠宰、经营、隔离、运输等活动。

人畜共患传染病名录由国务院兽医主管部门会同国务院卫生主管部门制定并公布。

第二十四条　国家对动物疫病实行区域化管理，逐步建立无规定动物疫病区。无规定动物疫病区应当符合国务院兽医主管部门规定的标准，经国务院兽医主管部门验收合格予以公布。

本法所称无规定动物疫病区，是指具有天然屏障或者采取人工措施，在一定期限内没有发生规定的一种或者几种动物疫病，并经验收合格的区域。

第二十五条　禁止屠宰、经营、运输下列动物和生产、经营、加工、贮藏、运输下列动物产品：

（一）封锁疫区内与所发生动物疫病有关的；
（二）疫区内易感染的；
（三）依法应当检疫而未经检疫或者检疫不合格的；
（四）染疫或者疑似染疫的；
（五）病死或者死因不明的；
（六）其他不符合国务院兽医主管部门有关动物防疫规定的。

第三章　动物疫情的报告、通报和公布

第二十六条　从事动物疫情监测、检验检疫、疫病研究与诊疗以及动物饲养、屠宰、经营、隔离、运输等活动的单位和个人，发现动物染疫或者疑似染疫的，应当立即向当地兽医主管部门、动物卫生监督机构或者动物疫病预防控制机构报告，并采取隔离等控制措施，防止动物疫情扩散。其他单位和个人发现动物染疫或者疑似染疫的，应当及时报告。

接到动物疫情报告的单位，应当及时采取必要的控制处理措施，并按照国家规定的程序上报。

第二十七条　动物疫情由县级以上人民政府兽医主管部门认定；其中重大动物疫情由省、自治区、直辖市人民政府兽医主管部门认定，必要时报国务院兽医主管部门认定。

第二十八条　国务院兽医主管部门应当及时向国务院有关部门和军队有关部门以及省、自治区、直辖市人民政府兽医主管部门通报重大动物疫情的发生和处理情况；发生人畜共患传染病的，县级以上人民政府兽医主管部门与同级卫生主管部门应当及时相互通报。

国务院兽医主管部门应当依照我国缔结或者参加的条约、协定，及时向有关国际组织或者贸易方通报重大动物疫情的发生和处理情况。

第二十九条　国务院兽医主管部门负责向社会及时公布全国动物疫情，也可以根据需要授权省、自治区、直辖市人民政府兽医主管部门公布本行政区域内的动物疫情。其他单位和个人不得发布动物疫情。

第三十条　任何单位和个人不得瞒报、谎报、迟报、漏报动物疫情，不得授意他人瞒报、谎报、迟报动物疫情，不得阻碍他人报告动物疫情。

第四章　动物疫病的控制和扑灭

第三十一条　发生一类动物疫病时，应当采取下列控制和扑灭措施：

（一）当地县级以上地方人民政府兽医主管部门应当立即派人到现场，划定疫点、疫区、受威胁区，调查疫源，及时报请本级人民政府对疫区实行封锁。疫区范围涉及两个以上行政区域的，由有关行政区域共同的上一级人民政府对疫区实行封锁，或者由各有关行政区域的上一级人民政府共同对疫区实行封锁。必要时，上级人民政府可以责成下级人民政府对疫区实行封锁。

（二）县级以上地方人民政府应当立即组织有关部门和单位采取封锁、隔离、扑杀、销毁、消毒、无害化处理、紧急免疫接种等强制性措施，迅速扑灭疫病。

（三）在封锁期间，禁止染疫、疑似染疫和易感染的动物、动物产品流出疫区，禁止非疫区的易感染动物进入疫区，并根据扑灭动物疫病的需要对出入疫区的人员、运输工具及有关物品采取消毒和其他限制性措施。

第三十二条　发生二类动物疫病时，应当采取下列控制和扑灭措施：

（一）当地县级以上地方人民政府兽医主管部门应当划定疫点、疫区、受威胁区。

（二）县级以上地方人民政府根据需要组织有关部门和单位采取隔离、扑杀、销毁、消毒、无害化处理、紧急免疫接种、限制易感染的动物和动物产品及有关物品出入等控制、扑灭措施。

第三十三条　疫点、疫区、受威胁区的撤销和疫区封锁的解除，按照国务院兽医主管部门规定的标准和程序评估后，由原决定机关决定并宣布。

第三十四条　发生三类动物疫病时，当地县级、乡级人民政府应当按照国务院兽医主管部门的规定组织防治和净化。

第三十五条　二、三类动物疫病呈暴发性流行时，按照一类动物疫病处理。

第三十六条　为控制、扑灭动物疫病，动物卫生监督机构应当派人在当地依法设立的现有检查站执行监督检查任务；必要时，经省、自治区、直辖市人民政府批准，可以设立临时性的动物卫生监督检查站，执行监督检查任务。

第三十七条　发生人畜共患传染病时，卫生主管部门应当组织对疫区易感染的人群进行监测，并采取相应的预防、控制措施。

第三十八条　疫区内有关单位和个人，应当遵守县级以上人民政府及其兽医主管部门依法作出的有关控制、扑灭动物疫病的规定。

任何单位和个人不得藏匿、转移、盗掘已被依法隔离、封存、处理的动物和动物产品。

第三十九条　发生动物疫情时，航空、铁路、公路、水路等运输部门应当优先组织运送控制、扑灭疫病的人员和有关物资。

第四十条　一、二、三类动物疫病突然发生，迅速传播，给养殖业生产安全造成严重威胁、危害，以及可能对公众身体健康与生命安全造成危害，构成重大动物疫情的，依照法律和国务院的规定采取应急处理措施。

第五章　动物和动物产品的检疫

第四十一条　动物卫生监督机构依照本法和国务院兽医主管部门的规定对动物、动物产品实施检疫。

动物卫生监督机构的官方兽医具体实施动物、动物产品检疫。官方兽医应当具备规定的资格条件，取得国务院兽医主管部门颁发的资格证书，具体办法由国务院兽医主管部门会同国务院人事行政部门制定。

本法所称官方兽医，是指具备规定的资格条件并经兽医主管部门任命的，负责出具检疫等证明的国家兽医工作人员。

第四十二条　屠宰、出售或者运输动物以及出售或者运输动物产品前，货主应当按照国务院兽医主管部门的规定向当地动物卫生监督机构申报检疫。

动物卫生监督机构接到检疫申报后，应当及时指派官方兽医对动物、动物产品实施现场检疫；检疫合格的，出具检疫证明、加施检疫标志。实施现场检疫的官方兽医应当在检疫证明、检疫标志上签字或者盖章，并对检疫结论负责。

第四十三条　屠宰、经营、运输以及参加展览、演出和比赛的动物，应当附有检疫证明；经营和运输的动物产品，应当附有检疫证明、检疫标志。

对前款规定的动物、动物产品，动物卫生监督机构可以查验检疫证明、检疫标志，进行监督抽查，但不得重复检疫收费。

第四十四条　经铁路、公路、水路、航空运输动物和动物产品的，托运人托运时应当提供检疫证明；没有检疫证明的，承运人不得承运。

运载工具在装载前和卸载后应当及时清洗、消毒。

第四十五条　输入到无规定动物疫病区的动物、动物产品，货主应当按照国务院兽医主管部门的规定向无规定动物疫病区所在地动物卫生监督机构申报检疫，经检疫合格的，方可进入；检疫所需费用纳入无规定动物疫病区所在地地方人民政府财政预算。

第四十六条　跨省、自治区、直辖市引进乳用动物、种用动物及其精液、胚胎、种蛋的，应当向输入地省、自治区、直辖市动物卫生监督机构申请办理审批手续，并依照本法第四十二条的规定取得检疫证明。

跨省、自治区、直辖市引进的乳用动物、种用动物到达输入地后，货主应当按照国务院兽医主管部门的规定对引进的乳用动物、种用动物进行隔离观察。

第四十七条　人工捕获的可能传播动物疫病的野生动物，应当报经捕获地动物卫生监督机构检疫，经检疫合格的，方可饲养、经营和运输。

第四十八条　经检疫不合格的动物、动物产品，货主应当在动物卫生监督机构监督下按照国务院兽医主管部门的规定处理，处理费用由货主承担。

第四十九条　依法进行检疫需要收取费用的，其项目和标准由国务院财政部门、物价主管部门规定。

第六章　动物诊疗

第五十条　从事动物诊疗活动的机构，应当具备下列条件：

（一）有与动物诊疗活动相适应并符合动物防疫条件的场所；

（二）有与动物诊疗活动相适应的执业兽医；

（三）有与动物诊疗活动相适应的兽医器械和设备；

（四）有完善的管理制度。

第五十一条　设立从事动物诊疗活动的机构，应当向县级以上地方人民政府兽医主管部门申请动物诊疗许可证。受理申请的兽医主管部门应当依照本法和《中华人民共和国行政许可法》的规定进行审查。经审查合格的，发给动物诊疗许可证；不合格的，应当通知申请人并说明理由。申请人凭动物诊疗许可证向工商行政管理部门申请办理登记注册手续，取得营业执照后，方可从事动物诊疗活动。

第五十二条 动物诊疗许可证应当载明诊疗机构名称、诊疗活动范围、从业地点和法定代表人（负责人）等事项。

动物诊疗许可证载明事项变更的，应当申请变更或者换发动物诊疗许可证，并依法办理工商变更登记手续。

第五十三条 动物诊疗机构应当按照国务院兽医主管部门的规定，做好诊疗活动中的卫生安全防护、消毒、隔离和诊疗废弃物处置等工作。

第五十四条 国家实行执业兽医资格考试制度。具有兽医相关专业大学专科以上学历的，可以申请参加执业兽医资格考试；考试合格的，由国务院兽医主管部门颁发执业兽医资格证书；从事动物诊疗的，还应当向当地县级人民政府兽医主管部门申请注册。执业兽医资格考试和注册办法由国务院兽医主管部门商国务院人事行政部门制定。

本法所称执业兽医，是指从事动物诊疗和动物保健等经营活动的兽医。

第五十五条 经注册的执业兽医，方可从事动物诊疗、开具兽药处方等活动。但是，本法第五十七条对乡村兽医服务人员另有规定的，从其规定。

执业兽医、乡村兽医服务人员应当按照当地人民政府或者兽医主管部门的要求，参加预防、控制和扑灭动物疫病的活动。

第五十六条 从事动物诊疗活动，应当遵守有关动物诊疗的操作技术规范，使用符合国家规定的兽药和兽医器械。

第五十七条 乡村兽医服务人员可以在乡村从事动物诊疗服务活动，具体管理办法由国务院兽医主管部门制定。

第七章 监督管理

第五十八条 动物卫生监督机构依照本法规定，对动物饲养、屠宰、经营、隔离、运输以及动物产品生产、经营、加工、贮藏、运输等活动中的动物防疫实施监督管理。

第五十九条 动物卫生监督机构执行监督检查任务，可以采取下列措施，有关单位和个人不得拒绝或者阻碍：

（一）对动物、动物产品按照规定采样、留验、抽检；

（二）对染疫或者疑似染疫的动物、动物产品及相关物品进行隔离、查封、扣押和处理；

（三）对依法应当检疫而未经检疫的动物实施补检；

（四）对依法应当检疫而未经检疫的动物产品，具备补检条件的实施补检，不具备补检条件的予以没收销毁；

（五）查验检疫证明、检疫标志和畜禽标识；

（六）进入有关场所调查取证，查阅、复制与动物防疫有关的资料。

动物卫生监督机构根据动物疫病预防、控制需要，经当地县级以上地方人民政府批准，可以在车站、港口、机场等相关场所派驻官方兽医。

第六十条 官方兽医执行动物防疫监督检查任务，应当出示行政执法证件，佩带统一标志。

动物卫生监督机构及其工作人员不得从事与动物防疫有关的经营性活动，进行监督检查不得收取任何费用。

第六十一条 禁止转让、伪造或者变造检疫证明、检疫标志或者畜禽标识。

检疫证明、检疫标志的管理办法，由国务院兽医主管部门制定。

第八章　保障措施

第六十二条 县级以上人民政府应当将动物防疫纳入本级国民经济和社会发展规划及年度计划。

第六十三条 县级人民政府和乡级人民政府应当采取有效措施，加强村级防疫员队伍建设。

县级人民政府兽医主管部门可以根据动物防疫工作需要，向乡、镇或者特定区域派驻兽医机构。

第六十四条 县级以上人民政府按照本级政府职责，将动物疫病预防、控制、扑灭、检疫和监督管理所需经费纳入本级财政预算。

第六十五条 县级以上人民政府应当储备动物疫情应急处理工作所需的防疫物资。

第六十六条 对在动物疫病预防和控制、扑灭过程中强制扑杀的动物、销毁的动物产品和相关物品，县级以上人民政府应当给予补偿。具体补偿标准和办法由国务院财政部门会同有关部门制定。

因依法实施强制免疫造成动物应激死亡的，给予补偿。具体补偿标准和办法由国务院财政部门会同有关部门制定。

第六十七条 对从事动物疫病预防、检疫、监督检查、现场处理疫情以及在工作中接触动物疫病病原体的人员，有关单位应当按照国家规定采取有效的卫生防护措施和医疗保健措施。

第九章　法律责任

第六十八条 地方各级人民政府及其工作人员未依照本法规定履行职责的，对直接负责的主管人员和其他直接责任人员依法给予处分。

第六十九条 县级以上人民政府兽医主管部门及其工作人员违反本法规定，有下列行为之一的，由本级人民政府责令改正，通报批评；对直接负责的主管人员和其他直接责任人员依法给予处分：

（一）未及时采取预防、控制、扑灭等措施的；

（二）对不符合条件的颁发动物防疫条件合格证、动物诊疗许可证，或者对符合条件的拒不颁发动物防疫条件合格证、动物诊疗许可证的；

（三）其他未依照本法规定履行职责的行为。

第七十条 动物卫生监督机构及其工作人员违反本法规定，有下列行为之一的，由本级人民政府或者兽医主管部门责令改正，通报批评；对直接负责的主管人员和其他直接责任人员依法给予处分：

（一）对未经现场检疫或者检疫不合格的动物、动物产品出具检疫证明、加施检疫标志，或者对检疫合格的动物、动物产品拒不出具检疫证明、加施检疫标志的；

（二）对附有检疫证明、检疫标志的动物、动物产品重复检疫的；

（三）从事与动物防疫有关的经营性活动，或者在国务院财政部门、物价主管部门规定外加收费用、重复收费的；

（四）其他未依照本法规定履行职责的行为。

第七十一条　动物疫病预防控制机构及其工作人员违反本法规定，有下列行为之一的，由本级人民政府或者兽医主管部门责令改正，通报批评；对直接负责的主管人员和其他直接责任人员依法给予处分：

（一）未履行动物疫病监测、检测职责或者伪造监测、检测结果的；

（二）发生动物疫情时未及时进行诊断、调查的；

（三）其他未依照本法规定履行职责的行为。

第七十二条　地方各级人民政府、有关部门及其工作人员瞒报、谎报、迟报、漏报或者授意他人瞒报、谎报、迟报动物疫情，或者阻碍他人报告动物疫情的，由上级人民政府或者有关部门责令改正，通报批评；对直接负责的主管人员和其他直接责任人员依法给予处分。

第七十三条　违反本法规定，有下列行为之一的，由动物卫生监督机构责令改正，给予警告；拒不改正的，由动物卫生监督机构代作处理，所需处理费用由违法行为人承担，可以处一千元以下罚款：

（一）对饲养的动物不按照动物疫病强制免疫计划进行免疫接种的；

（二）种用、乳用动物未经检测或者经检测不合格而不按照规定处理的；

（三）动物、动物产品的运载工具在装载前和卸载后没有及时清洗、消毒的。

第七十四条　违反本法规定，对经强制免疫的动物未按照国务院兽医主管部门规定建立免疫档案、加施畜禽标识的，依照《中华人民共和国畜牧法》的有关规定处罚。

第七十五条　违反本法规定，不按照国务院兽医主管部门规定处置染疫动物及其排泄物，染疫动物产品，病死或者死因不明的动物尸体，运载工具中的动物排泄物以及垫料、包装物、容器等污染物以及其他经检疫不合格的动物、动物产品的，由动物卫生监督机构责令无害化处理，所需处理费用由违法行为人承担，可以处三千元以下罚款。

第七十六条　违反本法第二十五条规定，屠宰、经营、运输动物或者生产、经营、加工、贮藏、运输动物产品的，由动物卫生监督机构责令改正、采取补救措施，没收违法所得和动物、动物产品，并处同类检疫合格动物、动物产品货值金额一倍以上五倍以下罚款；其中依法应当检疫而未检疫的，依照本法第七十八条的规定处罚。

第七十七条　违反本法规定，有下列行为之一的，由动物卫生监督机构责令改正，处一千元以上一万元以下罚款；情节严重的，处一万元以上十万元以下罚款：

（一）兴办动物饲养场（养殖小区）和隔离场所，动物屠宰加工场所，以及动物和动物产品无害化处理场所，未取得动物防疫条件合格证的；

（二）未办理审批手续，跨省、自治区、直辖市引进乳用动物、种用动物及其精液、胚胎、种蛋的；

（三）未经检疫，向无规定动物疫病区输入动物、动物产品的。

第七十八条　违反本法规定，屠宰、经营、运输的动物未附有检疫证明，经营和运输的动物产品未附有检疫证明、检疫标志的，由动物卫生监督机构责令改正，处同类检疫合格动物、动物产品货值金额百分之十以上百分之五十以下罚款；对货主以外的承运人处运输费用一倍以上三倍以下罚款。

违反本法规定，参加展览、演出和比赛的动物未附有检疫证明的，由动物卫生监督机构责令改正，处一千元以上三千元以下罚款。

第七十九条　违反本法规定，转让、伪造或者变造检疫证明、检疫标志或者畜禽标识的，由动物卫生监督机构没收违法所得，收缴检疫证明、检疫标志或者畜禽标识，并处三千元以上三万元以下罚款。

第八十条　违反本法规定，有下列行为之一的，由动物卫生监督机构责令改正，处一千元以上一万元以下罚款：

（一）不遵守县级以上人民政府及其兽医主管部门依法作出的有关控制、扑灭动物疫病规定的；

（二）藏匿、转移、盗掘已被依法隔离、封存、处理的动物和动物产品的；

（三）发布动物疫情的。

第八十一条　违反本法规定，未取得动物诊疗许可证从事动物诊疗活动的，由动物卫生监督机构责令停止诊疗活动，没收违法所得；违法所得在三万元以上的，并处违法所得一倍以上三倍以下罚款；没有违法所得或者违法所得不足三万元的，并处三千元以上三万元以下罚款。

动物诊疗机构违反本法规定，造成动物疫病扩散的，由动物卫生监督机构责令改正，处一万元以上五万元以下罚款；情节严重的，由发证机关吊销动物诊疗许可证。

第八十二条　违反本法规定，未经兽医执业注册从事动物诊疗活动的，由动物卫生监督机构责令停止动物诊疗活动，没收违法所得，并处一千元以上一万元以下罚款。

执业兽医有下列行为之一的，由动物卫生监督机构给予警告，责令暂停六个月以上一年以下动物诊疗活动；情节严重的，由发证机关吊销注册证书：

（一）违反有关动物诊疗的操作技术规范，造成或者可能造成动物疫病传播、流行的；

（二）使用不符合国家规定的兽药和兽医器械的；

（三）不按照当地人民政府或者兽医主管部门要求参加动物疫病预防、控制和扑灭活动的。

第八十三条　违反本法规定，从事动物疫病研究与诊疗和动物饲养、屠宰、经营、隔离、运输，以及动物产品生产、经营、加工、贮藏等活动的单位和个人，有下列行为之一的，由动物卫生监督机构责令改正；拒不改正的，对违法行为单位处一千元以上一万元以下罚款，对违法行为个人可以处五百元以下罚款：

（一）不履行动物疫情报告义务的；

（二）不如实提供与动物防疫活动有关资料的；

（三）拒绝动物卫生监督机构进行监督检查的；

（四）拒绝动物疫病预防控制机构进行动物疫病监测、检测的。

第八十四条　违反本法规定，构成犯罪的，依法追究刑事责任。

违反本法规定，导致动物疫病传播、流行等，给他人人身、财产造成损害的，依法承担民事责任。

第十章　附则

第八十五条　本法自 2008 年 1 月 1 日起施行。

附录二 病害动物和病害动物产品生物安全处理规程

(GB16548—2006)

1 范围

本标准规定了病害动物和病害动物产品的销毁、无害化处理的技术要求。

本标准适用于国家规定的染疫动物及其产品、病死毒死或者死因不明的动物尸体、经检验对人畜健康有危害的动物和病害动物产品、国家规定的其他应该进行生物安全处理的动物和动物产品。

2 术语和定义

下列术语和定义适用于本标准。

生物安全处理 biosafety disposal

通过用焚毁、化制、掩埋或其他物理、化学、生物学等方法将病害动物尸体和病害动物产品或附属物进行处理,以彻底消灭其所携带的病原体,达到消除病害因素,保障人畜健康安全的目的。

3 病害动物和病害动物产品的处理

3.1 运送

运送动物尸体和病害动物产品应采用密闭、不渗水的容器,装前卸后必须要消毒。

3.2 销毁

3.2.1 适用对象

3.2.1.1 确认为口蹄疫、猪水疱病、猪瘟、非洲猪瘟、非洲马瘟、牛瘟、牛传染性胸膜肺炎、牛海绵状脑病、痒病、绵羊梅迪/维斯那病、蓝舌病、小反刍兽疫、绵羊痘和山羊痘、山羊关节炎脑炎、高致病性禽流感、鸡新城疫、炭疽、鼻疽、狂犬病、羊快疫、羊肠毒血症、肉毒梭菌中毒症、羊猝狙、马传染性贫血病、猪密螺旋体痢疾、猪囊尾蚴、急性猪丹毒、钩端螺旋体病(已黄染肉尸)、布鲁氏菌病、结核病、鸭瘟、兔病毒性出血症、野兔热的染疫动物以及其他严重危害人畜健康的病害动物及其产品。

3.2.1.2 病死、毒死或不明死因动物的尸体。

3.2.1.3 经检验对人畜有毒有害的、需销毁的病害动物和病害动物产品。

3.2.1.4 从动物体割除下来的病变部分。

3.2.1.5 人工接种病原微生物或进行药物试验的病害动物和病害动物产品。

3.2.1.6 国家规定的其他应该销毁的动物和动物产品。

3.2.2 操作方法

3.2.2.1 焚毁

将病害动物尸体、病害动物产品投入焚化炉或用其他方式烧毁碳化。

3.2.2.2 掩埋

本法不适用于患有炭疽等芽孢杆菌类疫病,以及牛海绵状脑病、痒病的染疫动物及产品、组织的处理。具体掩埋要求如下:

a) 掩埋地应远离学校、公共场所、居民住宅区、村庄、动物饲养和屠宰场所、饮用水源地、河流等地区；

　　b）掩埋前应对需掩埋的病害动物尸体和病害动物产品实施焚烧处理；

　　c）掩埋坑底铺 2cm 厚生石灰；

　　d）掩埋后需将掩埋土夯实。病害动物尸体和病害动物产品上层应距地表 1.5 m 以上；

　　e）焚烧后的病害动物尸体和病害动物产品表面，以及掩埋后的地表环境应使用有效消毒药喷、洒消毒。

3.3　无害化处理

3.3.1　化制

3.3.1.1　适用对象

除 3.2.1 规定的动物疫病以外的其他疫病的染疫动物，以及病变严重、肌肉发生退行性变化的动物的整个尸体或胴体、内脏。

3.3.1.2　操作方法

利用干化、湿化机，将原料分类，分别投入化制。

3.3.2　消毒

3.3.2.1　适用对象

除 3.2.1 规定的动物疫病以外的其他疫病的染疫动物的生皮，原毛以及未经加工的蹄、骨、角、绒。

3.3.2.2　操作方法

3.3.2.2.1　高温处理法

适用于染疫动物蹄、骨和角的处理。

将肉尸作高温处理时剔出的骨、蹄、角放入高压锅内蒸煮至骨脱胶或脱脂时止。

3.3.2.2.2　盐酸食盐溶液消毒法

适用于被病原微生物污染或可疑被污染和一般染疫动物的皮毛消毒。

用 2.5% 盐酸溶液和 15% 食盐水溶液等量混合，将皮张浸泡在此溶液中，并使溶液温度保持在 30℃ 左右，浸泡 40 h，1 m^2 的皮张用 10L 消毒液。浸泡后捞出沥干，放入 2% 氢氧化钠溶液中，以中和皮张上的酸，再用水冲洗后晾干。也可按 100ml 25% 食盐水溶液中加入盐酸 1 ml 配制消毒液，在室温 15℃ 条件下浸泡 48h，皮张与消毒液之比为 1:4。浸泡后捞出沥干，再放入 1% 氢氧化钠溶液中浸泡，以中和皮张上的酸，再用水冲洗后晾干。

3.3.2.2.3　过氧乙酸消毒法

适用于任何染疫动物的皮毛消毒。

将皮毛放入新鲜配制的 2% 过氧乙酸溶液中浸泡 30min，捞出，用水冲洗后晾干。

3.3.2.2.4　碱盐液浸泡消毒法

适用于被病原微生物污染的皮毛消毒。

将皮毛浸入 5% 碱盐液（饱和盐水内加 5% 氢氧化钠）中，室温（18～25℃）浸泡 24 h，并随时加以搅拌，然后取出挂起，待碱盐液流净，放入 5% 盐酸液内浸泡，使皮上的酸碱中和，捞出，用水冲洗后晾干。

3.3.2.2.5　煮沸消毒法

适用于染疫动物鬃毛的处理。

将鬃毛于沸水中煮沸 2～2.5h。

附录三 一、二、三类动物疫病病种名录

（2008年12月农业部第1125号公告）

一类动物疫病（17种）

口蹄疫、猪水疱病、猪瘟、非洲猪瘟、高致病性猪蓝耳病、非洲马瘟、牛瘟、牛传染性胸膜肺炎、牛海绵状脑病、痒病、蓝舌病、小反刍兽疫、绵羊痘和山羊痘、高致病性禽流感、新城疫、鲤春病毒血症、白斑综合征

二类动物疫病（77种）

多种动物共患病（9种）：狂犬病、布鲁氏菌病、炭疽、伪狂犬病、魏氏梭菌病、副结核病、弓形虫病、棘球蚴病、钩端螺旋体病

牛病（8种）：牛结核病、牛传染性鼻气管炎、牛恶性卡他热、牛白血病、牛出血性败血病、牛梨形虫病（牛焦虫病）、牛锥虫病、日本血吸虫病

绵羊和山羊病（2种）：山羊关节炎脑炎、梅迪-维斯纳病

猪病（12种）：猪繁殖与呼吸综合征（经典猪蓝耳病）、猪乙型脑炎、猪细小病毒病、猪丹毒、猪肺疫、猪链球菌病、猪传染性萎缩性鼻炎、猪支原体肺炎、旋毛虫病、猪囊尾蚴病、猪圆环病毒病、副猪嗜血杆菌病

马病（5种）：马传染性贫血、马流行性淋巴管炎、马鼻疽、马巴贝斯虫病、伊氏锥虫病

禽病（18种）：鸡传染性喉气管炎、鸡传染性支气管炎、传染性法氏囊病、马立克氏病、产蛋下降综合征、禽白血病、禽痘、鸭瘟、鸭病毒性肝炎、鸭浆膜炎、小鹅瘟、禽霍乱、鸡白痢、禽伤寒、鸡败血支原体感染、鸡球虫病、低致病性禽流感、禽网状内皮组织增殖症

兔病（4种）：兔病毒性出血病、兔黏液瘤病、野兔热、兔球虫病

蜜蜂病（2种）：美洲幼虫腐臭病、欧洲幼虫腐臭病

鱼类病（11种）：草鱼出血病、传染性脾肾坏死病、锦鲤疱疹病毒病、刺激隐核虫病、淡水鱼细菌性败血症、病毒性神经坏死病、流行性造血器官坏死病、斑点叉尾鮰病毒病、传染性造血器官坏死病、病毒性出血性败血症、流行性溃疡综合征

甲壳类病（6种）：桃拉综合征、黄头病、罗氏沼虾白尾病、对虾杆状病毒病、传染性皮下和造血器官坏死病、传染性肌肉坏死病

三类动物疫病（63种）

多种动物共患病（8种）：大肠杆菌病、李氏杆菌病、类鼻疽、放线菌病、肝片吸虫病、丝虫病、附红细胞体病、Q热

牛病（5种）：牛流行热、牛病毒性腹泻/黏膜病、牛生殖器弯曲杆菌病、毛滴虫病、牛皮蝇蛆病

绵羊和山羊病（6种）：肺腺瘤病、传染性脓疱、羊肠毒血症、干酪性淋巴结炎、绵羊疥癣、绵羊地方性流产

马病（5种）：马流行性感冒、马腺疫、马鼻腔肺炎、溃疡性淋巴管炎、马媾疫。

猪病（4种）：猪传染性胃肠炎、猪流行性感冒、猪副伤寒、猪密螺旋体痢疾。

禽病（4种）：鸡病毒性关节炎、禽传染性脑脊髓炎、传染性鼻炎、禽结核病。

蚕、蜂病（7种）：蚕型多角体病、蚕白僵病、蜂螨病、瓦螨病、亮热厉螨病、蜜蜂孢子虫病、白垩病。

犬猫等动物病（7种）：水貂阿留申病、水貂病毒性肠炎、犬瘟热、犬细小病毒病、犬传染性肝炎、猫泛白细胞减少症、利什曼原病。

鱼类病（7种）：鲖类肠败血症、迟缓爱德华氏菌病、小瓜虫病、黏孢子虫病、三代虫病、指环虫病、链球菌病。

甲壳类病（2种）：河蟹颤抖病、斑节对虾杆状病毒病。

贝类病（6种）：鲍脓疱病、鲍立克次体病、鲍病毒性死亡病、包纳米虫病、折光马尔太虫病、奥尔森派琴虫病。

两栖与爬行类病（2种）：鳖腮腺炎病、蛙脑膜炎败血金黄杆菌病。

附录四　家禽常用药物用法用量简表

附表1　家禽常用药物用法用量简表

药物名称	别名及主要用途	用法与用量	注意事项
青霉素G	又名：青霉素、苄青霉素；抗菌药物	肌注：每千克体重5万～10万IU	与四环素等酸性药物及磺胺类药有配伍禁忌
氨苄青霉素	又名：氨苄西林、氨比西林；抗菌药物	拌料：0.02%～0.05%；肌注：每千克体重25～40mg	同青霉素G
阿莫西林	又名：羟胺苄青霉素；抗菌药物	饮水或拌料：0.02%～0.05%	青霉素G
头孢曲松钠	抗菌药物	肌注：每千克体重30mg	与林可霉素有配伍禁忌
头孢氨苄	又名：先锋霉素Ⅳ；抗菌药物	口服：每千克体重30mg	同头孢曲松钠
头孢唑啉钠	又名：先锋霉素Ⅴ；抗菌药物	肌注：每千克体重30～50mg	同头孢曲松钠
头孢噻呋	抗菌药物	肌注：0.1mg/只	用于1日龄雏鸡
红霉素	抗菌药物	饮水：0.005%～0.02%；拌料：0.01%～0.03%	不能与莫能菌素、盐霉素等抗球虫药合用
罗红霉素	抗菌药物	饮水：0.005%～0.02%；拌料：0.01%～0.03%	与红霉素存在交叉耐药性
泰乐菌素	又名：泰农；抗菌药物	饮水：0.005%～0.01%；拌料：0.01%～0.02%；肌注：每千克体重30mg	不能与聚醚类抗生素合用；注射用药反应大，注射部位坏死，精神沉郁及采食量下降1～2d
替米考星	抗菌药物	饮水：0.01%～0.02%	蛋鸡禁用
螺旋霉素	抗菌药物	饮水：0.02%～0.05%；肌注：每千克体重25～50mg	
北里霉素	又名：吉它霉素、柱晶白霉素；抗菌药物	饮水：0.02%～0.05%；拌料：0.05%～0.1%；肌注：每千克体重30～50mg	蛋鸡产蛋期禁用
林可霉素	又名：洁霉素；抗菌药物	饮水：0.02%～0.03%；肌注：每千克体重20～50mg	最好与其他抗菌药物联用以减缓耐药性产生，与多黏菌素、卡那霉素、新生霉素、青霉素G、链霉素、复合维生素B等药物有配伍禁忌
泰妙灵	又名：支原净；抗菌药物	饮水：0.0125%～0.025%	不能与莫能菌素、盐霉素、甲基盐霉素等聚醚类抗生素合用
杆菌肽	抗菌药物	拌料：0.004%；口服：100～200IU/只	对肾脏有一定的毒副作用

(续表)

药物名称	别名及主要用途	用法与用量	注意事项
多黏菌素E	又名：黏菌素、抗敌素；抗菌药物	口服：每千克体重3~8mg；拌料：0.002%	与氨茶碱、青霉素G、头孢菌素、四环素、红霉素、卡那霉素、维生素B_{12}、碳酸氢钠等有配伍禁忌
链霉素	抗菌药物	肌注：每千克体重5万IU	雏禽和纯种外来禽禁用
庆大霉素	抗菌药物	饮水：0.01%~0.02%；肌注：每千克体重5~10mg	与氨苄青霉素、头孢菌素类、红霉素、磺胺嘧啶钠、碳酸氢钠、维生素C等药物有配伍禁忌；注射剂量过大，可引起毒性反应，表现水泻、消瘦等
卡那霉素	抗菌药物	饮水：0.01%~0.02%；肌注：每千克体重5~10mg	尽量不与其他抗菌药物同时使用。与氨苄青霉素、头孢曲松钠、磺胺嘧啶钠、氨茶碱、碳酸氢钠、维生素C等有配伍禁忌；注射剂量过大，可引起毒性反应，表现为水泻、消瘦等
阿米卡星	又名：丁胺卡那霉素；抗菌药物	饮水：0.005%~0.01%；拌料：0.01%~0.02%；肌注：每千克体重5~10mg	与氨苄青霉素、头孢曲松钠、红霉素、新霉素、维生素C、氨茶碱、盐酸四环素类、地塞米松、环丙沙星等有配伍禁忌；注射剂量过大，可引起毒性反应，表现为水泻、消瘦等
新霉素	抗菌药物	饮水：0.01%~0.02%；拌料：0.02%~0.03%	
壮观霉素	又名：大观霉素、速百治；抗菌药物	饮水：0.025%~0.05%；肌注：每千克体重7.5~10mg	蛋鸡产蛋期禁用
安普霉素	又名：阿普拉霉素；抗菌药物	饮水：0.025%~0.05%	
土霉素	又名：氧四环素；抗菌药物	饮水：0.02%~0.05%；拌料：0.1%	与丁胺卡那霉素、氨茶碱、青霉素G、氨苄青霉素、头孢菌素类、新生霉素、红霉素、磺胺嘧啶钠、碳酸氢钠等药物有配伍禁忌；剂量过大对孵化率有影响
强力霉素	又名：多西环素、脱氧土霉素；抗菌药物	饮水：0.01%~0.05%；拌料：0.02%~0.08%	同土霉素
四环素	抗菌药物	饮水：0.02%~0.05%；拌料：0.02%~0.08%	同土霉素
金霉素	抗菌药物	饮水：0.01%~0.05%；拌料：0.05%~0.1%	同土霉素

（续表）

药物名称	别名及主要用途	用法与用量	注意事项
甲砜霉素	又名：加砜氯霉素、硫霉素；抗菌药物	饮水或拌料：0.02%～0.03%；肌注：每千克体重20～30mg	与庆大霉素、新生霉素、土霉素、四环素、红霉素、林可霉素、泰乐菌素、螺旋霉素等有配伍禁忌
氟苯尼考	又名：氟甲砜霉素；抗菌药物		肌注：每千克体重20～30mg
氧氟沙星	又名：氟嗪酸；抗菌药物	饮水：0.005%～0.01%；拌料：0.015%～0.02%；肌注：每千克体重5～10mg	与氨茶碱、碳酸氢钠有配伍禁忌；与磺胺类药合用，能加重对肾的损伤
恩诺沙星	抗菌药物	饮水：0.005%～0.01%；拌料：0.015%～0.02%；肌注：每千克体重5～10mg	同氧氟沙星
环丙沙星	抗菌药物	饮水：0.01%～0.02%；拌料：0.02%～0.04%；肌注：每千克体重10～15mg	同氧氟沙星
达氟沙星	又名：单诺沙星；抗菌药物	饮水：0.005%～0.01%；拌料：0.015%～0.02%；肌注：每千克体重5～10mg	同氧氟沙星
沙拉沙星	抗菌药物	饮水：0.005%～0.01%；拌料：0.015%～0.02%；肌注：每千克体重5～10mg	同氧氟沙星
敌氟沙星	又名：二氟沙星；抗菌药物	饮水：0.005%～0.01%；拌料：0.015%～0.02%；肌注：每千克体重5～10mg	同氧氟沙星
氟哌酸	抗菌药物	饮水：0.01%～0.03%；拌料：0.03%～0.05%	同氧氟沙星
磺胺嘧啶	抗菌药物、抗球虫药、抗卡氏白细胞虫药	饮水：0.1%～0.2%；拌料：0.2%；肌注：每千克体重40～60mg	不能与拉沙菌素、莫能菌素、盐霉素配伍；产蛋鸡慎用；本品最好与碳酸氢钠同时使用
磺胺二甲嘧啶	又名：菌必灭；抗菌药物、抗球虫药、抗卡氏白细胞虫药	饮水：0.1%～0.2%；拌料：0.2%；肌注：每千克体重40～60mg	同磺胺嘧啶
磺胺甲基异噁唑	又名：新诺明；抗菌药物、抗球虫药、抗卡氏白细胞虫药	饮水：0.03%～0.05%；拌料：0.05%～0.1%；肌注：每千克体重30～50mg	同磺胺嘧啶
磺胺喹噁啉	抗菌药物、抗球虫药、抗卡氏白细胞虫药	饮水：0.02%～0.05%；拌料：0.05%～0.1%	同磺胺嘧啶

(续表)

药物名称	别名及主要用途	用法与用量	注意事项
二甲氧苄氨嘧啶	又名：敌菌净；抗菌药物、抗球虫药、抗卡氏白细胞虫药	饮水：0.01%~0.02%；拌料：0.02%~0.04%	由于易形成耐药性，不宜单独使用；常与磺胺类药或抗生素按1:5配合使用，可提高抗菌甚至杀菌作用；不能与拉沙霉素、莫能菌素、盐霉素等抗球虫药配伍；产蛋鸡慎用；最好与碳酸氢钠同时使用
三甲氧苄氨嘧啶	抗菌药物、抗球虫药、抗卡氏白细胞虫药	饮水：0.01%~0.02%；拌料：0.02%~0.04%	由于易形成耐药性，不宜单独使用；常与磺胺类药或抗生素按1:5配合使用，可提高抗菌甚至杀菌作用；与拉沙霉素、莫能菌素、盐霉素等抗球虫药有配伍禁忌；产蛋鸡慎用；本品不能与青霉素、维生素B_1、维生素B_6、维生素C联合使用
痢菌净	又名：乙酰甲喹；抗菌药物	拌料：0.005%	毒性大；务必拌匀；连用不能超过3d
制霉菌素	抗真菌药物	治疗曲霉菌病：每千克体重1万~2万IU	
莫能菌素	又名：欲可胖；抗球虫药物	拌料：0.0095%~0.0125%	能使饲料适口性变差以及引起啄毛；产蛋鸡禁用；火鸡、珍珠鸡、鹌鹑易中毒，慎用；肉鸡在宰前3d停药
盐霉素	又名：优素精、球虫粉、沙利霉素；抗球虫药物	拌料：0.006%~0.007%	火鸡、珍珠鸡、鹌鹑及产蛋鸡禁用；本品能引起鸡的饮水量增加，造成垫料潮湿
拉沙菌素	又名：球安；抗球虫药物	拌料：0.0095%~0.0125%	引起饮水量增加，造成垫料潮湿；产蛋鸡禁用；肉鸡在宰前5d停药
马杜拉霉素	又名：加福、抗球王；抗球虫药物	拌料：0.0005%	拌料不匀或剂量过大引起鸡瘫痪；肉鸡宰前5d停药；产蛋鸡禁用

（续表）

药物名称	别名及主要用途	用法与用量	注意事项
氨丙啉	又名：安宝乐；抗球虫药物	饮水或拌料：0.012 5%~0.025%	因能妨碍维生素 B_1 吸收，因此使用时应注意维生素 B_1 的补充；过量使用会引起轻度免疫抑制；肉鸡在宰前10d停药
尼卡巴嗪	又名：球净、加更生；抗球虫药物	拌料：0.012 5%	会造成生长抑制，蛋壳变浅，受精率下降，产蛋鸡禁用；肉鸡在宰前4d停药
二硝托胺	又名：球痢灵；抗球虫药物	拌料：0.012 5%~0.025%	0.012 5%球痢灵与0.005%洛克杀生联用有增效作用
氯苯胍	又名：罗本尼丁；抗球虫药物	拌料：0.003%~0.004%	可引起肉鸡肉品和蛋鸡的蛋有异味，所以产蛋鸡一般不宜使用；肉鸡在宰前7d停药
氯羟吡啶	又名：克球粉、克球多、可爱丹、康乐安；抗球虫药物	拌料：0.012 5%~0.025%	产蛋鸡和鸭禁用；肉鸡和火鸡在宰前5d停药
地克珠利	又名：杀球灵、伏球、球必清；抗球虫药物	饮水或拌料：0.000 1%	产蛋鸡禁用；肉鸡在宰前7~10d停药
妥曲珠利	又名：百球清；抗球虫药物	饮水或拌料：0.002 5%	产蛋鸡禁用；肉鸡在宰前7~10d停药
常山酮	又名：速丹；抗球虫药物	拌料：0.000 2%~0.000 3%	0.000 9%速丹可影响鸡生长；0.000 3%速丹可使鸭鹅中毒，因此水禽禁用
二甲硝咪唑	又名：地美硝唑、达美素；抗滴虫药物、抗菌药物	拌料：0.02%~0.05%	产蛋禽禁用；水禽对本品甚为敏感，剂量大会引起平衡失调等神经症状
左旋咪唑	驱线虫药	口服，每千克体重24mg	
丙硫苯咪唑	又名：阿苯达唑；抗蠕敏；驱消化道蠕虫药	口服，每千克体重，鸡：30mg；鹅：40mg；鸭：25mg	
阿托品	有机磷中毒解救药	肌注：每千克体重0.1~0.5mg	剂量过大会引起中毒
维生素 K_3	维生素添加剂；球虫病辅助治疗药物	拌料：0.000 3%~0.000 5%；肌注：每千克体重0.5~2mg	长期应用对肾有一定的损害
碳酸氢钠	磺胺药中毒解救药及减轻酸中毒	饮水：0.1%；拌料：0.1%~0.2%	炎热天气慎用，因会加重呼吸性碱中毒；剂量大时会引起肾肿大
氯化铵	祛痰药	饮水：0.05%~0.1%	

（续表）

药物名称	别名及主要用途	用法与用量	注意事项
硫酸铜	抗曲霉菌药；抗毛滴虫药；醒抱药	曲霉菌治疗：0.05%饮水；毛滴虫病治疗：0.05%饮水；醒抱：肌注，每千克体重20mg	2%浓度以上口服对消化道有剧烈刺激作用；鸡口服中毒剂量为每千克体重1g；硫酸铜对金属有腐蚀作用，必须用瓷器或木器盛装
碘化钾	抗曲霉菌药；抗毛滴虫药	饮水：0.5%~1%	

注：1. 给药时间应视家禽疾病的严重程度而定。
2. 本表所有药物用量以有效成分计，如为含量不同的制剂，则按说明书使用或换算后使用。
3. 本表中所指经饮水给药的药物均为水溶性药物。
4. 如有与现行法律法规不一致的，以法律法规为准。

附录五 家禽常用疫苗速查表

附表2 家禽常用疫苗速查表

产品名称	规格（头/瓶）	主要成分	使用说明
鸡新城疫灭活疫苗	100ml 150ml	含有灭活的鸡新城疫病毒 La Sota 株，灭活前的病毒含量至少为 108.0EID50/0.1ml	颈部皮下注射，14 日龄以内雏鸡，每只 0.2ml；60 日龄以上的鸡，每只 0.5ml，免疫期可达 10 个月。用活疫苗接种过的母鸡，在开产前 14～21 日接种，每只 0.5ml，可保护整个产蛋期
鸡新城疫、传染性支气管炎二联活疫苗（La Sota + H120 株）	500 1000	含有鸡新城疫病毒 La Sota 弱毒株≥106.0EID50/羽份，含有鸡传染性支气管炎病毒 H120 株≥103.5EID50/羽份	滴鼻免疫：每只 1 滴（0.03ml）。饮水免疫：剂量加倍，其次水量根据鸡龄大小而定，7～10 日龄 5～10.0ml；20～30 日龄每只 10～20ml；成鸡 20～30ml
禽流感灭活疫苗（H9 亚型，SS 株）	100ml 250ml 500ml	含有灭活的禽流感病毒 H9 亚型 A/Chicken/Guangdong/SS/94（H9N2）株（简称 SS 株），灭活前的滴度≥5×107.0EID50/ml	5～15 日龄鸡，每只皮下注射 0.25ml；15 日龄以上的鸡，每只肌肉注射 0.5ml
鸡新城疫病毒（La Sota 株）、禽流感病毒（H9 亚型、SS 株）二联灭活疫苗	100ml 250ml	含有灭活的鸡新城疫病毒 La Sota 株，灭活前每 0.1ml 病毒含量≥107.0EID50；灭活的 A 型禽流感病毒 A/Chicken/Guangdong/SS/94（H9N2）株（简称 SS 株），灭活前每 0.2ml 病毒含量≥107.4EID50	4 周龄以内雏鸡，颈部皮下注射 0.25ml；4 周龄以上的鸡，肌肉注射 0.5ml
传染性鼻炎三价灭活苗	500 1 000	含灭活的鸡副嗜血杆菌 W 株至少 108.0CFU、Sproass 株至少为 108.0CFU 和 Modesto 株至少 108.0CFU	肉鸡、公鸡：1～2 周龄进行接种蛋鸡、种鸡：在 6～8 周龄进行首次接种
鸡痘活疫苗（M-92 株）	1 000	含鸡痘病毒弱毒 M-92 株至少 103.0EID50/羽份	经翅膀刺种，每只鸡接种 1 羽份。在低风险区 10 周龄后进行接种；高风险区 1 日龄进行首免，10 周龄后加强接种，对饲养周期超过一个产蛋周期的鸡，在换羽后应再次进行接种
传染性喉气管炎活疫苗（A-96 株）	500 1 000	含鸡传染性喉气管炎病毒（A96 株）至少 102.5EID50/羽份	低发区：10～16 周龄时免疫；高发区：应在 6～7 周龄时免疫，并在 16～17 周龄时重复免疫

附录

(续表)

产品名称	规格（头/瓶）	主要成分	使用说明
传染性法氏囊活疫苗（D22株）	500 1 000	含鸡传染性法氏囊病病毒（D22株）至少103.5TCID50/羽份	首次免疫10~14日龄，21日龄进行二免
鸡新城疫、传染性支气管炎、减蛋综合征三联灭活疫苗	100ml 250ml 500ml	疫苗中每毫升含鸡新城疫病毒（La Sota株）应≥3.0×108.0EID50，含传染性支气管炎病毒（M41株）应≥3.0×106.0EID50，含减蛋综合征病毒（京911株）应≥3.0×107.0EID50	颈部皮下或肌肉注射。主要用于开产前期蛋鸡和种鸡的免疫，在鸡群开产前14~28日进行免疫，每只0.5ml
鸭瘟活疫苗	200 400 500	疫苗中含鸡胚化毒株鸭瘟病毒。每羽份含细胞毒≥0.005ml	肌肉注射。用生理盐水稀释，成鸭1ml，雏鸭腿肌注射0.25ml，均含1羽份
鸡新城疫中等毒力活疫苗（Ⅰ系）	500 1 000	本品系用鸡新城疫中等毒力MuKteswar株（Ⅰ系）接种于SPF鸡胚培养，每羽份病毒含量≥105.0ELD50	皮下或胸部肌肉注射1ml，点眼0.05~0.1ml，也可刺种或饮水免疫
鸡马立克氏病火鸡疱疹病毒活疫苗	500 1 000 2 000	含鸡马立克氏病火鸡疱疹病毒至少2 000PFU/羽份	预防鸡马立克氏病，适用于各品种的1日龄雏鸡。肌肉或皮下注射，每羽0.2ml（含2 000PFU）
禽霍乱活疫苗	200 400	多杀性巴氏杆菌G190E40弱毒活菌数≥2000万/羽份	预防禽霍乱，供3月龄以上的鸡、鸭、鹅使用，肌肉注射法接种
鸭瘟活疫苗	100 200 500	鸭瘟鸡胚化弱毒病毒量≥50免疫保护量/羽份	预防鸭瘟，适用于不同品种、不同日龄的鸡，肌肉注射法接种
鸭病毒性肝炎活苗	200	鸭病毒性肝炎鸡胚化弱毒株冻干活疫苗	预防鸭病毒性肝炎，供3日龄以上雏鸭使用，首免后2~3周进行二免
小鹅瘟活疫苗	200	小鹅瘟鸭胚化弱毒GD株冻干活疫苗	预防小鹅瘟，供产蛋前20~30d母鹅免疫，母鹅在21~270d内产蛋所孵雏鹅对小鹅瘟有免疫力，采取肌肉注射法接种
小鹅瘟（雏鹅）活疫苗	50	小鹅瘟鸭胚化弱毒株冻干活疫苗	预防小鹅瘟，供初生雏鹅免疫，也可用于成鹅，采用饮水、肌肉注射或皮下注射法接种
鸡新城疫、传支二联活疫苗（Ⅰ+H52）	500 1 000	鸡新城疫Ⅰ系株病毒≥105.0EID50/羽份，传染性支气管炎H62弱毒病毒，≥103.5EID50/羽份	预防鸡新城疫和传染性支气管炎，适用于经新城疫弱毒株免疫过的2月龄以上的鸡，采用饮水法免疫
鸡新城疫、传支二联活疫苗（Ⅱ+H120）	200	鸡新城疫Ⅱ系病毒含量≥106.0EID50/羽份，传染性支气管炎H120弱毒含量≥103.5EID50/羽份	预防鸡新城疫和传染性支气管炎，适用于1日龄以上各品种鸡，采用滴鼻或饮水法免疫

(续表)

产品名称	规格（头/瓶）	主要成分	使用说明
鸡新城疫、传支二联活疫苗（L+H52）	250 500 1 000	鸡新城疫 La Sota 株病毒含量≥106.0 EID50/羽份，传染性支气管炎 H52 弱毒含量≥103.5 EID50/羽份	预防鸡新城疫和传染性支气管炎，适用于 21 日龄以上鸡，采用滴鼻或饮水法接种
鸡新城疫、传支二联活疫苗（L+H120）	500 1 000	鸡新城疫 La Sota 株病毒含量≥106.0 EID50/羽份，传染性支气管炎 H120 株病毒含量≥103.5 EID50/羽份	预防鸡新城疫和传染性支气管炎，适用于 7 日龄以上不同品种鸡，采用滴鼻或饮水免疫接种
鸡新城疫灭活苗	500	鸡新城疫低毒力 La Sota 株病毒含量≥0.125ml/羽份	供任何年龄鸡皮下注射，2 周龄鸡与活苗同时免疫，开产前 2~3 周再接种 1 次；1 周龄内雏鸡注射 0.2ml；2 月龄以上鸡注射 0.5ml
鸡法氏囊病灭活苗	100 250	鸡传染性法氏囊病油乳剂灭活疫苗	配合活疫苗免疫，开产前 2~4 周肌肉或皮下注射 0.5ml
鸡产蛋下降综合征（EDS）灭活苗	500	鸡凝血性腺病毒含量≥2 000 HA 单位/羽份	开产前 2~4 周皮下或肌肉注射，每羽 0.5ml
鸡传染性鼻炎灭活苗	500	鸡副嗜血杆菌含量≥10 亿/羽份	供 30 日龄以上健康鸡皮下接种，首免：30~42 日龄鸡注射 0.25ml，42 日龄以上的鸡注射 0.5ml
鸡新支二联灭活苗	100 250	鸡新城疫 La Sota 病毒、鸡传染性支气管炎呼吸型及肾型病毒鸡胚液制成油乳剂灭活疫苗	1 月龄以内雏鸡注射 0.3ml，成年鸡注射 0.5ml
鸡新减二联苗	500	鸡新城疫 La Sota 株病毒含量≥0.125ml/羽份，鸡凝血性腺病毒含量≥2000HA 单位/羽份	开产前 2~4 周皮下或肌肉注射，每羽 0.5ml
鸡新支减三联苗	200 500	由鸡新城疫 La Sota 株、鸡凝血性腺病毒、鸡传染性支气管炎呼吸型及肾型毒株制成的油乳剂灭活苗	开产前 2~4 周皮下或肌肉注射 0.5ml

主要参考文献

[1] 蔡宝祥. 家畜传染病学(第4版). 北京：中国农业出版社, 2001.
[2] 甘孟侯. 中国禽病学. 北京：中国农业出版社, 1999.
[3] 辛朝安. 禽病学(第2版). 北京：中国农业出版社, 2003.
[4] 徐建义. 禽病防治. 北京：中国农业出版社, 2006.
[5] 陈顺友. 畜禽养殖场规划设计与管理(第1版). 北京：中国农业出版社, 2009.
[6] 高凤仙, 钟元春. 畜禽养殖场规划与设计(第1版). 湖南：湖南科学技术出版社, 2010.
[7] 梁笑准. 农业养殖法律指导(第1版). 北京：中国法制出版社, 2008.
[8] 刘凤华. 家畜环境卫生学(第1版). 北京：中国农业大学出版社, 2004.
[9] 闫若潜, 李桂喜, 孙清莲. 动物疫病防控工作指南(第1版). 北京：中国农业出版社, 2009.
[10] 魏刚才. 养殖场消毒技术(第1版). 北京：化学工业出版社. 2008.
[11] 王兰平, 李淑云. 动物免疫工作实用手册. 北京：科学普及出版社, 2011.
[12] 陈溥言. 兽医传染病学(第5版). 北京：中国农业出版社, 2006.
[13] 童光志. 动物传染病学. 北京：中国农业出版社, 2008.
[14] 甘孟侯. 中国禽病学. 北京：中国农业出版社, 2003.
[15] 陈继明. 重大动物疫病监测指南. 北京：中国农业科学技术出版社, 2008.
[16] 徐百万. 动物疫病监测技术手册. 北京：中国农业出版社, 2010.
[17] 崔治中. 兽医全攻略鸡病. 北京：中国农业出版社, 2009.
[18] 张春杰. 家禽疫病防控. 北京：中国农业出版社, 2009.
[19] 胡新岗, 蒋春茂. 动物防疫与检疫技术. 北京：中国林业出版社, 2012.
[20] 葛兆宏. 动物传染病. 北京：中国农业出版社, 2006.